换流站运维技术

沈 龙 主编

西南交通大学出版社
·成 都·

图书在版编目（CIP）数据

换流站运维技术 / 沈龙主编. —成都：西南交通大学出版社，2021.7
ISBN 978-7-5643-8104-2

Ⅰ. ①换… Ⅱ. ①沈… Ⅲ. ①换流站–电力系统运行 Ⅳ. ①TM63

中国版本图书馆 CIP 数据核字（2021）第 131258 号

Huanliuzhan Yunwei Jishu
换流站运维技术

沈龙 主编

责任编辑	梁志敏
封面设计	何东琳设计工作室
出版发行	西南交通大学出版社 （四川省成都市金牛区二环路北一段 111 号 西南交通大学创新大厦 21 楼）
邮政编码	610031
发行部电话	028-87600564 028-87600533
网址	http://www.xnjdcbs.com
印刷	成都蜀雅印务有限公司
成品尺寸	185 mm × 260 mm
印张	24.5
字数	612 千
版次	2021 年 7 月第 1 版
印次	2021 年 7 月第 1 次
定价	78.00 元
书号	ISBN 978-7-5643-8104-2

课件咨询电话：028-81435775
图书如有印装质量问题 本社负责退换

换流站运维技术
编 委 会

主　　编　沈　龙

副 主 编　王纪渝　王耀龙

编写人员（排名不分先后）

魏忠明　陈劲松　施利波　高德清　彭　斌　邹德旭
马宏明　马御棠　钱国超　程志万　周仿荣　李佑明
孙再超　颜　冰　青　言　邢　超　刘明群　徐　志
何　鑫　王　恩　程富勇　朱全聪　翟少磊　孔旭晖
宋玉锋　何　潇　许宏伟　郑　欣　杨迎春　刘荣海

·前　言·

云南地处中国西南，地势西北高、东南低，自北向南呈阶梯状逐级下降，境内有怒江、澜沧江、金沙江，蕴藏了丰富的清洁水能。随着云南水电资源的开发，如何进一步提升“西电东送”的电能输送能力，成为一个瓶颈问题。为解决观音岩水电站电能外送问题，2016 年在云南境内建成了 ± 500 kV 永仁—富宁直流输电工程，具备额定 3000 MW 输送能力。± 500 kV 永仁—富宁直流输电工程为国内首个省内直流工程，由云南电网有限责任公司自主负责运维。为了提升直流运维人员技能水平，编者在系统总结换流站安装调试、多年运维经验，以及借鉴其他直流工程建设与运维经验的基础上，编写了本书。

本书共分为 8 个章节，在内容上，先对换流站内设备的基本组成与原理进行全面介绍，然后按换流站运维参与的专业进行章节编排，依次对一次设备结构原理、试验和检修，直流控制保护，计量技术，金属检测技术，化学检测技术，阀冷与空调等运维专业技术进行了详细的介绍。为启发读者进一步掌握换流站运维知识与技能，在每章节后附有习题，以便于读者自测。

本书由相关专业一线经验丰富的技术专家编写，内容经多次内部培训试用并完善，涵盖了高压、控保、计量、金属、化学、阀冷与空调等专业。对于专业技术人员，可通过集中学习对应章节，更加精准、快速地掌握本专业直流运维的相关知识与技能；对于管理人员及其他读者，可通过阅读本书快速对换流站各专业运维内容与要点有更加深刻和全面的认识。

第 1 章，换流站设备的基本组成及原理，由邹德旭、马宏明、马御棠、钱国超、程志万、周仿荣、李佑明、孙再超、颜冰编写，王耀龙主审。

第 2 章，换流站一次设备高压试验原理及方法，由邹德旭、马宏明、马御棠、钱国超、程志万、周仿荣、青言编写，王耀龙主审。

第 3 章，检修技术，由魏忠明、陈劲松、施利波、高德清编写，王纪渝主审。

第 4 章，直流控制保护，由邢超、刘明群、徐志、何鑫编写，王纪渝主审。

第 5 章，换流站计量技术，由王恩、程富勇、朱全聪、翟少磊编写，王耀龙主审。

第 6 章，金属检测技术，由许宏伟、郑欣、杨迎春、刘荣海编写，王耀龙主审。

第 7 章，化学检测技术，由孔旭晖、宋玉锋、何潇编写，王纪渝主审。

第 8 章，阀冷与空调，由彭斌编写，王纪渝主审。

本书由沈龙完成统稿，并终审定稿。

本书在编写过程中得到了云南电网有限责任公司生产技术部、云南电网有限责任公司电力科学研究院、云南送变电工程有限公司、云南电力试验研究院（集团）有限公司、云南电网有限责任公司楚雄供电局、云南电网有限责任公司文山供电局的大力支持和帮助，谨在此表示由衷的感谢。

鉴于编者水平有限，书中疏漏之处在所难免，恳请读者不吝赐教。

2021 年 3 月

目　录

第 1 章　换流站设备的基本组成及原理 …… 1
1.1　直流一次设备的结构原理 …… 1
1.2　STATCOM 的结构原理 …… 22
1.3　串补设备的结构原理 …… 27
本章知识点 …… 39
课后测试 …… 39

第 2 章　换流站一次设备高压试验原理及方法 …… 40
2.1　一次设备的试验 …… 40
2.2　一次设备的运维管理 …… 63
本章知识点 …… 83
课后测试 …… 83

第 3 章　检修技术 …… 84
3.1　作业准备 …… 84
3.2　换流变压器检修 …… 86
3.3　换流阀及阀冷、串补检修 …… 100
3.4　直流场主要设备检修 …… 105
本章知识点 …… 112
课后测试 …… 112

第 4 章　直流控制保护 …… 118
4.1　直流输电控制保护简介 …… 118
4.2　直流控制功能 …… 130
4.3　直流保护功能 …… 154
4.4　直流系统调试与运维 …… 197
4.5　STATCOM 的控制与保护 …… 207
4.6　串补控制保护 …… 229
本章知识点 …… 251
课后测试 …… 252

第 5 章　计量技术……257
5.1　直流电压互感器、直流电流互感器工作原理和现场检测……257
5.2　交流采样测控装置工作原理和现场校验……267
5.3　SF_6气体密度继电器工作原理和现场校验……278
5.4　变压器温度测量装置工作原理和现场校验……288
本章知识点……295
测试题目……295

第 6 章　金属检测技术……300
6.1　金属部件运维项目及要求……300
6.2　金属部件理化检测……309
6.3　金属部件无损检测……319
本章知识点……326
课后测试题……326

第 7 章　化学检测技术……328
7.1　水质分析……328
7.2　SF_6气体分析……337
7.3　绝缘油色谱在线检测……342
7.4　实操培训……353
本章知识点……354
单元测试题……355

第 8 章　阀冷与空调……358
8.1　阀冷系统的工作原理和检修……358
8.2　空调系统的工作原理和维护保养……367
本章知识点……372
测试题目……373

课后测试答案……374

参考文献……384

第1章　换流站设备的基本组成及原理

1.1　直流一次设备的结构原理

1.1.1　直流输电工程概况

直流输电技术发展已超过百年，1970年就有输送距离1350 km、输送容量1440 MW、电压等级±400 kV的直流输电工程投产，1977年已有输送距离1500 km、输送容量1920 MW、电压等级至±533 kV的直流输电工程运行。1984年，电压±600 kV、容量3150 MW、输电距离792 km的巴西伊泰普直流输电工程投运后，保持电压等级和输送容量之最长达25年。直至2010年，中国南方电网的楚穗±800 kV/5000 MW直流输电工程投产，标志着全球直流输电技术发展及工程化的焦点及重点已转移到中国。

国内的直流输电工程始于20世纪末期，±100 kV/500 A舟山直流输电工程为首条直流工程，于1989年投产。随后，±500 kV/1200 A葛上直流输电工程于1990年投产。进入21世纪后，多个直流输电工程相继投产。在引进消化吸收的基础上，从2010年开始，高电压等级、大输送容量、多端直流等一系列直流方面的高难度工程实施技术陆续在国内实现，国内直流工程从跟随迈向引领。

“西电东送”为国家“西部大开发”战略中的重点工程，主要包括北部通道、中部通道和南部通道。云南地处中国西南边陲，属于南方电网辖区，作为水电资源大省，进入新世纪后电网规模急剧增大，为西电东送南部通道的关键电源点。云南省内现有±800 kV楚穗直流输电工程的楚雄换流站、接地极及部分直流线路，±800 kV普侨直流输电工程的普洱换流站、接地极及部分直流线路，±500 kV牛从直流输电工程的牛寨换流站、接地极及部分同塔双回直流线路，±500 kV金中直流输电工程的金官换流站、接地极及部分直流线路，±350 kV鲁西背靠背直流工程，±500 kV永富直流工程的永仁换流站、富宁换流站、接地极和直流线路。云南已经成为直流输电技术的“集合地”。确保直流工程的安全稳定运行，电气设备是关键，通过技术监督对电气设备的健康水平及与安全、质量、经济运行有关的重要参数、性能、指标进行监测与控制，是确保其安全、优质、经济运行的有效方式。

1.1.2　直流输电原理

两端直流输电系统的构成主要有整流站、逆变站和直流输电线路三部分。对于可进行功率反送的两端直流输电工程，其换流站即可以作为整流站运行、又可作为逆变站运行。直流输电原理如图1-1-1所示，整流原理如图1-1-2所示，各设备功能见表1-1-1。

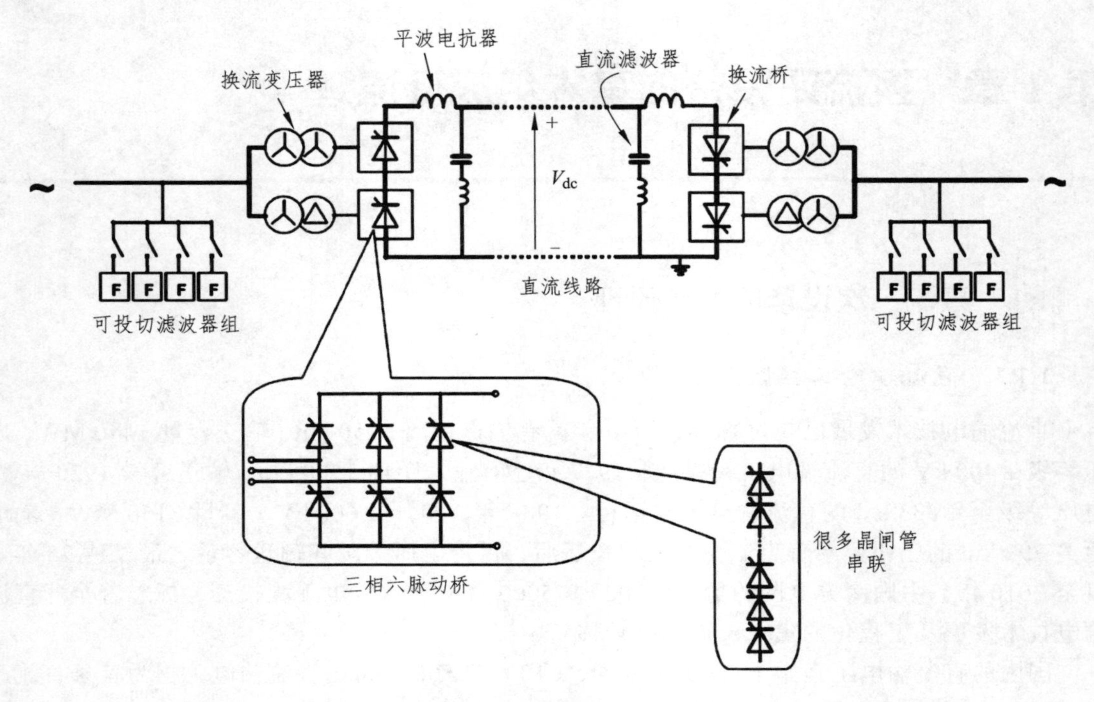

图 1-1-1 直流输电原理

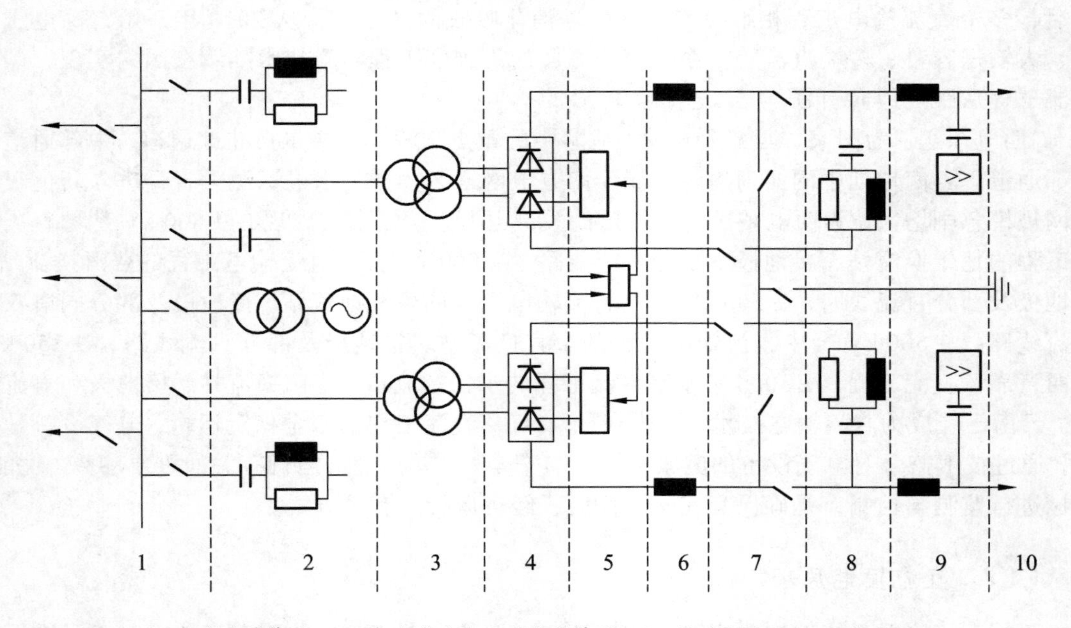

1—交流开关装置；2—交流滤波和无功补偿装置；3—换流变压器；4—换流阀；
5—控制与保护装置；6—平波电抗器；7—直流开关装置；
8—直流滤波器；9—PLC 滤波器；10—接地极。

图 1-1-2 整流原理

表 1-1-1　整流设备功能说明

设备名称	功　能
换流阀	整流和逆变
换流变压器	电压转换，与换流阀一起实现交直流转换
平波电抗器	防止直流线路或直流开关站所产生的陡波过电压进入阀厅
直流滤波器	降低流入直流线路和接地极引线中谐波分量
交流滤波器及无功补偿装置	清除换流器产生的谐波电流；向换流器提供部分基波无功
交、直流开关装置	故障的保护切除；运行方式的转换；检修的隔离
控制保护装置	控制输电的起停与功率、电流的大小；保护输电线路；在线监测输电电流的情况
直流线路	电能传输
接地极	消除接地极运行的负面效应

直流输电工程的系统结构可分为两端直流输电系统、背靠背直流输电系统、多端直流输电系统。

1.1.2.1　两端直流输电工程

1．单机系统

两端直流输电系统分为单极系统（正极或负极）和双级系统（正负两极）。其中单级系统包括单极大地回线方式和单极金属回线方式。

单极大地回线方式是利用一根导线和大地（或海水）构成直流侧的单极回路，两端换流站均需接地（见图 1-1-3）。（由于地下长期有大的直流电流流过，将引起接地极附近金属构件的电化学腐蚀以及中性点接地变压器直流偏磁等增加而造成变压器磁饱和等问题。）

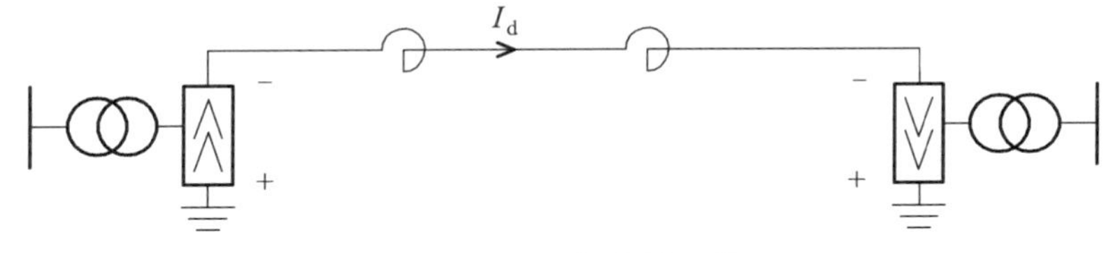

图 1-1-3　单极大地回线

单极金属回线方式是利用两根导线构成直流侧的单极线路。其中一根低绝缘的导线（也称金属返回线）来替代单极大地回线方式中的地回线。

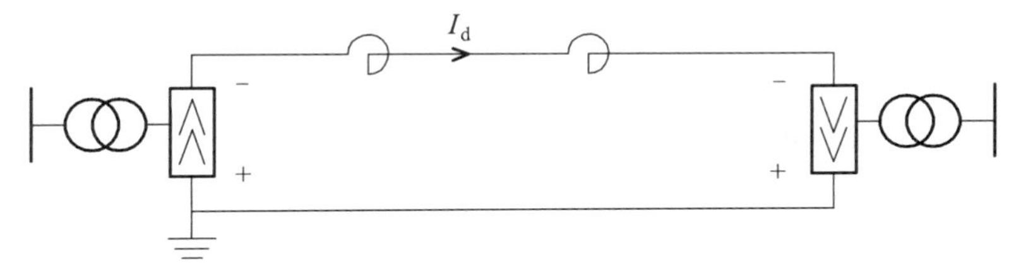

图 1-1-4　单极金属回线

2．双极系统

双极系统包括双极两端中性点接地方式、双极一端中性点接地方式和双极金属中性点方式三种类型。

双极两端中性点接地方式如图 1-1-5 所示。

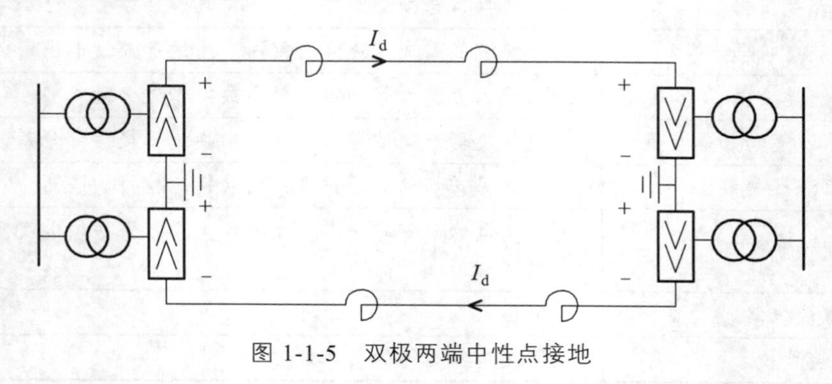

图 1-1-5　双极两端中性点接地

双极一端中性点接地方式（实际工程中很少采用）如图 1-1-6 所示。

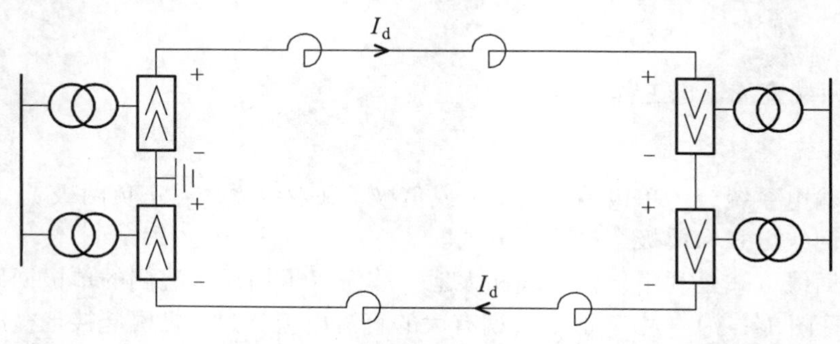

图 1-1-6　双极一端中性点接地方式

双极金属中性点方式如图 1-1-7 所示。

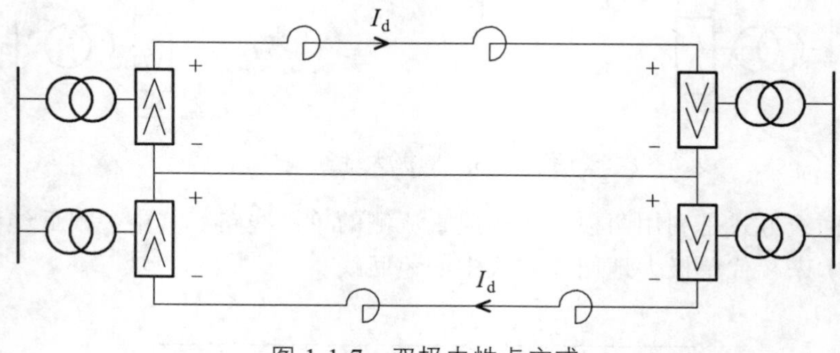

图 1-1-7　双极中性点方式

1.1.2.2　背靠背直流输电系统

背靠背直流输电系统是没有直流线路的直流输电系统。背靠背直流换流站通常用于两个交流系统之间作非同步联络（见图 1-1-8）。

B2B-换流站

背靠背换流站

AC AC

60 Hz 50 Hz

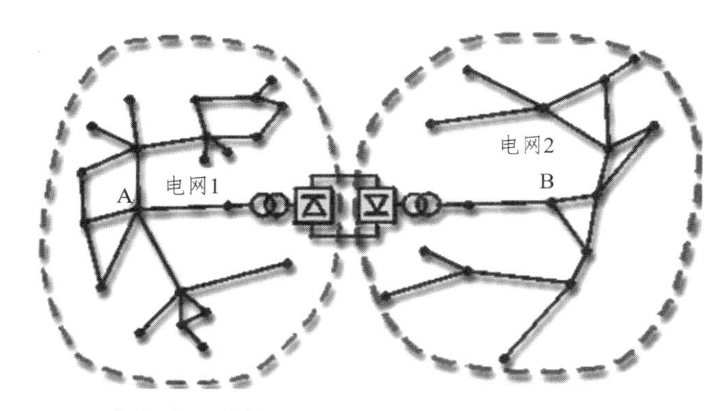

图 1-1-8 背靠背直流输电原理

1.1.2.3 多端直流输电系统

多端直流输电系统是由两个以上换流站组成的 HVDC（高压直流输电）系统。多端直流输电系统的控制和保护比两端直流输电系统复杂得多，目前没有得到广泛应用。但基于两端直流输电技术的多端直流输电系统会有大的发展前途。

（恒电压）并联——多个换流器并联接于同一个公共电压端上的 MTDC（多端直流）输电系统（见图 1-1-9）。

（恒电流）串联——多个换流站串联于直流网络中，公共电流流经所有换流站（见图 1-1-10）。

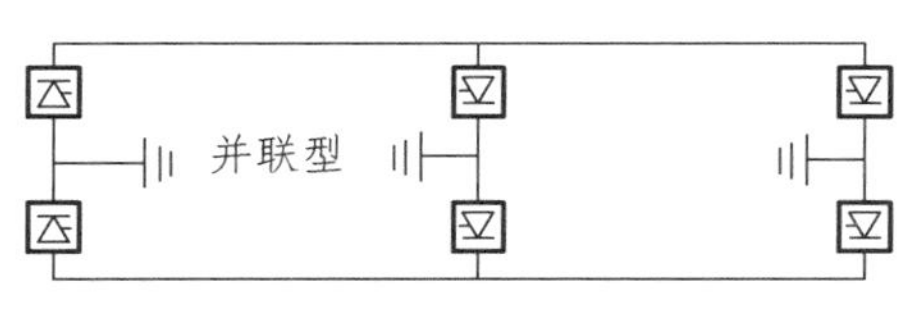

图 1-1-9 并联型多端直流

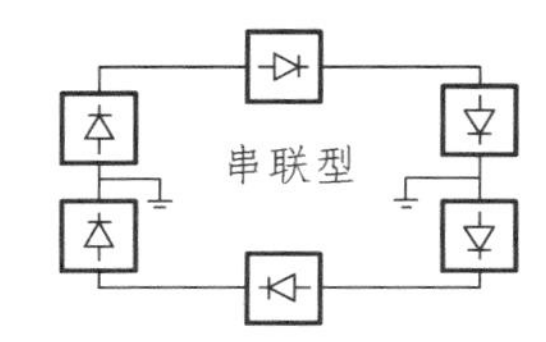

图 1-1-10 串联型多端直流

1.1.3 换流变压器

换流变压器是换流站中使用的一种特殊类型的变压器（见图 1-1-11）。换流变压器一次侧绕组接到交流系统，称为网侧绕组；二次侧绕组接到换流阀，称为阀侧绕组。换流变压器与普通电力变压器的可比见表 1-1-2。

图 1-1-11 换流变压器

表 1-1-2　换流变压器与普通电力变压器的对比

异同点			普通电力变压器	换流变压器
相同点	工作原理		电磁感应原理	电磁感应原理
	基本结构		铁心、线圈、器身（主绝缘）、引线、冷却和控制保护系统	铁心、线圈、器身（主绝缘）、引线、冷却和控制保护系统
不同点	在系统的电气连接（阀侧绕组）	绝缘结构	主要考虑交流电压（工频电压、雷电和操作过电压）	除考虑交流电压还要考虑直流电压（包括极性反转电压）
	负载特性	电、磁回路	正弦波电流	非正弦波电流（含谐波电流）

换流变压器的作用一方面是将送端交流系统的电功率送到整流器，或从逆变器接受电功率送到受端交流系统。它利用两侧绕组的磁耦合传送功率，同时实现了交流系统和直流部分的电绝缘与隔离，以免交流电力网的中性点接地和直流部分的接地造成某些元件的短路；另一方面是实现电压的变换，使换流变压器网侧交流母线和换流桥的直流侧电压能分别符合两侧的额定电压及容许电压偏移。实际上，它对于从交流电网入侵换流器的过电压还起到抑制的作用。

目前，工程上所采用的基本换流单元有 6 脉动换流单元和 12 脉动换流单元两种。通常采用的是 12 脉动换流单元。12 脉动换流器中换流变压器的选用有以下几种方案：

（1）1 台三相三绕组换流变压器，每相具有一个网侧绕组和两个阀侧绕组。

（2）2 台三相双绕组换流变压器，每台变压器每相具有一个网侧绕组和一个阀侧绕组。

（3）3 台单相三绕组换流变压器，每台变压器具有一个网侧绕组和两个阀侧绕组。

（4）6 台单相双绕组换流变压器，每台变压器具有一个网侧绕组和一个阀侧绕组。

换流变压器属于大型设备，受运输条件限制，换流变压器通常需要分相制作。因此，方案（3）和（4）为高压直流输电中的常用组合。方案（3）中需要一台单相三绕组变压器作为备用，而方案（4）中则需要 Yy 和 Yd 接法的单相双绕组变压器各一台作为备用（见图 1-1-12）。

（a）单相双绕组

（b）单相三绕组

图 1-1-12　换流变压器形式

换流变压器的阀侧绕组所承受的电压为直流电压叠加交流电压，并且两侧绕组中均有一系列的谐波电流。因此，换流变压器的设计、制造和运行均与普通电力变压器有所不同。

交流场和直流场具有不同的电位分布谱图。对交流场，应力主要集中于油介质；对直流场，应力主要集中于固体介质。

1.1.3.1 短路阻抗

换流变压器的短路阻抗在发生阀臂短路故障时起着限制故障电流的作用。以往由于晶闸管元件过负荷能力有限，换流变的短路阻抗设计得比普通电力变压器大，一般为16%~19%（永仁站换流变为15.42%，富宁站换流变为16.0%）。但从减小换向电压降、减小无功及其引起的能耗和减小动态过电压来看，短路阻抗小一些为宜。目前有较大容量的晶闸管元件可供选择，必要时可以留有较大的备用过载容量。因此，可在此基础上，考虑换流变的短路阻抗值。

三相参数不对称是引起非特征谐波的原因之一。为了减小非特征谐波，换流变的三相短路阻抗实测值与规范值的容许差别要尽可能小。普通电力变压器短路阻抗允许偏差为±（7.5%~10%），而换流变压器主分接下的阻抗允许偏差为±5%（特高压换流变主分接上阻抗允许偏差为±3.75%）。

1.1.3.2 绝缘设计

普通电力变压器只考虑结构的交流耐压强度，而换流变压器阀侧绕组要承受直流偏压+交流电压作用。因此，绝缘设计时，至少要考虑以下因素：

（1）阀侧绕组在交流和直流电压共同作用下工作，阀侧绕组对地电位很高。

（2）油、纸的复合绝缘特性在交流电压与直流电压作用下是不同的。换流变压器对绝缘的要求，应考虑直流电场对油、纸的影响；考虑直流电压极性快速变化时引起复合绝缘中电荷分布的变化使油隙受到过大的电压应力。

（3）湿度或温度的变化对换流变压器影响较大。交流电压的分布由材料尺寸及其介电系数（电容）决定，因而湿度或温度的变化不会引起交流电压分布的明显变化，但直流电压的分布由材料尺寸及电阻率（电阻）决定，其温度或湿度变化都会引起绝缘材料电阻率的变化，从而引起直流电压分布的变化。因此，换流变绝缘中必要保持较高的干燥水平；运行中变压器无论负载情况如何，一般都要保持油循环的连续性，以维持尽可能均匀的温度分布。

（4）必须保持绝缘的高度清洁，油的任何颗粒状污染（包括各种纤维和金属粒子），在直流电场作用下将发生迁移，易引发放电，甚至击穿。

1.1.3.3 高次谐波电流

换流器在运行中将在交、直流两侧产生谐波电流和谐波电压，交流侧（换流变的阀侧）产生（$6k\pm1$）次（6脉动）或（$12k\pm1$）次（12脉动）的特征谐波电流。漏磁的谐波分量可能使换流变的某些金属部件和油箱产生局部过热现象，同时变压器的杂散损耗将增加。谐波电流产生的磁伸缩现象还会引起较大振动和噪声。

因此，换流变设计和试验时，必须确保具有适当的冷却设备；在较强谐波偏磁通过的地方，用非磁性材料制造紧固件，在绕组与外壳之间采取瓷屏蔽措施；建造隔音墙（Box-in）或将换流变安装在隔音室内。

1.1.3.4 直流偏磁

对换流变来说，产生直流偏磁的主要原因有：

（1）换相过程中，换流器触发相位不相等。

（2）工频电流流过直流线路。

（3）换流站交流母线出线正序二次谐波电压。

（4）单极大地返回运行期间因电流注入接地极引起换流站地电位升高。

（5）在非正常工作情况下，个别阀的长期导通等。

以上直流偏磁会造成换流变铁心严重饱和，励磁电流畸变严重，产生大量谐波，使得换流变压器无功损耗增加，输电系统电压降低，甚至造成系统保护误动作；换流变本身铁心由于磁路高度饱和，漏磁会非常严重，可能导致内部金属结构件的局部过热，破坏绝缘系统，甚至降低产品使用寿命。

特高压换流变压器设计时直流偏磁电流一般可按 10 A 考虑。

1.1.3.5 有载调压

换流变的分接头可调范围很大，一般为 – 5% ~ + 30%，每挡距较小，常为 1% ~ 2%，以达到分接头调节和换流器触发角控制联合工作时，无调节死角和避免频繁往返动作的目的。永富直流工程换流变压器调压范围为 $525/\sqrt{3}{}^{+18}_{-6}\times 1.25\%$。

1.1.4 换流阀

换流阀即实现交直流相互转换的大功率半导体器件的组合。

直流换流阀的制造技术随着大功率半导体器件的制造技术的发展而发展，20 世纪 80 年代以来，半导体阀替代了汞弧阀，半导体阀可分为常规晶阀管阀（简称晶阀管阀，也称可控硅阀）、低频门极可关断晶闸管换流阀（GTO 阀）和高频绝缘栅双极晶体管换流阀（IGBT 阀）三大类（见图 1-1-13）。由于晶闸管目前仍是耐压水平最高、输出容量最大的电力电子器件，在大容量、高电压应用领域，在已经投运的近 90 项直流输电工程中，绝大多数输电工程均采用晶闸管直流换流阀。

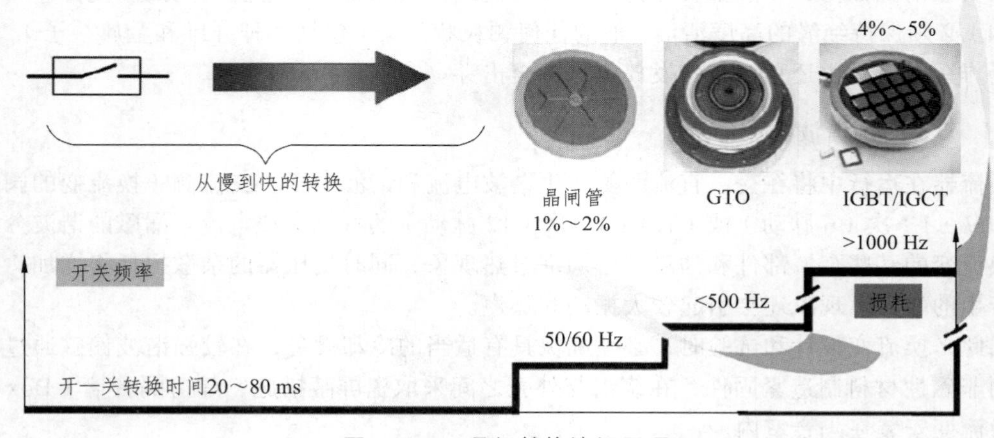

图 1-1-13 晶闸管换流阀原理

晶阀管换流阀是换流站的核心设备之一，其投资约占全站设备投资的 1/4。晶阀管换流阀应能在预定的外部环境及系统条件下，按规定的要求安全可靠地运行，并满足损耗小、安装及维护方便、投资省的要求。

晶闸管换流阀是由晶闸管元件及其相应的电子电路、阻尼回路，以及组装成阀组件（或阀层）所需的阳极电抗器、均压元件等通过某种形式的电气连接后组装而成的换流桥的一个桥臂。

1.1.4.1 阀的电气连接部分

1．晶闸管及晶闸管级

晶闸管是组成晶闸管阀的关键元件，在高压直流输电中使用的晶闸管芯片直径已大到 125 mm，反向非重复阻断电压已高于 8 kV。除了光电转换触发晶闸管外，光直接触发晶闸管也已在高压直流输电工程中应用。光电触发的晶闸管级由晶闸管元件及其所需的触发、保护及监视用的电子回路、阻尼回路构成（见图 1-1-14）。

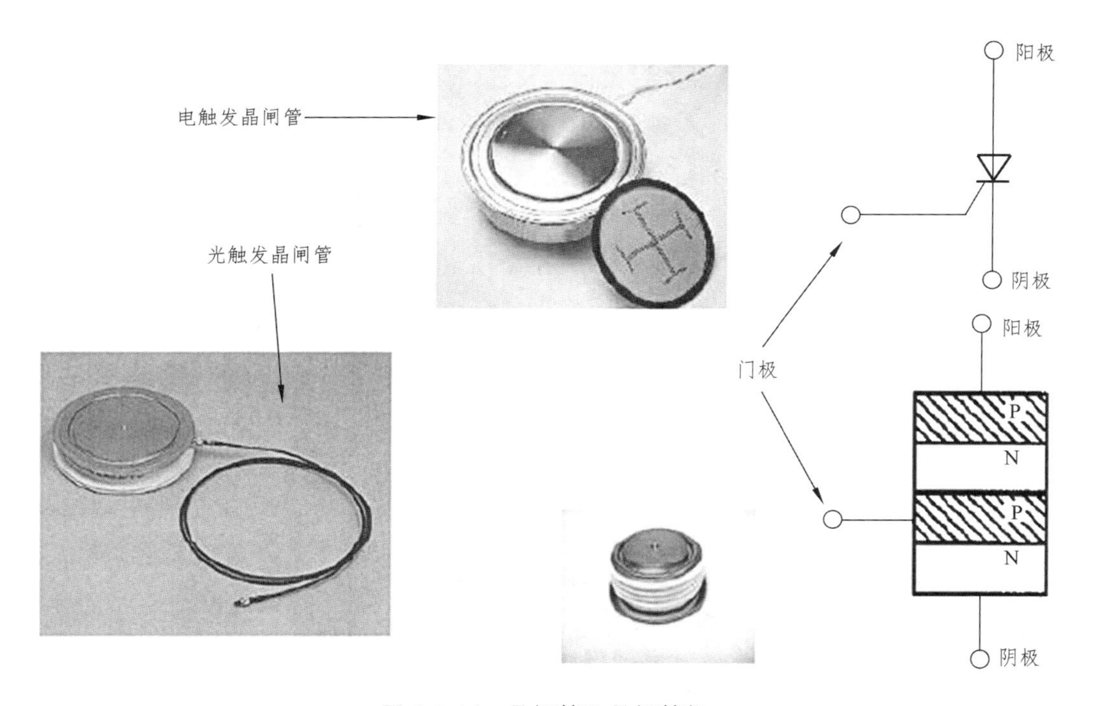

图 1-1-14　晶闸管及晶闸管级

2．阀组件

串联连接的若干个晶闸管级与阳极电抗器串联后再并联上均压（电容）元件构成了阀组件（见图 1-1-15）。

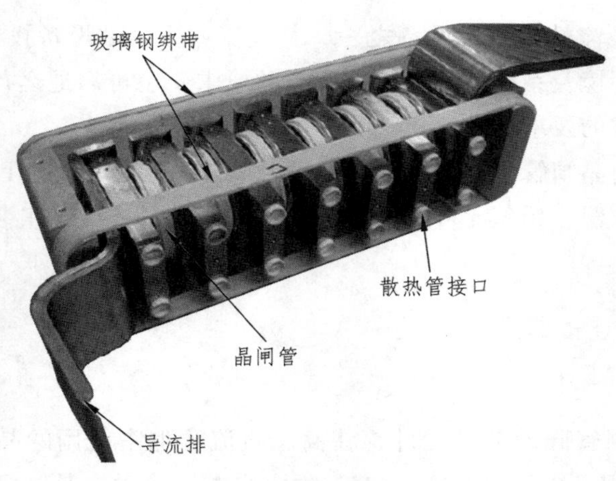

图 1-1-15　阀组件示意图

3．单阀（或阀臂）

若干个阀组件串联连接组成一个单阀，它构成了 6 脉动换流器的一个臂，故又称阀臂（见图 1-1-16、图 1-1-17）。

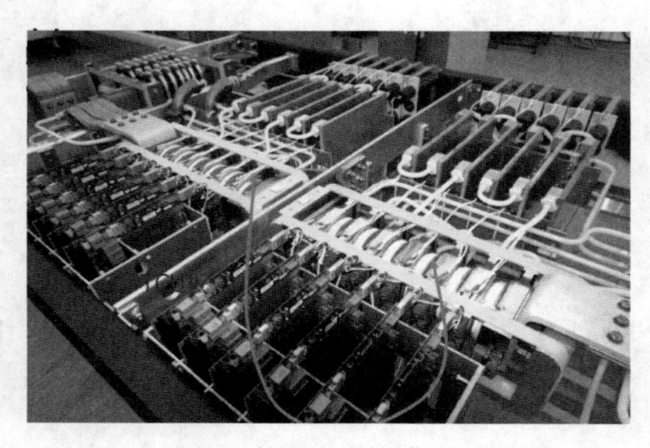
图 1-1-16　由 2 个阀组件构成的阀塔的一层

图 1-1-17　单阀或多重阀

4．三相 6 脉动换流器及三相 12 脉动换流器

由 6 个单阀可以连接构成三相 6 脉动换流器，由 12 个单阀可以连接构成三相 12 脉动换流器。一般由 2 个单阀垂直组装在一起构成 6 脉动换流器一相中的 2 个阀，称为二重阀，而由 4 个单阀垂直安装在一起构成 12 脉动换流器的一相中的 4 个阀，称为四重阀(见图 1-1-18)。

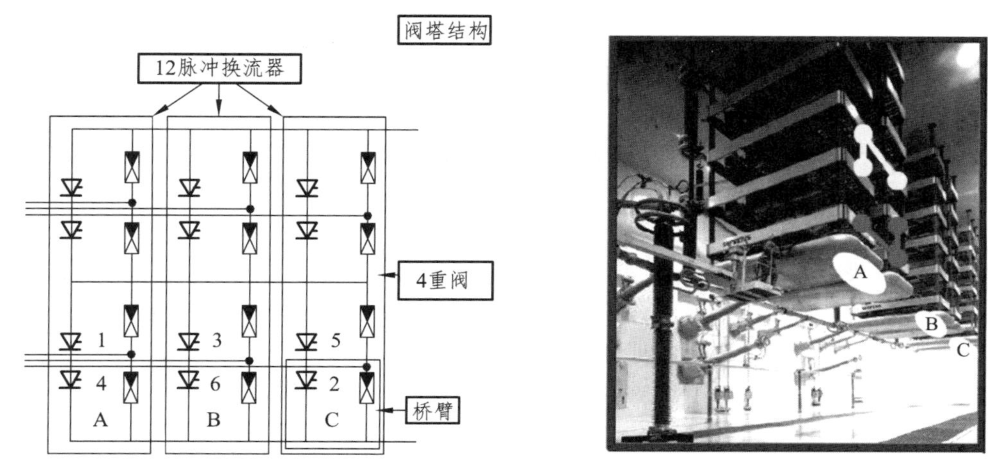

图 1-1-18　12 脉动换流器的 4 重阀

上述晶闸管级、阀组件、单阀、6 脉动换流器和 12 脉动换流器的连接示意图如图 1-1-19 所示。

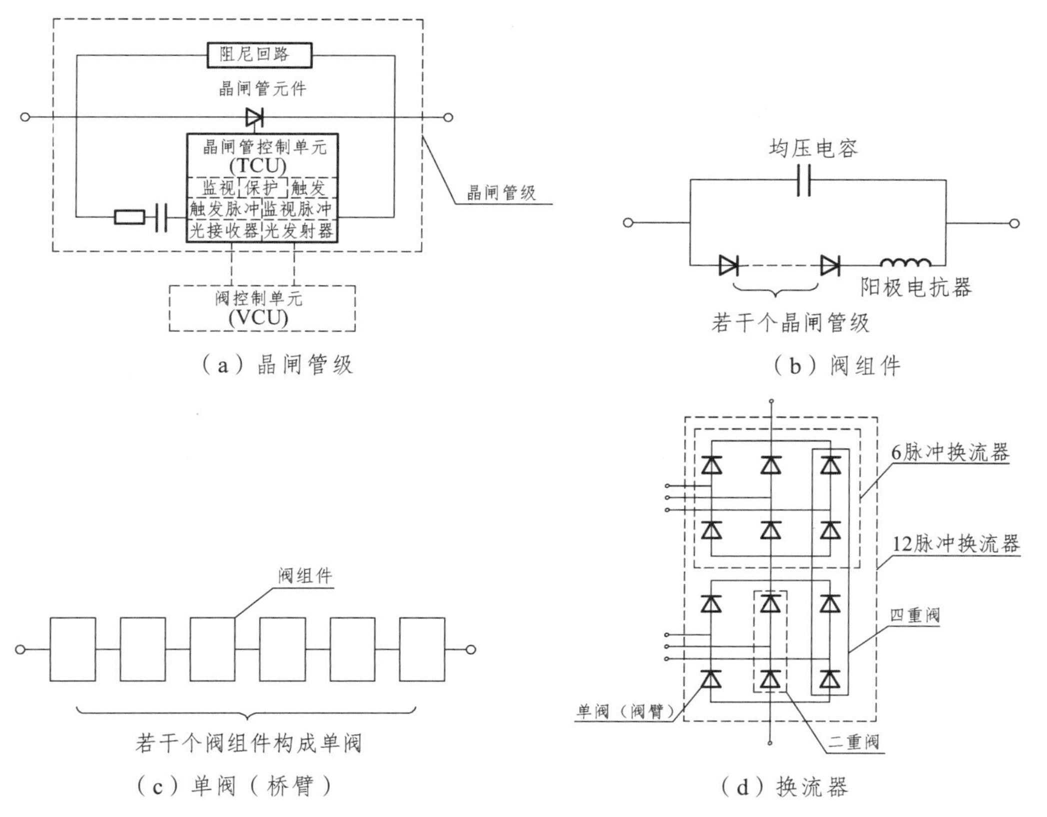

图 1-1-19　阀电气连接示意图

1.1.4.2　换流阀电气性能

晶闸管换流阀是由晶闸管元件及其相应的电子电路、阻尼回路以及组装成阀组件（或阀层）所需的阳极电抗器、均压元件等通过某种形式的电气连接后组装而成的换流桥一个桥臂。

（1）换流阀最主要的特性是仅能在一个方向导通电流，将这个方向定为正向。电流仅在周期的 1/3 期间内流过一个换流阀。

（2）不导通的换流阀应能耐受正向及反向阻断电压，换流阀电压最大值由避雷器保护水平确定。

（3）当换流阀上的电压为正时，得到一个控制脉冲换流阀就会从闭锁状态转向导通状态，一直到流过换流阀的电流减小到零为止，换流阀始终处于导通状态，不能自动关断。一旦流过换流阀的电流到零，阀即关断。

（4）换流阀要有一定的过电流能力，通过健全换流阀的最大过电流发生在阀两端间的直接短路，而过电流的幅值主要由系统短路容量和换流变压器短路阻抗所决定。

1.1.4.3　换流阀的耐受性能

晶闸管阀应能承受各种不同的过电压，阀的耐压设计应考虑保护裕度。当考虑到电压的不均匀分布、过电压保护水平的分散性以及其他阀内非线性因素对阀应力的影响时，保护裕度必须足够大。根据工程经验，不计阀内冗余元件，阀和多重阀单元的耐压应有的保护裕度是：对于操作冲击和雷电冲击应大于避雷器保护水平的 15%；对于陡波头冲击应大于避雷器保护水平的 20%。

1.1.4.4　换流阀的电流性能

换流阀载流能力不仅包括负荷额定运行工况、连续过负荷及短时过负荷工况下的直流电流，而且应该具有一定的暂态过电流能力，这是由系统故障条件所提出的要求。

1.1.4.5　换流阀的损耗及热特性

换流阀的损耗是高压直流输电系统性能保证值的重要基础，是评价换流阀性能优劣的重要指标之一。根据直流输电工程的经验，换流站在额定工况时的损耗约小于传输功率的 1%，而阀的损耗则占全站损耗的 25%左右。

换流阀的损耗是由晶闸管元件的各种损耗和阀内辅助系统元件或设备的损耗组成。换流阀在运行中产生各种损耗，对晶闸管元件的影响就是对元件结温升高。由于晶闸管元件的额定参数主要取决于在元件内所产生的热量及元件把内部热量传到外壳的能力，故运行损耗产生的结温升高是晶闸管元件额定参数选择的限制因素，而换流阀的热力设计就是要将晶闸管的运行结温维持在正常范围内，需考虑各种稳态和暂态工况、晶闸管结温工作范围、冷却系统设计等多方面因素。

换流阀的热力强度设计基于阀的额定工作电流、各种过负荷电流及暂态故障电流。前两种负荷电流属于稳态运行工况。根据晶闸管元件目前制造水平，正常工作结温允许范围是 60 ~ 90 °C，因此，冷却系统额定容量选择应能满足这一要求。此外，各种暂态故障电流将决定晶闸管元件的最高允许结温。换流阀在承受故障电流的过程中，对晶闸管元件来说可以假定为一个绝热过程，即冷却系统和散热器基本不起作用，此过程表现为晶闸管元件结温的急剧上升。评价换流阀承受故障电流的能力，主要看故障末期结温以及故障切除后马上承受正向工作电压时的最大结温。实际最大结温应小于导致永久损坏晶闸管元件的极限结温，并留有一定裕度。目前，国际上的制造水平是导致永久性损坏的极限结温为 300 ~ 400 °C，承受最严重故障电流后的最高结温为 190 ~ 250 °C。

一般来说，换流网承受故障电流能力取决于晶闸管元件直径，直径越大，过电流能力越强。

1.1.5 平波电抗器

目前国内常规流换流站内直流侧平波电抗器主要包括油浸式和干式两种（见图 1-1-20）。

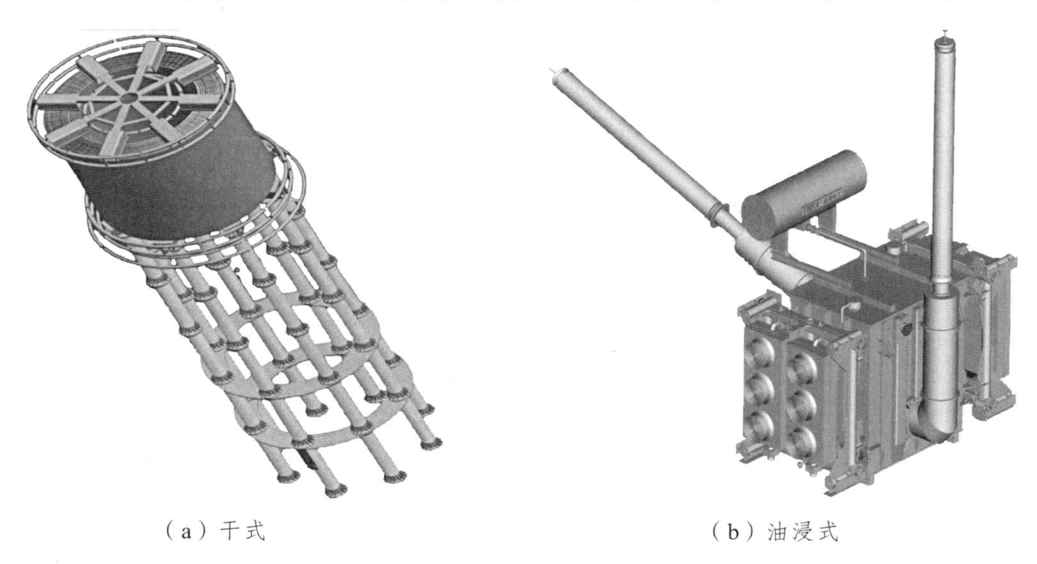

（a）干式　　　　（b）油浸式

图 1-1-20　平抗原理图

这两种平波电抗器在高压直流输电工程中均有成功应用的运行经验。国内干式平波电抗器应用工程包括：葛—南线、天—广线、云—广线、向—上、锦屏—苏南、两渡工程、哈密—郑州等直流输电项目；国内油浸式平波电抗器应用工程包括：三—常线、三—广线、贵广一回、贵广二回、葛沪直流、青藏直流、高岭、黑河、灵宝背靠背等直流输电项目。

平波电抗器串接在阀组的高压端与直流滤波器高压端之间，其主要作用有：

（1）抑制换流阀产生的纹波电压。

（2）直流小电流运行时保持电流连续。

（3）防止逆变器换相失败。

（4）直流故障时抑制电流的突变速度。

（5）抑制线路电容和换流站直流侧容性设备通过换流阀的放电电流，以免损坏阀的元件。

（6）减少雷电波从直流线路侵入换流站对换流阀的危害。

（7）与直流滤波器配合，减少系统谐波分量，减小对邻近通信线路的干扰。

1．永富直流输电工程采用干式平波电抗器主要优点

（1）对地绝缘简单，主绝缘由支柱绝缘子提供，只需考虑纵绝缘，且主绝缘支柱便于定期清扫。

（2）无油，消除了火灾危险和环境影响，不需要提供油处理系统。

（3）本体造价低、线性度好、占地面积小、质量小、便于维护、全天候无须保护以及有一定的阻燃能力，消除了火灾危险。

（4）能够在内绝缘结构上做到导线无接头、避免故障点。

（5）避免暂态过电压较低。

（6）电感值不随电流的变化而改变。

（7）无铁心，空气绝缘，对流自然冷却，可听噪声水平较低。

（8）运行、维护费用低。

2．干式平波电抗器普遍存在的问题

（1）占地大。

（2）在复杂的外界气候条件下，产品绝缘材料的抗龟裂、抗老化、抗紫外线及耐污秽的性能需要提高抗震性能差。

（3）防火性的要求、动热稳定性的要求不易提高，比油浸式电抗器易老化。

（4）防地震和防振动难度大。

1.1.6 直流避雷器

为了满足特高压直流系统的要求，直流电阻片要求具有优良的 *U-I* 特性（伏安特性）、高通流容量和耐受直流系统各点复杂过电压波形的能力。

高压直流工程中，直流避雷器在过电压情况下承受的能量巨大，要求具有更高的保护水平，因而多采用并联的结构，有外并联和（或）内并联，即多个独立外套的避雷器并联和（或）单个外套内多柱电阻片并联的结构。根据承受能量不同，并联柱数从两柱到十几柱，基至几十柱。

外套结构有无外部绝缘的开放式设计、瓷外套和复合外套三种类型。无外部绝缘的开放式设计由于其受外部环境影响较大，一般应用于换流站阀厅内的避雷器。瓷外套和复合外套型避雷器户内外均可使用。由于直流条件下污秽情况比交流严重得多，户外特高压直流避雪器的耐污秽性能要求很高，需要在外套的材料、伞形、结构和爬电距离上特殊考虑。

特高压直流避雷器安装方式可分为悬挂式安装和座式安装，选用何种方式由安装位置和安装条件决定。

直流避雷器与交流避雷器的区别：

（1）直流避雷器没有电流过零点可以利用，因此灭弧较为困难。

（2）直流输电系统中电容元件（如长电缆段、滤波电容器、冲击波吸收电容器等）远比交流系统的多，而且在正常运行时均处于全充电状态，一旦有某一只避雷器动作，它们将通过这一只避雷器进行放电，所以换流站避雷器的通流容量比常规交流避雷器大得多。

（3）正常运行时直流避雷器的发热较严重。

（4）某些直流避雷器的两端均不接地；直流避雷器外绝缘要求高。

高压直流输电工程换流站内避雷器定型配置如图 1-1-21 所示，各种避雷器的作用如表 1-1-3 所示。

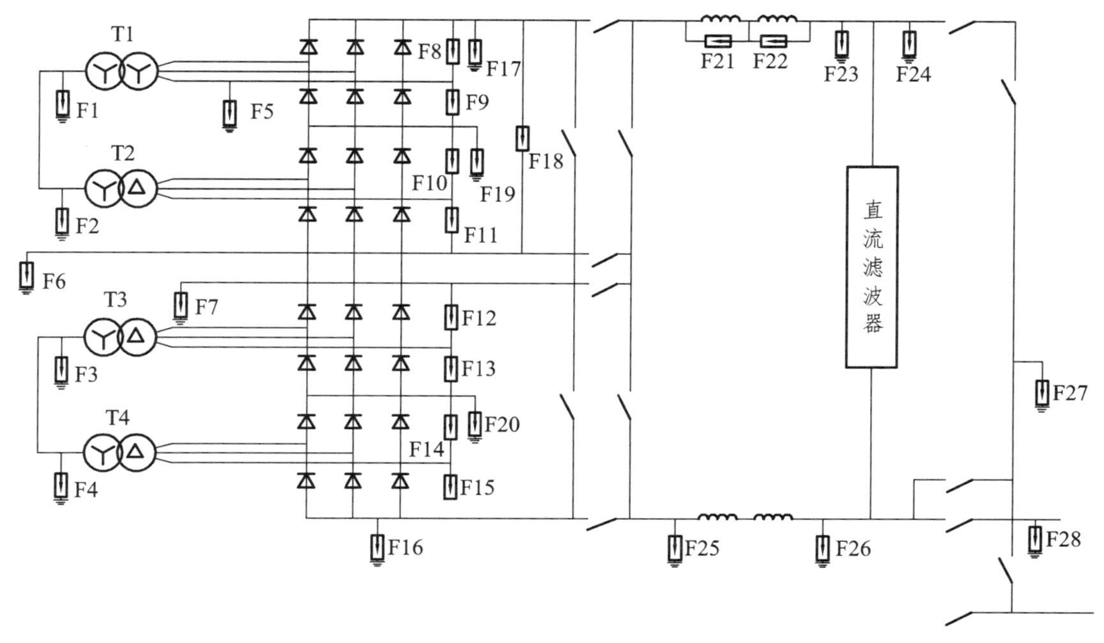

图 1-1-21　特高压直流输电工程换流站内避雷器典型配置

表 1-1-3　各种避雷器的作用

避雷器名称	作　用
直流阀避雷器（F8～F15）	保护阀免受过电压损坏
桥避雷器（F19、F20）	保护 12 脉动换流器下部 6 脉动换流器免受过电压损坏
直流线路避雷器（F23、F24）	保护与直流极线相连接的直流开关场的设备免受过电压的损坏
直流母线避雷器（F17）	保护平波电抗器换流器侧高压直流极线上连接的设备免受过电压的损坏
换流器避雷器（F18）	限制侵入阀厅的雷电过电压幅值
中性母线避雷器（F16、F25～F28）	保护中性母线和与它连接的设备免受过电压的损坏；当双极对称运行时，中性母线的运行电压接近于零；但在单极或单极金属回线方式下，需要考虑其运行电压；发生接地故障时，该避雷器会受到很大的能量冲击，通常要并联安装多只避雷器
平波电抗器避雷器（F21、F22）	保护平波电抗器免受过电压的损坏
上下 12 脉动换流器间中点母线避雷器（F6、F7）	保护上下两个换流器之间的母线
换流变压器阀侧避雷器（F5）	用于抑制换流变压器与晶闸管阀相连的位置出现施加在套管和引线及绕组上的过电压

1.1.7　交、直流滤波器

1.1.7.1　交、直流滤波器的作用及特点

直流输电系统中，换流器在进行交、直流相互转换的同时在换流器交、直流两侧分别产生大量谐波电流和谐波电压，且谐波可通过换流器在交流和直流两侧之间互相传递。谐波间

题对供电质量是一种“污染”，会降低系统电压正弦波的质量。这不但严重影响电力系统，而且危及用户和周围的通信系统，是直流输电系统一个很突出并且很重要的技术问题，其抑制方式主要是装设交流滤波器和直流滤波器。

谐波对电力系统的影响和危害是十分严重的，主要表现在以下几个方面。

（1）当系统中存在谐波分量时，可能会产生局部的并联或串联谐振，放大谐波分量，并因此增加由于谐波所产生的附加损耗和发热，甚至造成设备故障。

（2）由于谐波的存在，增加了系统中元件的附加谐波损耗，降低了发电、输电及用电设备的使用效率。

（3）谐波引起电气应力的增加，使电力设备元件绝缘加速老化，缩短使用寿命。

（4）谐波可能导致某些电力设备工作不正常，包括控制保护设备。

（5）谐波电流通过感应作用在邻近通信线路上，产生谐波电动势，使通信系统产生干扰，降低通信质量。

并联交流滤波器有常规无源交流滤波器、有源交流滤波器和连续可调交流滤波器三种类型。现在已投运的直流输电工程中，交流滤波器大部分采用常规无源交流滤波器。

并联直流滤波器，也有无源直流滤波器和有源（混合）直流滤波器两种。无源直流滤波器已有多年的运行经验，在大多数工程中应用。

1.1.7.2 交流滤波器

1．交流滤波器设备配置原则

换流站配置的交流滤波器有滤除换流器产生的谐波电流和向换流器提供部分基波无功两个任务。交流滤波器的配置主要应遵循的原则是：

（1）滤波器额定电压等级一般应与换流器交流侧母线电压等级相同。

（2）应根据谐波电流的计算结果合理配置相应的单调谐滤波器、双调谐滤波器及三调谐滤波器或调谐高通型交流滤波器，但类型不宜太多，2、3 种为宜。

（3）在满足性能要求和换流站无功平衡的情况下，滤波器分组应尽可能少，尽量使用电容器分组。

（4）全部滤波器投入运行时，应达到满足连续过负荷及降压运行时的性能要求。

（5）任一组滤波器退出运行时，均可满足额定工况运行时的性能要求。

（6）小负荷（10%）运行时，应使投入运行的滤波器容量为最小。

2．交流滤波高压电容器选择

交流滤波器元件包括高、低压电容器和电抗器、电阻器。在滤波器的整个投资中，高压电容器投资占了大部分，而且高压电容器的设计制造技术要求高、工艺复杂，其质量及性能好坏直接影响着交流滤波器性能和可靠运行。因此，将重点对高压电容器的选择进行论述。

1）高压电容器平均工作场强选择

交流滤波器电容器一般采用金属箔电容器。电容器介质平均工作场强对电容器技术经济指标起决定性作用。取较高平均工作场强意味着单位体积电介质材料的电容值较高，电容器的体积较小；而单位体积电容的提高和电容器体积的减小意味着减少材料消耗和降低成本。但是能否选取较高的场强取决于电介质耐受场强的能力、电极边缘局部放电起始电压、电介质耐受过电压的能力、电介质的厚度、电极边缘的裕度、电极型式等。目前国际上交流电容器的平均工作场强为 60 ~ 70 kV/mm。

2）高压电容器电介质材料选择

电容器的电介质材料有纸、纸和聚丙烯膜混合、全聚丙烯膜（PP 膜）三种型式。目前，质量高、性能好的高压电容器均采用全膜介质。与纸或混合介质电容器相比，全膜电容器的优点是损耗小、体积小、造价低、寿命长。

3）高压电容器浸渍液选择

高压电容器浸渍液的特性以及电容器制造过程中对浸渍剂的预处理方式会对电容器过电压耐受能力产生重要的影响。目前，广泛使用非聚氯联苯类浸渍液（由于聚氯联苯对环境有严重的污染及毒性，在工程中禁止使用）。

对浸渍液的技术要求是电气性能优良（如凝固点低、击穿强度和体积电阻率高、介质损耗因数小等），电、热稳定性好，无毒或低毒，能生物降解，不污染环境，不危害人体健康等。

4）对金属材料要求

高压交流滤波电容器的电极金属箔采用铝箔，厚度一般为 5 ~ 6 μm，要求均匀性要好，质密性好，清洁度高；电容器单元的外壳采用不锈钢箱体；外壳的防爆破坏能力应与内部故障的放电能量相匹配。

5）熔断保护型式选择

电容器的熔断保护型式有内熔丝、外熔丝、无熔丝三种。

作为高压直流换流站交流滤波器用电容器，应具有提供无功补偿和滤波的双重功能，外熔丝和无熔丝电容器的共同缺陷是：元件故障后（导致一个电容器单元退出运行），会引起电容器单元和电容器组电容值及电压分布改变变大，造成其他电容器单元的电压应力增大。因此，直流输电换流站交流滤波器一般选用内熔丝电容器。

1.1.7.3 直流滤波器

1．直流滤波器设备配置原则

目前世界上的直流输电工程，通常采用以下直流滤波器配置方案。

（1）在 12 脉动换流器低压端的中性母线和地之间连接一台中性点冲击电容器，以滤除流经该处的各低次非特征谐波，一般不装设低次谐波滤波器以避免增加投资。

（2）在换流站每极直流母线和中性母线之间并联两组双调谐或三调谐无源直流滤波器。中心调谐频率应针对谐波幅值较高的特征谐波并兼顾对等值干扰电流影响较大的高次谐波，这样可以达到较好的滤波效果。

2．交、直流滤波器差异

直流滤波电路通常作为并联滤波器接在直流极母线与换流站中性线（或地）之间。直流滤波器的电路结构与交流滤波器类似，但也存在着一些重要差别，其主要差别如下：

（1）交流滤波器要向换流站提供工频无功功率，因此通常将其无功容量设计成大于滤波特性所要求的无功设置容量，而直流滤波器则无须这方面的要求。

（2）对于交流滤波器，作用在高压电容器上的电压可以认为是均匀分布在多个串联连接的电容器上。对于直流滤波器，高压电容器起隔离直流电压并承受直流高电压的作用。由于直流泄漏电阻的存在，若不采取措施，直流电压将沿泄漏电阻不均匀地分布。因此，必须在电容器单元内部装设并联均压电阻。

（3）与交流滤波器并联连接的交流系统在某一频率时的阻抗范围比较大。因此，在特定的电网状态下，如交流线路的投切、电网的局部故障等会引发交流滤波电容与交流系统电感的谐振。因此，即使是在准确调谐（带通调谐）的交流滤波器电路中也需要采用阻尼措施。但是换流站直流侧的阻抗一般来说是恒定的。因此，允许使用准确调谐（带通调谐）的直流滤波器。

1.1.8 直流断路器

直流电流的开断不像交流电流那样可以利用交流电流的过零点，因此，开断直流电流必须强迫过零。但是，当直流电流强迫过零时，由于直流系统储存着巨大的能量要释放出来，而释放出的能量又会在回路上产生过电压，引起断路器断口间的电弧重燃，以致造成开断失败。所以吸收这些能量就成为断路器开断的关键因素。我国已建成的高压直流换流站中，采用的直流断路器型式有无源型和有源型叠加振荡电流方式两种，其原理如图 1-1-22 所示，由三部分组成：

（1）由交流断路器改造而成的转换开关。

（2）以形成电流过零点为目的的振荡回路。

（3）以吸收直流回路中储存的能量为目的的耗能元件。

转换开关可以采用少油断路器、六氟化硫断路器等交流断路器。振荡回路通常采用 LC 振荡回路。耗能元件一般采用金属氧化物避雷器。

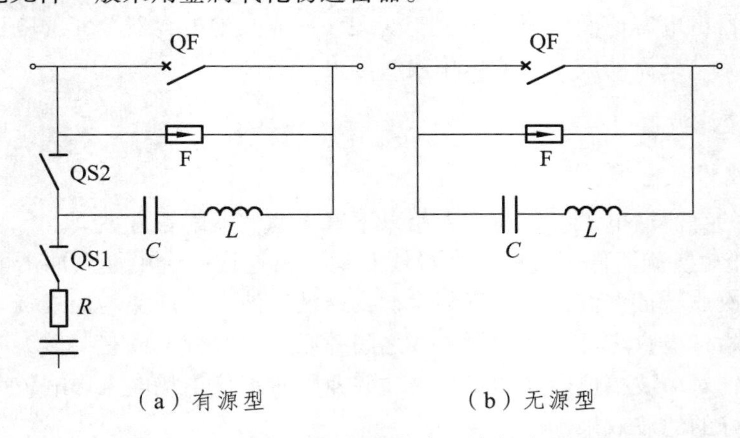

（a）有源型　　　　（b）无源型

图 1-1-22　叠加振荡电流方式直流断路器原理图

有源型叠加振荡电流方式是由外部电源先向振荡回路的电容 C 充电，然后电容 C 通过电感 L 向断路器 QF 的电弧间隙放电，产生振荡电流叠加在原电弧电流之上，并强迫电流过零。因此，这种方式在完成次开断需要完成的过程是：外部电源充电开关 QS1 合闸向 C 充电，稍后 QS1 断开，直流断路器的转换开关 QF 开断产生电弧，同时合上振荡回路开关 QS2 产生振荡电流，形成电流过零点。可见，有源振荡方式有多个控制步骤，对可靠性有一定影响。但是，这种方式较易产生足够幅值的振荡电流，开断的成功率也较高。

无源叠加振荡电流方式是利用电弧电压随电流增大而下降的非线性负电阻效应，在与电弧间隙并联的 *LC* 回路中产生自激振荡，使电弧电流叠加上增幅振荡电流，当总电流过零时实现遮断。因此，这种方式是根据断弧间隙电弧的不稳定性，利用电弧电压波动使电弧与 *LC* 回路之间存在一个充放电过程，以及电弧的负阻特性使充放电电流的振幅不断增大，从而实现总电流强迫过零。这种方式的控制过程较简单，回路的可靠性较高。但是，由于是依赖间隙电弧的不稳定性和电弧的负阻特性而产生电流过零的，就要求断路器与 *LC* 回路的参数有较好的配合。这种方式的断路器即使在开断过程中电流过零后电弧又重燃，也不影响随后电流过零点的形成。

电弧电流过零以后，断路器触头之间的灭弧介质性能开始恢复，由于直流系统仍储存着巨大能量，并将使断口间的恢复电压上升。恢复电压的上升速度正比于 I/C，I 为开断电流。当断路器的介质恢复速度高于断口间的恢复电压上升速度时，就不会发生电弧重燃现象。当恢复电压上升至耗能装置金属氧化物避雷器（MOA）的最大持续运行电压时，MOA 进入导通状态，吸收这部分能量，使断路器完成开断过程。

由上述可以看出，直流断路器的开断可以分为三个阶段：

（1）强迫电流过零阶段，换流回路至少应产生一个电流过零点。

（2）介质恢复阶段，要求断路器有较快的灭弧介质恢复速度，并且要高于灭弧触头间恢复电压的上升速度，即触头间的耐压要快于恢复电压，达到 MOA 的最大持续运行电压，而当恢复电压达到 MOA 的最大持续运行电压时，MOA 导通。

（3）能量吸收阶段，要求耗能装置 MOA 的放电负荷能力应大于直流系统中残存的能量，并且要考虑至少有一次灭弧耗能的要求。

1.1.9 直流耦合电容器

耦合电容器的作用：用在直流侧的输电线路中，以实现载波、通信的目的，结构如图 1-1-23 所示。

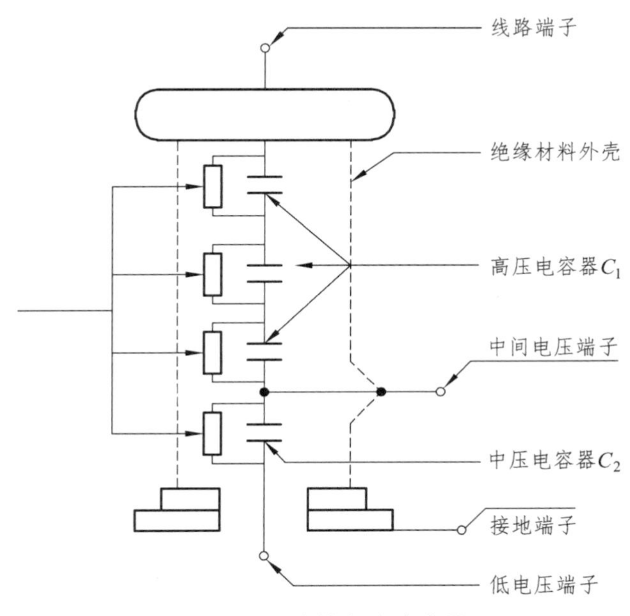

图 1-1-23 直流耦合电容器

均压电阻（直流电阻 156 MΩ，变化不超过 ± 3%）：在串联的电容分别并一个小电阻，因为电容的等效直流电阻很大，如果并联一个小电阻的话，那么并联后的总阻值就会接近小阻值，即均压电阻的阻值，由于均压电阻是相同的型号，所以这样就能保证电容的分压是接近的。

直流耦合电容器由于其运行电压较高，在设计中应充分考虑以下几个方面：① 套管的内径及套管的壁厚；② 套管的高度及爬电距离；③ 芯子及压板的尖角及外露金属件处的场强；④ 芯子在套管中的位置；⑤ 元件间的隔离；⑥ 防污问题。

1.1.10 直流线路

直流输电线路是直流输电系统的重要组成部分，直流输电线路可分为架空线路、电缆线路以及架空-电缆混合线路三种类型，工程中采用何种类型的直流输电线路，要以换流站位置、线路沿途地形、线路用地拥挤情况来决定。直流输电架空线路结构简单，线路造价低，线路走廊较窄，线路损耗小，运行费用也较省；直流电缆线路承受的电压高，输送容量大，输送距离远，寿命长。架空线路与使用电缆的系统相比，直流架空输电线路多被采用双极系统。

当直流输电线路采用架空输电线路时，有以下三种类型：

（1）单极线路：只有一根极导线，以大地或者海水作为回流回路。

（2）同极线路：具有两根同极性导线，也可利用大地或者海水作为回流电路。

（3）双极回路：具有不同极性的导线，可用大地或海水作为回流电路。当两级导线中的电流相等时，回流电路中电流就很小。如果一极线路故障，另一极线路仍可用。当另一极故障线路可用时，还可以运用故障极线路作为回流电路。

1.1.11 接地极

直流输电系统中，需要一正一负两根输电导线与电源、负荷构成回路。其中利用大地充当一根输电线路，称为“大地回路”。典型双极直流输电线路运行时，两极大地回路地中电流相反，地中几乎没有电流，此时大地起备用导线的作用。因此，大地作为廉价和低损耗回流回路是最经济的。大地内部具有良好的导电性，地表原始岩石层有 30 km，电阻率在 14 000 Ωm 左右；其外层约 1 km 是全新世地层，电阻率低很多；在这外面还有一层腐殖土，电阻率为 100 ~ 1000 Ωm。尽管大地是很不均匀的，但是电极在外表层的某一范围内仍可看作是均匀的。将电源通过引线与此层相连，负荷则通过引线与此层相连，相当于用导线连接电源和负荷构成流通回路。这种放置在大地中，与大地构成直流低阻通路，可以通过一定持续直流电流的一组导体及活性回填材料称为接地极。

1．直流输电系统利用大地回路所具有的优点

（1）大地回路与同样长度的金属回路相比较，具有较低的电阻和相应低的功率损耗。

（2）大地回路与同样长度的金属回路相比较，节省了可观的线路走廊。

（3）大地回路使典型双极直流工程可以分期建设，分期投产，即第一期先利用一条线路与大地运行输送功率。

（4）双极直流输电时，当一极换流器或一根导线停运时，仍可以利用另一根导线和大地输送一极功率。

2．直流输电系统利用大地回路所具有的缺点

（1）接地体附近电位梯度对人畜有影响。

（2）大地电流对地下金属物有电解腐蚀。

（3）大地电流对交流输电线、通信线会产生干扰，海底接地体对磁罗盘读数有影响。

1.1.12　GIS

封闭式气体绝缘设备（GIS）是一种组合电器，是将断路器、隔离开关、接地开关、电压与电流互感器等各种电气基本功能器件封闭组合在充满具有高耐电强度的六氟化硫（SF_6）气体的接地金属容器内，金属容器的各气室间用环氧盆式绝缘子进行隔离，同时作为GIS母线的绝缘支撑，从而取代了传统的直接以裸导线连接各种电气设备、用空气作为绝缘的开关变电站。

从20世纪80年代以来，GIS设备以其体积小、环境影响小、维修周期长和运行可靠性高等优点慢慢地广泛应用于输变电站和换流站中。如今，GIS已成为现代电力系统输变电站的主流绝缘设备。

图1-1-24所示为一个典型的GIS间隔，该间隔的GIS设备整体结构形式为双母线，且母线为三相共箱式，其余元件为分箱式结构，上侧母线具备三工位隔离/接地开关结构。

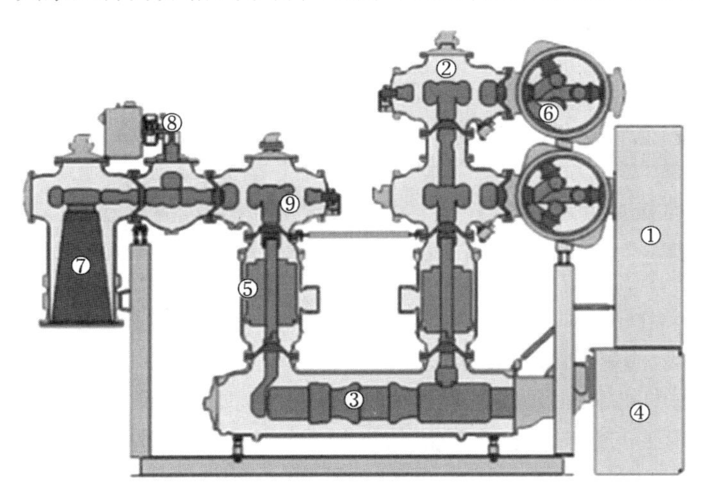

1—汇控柜；2—母线侧三工位隔离/接地开关；3—断路器；4—断路器操作机构；
5—电流互感器；6—主母线；7—电缆终端；8—快速接地开关；
9—出线侧三工位隔离/接地开关。

图1-1-24　GIS设备组成间隔示意图

GIS设备按母线布置方式可分为GIS设备和HGIS设备，GIS主要用于220 kV及以下的应用，HGIS主要用于550 kV及以上的应用。按气室导电管布置方式可分为：全三相共箱型、主母线三相共箱其余分箱型、全三相分箱型。根据GIS设备安装运行地点，可分为户内和户外两种。也可按绝缘介质、操动机构类型进行划分。

由于GIS设备固有的特点，常出现气体泄漏、湿度超标、内部放电和内部功能元件故障等缺陷故障，且故障一般频发于GIS设备投运后的两三年内。目前，如何有效监测GIS设备

运行状态、评估原件性能寿命已成为电网系统的研究热点和攻克方向。

1.2 STATCOM 的结构原理

1.2.1 STATCOM 基本概述

STATCOM 即静止同步补偿器（Static Synchronous Compensator）是当今无功补偿领域最新技术的代表，属于灵活柔性交流输电系统（FACTS）的重要组成部分。STATCOM 并联于电网中，相当于一个可控的无功电源，其无功电流可以快速地跟随负荷无功电流的变化而变化，自动补偿电网系统所需无功功率，对电网无功功率实现动态无功补偿。作为有源型补偿装置，不仅可以跟踪补偿冲击型负载的冲击电流，而且也可以对谐波电流进行跟踪补偿。

1.2.2 STATCOM 电路基本结构

严格地讲，STATCOM 的基本电路结构应该分为两种：即电压型桥式电路结构和电流型桥式电路结构，如图 1-2-1 所示。

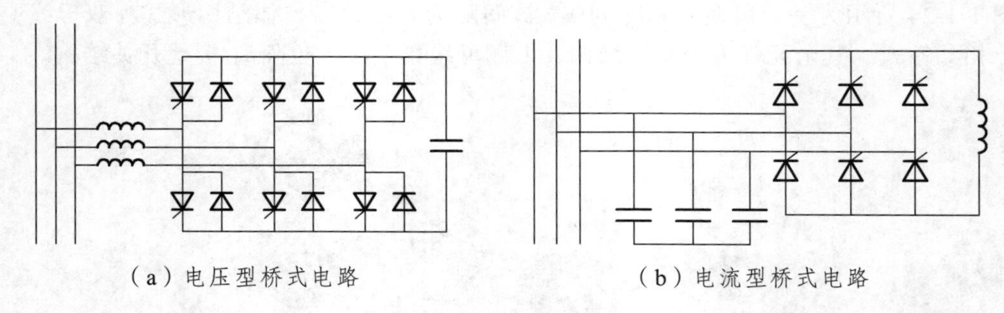

（a）电压型桥式电路　　（b）电流型桥式电路

图 1-2-1　STATCOM 电路基本结构

对于电压型桥式电路，其直流侧以电容作为储能元件，将直流电压逆变为交流电压，通过串联电抗并入电网，其中串联电抗起到阻尼过电流、滤除纹波的作用。对于电流型桥式电路，其直流侧以电感作为储能元件，将直流电流逆变为交流电流送入电网，并联于交流侧的电容可以吸收换相产生的过电压。在平衡的三相系统中，三相瞬时功率的和是一定的，在任何时刻都等于三相总的有功功率。因此总的看来，在三相系统的电源和负载之间没有无功功率的往返，各相的无功能量是在三相之间来回往返的。而 STATCOM 正是将三相的无功功率统一进行处理的。所以，从理论上说，STATCOM 的桥式变流电路的直流侧可以不设无功储能元件。但实际上由于谐波的存在，从总体看来，电源和 STATCOM 之间会有少许无功能量的往返。所以，为了维持 STATCOM 的正常工作，其直流侧仍需一定大小的电容或电感作为储能元件。在实际运行中，由于电流型桥式电路效率比较低，而且发生短路故障时危害比较大，迄今投入使用的 STATCOM 采用的大容量 STATCOM 基本都是电压源型结构。但是可以将 SVG 控制作为电流源来进行无功补偿。

STATCOM 的设备运行的一次接线图如图 1-2-2 所示，其中包含电容器、电抗器、避雷器、断路器。

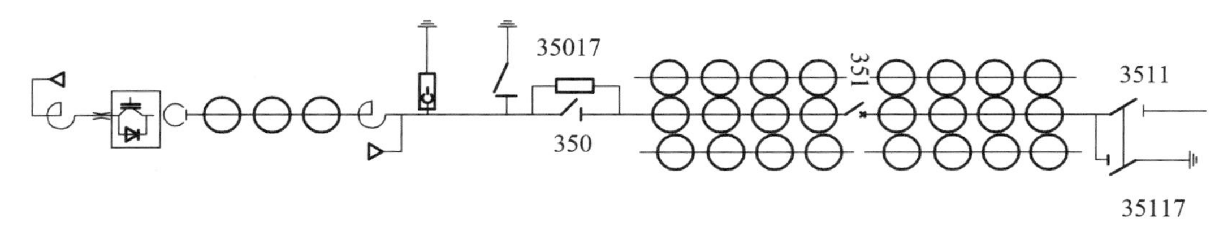

图 1-2-2　某换流站 STATCOM

1.2.3　STATCOM 的基本工作原理

以富宁换流站使用的 PCS-9583 静止无功发生器（STATCOM）系统为例，基于电压源型变流器，采用目前最为先进的无功补偿技术，不再采用大容量的电容和电感器件，将 IGBT 构成的桥式电路经过变压器或电抗器接到电网上，适当地调节桥式电路交流侧输出电压的相位和幅值，或者直接控制其交流侧电流，就可以使该电路吸收或者发出满足要求的无功电流，实现动态调整控制目标侧电压或者无功的目的。一个并网电压源逆变器通过某种控制方式，在其逆变输出侧产生一个与电网电压频率相同、相位可调、幅值可调的正弦电压，其效果相当于同步发电机。图 1-2-3 为 STATCOM 的基本拓扑结构。

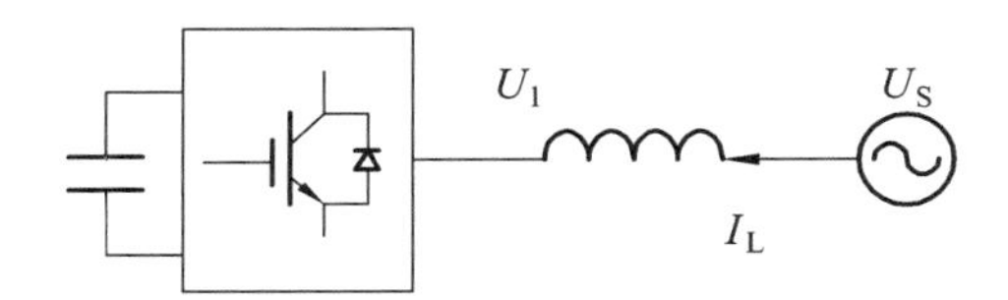

图 1-2-3　STATCOM 工作原理

STATCOM 有两种工作状况：即容性工况和感性工况，如图 1-2-4 所示。图中 δ 为 U_S 和 U_I 之间的相位差，以 U_S 滞后 U_I 为正，ϕ 为等效电抗器的阻抗角，U_L 为等效阻抗器两端的电压。

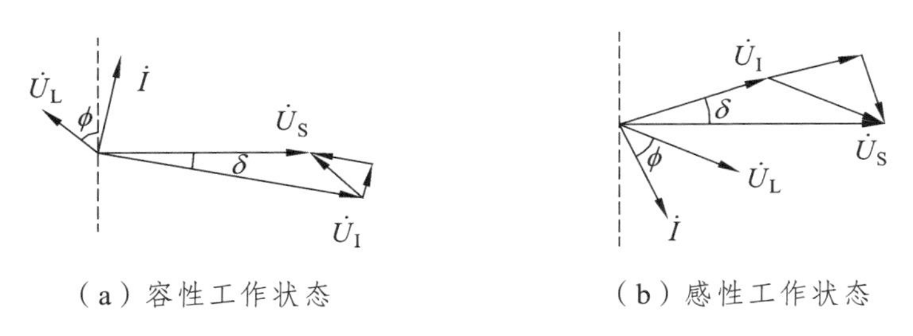

（a）容性工作状态　　（b）感性工作状态

图 1-2-4　STATCOM 工作状态向量图

当 U_I 滞后于 U_S 时（$\delta < 0$），STATCOM 工作于容性工况，此时电流 I 超前于系统电压 U_S，STATCOM 从系统吸收容性无功功率，为系统提供无功支撑；当 U_I 超前于 U_S 时（$\delta < 0$），STATCOM 工作于感性工况，此时电流 I 滞后于系统电压 U_S，STATCOM 从系统吸收感性无功功率。

PCS-9583 静止无功发生器的详细运行模式及其补偿特性如表 1-2-1 所示。

表 1-2-1 STATCOM 的运行模式及补偿特性说明

运行模式	波形	说明
空载	U_I U_S ; U_S U_I	如果 $U_I=U_S$，STATCOM 不起任何补偿作用
发无功	U_I I_L U_S ; I_L U_S U_L U_I	如果 $U_I>U_S$，STATCOM 输出无功电流超前电网电压，STATCOM 发容性无功，且其无功可连续调节
吸无功	U_S U_I I_L ; U_I U_L U_S I_L	如果 $U_I<U_S$，STATCOM 输出无功电流滞后电网电压，STATCOM 吸容性无功，且其无功可连续调节

如果需要 STATCOM 在补偿无功的基础上对负载谐波进行抑制，只要令 STATCOM 输出与谐波电流相反的电流即可。因此，STATCOM 能够同时实现补偿无功功率和谐波电流的双重目标。

1.2.4 STATCOM 的控制策略

按不同的功能和要求，STATCOM 的控制从控制策略上讲有 3 种基本结构：开环控制、闭环控制或者两者结合的复合控制。根据控制物理量，由无功电流参考值调节 STATCOM 产生所需无功电流的具体控制方法，可以分为直接电流控制和间接电流控制两大类。按照控制技术来分，主要包括：PID 控制、PID+PSS 控制、逆系统 PI 控制、微分几何控制、非线性鲁棒控制、模糊控制、递归神经网络自适应控制，等等。以下将介绍几种主要的控制方式。

1.2.4.1 电流间接控制

STATCOM 的电流间接控制方法，就是通过调节逆变器输出交流电压的幅值与相位来实现间接控制 STATCOM 的交流输出侧电流。目前主要有两种实现的手段。

一种方法是 δ 角控制，实际上是调节 STATCOM 装置交流侧逆变电压与电网电压之间的相位差。这种控制方法的主要优点是角度控制实现起来比较容易，但是由于 STATCOM 调节逆变器输出交流电压的同时直流电容电压也在变化，会导致整体调节过程缓慢[见图 1-2-5（a）]。

另一种控制方法是同时控制 δ 角和 θ 角，不仅依靠 δ 角调节相位而且还增加了开关器件的导通 θ 角控制，因此能够同时调节 STATCOM 逆变电压的幅值和相位。该控制方法相比单 δ

角控制的优点是直流侧电容电压更加平稳，提高了装置运行的稳定性。其缺点是 δ 角和 θ 角的联合调节要求电路参数测量准确，但是电力系统中参数在运行中又会发生变化，因此导致角度之间的配合关系也需要相应地变化［见图 1-2-5（b）］。

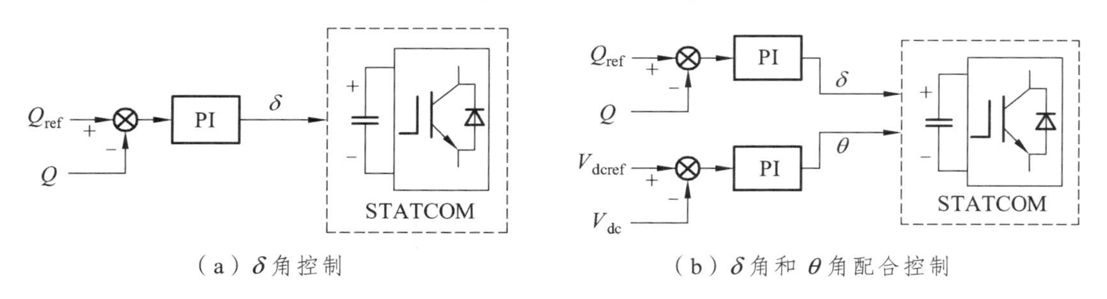

（a）δ 角控制　　（b）δ 角和 θ 角配合控制

图 1-2-5　电流间接控制

1.2.4.2　电流直接控制

STATCOM 的电流直接控制方法即首先根据适当的参考电流检测方法计算出补偿电流指令，然后采用高频脉宽调制（Pulse Width Modulation，PWM）跟踪技术对补偿电流的瞬时值直接进行反馈控制。目前在工程上一般采用比例积分（Proportion Integration，PI）控制器对电流做瞬时跟踪控制，并采用正弦脉宽调制（Sinusoial Pulse Width Modulation，SPWM）、空间矢量脉宽调制（Space Vector Pulse Width Modulation，SVPWM）等算法生成驱动脉冲。采用电流直接控制方法以后，STATCOM 具备了对更复杂的指令电流跟踪控制的能力，可以有效地滤除电网中的基波正序无功以及其他的包括负序、零序、谐波在内的全部有害电流，实现动态补偿无功、消除三相不平衡、治理谐波的电能质量综合补偿目标。最终补偿的效果主要取决于装置电流检测方法的精度以及瞬时电流跟踪环节的误差大小。

电流直接控制的 STATCOM 可以有两种控制结构。

第一种控制结构如图 1-2-6 所示，采用 abc 静止坐标系下的瞬时电流跟踪方法。控制系统完成两个功能：其中电压外环经过 PI 控制器生成有功电流指令 I_{dref}，控制流入 STATCOM 的有功电流以维持直流侧电压稳定；同时指令电流检测方法计算得到无功电流指令 I_{qref}，对系统的无功进行动态补偿。有功和无功指令电流经过反变换得到三相瞬时电流指令 i_{aref}、i_{bref}、i_{cref}，然后 PI 控制器对三相瞬时指令信号进行电流跟踪，跟踪以后得到调制信号再经过 PWM 比较环节生成驱动逆变器的开关信号。

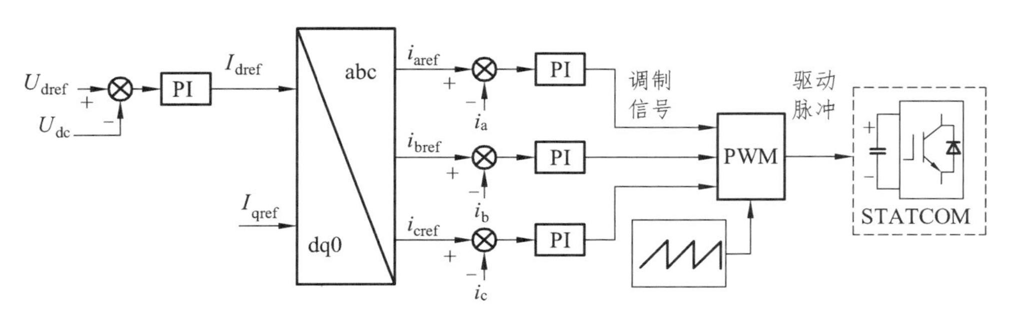

图 1-2-6　abc 坐标下的电流直接控制

第二种控制结构如图 1-2-7 所示，采用了 d-q 同步坐标系下的瞬时电流跟踪方法。该方法将 STATCOM 输出的三相电流经同步旋转坐标变换后解耦为电流有功分量 i_d 以及电流无功分量 i_q。然后同样由电压外环得到有功电流指令 I_{dref}，同时指令电流检测方法计算得到无功电流指令 I_{qref}。接着在 d-q 旋转坐标系下直接用 PI 控制器对给定的有功和无功指令电流进行跟踪，再使用 dq0-abc 反变换得到调制波，最后经过 PWM 环节比较得到逆变器的开关信号。

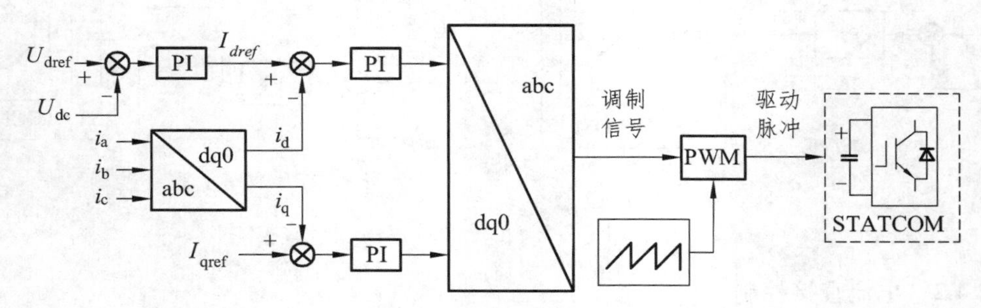

图 1-2-7 d-q 坐标下的电流直接控制

以上两种控制系统所实现的功能是相同的，但是具体的差异体现在电流跟踪调节指令参考信号的形式以及 PI 控制器的位置和数量：第一种控制系统电流内环有三个 PI 控制器，被跟踪的对象为正弦交流信号；第二种控制系统只有两个 PI 调节器，被跟踪的对象为直流信号。相比之下，由于交流信号的变化率较大，而 PI 控制器只能对直流信号进行稳态无静差的跟踪，因此，第一种控制系统进行 PI 调节时会有静态误差存在，而减小跟踪误差的有效手段，就是进一步提高 PWM 的开关频率。电流直接控制方法能够显著提高 STATCOM 的稳态控制精度以及动态响应速度，此时 STATCOM 所体现出的外部特性更接近于被控电流源。由于采用了高频的 PWM 技术，要求主电路电力半导体器件具有较高的开关频率，导致装置的开关损耗较大，受到目前电力电子技术水平的限制，该方法只适用于中小容量的 STATCOM，起到改善配电网的电能质量的作用。

1.2.4.3 线性 PID 控制

自 20 世纪 80 年代初第一台实验性 STATCOM 投入电网运行以来，所有已公开的实用装置的控制器设计或是采用经典控制理论 PID，或是引入线路功率的 PSS 辅助方式，或是采用局部改进的 PI 控制。有关理论也指出，这种控制方法在一定范围之内通过向系统提供有效的电压支撑，可以维持接入点的电压基本不变。但是，这些基于线性化的控制手段限制了该装置的应用范围，在大的干扰下，这种控制方式难以满足提高系统电压稳定的要求。

1.2.4.4 线性最优控制

线性最优控制早在 20 世纪 70 年代初便被引入电力系统控制中，是目前现代控制理论中应用最广泛的一项控制技术。有关论文印证了通过研究 STATCOM 与励磁控制器相配合可以设计出 STATCOM 控制器，它能增加系统的同步阻尼系数，有利于电压的稳定，但是由于这种控制器是针对局部线性化模型来设计的，在强非线性的电力系统中的控制效果并不理想。

1.2.4.5 自适应控制

电力系统的自适应控制应用研究始于 20 世纪 80 年代中期，由于自适应控制的控制效果优于固定参数的控制器，能够在一定程度上弥补经典 PID 控制过分依靠被控对象的数学模型的缺陷，因此很自然地被用于 STATCOM 的控制。仿真表明，由它所控制的补偿器在较大的干扰下仍能保持良好的阻尼特性，健壮性较强。但同时也应该看到，这种控制算法的参数在线辨识复杂程度较高，在实际应用中必须考虑计算速度的影响，同时滞后的控制响应也影响控制精度。

1.2.4.6 微分几何控制

微分几何控制克服了传统的局部线性化方法固有的局限性，控制器几乎对所有的运行点都起作用，正是认识到这一点，因此很早就被应用到 STATCOM 的控制之中。但是在进行微分几何控制器的设计的时候应该认识到：首先，微分几何控制要求系统参数必须确切可知，而电力系统是一个强耦合的非线性系统，其各种负载时时刻刻都在发生变化，因此在实际中这一点是很难做到的；其次，微分几何控制对接入点的电压控制是不做考虑的，在理论上也就无法保证接入点的电压具有良好的动态响应。

1.3 串补设备的结构原理

1.3.1 串补基本概述

串联在输电线路中，由电容器组及其保护、控制等辅助设备组成的装置，简称串补装置或串补（见图 1-3-1），主要有固定串联电容器补偿装置（简称固定串补）和晶闸管控制串联电容器补偿装置（简称可控串补）。

图 1-3-1 串补整体图

串补的意义如下：

意义 1：降低系统阻抗，提高输送功率（见图 1-3-2）。

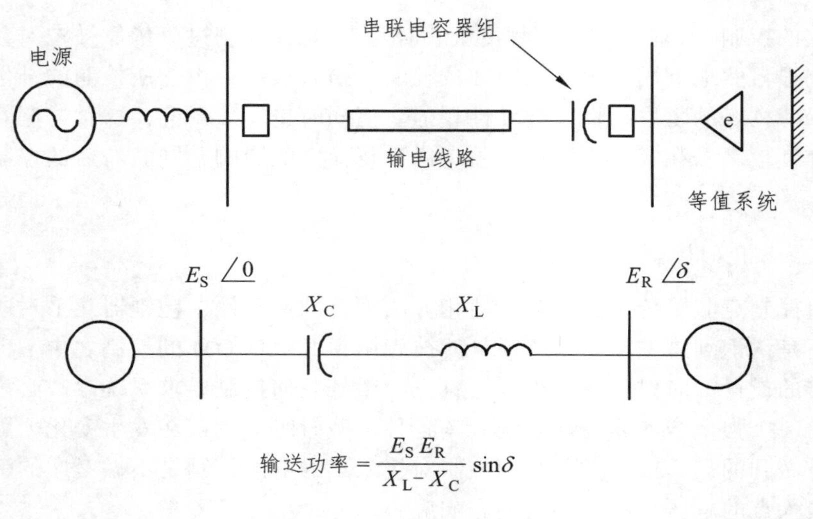

图 1-3-2　串补工作原理

意义 2：改善电压调整率。采用串联补偿电容后，电容能产生与线路电感压降相反的电压，相当于提供了一个正向的补偿电压源。

意义 3：改善电网功率分布。电网的功率分布是按元件的参数自然分布的，大多情况下，功率的分布不符合有功损耗最小的原则，采用串联电容补偿部分线路电抗后，可以调整线路的潮流分析，达到功率经济分配的目的。

意义 4：提高电力系统稳定性。电力系统的稳定性与系统的电抗有直接的关系，补偿电容后，电抗的降低也提高了系统的稳定性。

1.3.2　串补主要设备工作原理

串补装置包括以下几个部分：串联电容器组、金属氧化物限压器、火花间隙、阻尼装置、旁路断路器、串补平台。此外，可控串补装置还包括晶闸管阀及其组件（见图 1-3-3）。

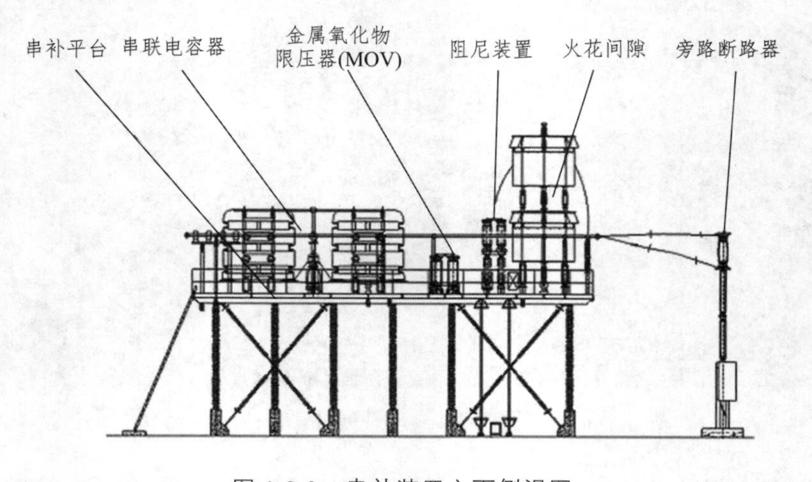

图 1-3-3　串补装置立面侧视图

1．串联电容器组

串联电容器组是串补装置的主要工作元件，由多台电容器通过串并联方式组成（见图1-3-4）。

图 1-3-4　串补电容器组

2．金属氧化物限压器（MOV）

金属氧化物限压器（MOV）与电容器组并联，限制电容器组的过电压，是串补电容器组的主保护（见图 1-3-5）。

MOV 在正常运行工况下呈现高阻值，不导通。当流过电容器的电流超过正常范围，造成电容器电压过高时，MOV 导通吸收电流能量，以起到保护串联补偿电容组的目的。

图 1-3-5　MOV 实物图

3．火花间隙（GAP）

GAP 能快速触发，将串补装置旁路，是 MOV 的主保护和电容器组的后备保护（见图 1-3-6）。

4．阻尼装置

限流和阻尼元件可以限制电容器组放电电流的幅值和频率，使其很快衰减；减小放电电流对电容器、旁路断路器和保护间隙的损害；迅速泄放电容器组残余电荷，避免电容器组残余电荷对线路断路器恢复电压及线路潜供电弧等产生不利影响（见图 1-3-7）。

（a）实物图

C_2 $C_{中}$ $C_{低}$ C_1 R

（b）火花间隙原理图

图 1-3-6　火花间隙

图 1-3-7　串补阻尼装置

5．旁路断路器

旁路断路器与隔离开关配合，可以进行串补的投入和退出的操作。旁路断路器合闸后，可使火花间隙电弧迅速熄灭，防止火花间隙燃弧时间过长（见图 1-3-8）。

6．串补平台

串补平台是对地保证足够绝缘水平，用于支撑串补装置的钢构平台（见图 1-3-9）。

平台测量系统的主要功能是采集串补平台模拟量，包括：平台数据采集子系统、数据汇总子系统、平台电源子系统三部分（见图 1-3-10）。

图 1-3-8　串补旁路断路器

图 1-3-9　串补平台

图 1-3-10　串补保护装置

国产串补的平台测量系统采用混合式光电测量技术，集中转换模式。采用高效、全封闭、多层次的电磁屏蔽设计，具有抗干扰能力强、使用寿命长的特点。利用激光送能与线路取能相结合的模式为测量系统的长期稳定运行提供可靠的能量。同时采用完全独立的双套配置，保证了平台数据的可靠性。

1.3.3　串补保护配置情况

串补成套装置的保护主要基于电流量来进行计算的，按照设备从上到下安装的顺序，串补保护主要有以下部分。

1．电容器保护

电容器保护主要包括：

（1）电容器不平衡报警/保护——电容器电流配合电流器不平衡电流。

（2）电容器过负荷保护（反时限）——电容器电流。

2．MOV 保护

MOV 主要包括：

（1）高电流保护——MOV 总电流。

（2）过温保护——MOV 总电流累计计算成温度。

（3）温度梯度低定值——MOV 温度变化率。

（4）温度梯度高定制——MOV 温度变化率。

（5）MOV 不平衡保护——两分支路电流差。

3．间隙保护

间隙保护主要包括：

（1）间隙自触发——间隙电流和触发信号。

（2）间隙延迟/拒绝触发——间隙电流和触发。

（3）间隙延长导通——间隙电流。

4．断路器保护

断路器保护主要包括：

（1）三相不一致——断路器位置。

（2）辅助触点不一致——断路器位置节点。

（3）合闸失灵——合闸令、断路器电流、电容器或间隙电流。

（4）分闸失灵——分闸令（重投令）、断路器位置。

5．平台保护

平台保护主要包括：

（1）平台保护低定值——平台闪络电流。

（2）平台保护高定值——平台闪络电流。

6．其他保护功能

重投/阻止重投——线路电流。

表 1-3-1 是串补 CT（电流互感器）配置情况，除了电容器不平衡电流 CT，其他 CT 变比都是一样的，都是通过 1 Ω 的采样电流完成采样。不平衡 CT 变比较小，一次侧通流采样时，注意电流不要加太大。

表 1-3-1　富宁换流站串补 CT 配置情况表

型号；变比	线　圈	用　途	并联电阻/Ω	二次电压/V	等级（IEC）
CT：4000A/1A/1A	1，2	保护 1，2	1	±10	5P20，ext.200%
CT：4000A/1A/1A	1，2	保护 1，2	1	±10	5PR20，ext.200%
CT：10A/0.05A/0.05A	1，2	保护 1，2	100	±10	Class0.2

1.3.3.1 保护动作情况及逻辑

1．保护矩阵（见表 1-3-2）

表 1-3-2 保护矩阵

保护功能	报警	间隙触发	临时旁路	永久旁路	重投	线路跳闸
阻止重投	√					
间隙延长导通	√			√		
间隙拒绝触发	√			√		
间隙延迟触发	√			√		
间隙自触发	√		√	√1	√	
平台故障	√			√		
MOV 过温	√	√	√2			
MOV 温度梯度	√	√	√3		√	
MOV 高电流	√	√	√4		√	
MOV 故障/不平衡	√	√		√		
电容器不平衡报警	√					
电容器不平衡旁路	√				√	
电容器过载	√		√	√5		
旁路断路器三相不一致	√			√		
旁路断路器辅助触点不一致	√			√		
旁路断路器合闸失败	√			√		√
自监控	√			√6		

备注：（1）自触发本身只是暂时旁路，重复间隙自触发时，永久旁路串补。

（2）温度下降时，三相临时旁路会复位。

（3）高梯度时单相临时旁路和低梯度三相临时旁路复位。

（4）单相临时旁路复位，重投。

（5）电容器重复过载。

（6）保护双套故障或失电，自监控系统通过一个单独的继电器发出“监控闭锁”永久旁路命令。

2．状态名词释义

根据对应的功能与事件，保护系统将会产生：

旁路：来自保护系统的旁路命令发送到保护装置（如火花间隙、旁路断路器、线路跳闸继电器）。

报警：报警信号具有指示重要事件与被触发的功能。

状态：状态信号在人机界面上提供更多信息，如受动作相。

投入：自动重投。

1）永久旁路（永久闭锁）

电容器组被永久旁路后将无法自动重投。重投需要在保护屏将继电器复位或通过人机界面复位。永久旁路总是三相旁路。

2）临时旁路

临时旁路后，如果重投条件满足，电容器组将在一定延时后自动重投。临时旁路可以是单相或是三相，类型由操作员在人机界面上设定。

3）外部合闸命令

提供了使旁路断路器合闸的外部开关量输入。

4）自动重投

自动重投在临时旁路操作后启动旁路断路器分闸动作。自动重投可以由操作员在人机界面上启用或禁止。重投失败是由于没有满足重投条件，并会导致三相临时旁路而不会产生更多的重投尝试。

5）火花间隙触发

如需快速保护动作，保护系统将会发出火花间隙触发信号使平台上的火花间隙燃弧，从而旁路电容器组直至旁路断路器合闸。火花间隙触发信号通过光纤传输到火花间隙触发电子装置（GTE）。

6）线路跳闸

如果旁路断路器合闸失败将会发生跳线路（或远跳）命令。提供干触点连接到串补线路的线路保护系统用于跳线路。

7）监控闭锁

串补永久闭锁并且不能自动重投。投入需要在就地的对应保护柜或控制室内进行重置操作。永久闭锁通常是三相的。

1.3.3.2 保护定值计算原则

1．MOV（电涌防护器）保护电压计算

串补在短路故障时过电压保护目标为 2.37 p.u.（标幺值，200 V = 1 p.u.）（富宁—靖西Ⅰ线）、2.34 p.u.（富宁—靖西Ⅰ线）。则 MOV 与电容器最大耐压要求为：

$$13.49\times 3400\times 1.414\times 2.37 = 153.8$$

$$12.77\times 3400\times 1.414\times 2.34 = 143.7$$

计算 MOV 动作电压分别为：

$$13.49\times 3400\times 1.414\times 2.3 = 149.1$$

$$12.77\times 3400\times 1.414\times 2.3 = 141.2$$

MOV 过电流动作定值分别为：20 800 A（峰值），20 800 A（峰值）。

2．电容器不平衡定值计算（见表 1-3-3）

表 1-3-3 电容器故障计算表

	正常	4 元件断路	5 元件断路	6 元件断路	7 元件断路	8 元件断路
串联电容电阻率/Ω						
单元电阻率/Ω						
单元#1 电流/A						
单元#1 电压/V						
G1 电流/A						
G1 电压/V						
G1 电压应力/p.u.	1.000	1.248	1.331	1.425	1.534	1.661
单元#2 电流/A						
不平衡电流/A	0.31	0.975	1.300	1.670	2.098	2.595
不平衡比率/%	0.009	0.029	0.038	0.049	0.062	0.076
斜率/%			0.0335	0.0435	0.0555	0.069
阈值 25%			0.285	0.370	0.471	0.587
			不平衡报警		低设定旁路	高设定旁路

不平衡报警计算：

斜率 = $(0.029 + 0.038)/2/100 = 3.35 \times 10^{-4}$

报警：$I_{unb} = I_{cap} \times 3.35 \times 10^{-4}$ A

报警阈值：$I_{unb} = 0.285$ A　　at 25% $I_{rated} = 3400$ A/4

低设定旁路计算：

斜率 = $(0.049 + 0.062)/2/100 = 5.55 \times 10^{-4}$

报警：$I_{unb} = I_{cap} \times 5.55 \times 10^{-4}$ A

报警阈值：$I_{unb} = 0.471$ A　　at 25% $I_{rated} = 3400$ A/4

高设定旁路计算：

斜率 = $(0.062 + 0.076)/2/100 = 6.90 \times 10^{-4}$

报警：$I_{unb} = I_{cap} \times 6.90 \times 10^{-4}$ A

报警阈值：$I_{unb} = 0.587$ A　　at 25% $I_{rated} = 3400$ A/4

1.3.3.3　串补保护逻辑

1．阻止重投

仅当线路电流的基波分量处在高定值和低定值之间时，串补才可能重投。否则电容器组将被阻止投入（见图 1-3-11）。

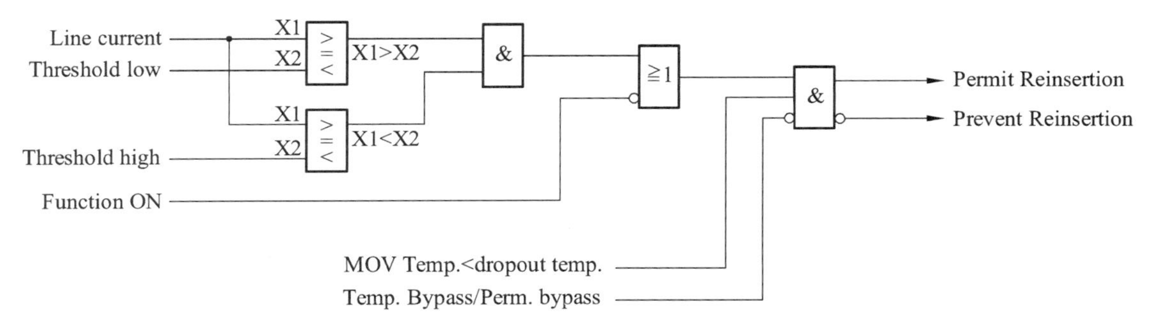

图 1-3-11　线路电流阻止重投/允许重投逻辑

“允许重投”为其他保护重投前对线路的判定条件，只有在“允许重投”情况下允许重投，对于要求线路重合闸之前投串补的场合，线路电流值下限值可设为 0。当线路电流高于上限值时则闭锁重投。

2．间隙持续导通

如果超过一定时限间隙电流仍然存在，则发生了火花间隙持续导通。这说明旁路断路器未能成功合闸，保护系统将发出永久旁路命令。保护设定须考虑到间隙的设计和旁路断路器的合闸时间（见图 1-3-12）。

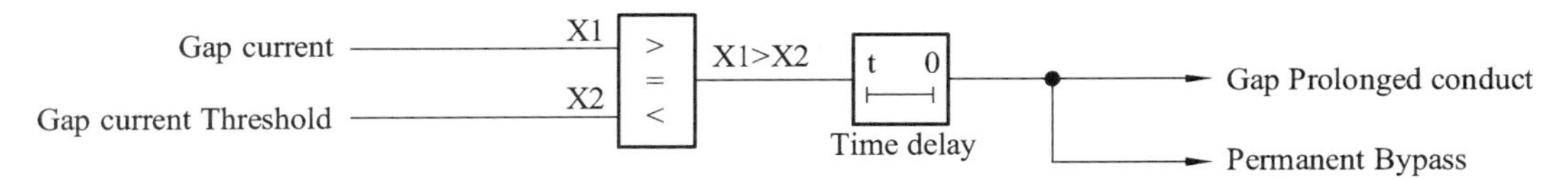

图 1-3-12　间隙持续导通保护逻辑

3．间隙拒绝/延时触发

如果间隙收到触发信号后触发失败，“间隙拒绝触发” 条件将满足而且保护会产生永久旁路。如果收到触发信号后间隙电流延时消失，“间隙延迟触发” 会被指示而且会产生永久旁路（见图 1-3-13）。

阈值设置须考虑测量系统的准确性。延时触发的延迟时间须考虑间隙触发后两端半个周波的电压。拒绝触发的延迟时间须考虑旁路断路器操作时间（见图 1-3-14）。

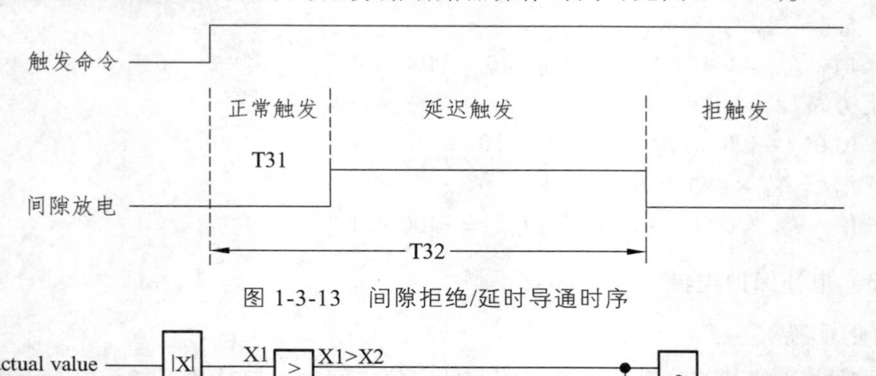

图 1-3-13 间隙拒绝/延时导通时序

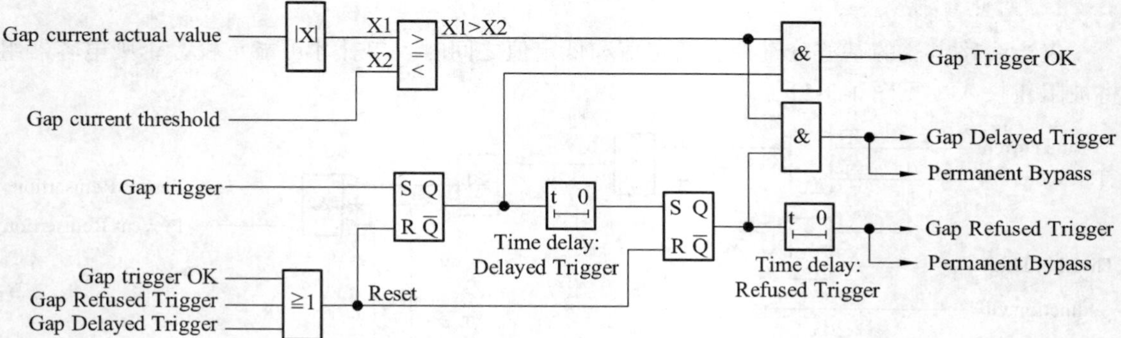

图 1-3-14 间隙拒绝/延时导通保护逻辑

4．间隙自触发/间隙重复自触发

间隙没有收到触发信号，出现间隙电流，属于间隙自触发，间隙自触发保护动作，这时会产生临时旁路。如果重投条件满足，自动重投在延时后被激活。

如果自触发重复后，自触发事件次数会被计算直到永久旁路。保护设定须确保故障被可靠的检测（见图 1-3-15）。

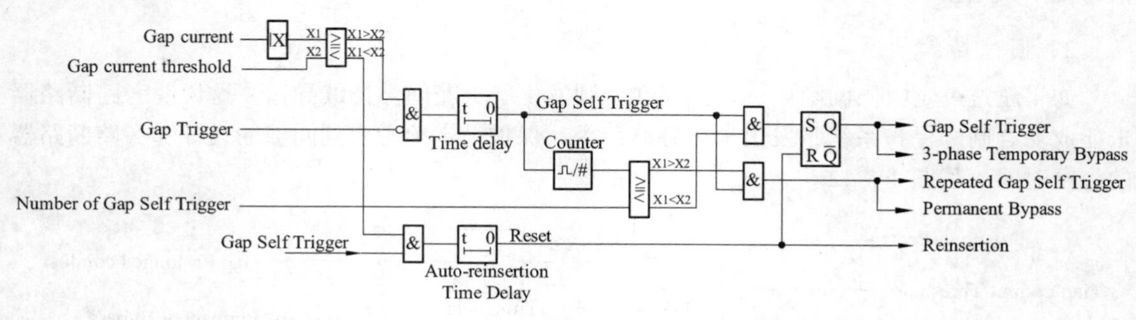

图 1-3-15 间隙自触发保护逻辑

5．MOV 温度过载

MOV 通过测量外部实际环境温度在 MOV 热模型中不断计算环境温度，在正常情况下 MOV 温度与环境温度基本一致，当 MOV 有电流流过时注入能量，当注入能量高于 MOV 自身散发的能量时 MOV 温度逐渐升高，注入能量越大升温越快。

保护会比较 MOV 温度和设定值，如果越限，间隙触发信号在延迟时间内（≤4 ms）输出到各自相，同时产生三相临时旁路，并闭锁重投。旁路开关合上后 MOV 电流消失，温度逐渐下降，当温度低于低温度值时暂时闭锁返回，但自身不会自动重投（见图 1-3-16）。

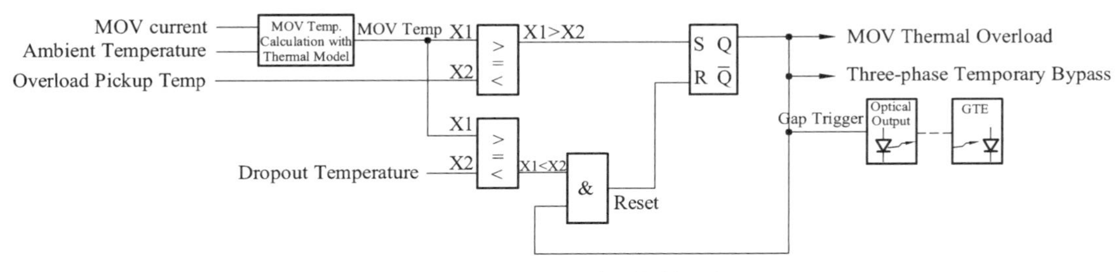

图 1-3-16　MOV 过温保护逻辑

6．MOV 温度梯度-低定值

如果 MOV 60 s 内的温升超过一定数值，MOV 就需要被旁路至少进行 60 s 散热以平衡积聚的能量。如果 MOV 的电流超过阈值，温度值就会被存储，用于温度的时间积累（默认为 60 s）。如果 MOV 电流值超过阈值一定次数，时间延迟将再次开始。

在时间延时过程中，存储值会与实际温度值不断比较。如果两个值的差超过启动阈值，受影响相的火花间隙将会被启动，并且将会输出三相临时旁路。在自动重投时间延时（默认为 60 s）后，自动重投信号将输出（见图 1-3-17）。

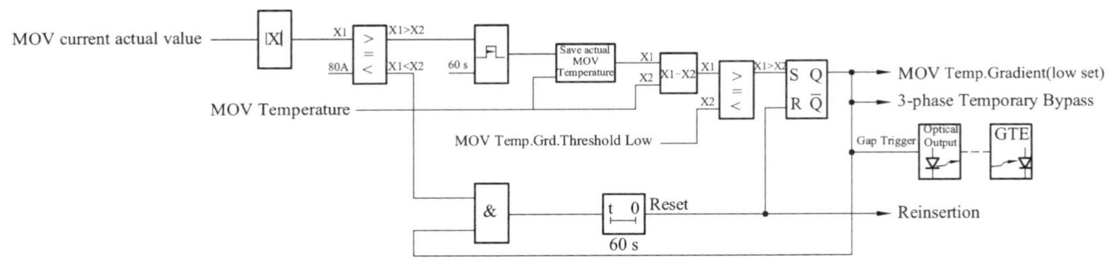

图 1-3-17　MOV 温度低梯度保护逻辑

7．MOV 温度梯度-高设置（见图 1-3-18）

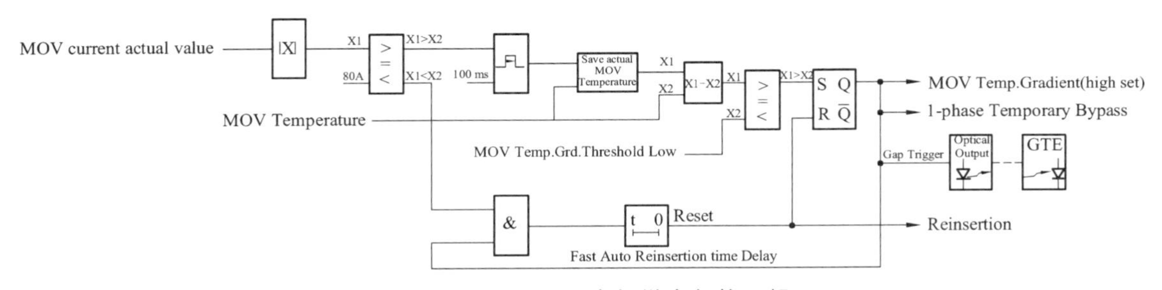

图 1-3-18　MOV 温度低梯度保护逻辑

8．电容器不平衡保护

保护原理：电容器不平衡保护是通过测量电容器不平衡电流来监视电容器的状态。由于电容器熔丝熔合或电容套管闪络引起的电容器电容值的改变均会导致被监视的各支路电流大小不相同，从而造成不平衡测量 CT 有差流流过。保护采用电容器差动电流有效值进行判断。采用高灵敏度电流互感器来反映不平衡电流，且保护定值连续可调（见图 1-3-19）。

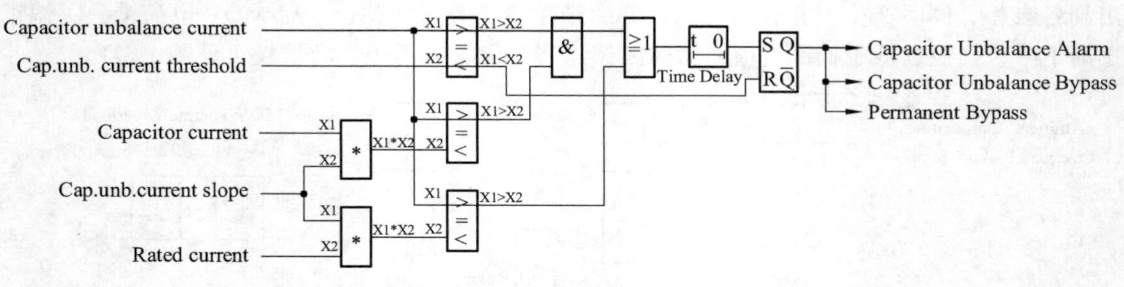

图 1-3-19　电容器不平衡保护逻辑

电容器不平衡保护采用三段式整定方法：

第一段：告警。在这种情况下，保护只发出告警信号。

第二段：低值旁路，永久闭锁。当保护检测到电容器不平衡电流与电容器电流的比值超过整定值，则经过一个延时（时间可设定），发送合旁路断路器命令，并永久闭锁。

第三段：高值旁路，永久闭锁。当保护检测到电容器不平衡电流超过整定值，经短延时发送合旁路断路器命令，并永久闭锁。高值旁路定值的选择会避免电容元件雪崩损坏。

告警与低定值旁路体现了不平衡电流与电容器电流之间的比值关系，而高定值旁路只与不平衡电流有关。

当电容器电流小于定值时（可设定），告警和低值旁路功能被自动闭锁。

电容器不平衡保护动作后，手动解除闭锁，串补才能重新投入。

9．电容器过载保护

当电容器电流大于 1.1 倍额定电流时，启动电容器过负荷保护。根据 IEC 标准要求，采用反时限原理。

电容器保护启动后，经过一个短延时发出过负荷报警信息，保护动作后，闭合旁路断路器并进入暂时闭锁状态，经过延时后重投。如果在一定时间内重投超过一定次数（可整定），则过负荷保护动作后进入永久闭锁状态。只有手动解除闭锁串补才能重新投入（见图 1-3-20）。

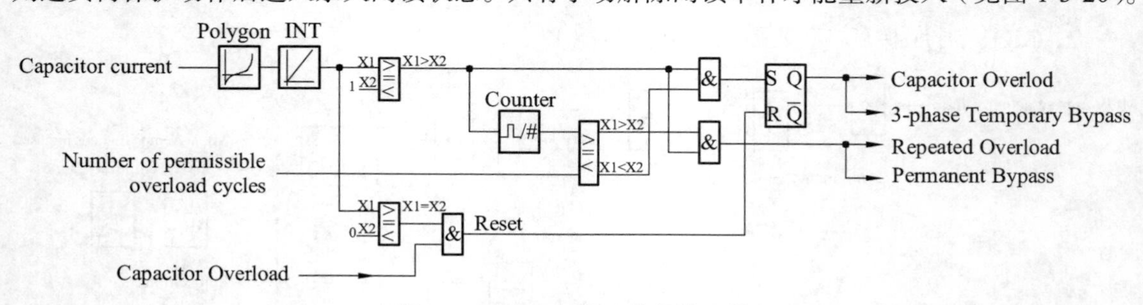

图 1-3-20　电容器过载保护逻辑

10. 平台保护

平台闪络保护主要是为防止平台元件对串补的电容器平台闪络而设置的。西门子串补平台保护分为 2 段保护，即高定值保护和低定值保护。正常情况下平台元件与平台之间的电流极小，如果发生元件对平台的闪络，平台电流测量 CT 中就会有电流，在电流有效值达到定值后经过延时平台闪络保护动作。动作的出口为低定值合三相断路器永久闭锁并上报 SOE 事件，高定值动作除了旁路串补外还会控制刀闸和接地刀动做，自动将串补调整到接地状态（见图 1-3-21）。

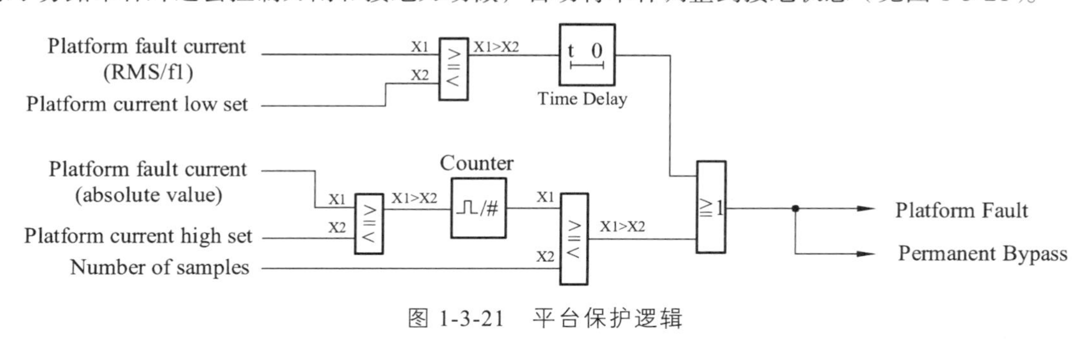

图 1-3-21　平台保护逻辑

本章知识点

本章主要对换流站的一次设备基本组成及结构原理进行了梳理，涉及的一次设备包括换流变压器、换流阀、平波电抗器、直流避雷器、交流滤波器、直流滤波器、直流断路器、直流耦合电容器、直流线路、接地极及 GIS，本章总结分析了直流一次输变电设备主要结构特点及与交流一次设备主要差异。

课后测试

简答题

（1）平波电抗器的主要作用是什么？

（2）简述换流站中性母线快速开关（直流断路器）灭弧原理。

（3）换流变压器的作用是什么？

（4）叙述串补站的作用，并画出串补平台（含旁路开关）的基本电气原理图，说明每个主部件的功能。

第 2 章　换流站一次设备高压试验原理及方法

2.1　一次设备的试验

换流站内的一次设备主要包括换流变、换流阀、平波电抗器、直流避雷器、交/直流滤波器、直流断路器、直流耦合电容器、直流线路、接地极及 GIS，为了确保设备的安全稳定运行，这些设备需要定期开展预防性试验来检查设备性能是否能满足运行要求。

2.1.1　引用标准及规程

（1）《±800 kV 特高压直流设备预防性试验规程》（DL/T 273—2012）。

（2）《直流接地极接地电阻、地电位分布、跨步电压和分流的测量方法》（DL/T 253—2012）。

（3）《接地装置特性参数测量导则》（DL/T 475—2017）。

（4）《电力设备检修试验规程》（Q/CSG1206007—2017）。

2.1.2　作业前准备

2.1.2.1　工作人员的准备

（1）换流站电气一次设备预防性试验人员一般不少于 16 人（以 4 个工作小组，4 人/组考虑），其中各小组试验负责人应从事高压试验工作两年以上，熟悉本项作业，了解被试设备有关技术标准要求。

（2）换流站接地极预防性试验人员一般不少于 6 人（站内试验人员 2 人，线路配合人员 2 人，接地极现场测试 2 人），其中各小组试验负责人应从事高压试验工作两年以上，熟悉本项作业，了解被试设备有关技术标准要求，配合工作线路负责人具有接地极线路运维经验，了解本项工作要求。

（3）专业技术要求：经过高压专业培训，掌握电气一次设备原理及相关试验仪器的使用，熟悉本作业指导书。

2.1.2.2　资料准备

（1）试验规程：《±800 kV 特高压直流设备预防性试验规程》（DL/T 273—2012）、《电力设备检修试验规程》（Q/CSG1206007—2017）、《直流接地极接地电阻、地电位分布、跨步电压和分流的测量方法》（DL/T 253—2012）、《接地装置特性参数测量导则》（DL/T 475—2017）。

（2）本作业指导书。

（3）历次预防性试验报告。

（4）试验记录。

2.1.2.3 仪器及工具的准备（见表 2-1-1）

表 2-1-1 仪器及工具的准备

序　号	名　称	数　量	备　注
1	试验警示围栏	若干	
2	标示牌	若干	
3	安全带	若干	
4	万用表	2 只	
5	便携式电源线架	若干	带漏电保护器
6	绝缘梯	1 把	
7	绝缘操作杆	若干	
8	绝缘绳、绝缘带	若干	
9	温湿度计	1 只	
10	工具箱	1 个	
11	试验测试线（绝缘导线、接地线等）	若干	
12	绝缘放电棒	若干	
13	介质损耗因数测试仪	2 台	
14	断路器动特性测试仪	2 台	
15	兆欧表	2 只	输出电压：1000 V、2500 V
16	回路电阻测试仪	2 台	输出电流：≥100 A
17	绝缘电阻测试仪	2 台	输出电压：500～5000 V
18	电容电桥	1	精确度等级为 1.0 级及以上
19	直流高压发生器	1 套	
20	放电计数器检验仪	1 套	
21	绝缘放电棒	若干	
22	变压器直流电阻测试仪	1 或 2 台	
23	LCR 测试仪（或其他电感测试仪）	1 或 2 台	需要进行该项目时选用
24	温湿度计	1 只	
25	微安表	2 块	
26	绝缘操作杆	若干	
27	拆线工具及绝缘绳、绝缘带	若干	需要拆除一次接线时使用
28	温湿度计	1 只	
29	计算器	1 个	
30	SF_6 气体湿度仪	1 或 2 台	
31	绝缘手套	若干	
32	试验记录	若干	
33	不极化电极	2 对	极化电位差≤1 mV
34	人体等效电阻	2 个	1400 Ω

2.1.3　换流变压器

换流变的预防性试验周期性项目包括：绕组直流电阻测试、绕组连同套管的绝缘电阻、吸收比或极化指数、铁心及夹件绝缘电阻、套管主绝缘及电容型套管末屏对地绝缘电阻测量、套管的电容量及 $\tan\delta$ 测量。

2.1.3.1　绕组直流电阻测试

1．测试目的

检查绕组内部导线和引线的焊接质量，并联支路连接是否正确，有无层间短路或内部断线；电压分接开关、引线与套管的接触是否良好等。测量直流电阻时应记录变压器上层油温。

2．接线方式

阀侧绕组联同套管直流电阻测试接线如图 2-1-1 所示，网测直流电阻接线与阀侧同理，测试线一端接网侧高压套管接线端子，另一端接中性点套管接线端子。

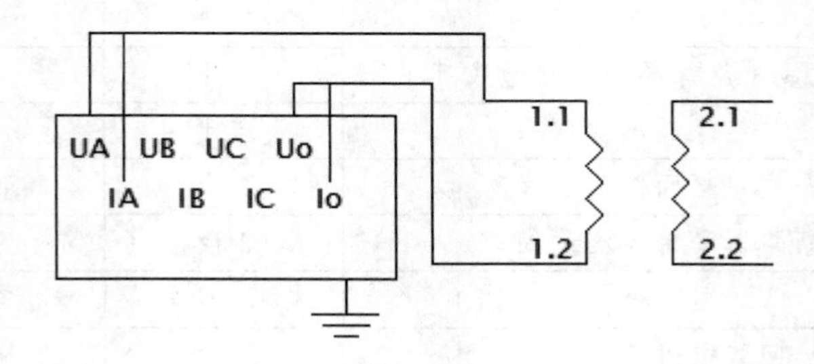

图 2-1-1　换流变阀侧直流电阻测试

3．判断标准

（1）直流电阻的变化符合规律。

（2）与交接值进行比较，其变化不应大于 ±2%。

备注：测量时应记录顶层油温，不同温度下电阻值按下式换算：$R_2 = R_1 \dfrac{T+t_2}{T+t_1}$。$T$ 为温度换算常数，铜线 $T=235$，铝线 $T=225$。

2.1.3.2　绕组连同套管的绝缘电阻、极化指数

1．测试目的

换流变压器绝缘电阻及吸收比测量主要是指变压器绕组间及绕组对地之间的绝缘电阻和吸收比测量。通过测试可初步判断变压器绝缘性能的好坏，鉴别变压器绝缘的整体或局部是否受潮；检查绝缘表面是否脏污，有无放电或击穿痕迹所形成的贯通性局部缺陷；检查有无瓷管开裂、影响碰地、器身内有铜线搭桥等所造成的半通性或金属性短路的缺陷；由于吸收比是两个绝缘电阻的比值，在一定程度上可以抵消被试品绝缘的几何尺寸、材料等因素的影响。因此，比绝缘电阻值更有利于用相同的判断标准来衡量变压器的绝缘性能。

2．接线方式（见图 2-1-2）

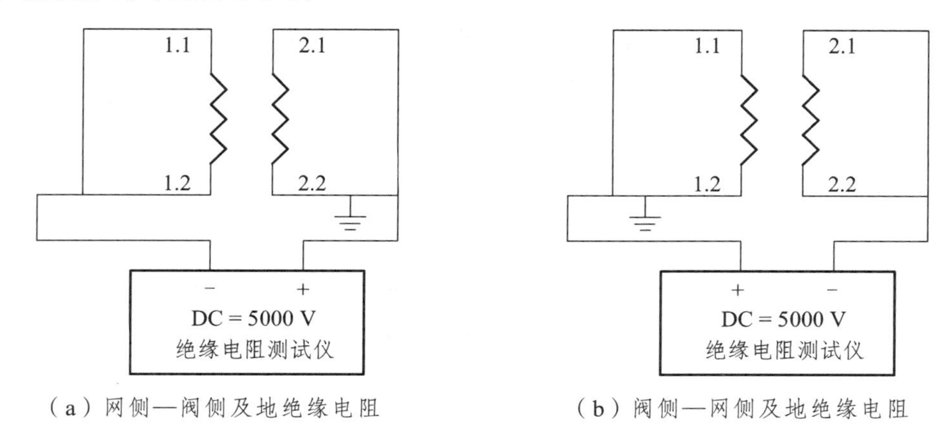

（a）网侧—阀侧及地绝缘电阻　　（b）阀侧—网侧及地绝缘电阻

图 2-1-2　测试电路

3．判断依据

（1）绝缘电阻换算至同一温度下，与前一次测试结果相比应无明显变化，一般不低于上次值的 70%。

（2）吸收比在常温下不低于 1.3；吸收比偏低时可测量极化指数，应不低于 1.5。

（3）绝缘电阻大于 10 000 MΩ 时，吸收比不低于 1.1 或极化指数不低于 1.3。

备注：

① 应使用 5 000 V 绝缘电阻表。

② 绝缘电阻温度折算 $R_2 = R_1 \times 1.5^{(t_1 - t_2)/10}$，式中：$R_1$、$R_2$ 分别为温度 t_1、t_2 时的绝缘电阻值。

2.1.3.3　铁心及夹件绝缘电阻

1．测试目的

测量铁心和夹件之间的绝缘电阻是为了检查铁心和夹件是否存在多点接地。

2．接线方式（见图 2-1-3）

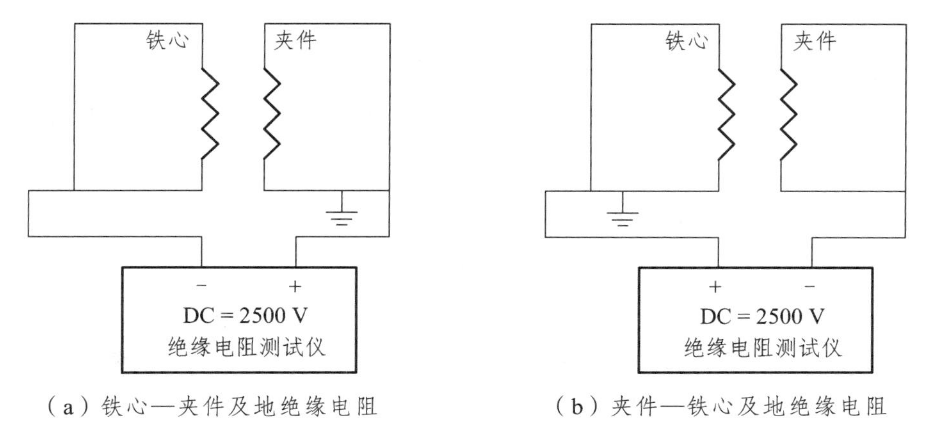

（a）铁心—夹件及地绝缘电阻　　（b）夹件—铁心及地绝缘电阻

图 2-1-3　测试电路

3．判断依据

（1）铁心和夹件的绝缘电阻结果与前次结果相比较应无明显变化。

（2）铁心和夹件的绝缘电阻测量值不宜小于 500 MΩ。

备注：

① 宜采用 1000 V 兆欧表或按照制造厂标准执行。

② 只对有外引接地线的铁心、夹件进行测量。

③ 对于绝缘电阻小于 500 MΩ 的应进行评估。

④ 必要时（如：油色谱试验判断）铁心可多点接地。

2.1.3.4 套管主绝缘及电容型套管末屏对地绝缘电阻测量

1．测试目的

检验套管本体的绝缘情况。

2．接线方式（见图 2-1-4）

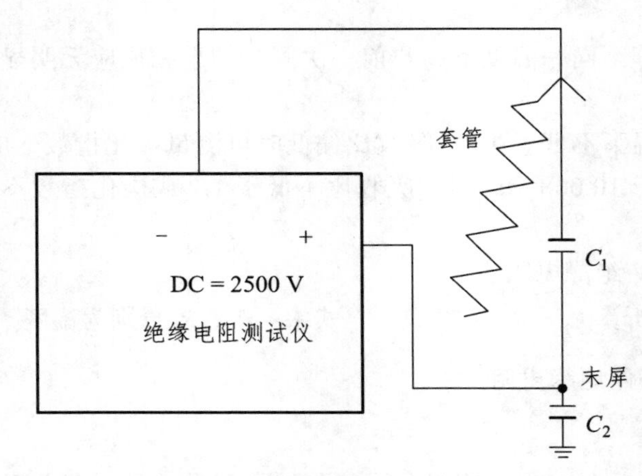

图 2-1-4 本体绝缘接线图

3．判断标准

（1）主绝缘的绝缘电阻不小于出厂值的 70%。

（2）末屏对地绝缘电阻不应小于 1000 MΩ。

（3）当电容型套管末屏对地绝缘电阻小于 1000 MΩ 时，应测量末屏对地 $\tan\delta$，其值不大于 2%。

2.1.3.5 套管的电容量及 $\tan\delta$ 测量

1．测试目的

测量变压器绕组绝缘的电容量及 $\tan\delta$，是判断变压器绝缘性能的有效方法，主要用于检查变压器是否受潮、绝缘老化、油质劣化、绝缘上附着油泥及严重局部缺陷等。一般是测量绕组连同套管一起的电容量及 $\tan\delta$，为了检查套管和绝缘状态，亦可单独测量套管的电容量及 $\tan\delta$。

2．接线方式

1）套管介损

分别测量网侧 1.1 端与 1.2 端和阀侧 2.1 端与 2.2 端的四支套管 $\tan\delta$ 及电容量，以下以 1.1 端套管为例进行介绍，采用 10 kV 正接法，接线如图 2-1-5 所示。

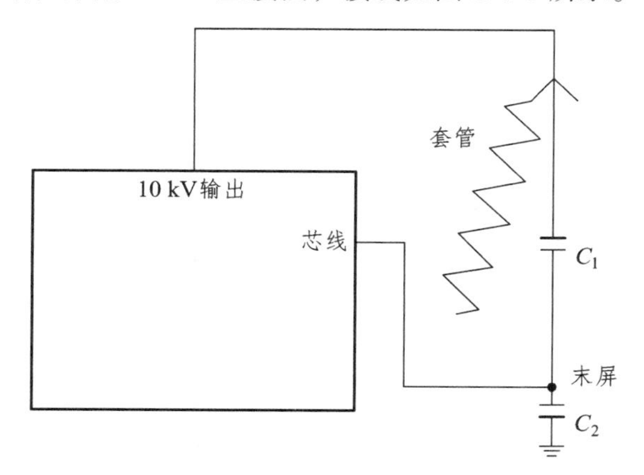

图 2-1-5　套管 $\tan\delta$ 及电容量测试接线图

2）末屏对地介损

若末屏对地绝缘电阻测量结果小于 1000 MΩ，应测量末屏对地电容 C_2 与主电容并联后的介损，采用 2 kV 反接法，接线图如图 2-1-6 所示。

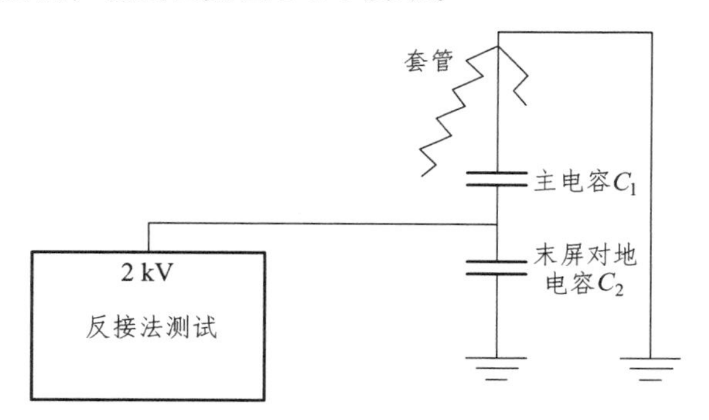

图 2-1-6　末屏对地介损测试接线图

判断依据：

（1）油纸电容型：20 °C 时的 $\tan\delta$ 应不大于 0.5%。

（2）胶纸电容型：20 °C 时的 $\tan\delta$ 应不大于 0.6%。

（3）电容型套管的电容值与出厂值或上一次试验值的差别超出 ± 5%时，应查明原因。

（4）当电容型套管末屏对地绝缘电阻小于 1000 MΩ 时，应测量末屏对地 $\tan\delta$，其值不应大于 2%。

备注：

① 非被试绕组接地。

② 试验电压 10 kV。

② $\tan\delta_2 = \tan\delta_1 \times 1.3^{(t_2-t_1)/10}$。

2.1.4 换流阀

试验项目：阀冷却水管漏水监测装置的检查、内冷水电导率测量、晶闸管元件级试验、均压元件参数测量、阀冷却水管静压力试验、阀避雷器动作监测装置的检查。DL/T 273 中规定阀组需开展的试验。

2.1.4.1 阀冷却水管漏水监测装置的检查

检查周期为 1 年，由水务专业开展，标准规定应符合设计要求。

2.1.4.2 内冷水电导率测量

检查周期为 1 年，由化学专业开展，标准规定 20 °C 的电导率不大于 0.5 μS/cm。

2.1.4.3 晶闸管元件级试验

（1）短路阻抗检查。检查每个晶闸管元件级承受正方向电压的能力，应符合制造厂要求。
（2）阻抗检查。检查均压电容或电阻有无短路或开路，阻抗值应符合制造厂规定。
（3）触发检查。检查每个可控硅级的低电压触发能力，应符合制造厂要求。
（4）BOD 试验。应符合制造厂要求。

2.1.4.4 均压元件参数测量

（1）均压电阻测量，与出厂值比较，变化不应大于 ± 3%。
（2）均压电容测量，与出厂值比较，变化不大于 ± 3%。
（3）组件均压电容测量，与出厂值比较，变化不大于 ± 5%。
（4）可控硅级直流电阻测量（光控制阀），与出厂值比较，不应有明显变化。

2.1.4.5 阀冷却水管静压力试验（水务专业开展）

检测周期 3 年，施加水压至 1.2 倍的运行压力，持续时间 30 min，应无渗漏。

2.1.4.6 阀避雷器动作监测装置的检查

检查周期为 1 年，应动作正确。

2.1.5 平波电抗器

2.1.5.1 直流电阻测试

1. 测试目的

检查绕组内部导线和引线的焊接质量，并联支路连接是否正确，有无层间短路或内部断线；电压分接开关、引线与套管的接触是否良好等。测量直流电阻时应记录环境温度。

2．接线方式（见图 2-1-7）

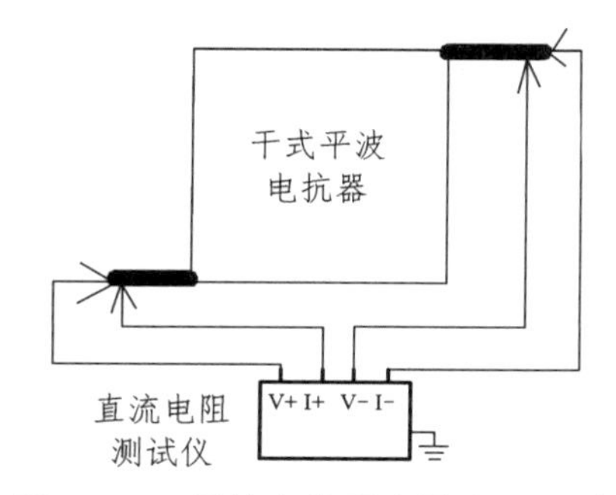

图 2-1-7　平波电抗器直流电阻测试

3．判断依据

与出厂值进行比较，变化不应大于 ± 2%。

备注：实测值与出厂值应折算至同一温度下比对，温度换算按 $R_2 = R_1 \dfrac{T+t_2}{T+t_1}$ 进行，T 为温度换算常数，铜线 $T = 235$，铝线 $T = 225$。

2.1.5.2　**电感量测试**

1．检查周期

3 年。

2．测试目的

电感量是平波电抗器在工频条件下的重要性能参数，是反应平波电抗器是否正常运行的标志，因此有必要开展电感量测试。

3．接线方式（见图 2-1-8）

与出厂值相比，变化不应大于 ± 2%。

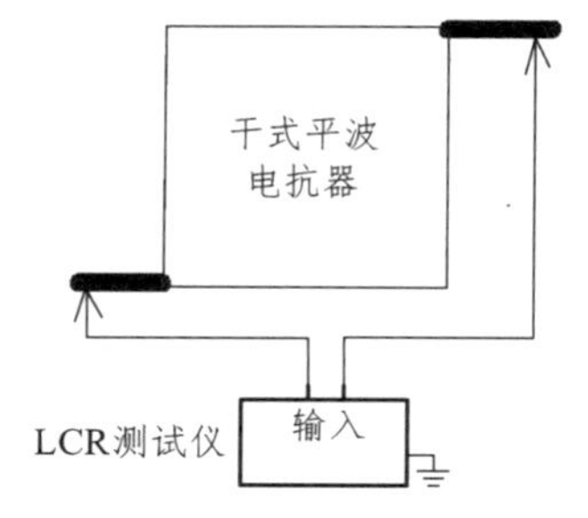

图 2-1-8　平波电抗器电感量测试

2.1.6　直流避雷器

试验项目：绝缘电阻测试、直流泄漏电流测试、放电计数器动作。

2.1.6.1　**绝缘电阻测试（主体及底座）**

1．测试目的

测量氧化锌避雷器绝缘电阻测试，可以初步了解其内部是否受潮，还可以检查低压氧化锌内部熔丝是否断掉，从而及时发现缺陷。

2．接线方式

试验采用逐节测量的方式，通常由上、中、下节分别测量（见图 2-1-9）。

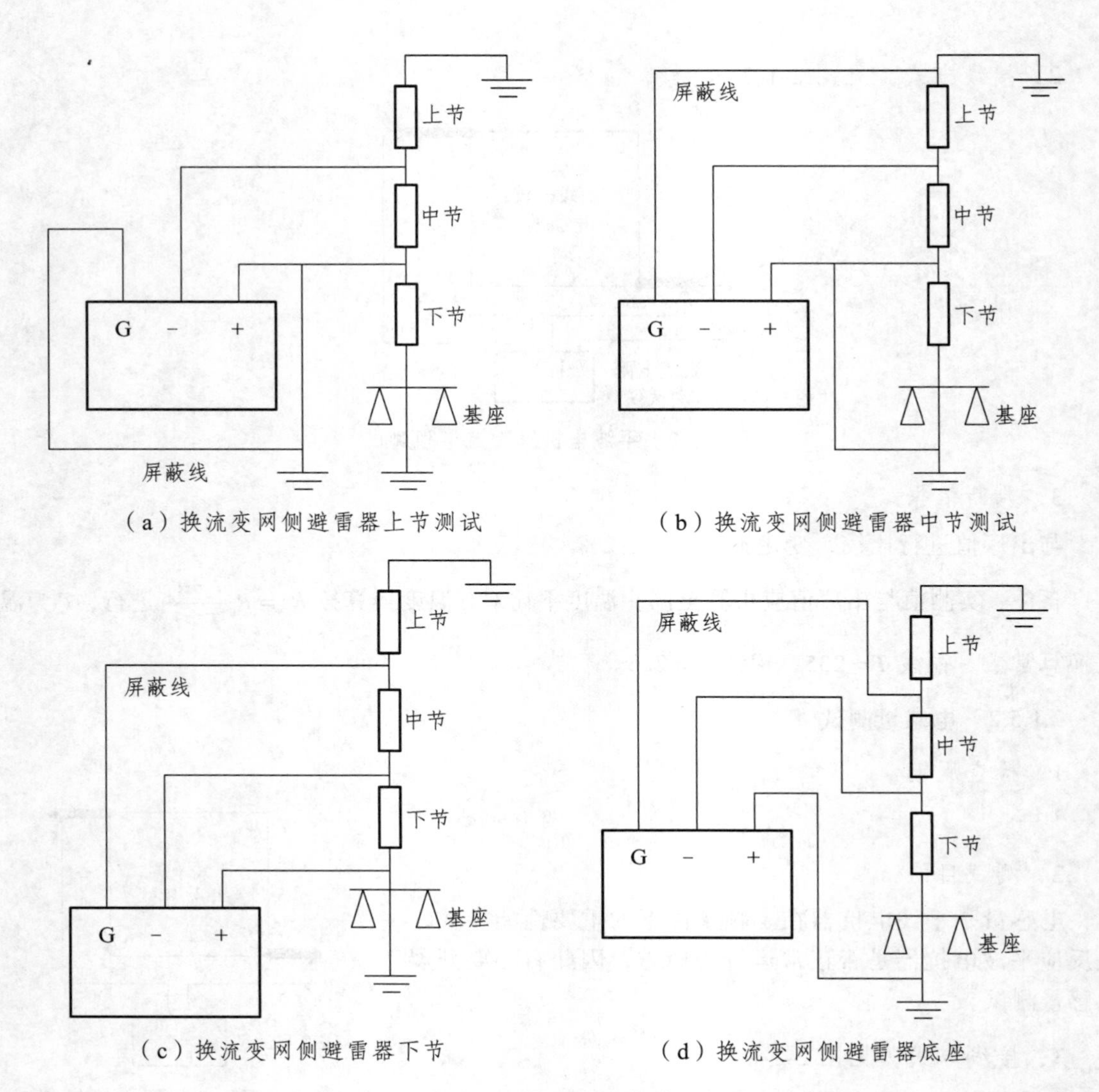

（a）换流变网侧避雷器上节测试

（b）换流变网侧避雷器中节测试

（c）换流变网侧避雷器下节

（d）换流变网侧避雷器底座

图 2-1-9　测试电路

3．判断依据

本体不小于 2500 MΩ，底座不小于 5 MΩ 且与历次试验值比较无明显下降，采用 2500 V 以上兆欧表。

2.1.6.2　直流参考电压 U_{1mA} 及泄漏电流测试

1．测试目的

测量氧化锌避雷器的 U_{1mA} 主要是检查避雷器阀片是否受潮，确定其动作性能是否符合要求。由于 $0.75U_{1mA}$ 直流电压值一般比最大工作线电压峰值要高一些，因此测量此电压下的泄漏电流主要是检查长期允许工作电流是否符合规定，这一电流与氧化锌避雷器的寿命有直接关系（一般在同一温度下，此电流与寿命成反比）。因此有必要对避雷器进行直流参考电压 U_{1mA} 及 $0.75U_{1mA}$ 下的泄漏电流测试。

2．试验接线

图 2-1-10 以三节组合的避雷器为例进行说明，单节可参考下节测试方法执行。

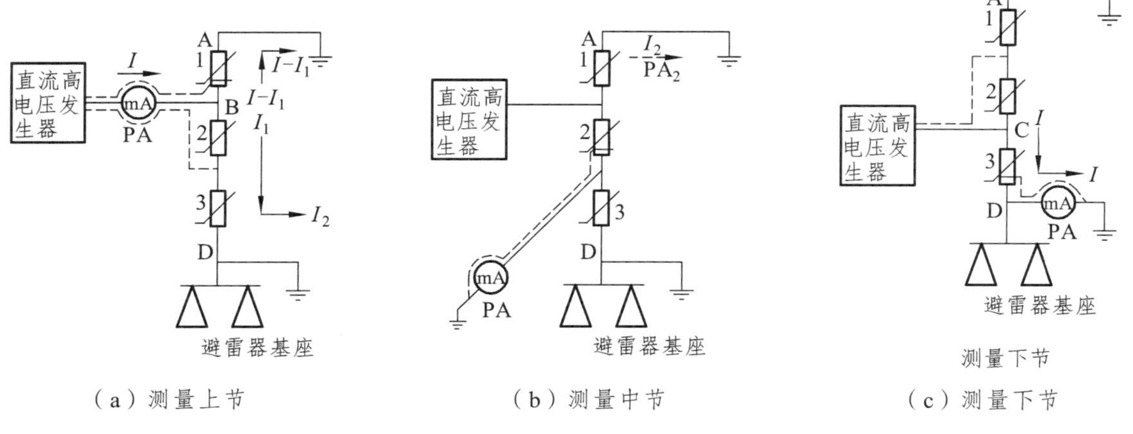

图 2-1-10　三节避雷器试验接线图

3．判断标准

（1）U_{1mA} 实测值与初始值或制造厂规定值比较，变化不应大于 ± 5%。对于直流场中性母线、直流断路器震荡装置的多支并联结构的避雷器，直流参考电压实测值与平均值的偏差不应超过 2%。

（2）$0.75U_{1mA}$ 下的泄漏电流不应大于 50 μA。

（3）对于内部多柱避雷器应根据并联柱的数量，按每柱 1 mA 开展相应的参考电压和泄漏电流试验。

备注：

① 要记录环境温度和相对湿度，测量电流的导线应使用屏蔽线。

② 初始值系指交接试验或投产试验时的测量值。

③ 避雷器怀疑有缺陷时应同时进行交流试验。

2.1.6.3　放电计数器动作测试

1．检查周期

3 年。

2．测试目的

由于密封不良，放电计数器在运行中可能进入潮气或水分，使内部元件锈蚀，导致计数器不能正确动作，因此需定期试验以判断计数器是否状态良好、能否正常动作，以便总结运行经验并有助于事故分析。对于带有泄漏电流表的计数器，其电流表用来测量避雷器在运行状况下的泄漏电流，是判断运行状况的重要依据，但现场运行经常会出现电流指示不正常的情况，所以泄漏电流表宜进行检验或比对试验，保证电流指示的准确性。每年雷雨季节前，或怀疑有缺陷时，应进行避雷器放电计数器的检查。

3．接线方式

以标准冲击电流法为例，如图 2-1-11 所示。

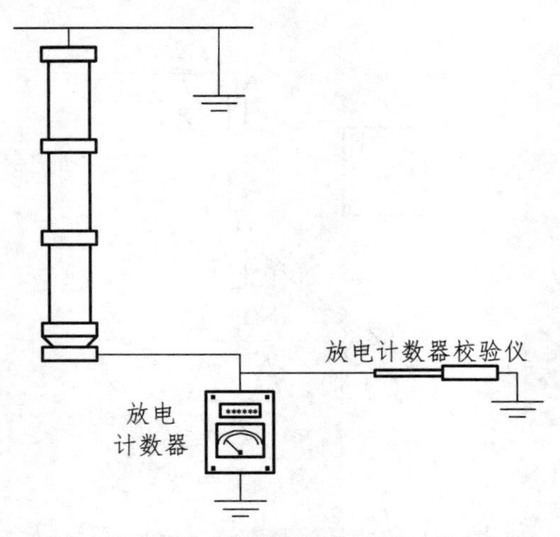

图 2-1-11　避雷器放电计数器动作测试接线图

4．判断依据

（1）测试 3～5 次，每次均能正确动作。

（2）泄漏电流指示无异常。

2.1.7　交、直流滤波器

交、直流滤波器包含避雷器、电容器及电抗器，避雷器参照直流避雷器开展试验。

2.1.7.1　各臂等效电容值测量

1．测试目的

交、直流滤波场内有大量电容器，每支电容器通过串并联的方式组合实现滤波，单支设备的健康状况仍然关系着整组交流滤波器的电流平衡度，故预试需开展电容器的电容量测试。

2．试验接线（见图 2-1-12）

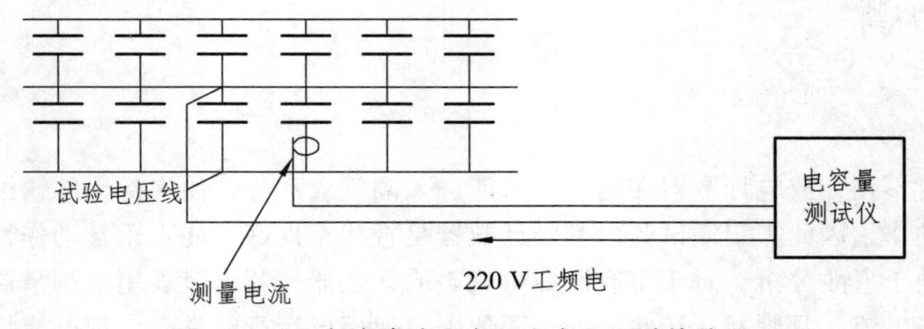

图 2-1-12　交流滤波电容器电容量测试接线图

3．判断依据

（1）符合制造厂规定。

（2）相同两臂间电容量偏差≤±0.5%。

2.1.7.2 电阻器直流电阻测量

1．测试目的

检查绕组内部导线和引线的焊接质量，并联支路连接是否正确，有无层间短路或内部断线。

2．试验接线

参考平波电抗器直阻接线。

3．判断标准

与出厂值比较偏差不大于±5%。

2.1.7.3 电抗器的直流电阻

1．测试目的

检查绕组内部导线和引线的焊接质量，并联支路连接是否正确，有无层间短路或内部断线。

2．试验接线

参考平波电抗器直阻接线。

3．判断标准

与铭牌值比较，偏差不超过±2%。

2.1.7.4 电抗器的电感量

1．测试目的

电感量是交、直流滤波电抗器在运行条件下的重要性能参数，是反应直流滤波电抗器是否正常运行的标志，因此有必要开展电感量测试。

2．试验接线

参考平波电抗器电感测试接线。

3．判断标准

与铭牌值比较，偏差不超过±2%。

2.1.8 直流断路器

试验项目包括：辅助回路和控制回路绝缘电阻测试、交流耐压试验，阻容型均压电容的绝缘电阻、电容量，导电回路电阻，断路器的速度特性，开关分合闸时间，分/合闸电磁铁的动作电压，测量分/合闸线圈直流电阻。

2.1.8.1 辅助回路和控制回路绝缘电阻测试、交流耐压试验

1. 测试目的

检验辅助回路绝缘是否良好，避免绝缘不良引起接地或导致保护误动。

2. 试验接线

1）分闸接线

保持断路器在分闸位置时，将兆欧表的接地端与断路器的地线连接，将带屏蔽的连接线接到合闸回路，启动兆欧表选择 2500 V 挡位进行测试，记录 60 s 时的测量值。

2）合闸接线

保持断路器在合闸位置时，将兆欧表的接地端与断路器的地线连接，依次将带屏蔽的连接线接到分闸回路 1 和分闸回路 2，启动兆欧表选择 2500 V 挡位进行测试，记录 60 s 时的测量值。

3. 判断标准

（1）绝缘电阻不低于 2 MΩ。

（2）交流耐压为 2 kV。

备注：500 kV 检查周期为 3 年，采用 500 V 或 1000 V 兆欧表。耐压试验电压 2 kV，采用 2500 V 兆欧表替代。

2.1.8.2 阻容型均压电容的绝缘电阻、电容量

1. 测试目的

断路器断口间并联电容起到均压、抑制暂态恢复电压的作用，若出现异常会导致断路器开断时断口过电压不平衡，难以熄弧。

2. 试验接线

断路器断口处于分位，测量并联电容极间绝缘电阻，该断口一端接兆欧表 L 端子另一端接 E 端子；测量电容量试验时，断口一端接介损测试仪的高压线，一端接 Cx 输入线，采用正接线法。

3. 判断标准

（1）电容值与出厂值相比变化不超过 ± 5%。

（2）电阻值与出厂值相比变化不超过 ± 5%。

2.1.8.3 断路器的速度特性

1. 测试目的

断路器的分、合闸速度直接影响断路器的关合和开断性能。断路器只有保证适当的分、合闸速度，才能充分发挥其开断电流的能力，以及减小合闸过程中预击穿造成的触头电磨损及避免发生触头烧损、喷油，甚至爆炸。若关合速度过低，当合闸于短路故障时，由于阻碍触头关合电动力的作用，将引起触头振动或使其处于停滞状态，容易引起爆炸，特别是在自动重合闸不成功情况下更是如此。反之，若关合速度过高，将使运动机构受到过度的机械应

力，造成个别部件损坏或使用寿命缩短。同时，由于强烈的机械冲击和振动，还将使触头弹跳时间加长。真空和 SF_6 断路器的情况相似。因此，定期开展断路器的速度特性测试有着重要意义。

2．试验接线（见图 2-1-13）

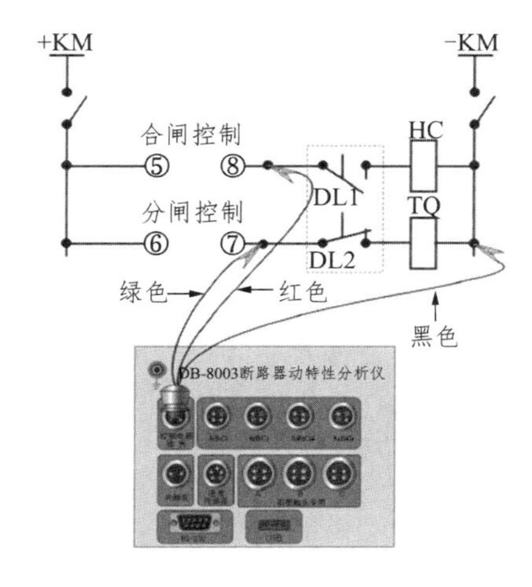

（a）内部电源控制接线图

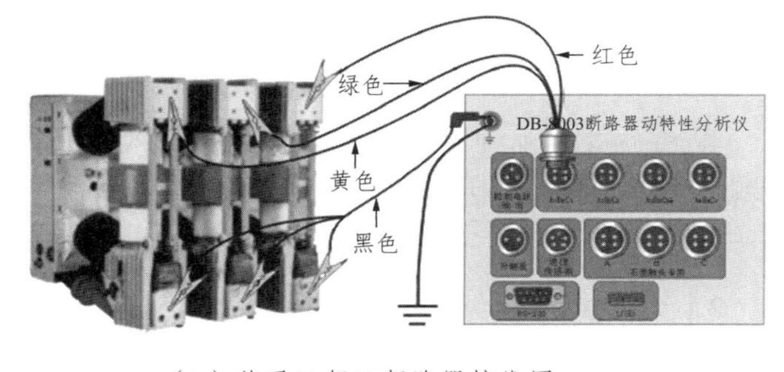

（b）普通三断口断路器接线图

图 2-1-13　测试电路

3．判断标准

测量方法和测量结果应符合制造厂规定。

备注：

① 在额定操作电压（气压、液压）下进行。

② 速度定义应根据厂家规定。

③ 检查周期均为 12 年。

2.1.8.4　开关分合闸时间

1．测试目的

断路器的合闸时间是指从合闸接触器接通合闸电源起，至断路器动、静触头刚刚接触时止的这段时间，实际上是包括合闸接触器动作时间在内的一段时间。断路器分闸时间是指从分闸线圈接通分闸电源起，至动、静触头刚刚分离时止所需的这段时间。它是断路器本身固有的，不包括其他的动作时间，但在实际运行中还有一段时间的延长。测量断路器分合闸动作时间是保证短路能可靠动作的必要条件。

2．试验接线

1）测试合闸线圈

（1）将测试仪的输出接入二次控制线的合闸回路中。

（2）将测试仪的合闸输出电压调整为断路器额定操作电压的 100%，进行 1 次合闸操作，记录断路器三相合闸动作时间参量及最大相间时间差。

2）测试分闸线圈

（1）将测试仪的输出经断路器的位置闭锁接入二次控制线的分闸回路中。

（2）将测试仪的分闸输出电压调整为断路器额定操作电压的 100%，分别对第一组、第二组分闸回路进行 1 次分闸操作，记录断路器三相合闸动作时间参量及最大相间时间差。

3）判断标准

分合闸同期性应满足下列要求：

（1）各断口合闸不同期不大于 3 ms。

（2）各断口分闸不同期不大于 2 ms。

2.1.8.5 分、合闸电磁铁的动作电压

1．测试目的

分合闸动作电压是关系到断路器能否正常运行的重要数据。一方面是由于断路器动作的无规律，在每次小修中也应进行分合闸动作电压测量，以验证其动作性能是否有明显变化；另一方面是保证其动作电压处于合格范围内，以防止拒动和误动事故。

2．试验接线

1）测试合闸线圈

（1）将测试仪的输出接入二次控制线的合闸回路中。

（2）将测试仪的合闸输出电压调整为断路器额定操作电压的 110%，进行 3 次合闸操作，记录断路器的动作情况。

（3）将测试仪的合闸输出电压调整为断路器额定操作电压的 100%，进行 3 次合闸操作，记录断路器的动作情况。

（4）将测试仪的合闸输出电压调整为断路器额定操作电压的 80%，进行 3 次合闸操作，记录断路器的动作情况。

2）测试分闸线圈

（1）将测试仪的输出经断路器的位置闭锁接入二次控制线的分闸回路中。

（2）将测试仪的分闸输出电压调整为断路器额定操作电压的 120%，分别对第一组、第二组分闸回路进行 3 次分闸操作，记录断路器动作情况。

（3）将测试仪的分闸输出电压调整为断路器额定操作电压的 100%，分别对第一组、第二组分闸回路进行 3 次分闸操作，记录断路器动作情况。

（4）将测试仪的分闸输出电压调整为断路器额定操作电压的 65%，分别对第一组、第二组分闸回路进行 3 次分闸操作，记录断路器动作情况。

（5）将测试仪的分闸输出电压调整为断路器额定操作电压的 30%，分别对第一组、第二组分闸回路进行 3 次分闸操作，记录断路器动作情况。

3）判断标准

并联合闸脱扣器应能在其交流额定电压的 85%～110% 范围或直流额定电压的 80%～110% 范围内可靠动作；并联分闸脱扣器应能在其额定电源电压的 65%～120% 范围内可靠动作，当电源电压低至额定值的 30%或更低时不应脱扣。

备注：

① 分合闸脱扣器均应记录最低可靠脱扣动作电压值。

② 500 kV 电压等级断路器试验周期为 3 年。

2.1.8.6 导电回路电阻

1. 测试目的

断路器每相导电回路的直流电阻实际包括套管导电杆电阻、导电杆与触头连接处电阻和动、静触头间的接触电阻。运行中的断路器接触电阻增大，将会导致触头在正常工作电流下过热，尤其当通过故障短路电流时，可能使触头局部过热，严重时可能烧毁周围的绝缘物质和造成触头烧熔黏结，从而影响断路器的跳闸时间和开断能力，甚至发生拒动情况。因此需要定期开展断路器导电回路电阻测试。

2. 试验接线

断路器处于合闸位置，将“+”极测试电流、电压夹子接在断路器接线端子一端，将“–”极测试电流、电压夹子接在断路器接线端子另一端。电压线夹子靠近断口，电流线夹子靠近引流线。

3. 判断标准

测量值不大于制造厂控制值的 120%。

备注：

（1）用直流压降法测量，电流不小于 100 A。

（2）35 kV 及 66 kV 补偿电容器/电抗器组断路器适用于 500 kV 变电站变低侧无功补偿用。

（3）必要时（如怀疑接触不良时）使用。

（4）500 kV 检查周期为 3 年。

2.1.8.7 分、合闸线圈直流电阻

1. 测试目的

断路器分、合闸线圈关系到断路器能否正常投切，因此有必要对于分、合闸线圈进行直流电阻测试。

2. 试验接线

将万用表测试线分别接入分、合闸线圈的首尾端。

3. 判断标准

试验结果应符合制造厂规定。

2.1.9 直流耦合电容器

试验项目包括绝缘电阻：电容值及 $\tan\delta$ 值测试。

2.1.9.1　**绝缘电阻测试**

1．测试目的

绝缘电阻是反应耦合电容器内部绝缘性能优劣的基本指标，主要反应内部是否受潮或是否有贯穿性缺陷。

2．接线方式（见图 2-1-14）

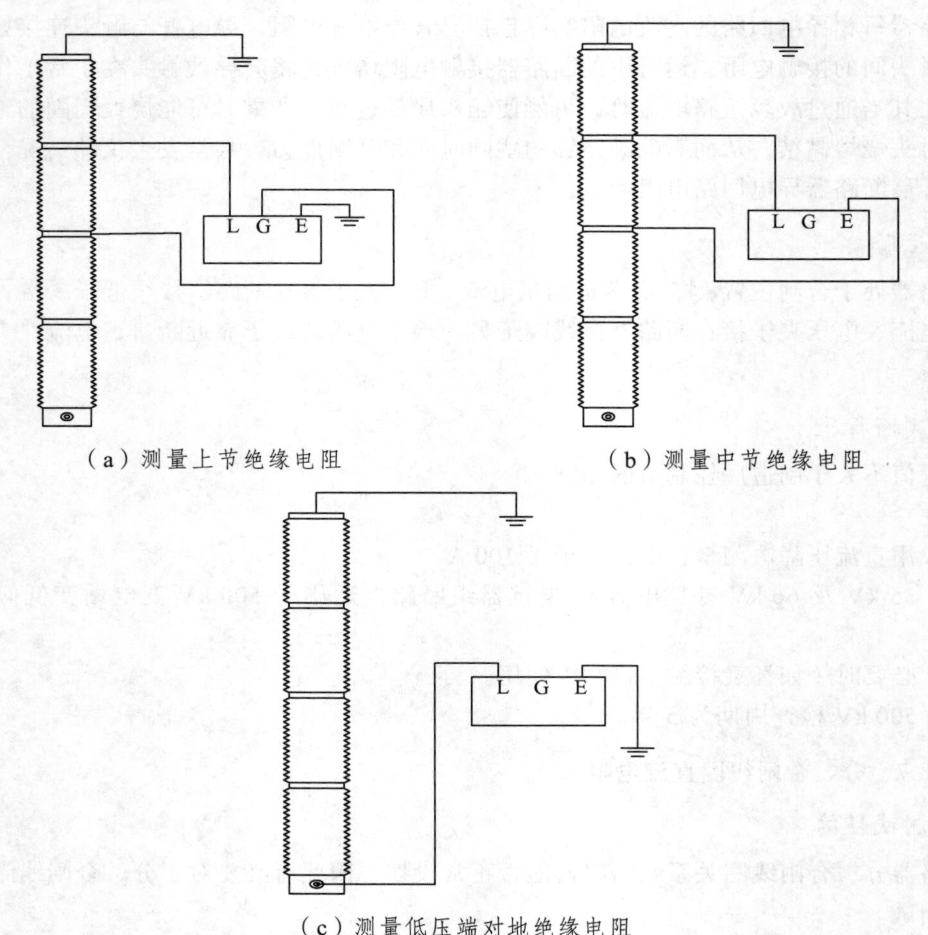

（a）测量上节绝缘电阻　　（b）测量中节绝缘电阻

（c）测量低压端对地绝缘电阻

图 2-1-14　测试电路

3．判断依据

（1）极间绝缘电阻不低于 5000 MΩ，低压端对地绝缘电阻一般不低于 100 MΩ。

（2）耦合电容器内部接入并联电阻，其极间绝缘电阻测试结果实为并联电阻阻值，与出厂值相比无明显变化。

2.1.9.2　**电容值及 tanδ 值测试**

1．测试目的

电容量是反应耦合电容器内部绝缘性能优劣的重要指标，电容量变大可能是因为内部发生了多个电容屏击穿，电容量变小可能是因为内部接线松脱、严重漏油等缺陷。

2．试验接线（见图 2-1-15）

3．判断标准

（1）每节电容值偏差不超出额定值的 –5%～+10%。

（2）电容值与出厂值相比，增加量超过 +2% 时，应缩短试验周期。

（3）由多节电容器组成的同一相，任何两节电容器的实测电容值相差不超过 5%。

（4）$\tan\delta$ 不应大于 0.4%。

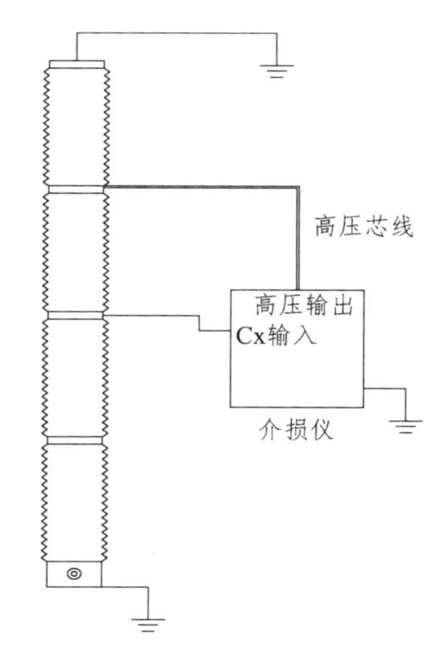

图 2-1-15　电容值及 $\tan\delta$ 值测试

2.1.10　接地极

2.1.10.1　接地电阻测量

1．测试目的

检查直流接地极的接地电阻是否满足设计要求。

2．试验接线

直流电源置于换流站内，利用直流接地极、接地极线路的一根极线和换流站接地网构成直流电流回路，电位测量线利用接地极线路的另一根极线。采用电流表-电压表法，通过直流接地极电流线注入直流电流 I，通过直流接地极电压线测量接地极相对零电位参考点的电位 U_g，则接地电阻 $R_g = U_g / I$。测量接地电阻时的接线图如图 2-1-16 所示。

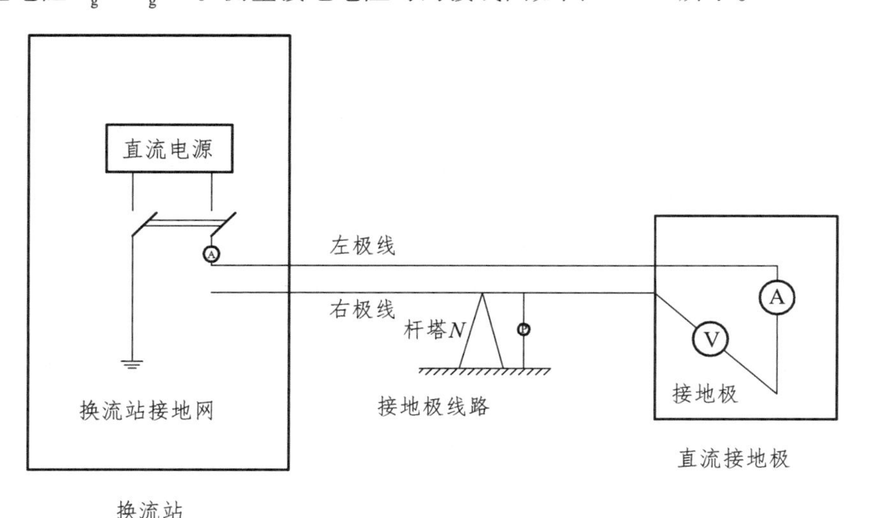

图 2-1-16　接地电阻测量示意图

电位参考点以接地极线路不同位置引下测量线连接到电位极（用无极化电极）为准。电位测量线利用接地极线路的一根极线，在测量接地极相对零电位点的电位时，应在通电前先测量接地极和电位极间的背景电压 U_0 和极性，在计算接地电阻时应消除背景电压的影响。根据 DL/T 253—2012 中 5.2 条要求，远方接地点与直流接地极的距离至少为直流接地极本体最远两端距离 10 倍以上，且测量点不得少于三个。

实测接地极相对零电位点的电位 U 和直流电流回路中的电流 I，得到接地电阻 $R_\varepsilon=(U-U_0)/I$。

3．判断标准

接地电阻应满足设计要求。

备注：DL/T 437 规定的检查周期为 1 年，DL/T 273 中规定的检查周期为 6 年，Q/CSG1206007—2017《电力设备检修试验规程》规定的检查周期为 6 年。

2.1.10.2　跨步电压测量

1．测试目的

检查直流接地极的跨步电压是否满足设计要求。

2．试验接线

由于大地（土壤）并非良导体，在电流自接地极经周围土壤流散时，极址电位将会上升，土壤中有压降。当人在接地极附近行走或作业时，人的两脚将处于大地表面的不同电位点上，其电位差通称为跨步电压，它表示人两只脚接触该地面上水平距离为 1 m 的任意两点间的电压。最大跨步电压指当接地极通过最大电流时，人两脚水平距离为 1 m 所能接触到的最大电压。当最大跨步电压超过某一安全数值时，可能会对人和动物的安全产生影响，经过试验结果表明，人较动物（牛、马、狗、鸡）更容易感受到电流的刺激。目前我国按：

$$E_k = 7.42 + 0.0318\rho_s$$

其中，E_k 为地面允许最大跨步电压，单位为 V/m；ρ_s 为表层土壤电阻率，单位为 Ω · m。按以上公式确定的直流接地极地面最大允许跨步电压是安全的，一般无须设置接地极围墙。

试验前应结合接地极极址地形实况，在图纸上预先注明要开展测试的基点，在选定的基点内环和外环对应检测井的极环径向选取测量点，以 1 m 为间距由近至远测量地面 1 m 范围内的电位差即为跨步电压。根据接地极各个方向和位置的跨步电压测量数据，找出整个接地极地面最大跨步电压值、出现的位置和范围。

试验接线示意图如图 2-1-17 所示。

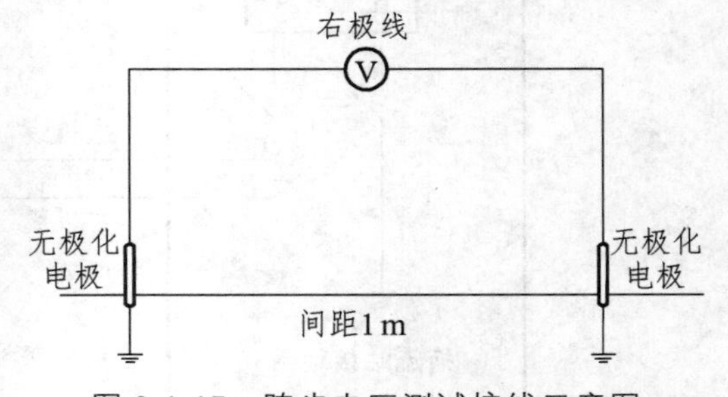

图 2-1-17　跨步电压测试接线示意图

3．判断标准

测试值应小于设计值，特殊位置时需要进行换算。

备注：DL/T 437 没有规定检查周期，DL/T 273 中规定的检查周期为必要时，《电力设备检修试验规程》（Q/CSG1206007—2017）规定的周期为 6 年。

2.1.10.3　接地极馈电电缆分流系数测量

1．测试目的

利用换流站接地网和接地极线路构成试验回路，向接地极注入不小于 50 A 的直流电流。采用大口直径直流钳形电流表钳套于馈电电缆上测量各馈电电缆电流 I_i 和注入接地极的总电流，各馈电电缆的分流系数为

$$\eta_i = \frac{I_i}{\sum_{j=1}^{N_{ca}} I_j}$$

式中，N_{ca} 为馈电电缆根数。

测量时要求接地极入地电流基本保持恒定，电流表指定的电流方向与实际电流方向一致，并注意表显示的背景电流值及正负号，读数时应消除背景值。

2．试验接线

试验接线如示意如图 2-1-18 所示。

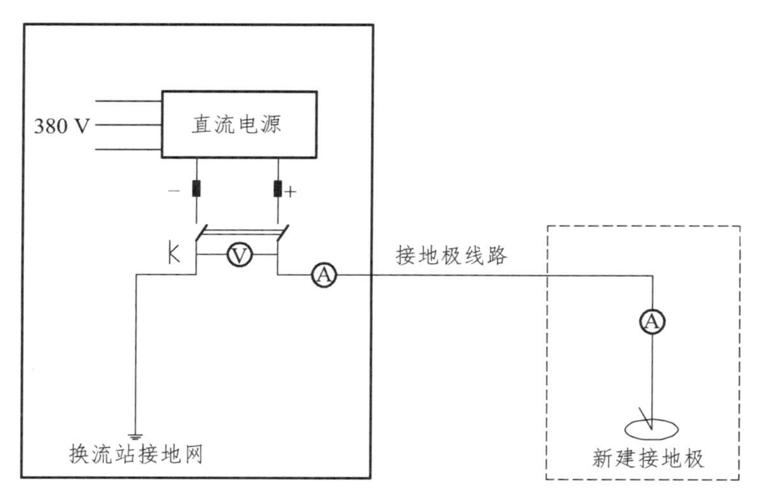

图 2-1-18　接地极馈电电缆分流测量示意图

3．判断标准

分流系数满足设计要求。

备注：DL/T 437 规定的检查周期为不超过 6 个月，周期长短应根据系统运行方式来确定，DL/T 273 中规定的检查周期为必要时，Q/CSG1206007—2017《电力设备检修试验规程》规定的检查周期为 3 年，有在线监测装置的可不进行人工测量。

2.1.11　串补设备

2.1.11.1　串补调试

1．串补平台带电试运行

1）试验目的

考核串补平台绝缘情况，检查串补平台及设备有无异常现象。

2）试验方法

用单侧隔离开关对串补平台冲击加压（电网侧的），持续运行 30 min（见图 2-1-19）。

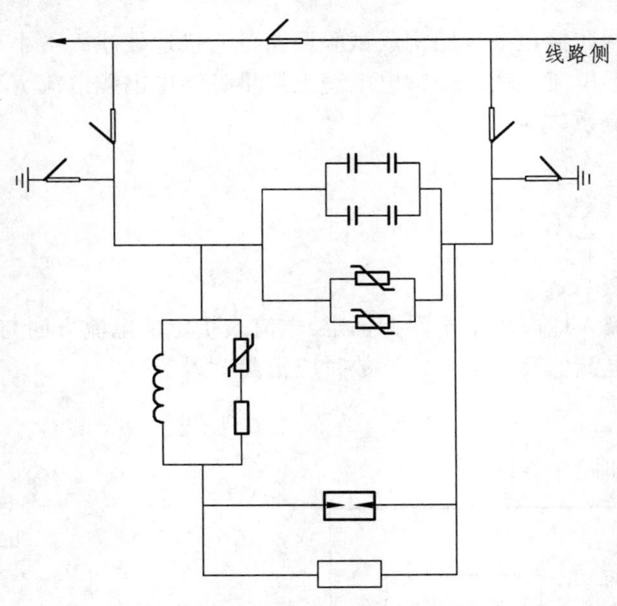

图 2-1-19　串补平台带电试运行

2．串补平台空载带电试验

1）试验目的

用线路空载情况下的无功电流检查串补设备的工作情况。

2）试验方法

两侧串联隔离开关合上，旁路隔离开关断开，旁路开关断开，持续运行 30 min（见图 2-1-20）。

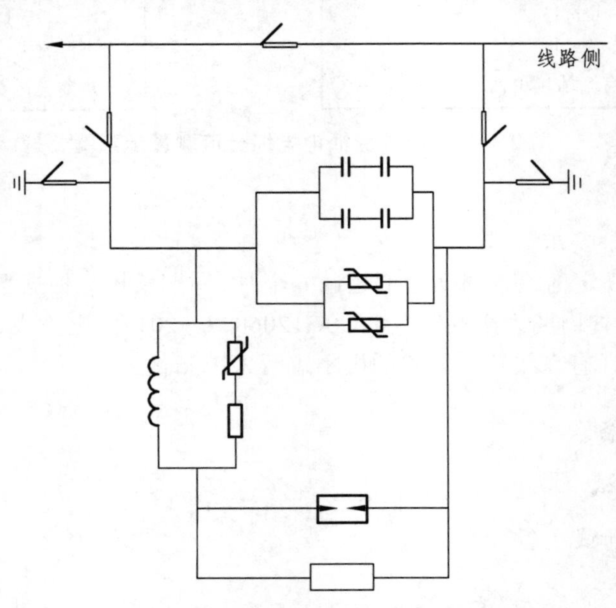

图 2-1-20　串补平台空载带电试验

3．线路保护联动串补旁路开关试验

1）试验目的

利用线路保护联动功能轮流通过光纤通道闭合福剑线串补旁路开关，检查串补线路保护联动通道是否正常。

2）试验方法

投入串补旁路开关的“单跳单重功能”，利用两侧变电站线路断路器的远动连跳功能，验证保护联动通道正常和串补重合闸功能正常。

4．带串补投切空载试验

1）试验目的

检验线路断路器投切带串补空载线路的能力，观测带串补投切空线的电磁暂态。

2）试验方法

串补在空载投入状态，线路在空充状态，对侧变电站的开关未闭环，利用充电侧的线路开关单相投切（大电网侧），验证在空载投切时的过电压、涌流情况。

5．串补带负载试验

1）试验目的

检查串补装置在正常线路电流下的工作情况，监测串补装置的温升情况。

2）试验方法

串补正常投入，两侧断路器合上，验证串补设备带负荷的能力。

6．串补本体保护电源掉电试验

1）试验目的

检查串补控制保护系统在突然掉电情况下的动作是否正确。

2）试验方法

A、B 套电源分别轮换进行掉电再复电。

7．串补线路侧单相瞬时短路接地试验

1）试验目的

检查放电间隙动作情况及动作时间；检查 MOV 动作行为和吸收的能量；检查串补阻尼回路效果；检查线路两端保护及串补保护动作行为；检查线路保护联动功能动作情况及动作时间。

2．试验方法

试验装备和效果分别如图 2-1-21 和 2-1-22 所示。

图 2-1-21　试验装备

图 2-1-22　串补线路侧单相瞬时短路接地试验

8．串补投入运行

目的：验证串补正常运行的可靠性。

2.1.11.2　**串补试验**

串补试验包括电容器、MOV 及出发间隙试验，其中 MOV 试验参考直流避雷器试验，此节不再赘述。

1．触发间隙试验

目的：预先在触发间隙两端加上外触发电压（带限流电阻加），然后从保护装置处施加一个强制触发电压，看其是否能可靠触发，应进行 3 ~ 5 次。

2．串补电容器组

1）极对外壳绝缘电阻

目的：检验串补电容器的绝缘情况。

试验接线：参考交直流滤波器。

判断标准：绝缘电阻不低于 2000 MΩ。

备注：

（1）串联电容器用 1000 V 兆欧表，其他用 2500 V 兆欧表。

（2）单套管电容器不测。

（3）可以整组进行。

2）电容量测试

试验接线：参考交直流滤波器。

判断标准：

（1）电容值偏差不超出额定值的±3%。

（2）每臂电容值偏差不超过不平衡电流初始整定值要求。

2.2 一次设备的运维管理

2.2.1 运维目标

确保 ± 500 kV 永富直流换流站设备安全稳定运行，确保不发生直流设备严重故障。

2.2.2 运维依据

《变电设备运维规程》;

《 ± 500 kV 永富直流换流站设备运维策略》;

国内直流设备运维经验。

2.2.3 设备范围

直流设备：换流变、换流阀、直流场设备、交流滤波器、STACOM 及控保系统等。

2.2.4 运维原则

直流工程设备不区分管控级别，均统一按策略中明确的维护项目、要求与周期执行；落实“设备维护措施落实卡”。

2.2.5 维护常见缺陷

应按照运行维护策略开展运行维护，主要分日常巡维（运行专业）、特别巡维（检修专业）和停电维护（检修专业）。部分运行和检修的内容是重复的，这里强调的是从不同专业角度去巡维设备，而不是“其他专业干了我就可以不干”。

运维策略的编写主要依据国内直流设备的运维经验，参考交流设备的运维经验而成。因此运维策略中的部分措施和内容不一定符合永富的现场实际，也不一定是有效的，目前还属于试行版本，期望通过现场的运行维护经验修正和完善维护策略。鉴于此，此处仅挑选几类设备的运维及常见问题进行解释说明，引导运维策略学习和实施。

2.2.5.1　**换流变**

1．日常巡视

1）红外测温

（1）检查引线接头、等电位连接片等导电部位。

（2）检查本体温度分布。

2）套管检查

（1）套管油位在正常范围内。

（2）网侧、阀侧套管引线正常，无散股、断股现象。

（3）套管瓷瓶无污秽，无破损、裂纹和放电痕迹。

（4）复合绝缘套管伞裙无龟裂老化现象。

（5）各部密封处应无渗漏。

（6）SF_6压力表保护箱密封良好，气压指示清晰可见，压力值应符合要求。

3）本体检查

（1）顶层温度计、绕组温度计外观应完整，表盘密封良好，无进水、凝露现象。

（2）对照油温与油位的标准曲线检查油位指示在正常范围内。

（3）后台油位信号与油位计指针指示油位一致。

（4）法兰、阀门、冷却装置、油箱、油管路等密封连接处应密封良好，无渗漏痕迹。

（5）油箱、升高座等焊接部位质量良好，无渗漏油迹象。

（6）运行中震动和噪声无明显变化，整体声音均匀，无螺丝松动颤动声；无闪络、跳火和放电声响。

（7）红外测温检查本体温度分布，记录温度及负荷电流，温度异常时保存红外成像谱图。

（8）铁心、夹件外引接地应良好。

（9）集气装置不应集有气体。

（10）本体基础无下沉。

4）分接开关检查

（1）检查分接开关动作次数，检查指示是否正确，同组各相现场与远方应保持一致。

（2）检查分接开关有无渗漏油、挡位指示是否正确，操作机构应无锈蚀。

（3）若有分接开关储油柜，则其油位、油色、吸湿器及其干燥剂均应正常。

（4）应密封良好，无雨水进入、潮气凝露。

（5）挡位指示应正确，指针停止在规定区域内。

（7）控制元件及端子无烧蚀发热现象，指示灯显示正常。

（8）操作齿轮机构无渗漏油现象。

（9）投切加热器，加热器应运行正常。

（10）开关密封部分、管道及其法兰应无渗漏油现象。

（11）在滤油时无渗漏，检查压力表指示在标准压力以下，无异常噪声和振动。

（12）控制元件及端子无烧蚀发热现象，指示灯显示正常。

（13）滤油装置应运转正常无卡阻现象。

5）冷却装置检查

（1）出风口和散热片无大量污尘积聚。

（2）控制箱和二次端子箱密封良好，加热器运行正常，箱体内无放电痕迹，各指示灯指示正常。

（3）运行中的风扇和油泵的运转平稳，无异常声音和振动。

（4）油泵油流指示器密封良好，指示正确，无抖动现象。

（5）水冷却器压差继电器和压力表的指示正常。

（6）冷却装置及阀门、油泵、油路等无渗漏。

（7）气道无堵塞、气流不畅等情况。

6）吸湿器检查

（1）外观无破损，干燥剂变色部分不超过2/3。

（2）油杯的油位在油位线范围内，且杯底无积水。

（3）呼吸正常，并随着油温的变化油杯中有气泡产生。

7）非电量保护装置

（1）瓦斯继电器应密封良好、无渗漏，防雨罩无脱落、偏斜。

（2）压力释放阀应无喷油及渗漏现象。

（3）油压速动继电器无渗漏油。

8）端子箱、汇控箱

（1）密封应良好，达到防潮、防尘要求。密封胶条无脱落、破损、变形、失去弹性等异常。

（2）柜门应无变形情况。接地引线应无锈蚀、松脱现象。

（3）电器元件及二次线无锈蚀、破损、松脱，箱内无烧焦的煳味或其他异味。

（4）箱内清洁、无杂物、无污垢，无受潮、积水，无放电痕迹。封堵措施应完好。接线无松动、脱落。前后门密封完好。各指示灯指示正常。

（5）电缆进线完好。标识清晰、完好。

（6）端子排、电源开关无打火。

（7）加热器检查：应检查加热器空开在合闸位置，利用红外或手触摸等手段检查应处于加热状态。

（8）箱内照明正常。

9）在线监测装置检查

（1）油色谱在线监测装置运行正常，数据显示正常，油路接头和阀门无渗漏油。

（2）套管在线监测装置运行正常。

2．专业巡视

1）冷却效率检查

（1）冷却器散热管束无明显脏污、堵塞。

（2）用手触摸运行的冷却器散热管束，应明显感觉有风，并与其他冷却器对比无明显异常。可综合温升对比检查和红外测温项目进行判断冷却器脏污情况。

（3）必要时进行带电水冲洗。

（4）根据换流变负荷电流、环境温度、上层油温、绕组温度、油位指示，对比以前类似运行条件下的温升无明显异常。

2）冷却器检查

（1）开展冷却器组间的工作轮换，风机启停应正常无异响、不存在风机启动时空开跳闸、熔断器熔断等情况，当出现异常时，检修人员应当进行检查分析。

（2）根据冷却器脏污情况确定清洗的时机，需注意清洗过程中的安全控制。

（3）检查外观及转动情况。

（4）油泵无异响，油流继电器指示正常、指针无摆动。

3）红外测温

（1）检查引线接头、等电位连接片等导电部位。

（2）采用红外成像检查油枕油位和套管油位是否正常。

（3）对冷却器上部进油管与下部回油管开展红外测温。

（4）检查油箱外壳、套管升高座及箱沿螺栓等，套管本体温度分布无异常，相间温差不大于 2 K，记录温度及负荷电流，并记录红外成像谱图。

4）换流变铁心及夹件泄漏电流测量

铁心和夹件应分别测量接地电流。

5）油色谱在线监测装置检查

（1）对在线装置的功能进行检查。

（2）检查载气压力，及时更换压力不足的载气。

6）数据分析

对记录的油温、绕温、油温-油位、冷却器效率、铁心和夹件接地电流、在线监测数据、缺陷等数据进行分析，明确是否存在进一步恶化趋势。

（1）变压器油温异常时应与红外测温比较；一般绕温应高于油温；油温、绕温就地与远方数据应差异不明显（小于 5 °C），差异明显时应对导线接头、温度变送器进行检查。

（2）依据变压器厂家提供的油温-油位曲线，核对油温、油位数据是否在正常范围；若存在偏差，使用红外成像方法检测油枕油位并观察呼吸器呼吸情况判断是否为假油位，若可排除假油位，应考虑采取措施处理。

（3）铁心、夹件接地电流应小于 300 mA，并且应无明显增长趋势。

（4）对近 3 月的在线监测的数据进行趋势分析，有增长趋势的应具体说明情况，并明确后续措施建议。

（5）对存在的缺陷情况进行分析，根据缺陷跟踪情况，制定消缺计划或方案（包含备品备件筹备等）。

（6）针对分析结果形成书面记录存档。

3．动态巡视

1）大雪、大雾、低温凝冻后

应进行一次动态巡维，重点关注以下项目：

（1）套管有无放电检查。

（2）渗漏油检查。

（3）端子箱密封情况检查，重点检查密封条是否存在损坏变形，电缆的封堵是否良好，根据检查情况适时启动加热器。

2）大风（台风）、雷暴雨（冰雹）前后

应进行一次动态巡维，重点关注以下项目：

（1）各侧避雷器动作情况检查。

（2）套管有无破损和放电痕迹，导线有无断股和放电痕迹等情况检查。

（3）端子箱密封情况检查，重点检查密封条是否存在损坏变形，电缆的封堵是否良好，根据检查情况适时启动加热器。

（4）中性点TA（电流互感器）有无破损和渗漏油检查。

3）高　温

应进行一次巡维，重点关注以下项目：

（1）油温、绕温、油位正常，无渗漏油现象。

（2）检查冷却器运行正常。

（3）汇控箱二次元件及端子测温正常。

4）地质灾害发生后

应进行一次动态巡维，重点关注以下项目：

（1）检查基础无下陷、开裂。

（2）检查本体无移位，油枕有无倾斜、变形等。

（3）检查套管无破损、裂纹及放电痕迹，无漏油或漏气，引线及接头无断股现象。

（4）检查声响无异常。

（5）检查无渗漏油情况。

（6）接地引下线或接地扁铁无断裂。

5）设备预警与反事故措施（简称反措）发布时

依据设备预警与反措要求开展治理。

6）迎峰度夏前

（1）Ⅰ、Ⅱ级重点管控设备开展一次专业巡维。

（2）保护定值、连接片及转换开关检查核对。

7）保供电

保供电前应进行一次巡维，重点关注：

（1）设备缺陷和异常是否有进一步发展趋势，影响安全运行的应在保供电到来前完成消缺。

（2）保供电方案涉及的重要设备，记录设备负荷状况，使用测温仪检查设备载荷发热情况。

4．停电维护

停电维护主要包括：清除异物、设备清扫、屏柜检查、清扫、登高巡视、防腐检查、设备标识维护更新及其他专项检查。

2.2.5.2 换流阀

1．日常巡视

（1）检查阀塔构件连接是否正常，无倾斜、脱落。

（2）检查阀塔水管连接是否正常，无脱落、漏水。

（3）检查阀塔组件是否无放电，无异常声音无焦煳味，无明显摆动现象。

（4）检查阀塔悬垂绝缘子伞群是否无破损、外观清洁。

（5）检查阀厅的温度、湿度、通风是否正常。

（6）检测阀厅地面是否无水渍。

（7）检查阀厅是否密闭良好，无透光。

（8）检查阀厅大门是否关闭良好。

2．专业巡维

1）阀厅设备检查

开展设备红外巡视，并对异常发热点拍摄照片留存。

2）数据分析

对巡维数据进行横向、纵向趋势分析。

3．动态巡维

1）地质灾害发生后

应开展一次动态巡维，进行巡维前需检查确认爬梯或巡检通道牢固可靠。

（1）检查阀厅基础是否无下陷、开裂。

（2）检查阀塔本体是否无移位、变形、倾斜、脱落等。

（3）检查瓷瓶是否无破损、裂纹及放弧痕迹，引线及接头是否无断股现象。

（4）接地引下线或接地扁铁应无断裂。

2）大风（台风）、雷暴雨（冰雹）前后

汛中及汛后根据现场气象情况开展动态巡维重点关注阀厅屋面、地面应无渗漏水。

3）设备预警与反措发布时

依据设备预警与反措要求开展治理。

4）迎峰度夏

迎峰度夏前，对涉及公司级重点管控设备至少进行一次专业巡维。

5）保供电

保供电一级及以上时，应在保供电前进行一次专业巡维。

4．停电维护

停电维护主要包括：阀厅检查、设备清扫、设备标识维护更新、反措执行情况检查及其他专项检查。

2.2.5.3 穿墙套管

1．日常巡视

（1）复合绝缘套管伞裙应无龟裂老化现象，金属附件和均压环应无变形、扭曲、脱落、倾斜等异常情况，套管上无异物搭接。

（2）瓷套应完好无脏污、破损，无放电现象。

（3）SF_6压力表观察窗面清洁、无损伤痕迹，压力表保护箱密封良好，压力值应在正常范围内。

（4）套管内部及顶部接头连接部位温度应正常。

（5）套管本体及两端连接处应明显无放电点。

（6）各部密封处应无渗漏。

2．专业巡维

1）红外巡视

开展设备红外巡视并对异常发热点拍摄照片留存比对。

2）数据分析

（1）SF_6气体压力分析。通过运行记录、补气周期对套管SF_6气体压力值进行横向、纵向比较，对套管是否存在泄漏进行判断，必要时进行检漏，查找漏点。

（2）红外测温数据分析。通过运行记录对套管红外测温数据进行横向、纵向比较，判断发热发展的趋势。

（3）根据专业巡维前设备缺陷及数据分析情况，跟踪设备缺陷发展状况，是否存在进一步恶化趋势。根据专业巡视结果跟踪缺陷情况，制订消缺计划或方案（包含备品备件筹备等）。

3．动态巡维

1）大雪、大雾、低温凝冻后

结合日常巡视，重点关注以下巡视项目：

（1）复合绝缘子伞群无明显污垢，无放电闪络痕迹。

（2）检查SF_6气体压力应正常，无漏气现象。

2）高　温

结合日常巡视，重点关注以下巡视项目：

（1）检查油套管应无渗漏现象。

（2）SF_6气体无泄漏现象。

3）大风（台风）、雷暴雨（冰雹）前后

结合日常巡视，重点关注以下巡视项目：

（1）检查套管基础应无无下陷、开裂，本体无倾斜、变形等现象。

（2）检查复合绝缘子伞群应无明显污垢、放电闪络痕迹、明显损伤、丝状裂纹等现象，引线及接头无断股现象。

（3）检查SF_6应无泄漏情况。

（4）接地引下线或接地扁铁无断裂。

（5）检查运行时无异响、异味。

（6）开展红外测温。

4）设备预警与反措发布时

依据设备预警与反措要求开展治理。

5）迎峰度夏

迎峰度夏前、重要保供电期间，对涉及公司级重点管控设备至少进行一次专业巡维。

6）保供电

保供电一级及以上时，应在保供电前进行一次专业巡维。

4．停电维护

停电维护主要包括：清除异物及其他专项检查。

2.2.5.4 平波电抗器

1．日常巡视

（1）检查外观应完整无损、防雨罩及降噪装置完好，接头无变色现象。

（2）检查支柱绝缘子是否无破损、裂纹、爬电现象，RTV（室温硫化硅橡胶）涂层无脱落迹象。

（3）检查外包封表面是否清洁，无裂纹，无爬电痕迹，无涂层脱落现象，无变色现象。

（4）检查有无异物堵塞通风道。

（5）检查无异常振动和声响。

（6）检查本体下方无异物或本体附件掉落。

（7）检查支架无裂纹，线圈无松散变形，垂直安装的电抗器无倾斜。

2．专业巡维

（1）紫外巡视。通过紫外巡视确认本体及各导线连接处无明显放电点。

（2）红外巡视。开展设备红外巡视并对异常发热点拍摄照片留存比对。

（3）数据分析。对巡维数据进行横向、纵向趋势分析。

3．动态巡维

1）大雪、大雾、低温凝冻后

大雪、大雾、低温凝冻后应进行一次巡维，重点关注外绝缘无闪络，表面无放电痕迹等异常。

2）大风（台风）、雷暴雨（冰雹）前后

大风（台风）、雷暴雨（冰雹）前后应进行一次巡维，重点关注以下项目：

（1）检查外绝缘表面无放电痕迹等异常。

（2）电抗器本体、引线及接线桩头无异物，电抗器无倾斜。

3）高　温

高温环境下应进行一次巡维，重点关注以下项目：

（1）电抗器整体温度分布图谱。

（2）引线接头、等电位连接片包封、调匝环等导电部位的发热情况。

4）地质灾害发生后

地质灾害发生后应进行一次巡维，重点关注以下项目：

（1）基础无下陷、开裂。

（2）声响无异常。

（3）接地引下线或接地扁铁无断裂。

5）设备预警与反措发布时

依据设备预警与反措要求开展治理。

6）迎峰度夏

迎峰度夏前、重要保供电期间，对涉及公司级重点管控设备至少进行一次专业巡维。

7）保供电

保供电一级及以上时，应在保供电前进行一次专业巡维。

4．停电维护

停电维护主要包括：清除异物、设备清扫、屏柜检查、清扫、登高巡视、防腐检查、设备标识维护更新及其他专项检查。

2.2.5.5 直流断路器

1．日常巡视

1）构架检查

（1）构架接地应良好、紧固，无松动、锈蚀。

（2）基础应无裂纹、沉降或移位。

（3）支架、横梁所有螺栓应无松动、锈蚀。

2）瓷套检查

（1）瓷套清洁，无损伤、裂纹、放电闪络或严重污垢。

（2）法兰处无裂纹、闪络痕迹。

（3）本体无异响、异味。

（4）接线板无裂纹、断裂现象。

3）SF_6压力值及密度继电器检查

（1）SF_6气压指示应清晰可见，SF6 密度继电器外观无污物、损伤痕迹。

（2）SF_6 密度表与本体应连接可靠，无渗漏油。

（3）SF_6 气体压力值应在厂家规定正常范围内。

（4）SF_6 表计防雨罩及二次接线盒应无破损、松动。

4）机构箱及汇控箱电器元件检查

（1）电器元件及二次线无锈蚀、破损、松脱，箱内无烧焦的煳味或其他异味。

（2）分合闸指示灯、储能指示灯及照明应完好。分合闸指示灯应能正确指示断路器位置状态。

（3）“就地/远方”切换开关应打在“远方”。

（4）储能电源空气开关应处于合闸位置。

（5）动作计数器读数应正常工作。

5）机构箱及汇控箱密封情况检查

（1）密封应良好，达到防潮、防尘要求。密封胶条应无脱落、破损、变形、失去弹性等异常。

（2）柜门无变形情况，能正常关闭。

（3）箱内应无进水、受潮现象。

（4）箱底应清洁无杂物，二次电缆封堵良好。

（5）电缆进线完好。标识清晰、完好。

（6）端子排、电源开关无打火。

（7）接地引线应无锈蚀、松脱现象。

6）液压机构检查

（1）读取高压油压表指示值，应在厂家规定正常范围内。

（2）液压系统各管路接头及阀门无渗漏现象，各阀门位置、状态正确。

（3）观察低压油箱的油位应正常（液压系统储能到额定油压后，通过油箱上的油标观察油箱内的油位，应在最高与最低油位标识线之间）。

7）弹簧机构检查

（1）检查机构外观，机构传动部件无锈蚀、裂纹。机构内轴、销无碎裂、变形，锁紧垫片无松动。

（2）检查缓冲器无漏油痕迹，缓冲器的固定轴正常。

（3）分合闸弹簧外观无裂纹、断裂、锈蚀等异常。

（4）机构储能指示应处于“储满能”状态。

（5）分合闸铁心无锈蚀（包含分合闸掣子及保持部分）。

8）分合闸指示牌检查

（1）分合闸指示牌指示到位，无歪斜、松动、脱落、严重褪色现象。

（2）分合闸指示牌的指示与断路器拐臂机械位置、分合闸指示灯、相关二次保护显示及后台状态显示应一致。

9）加热器检查

（1）对于应长期投入的加热器（驱潮装置），应检查加热器空开是否在合闸位置，日常巡视时应利用红外或手触摸等手段检查加热器是否处于加热状态。

（2）对于由环境温度或温度控制的加热器，应检查加热器空开是否在合闸位置，同时温湿度控制器的设定值应满足厂家要求。厂家无明确要求时，温度控制器动作值不应低于 10 °C，湿度控制器动作值不应大于 80%。

2．专业巡维

1）传动部件外观检查

（1）拐臂、掣子、缓冲器等机构传动部件外观应正常，无松动、锈蚀、磨损、润滑等现象，检查断路器掣子的扣入深度。

（2）螺栓、锁片、卡圈及轴销等传动连接件应正常，无松脱、缺失、锈蚀等现象。

（3）检查机构箱底部应无碎片、异物或明显油迹。对于液压或是气动操作机构，重点关注机构箱内管路接头等部位，对于弹簧操作机构，在缓冲器对应位置机构箱底部发现有油迹时应引起注意。

（4）针对液压机构，检查油泵打压应正常。检查油箱油位在上下限之间，无渗（漏）油，油管及接头无渗油，油泵无渗油。

2）红外测温

对本体、机构箱、汇控箱、端子箱、法兰、接头等进行红外测温，异常时保存图谱。

3）数据分析

（1）SF_6气体压力分析。通过运行记录、补气周期对断路器SF_6气体压力值进行横向、纵向比较，对断路器是否存在泄漏进行判断，必要时进行红外定性检漏，查找漏点。

（2）红外测温数据分析。通过运行记录对断路器红外测温数据进行横向、纵向比较，判断断路器是否存在一次接头发热发展的趋势。

（3）打压次数分析。通过运行记录的液压（包括液压弹簧）、气动操作机构的打压次数及操作机构压力值进行比较，进行操作机构是否存在泄漏的早期判断，如果发现打压次数增加，应结合专业巡维对相关高压管路进行重点关注。

（4）根据专业巡维前设备缺陷及数据分析情况，跟踪设备缺陷发展状况，观察是否存在进一步恶化趋势。根据专业巡视结果跟踪缺陷情况，制订消缺计划或方案（包含备品备件筹备等）。

3．动态巡维

1）大雪、大雾、低温凝冻后

大雪、大雾、低温凝冻后应进行一次巡维，重点关注以下巡视项目：

（1）检查断路器支柱瓷瓶、灭弧瓷套、合闸电阻等外绝缘瓷件外观，瓷裙应无明显可见爬电现象。

（2）端子箱密封情况检查。重点检查密封条应无损坏变形，电缆的封堵应良好，根据检查情况适时启动加热器。

（3）检查本体SF_6气体压力，机构操作压力及打压次数。

（4）检查防小动物封堵情况，应良好。

2）高　温

高温环境下应进行一次巡维，重点关注以下巡视项目：

检查压力、油位应正常，无渗漏现象。

3）大风（台风）、雷暴雨（冰雹）前后

大风（台风）、雷暴雨（冰雹）前后应进行一次巡维，重点关注以下巡视项目：

（1）检查断路器支柱瓷瓶、灭弧瓷套、断口并联电容、合闸电阻等外绝缘瓷件外观应无破损。

（2）检查断路器机构箱及汇控箱密封情况，检查密封条应无损坏变形，电缆的封堵应良好。机构箱内无进水或凝露现象，根据检查情况适时启动加热器。对于装有干燥剂的箱柜，应注意干燥剂颜色变化。

（3）检查液压、气动操作机构打压次数，应无增加。机构箱油位、压力值应正常，无渗漏油现象。记录相关检查数据。

（4）检查断路器本体压力值是否正常，并记录相关检查数据。

（5）检查断路器本体是否无异物。

4）地质灾害发生后

地质灾害发生后应进行一次巡维，重点关注以下巡视项目：

（1）检查基础是否无裂缝、垮塌、下沉。

（2）检查设备线夹、引流线、支柱瓷瓶是否无断裂。

（3）检查设备是否正常运行。

5）设备预警与反措发布时

依据设备预警与反措要求开展治理。

6）迎峰度夏前

（1）Ⅰ、Ⅱ级重点管控设备开展一次专业巡维。

（2）对保护定值、连接片及转换开关进行检查核对。

7）保供电

应进行一次巡维，重点关注以下巡视项目：

（1）检查基础是否无裂缝、垮塌、下沉。

（2）检查设备线夹、引流线、支柱瓷瓶是否无断裂。

（3）检查设备是否正常运行。

4．停电维护

停电维护主要包括：清除异物、机构箱、汇控箱、端子箱维护、防腐检查、设备标识维护更新及其他专项检查。

2.2.5.6 直流隔离开关

1．日常巡视

1）基础支架检查

（1）基础应无裂纹、沉降。

（2）支架应无松动、锈蚀、变形，接地良好。

（3）地脚螺栓应无松动、锈蚀。

2）导电回路检查

（1）三相引线松弛度应一致，导线无散股、断股。线夹无裂纹、变形。

（2）隔离开关处于合闸位置时，合闸应到位（导电杆无欠位或过位）。

（3）隔离开关处于分闸位置时，触头、触指应无烧蚀、损伤。

（4）导电臂应无变形、损伤、镀层无脱落。导电软连接带应无断裂、损伤。

（5）防雨罩、引弧角、均压环等应无锈蚀、死裂纹、变形或脱落。

（6）螺栓、接线座及各可见连接件应无锈蚀、断裂、变形。

3）绝缘子检查

（1）绝缘表面应无较严重脏污，无破损、伤痕。

（2）法兰处无裂纹，与瓷瓶胶装良好。

（3）夜间巡视时应注意瓷件无异常电晕现象。

（4）气体绝缘应气压正常。

4）底座及传动部位检查

（1）瓷瓶底座的接地应良好，无裂纹、锈蚀。

（2）垂直连杆、水平连杆无弯曲变形，无严重锈蚀现象。

（3）螺栓及插销无松动、脱落、变形、锈蚀。

5）机构箱检查

（1）机箱无锈蚀、变形，密封良好，密封胶条无脱落、破损、变形、失去弹性等异常，箱内无渗水，无异味、异物。

（2）端子排编号清晰，端子无锈蚀、松脱、无烧焦打火现象。

（3）各电器元件无破损、脱落，标识完整。

（4）加热器（驱潮装置）正常工作：对于按要求应长期投入的加热器，在日常巡视时利用红外或其他手段检测是否在正常工作状态。对于由环境温度或湿度控制的加热器，应检查温湿度控制器的设定值是否满足厂家要求，厂家无明确要求时，温度控制器动作值不应低于10 °C，湿度控制器动作值不应大于80%。

（5）垂直连杆抱箍紧固螺栓无松动，抱夹铸件无损伤、裂纹。

（6）分合闸机械指示正确，现场分合指示与后台一致。

（7）隔离开关操作电源空开应处于断开位置。

6）接地开关检查

（1）触指无变形、锈蚀。

（2）导电臂无变形、损伤。

（3）防雨罩无锈蚀、裂纹。

（4）接地软铜带无断裂。

（5）各连接件及螺栓无断裂、锈蚀。

（6）正常运行时接地开关处于分闸位置，分闸应到位（通过角度或距离判断），分闸时刀头不高于瓷瓶最低的伞裙。

（7）闭锁良好，地刀出轴锁销位于锁板缺口内。

2．专业巡维

1）红外测温

导电回路、机构箱、接头等进行红外测温，异常时保存图谱。

2）数据分析

（1）红外测温数据分析。通过运行记录对设备红外测温数据进行横向、纵向比较，判断隔离开关是否存在接头发热以及发热是否有进一步发展的趋势。

（2）根据专业巡维前设备缺陷及数据分析情况，跟踪设备缺陷发展状况，观察是否存在进一步恶化趋势。根据专业巡视结果跟踪缺陷情况，制订消缺计划或方案（包含备品备件筹备等）。

3．动态巡维

1）大雪、大雾、低温凝冻后

大雪、大雾、低温凝冻后应进行一次巡维，重点关注以下巡视项目：

（1）检查隔离开关支柱瓷瓶外观检查，瓷裙应无损坏或明显可见爬电现象。

（2）检查隔离开关机构箱密封情况，检查密封条是否无损坏变形，电缆的封堵良好。机构箱内应不存在进水或凝露现象，根据检查情况适时启动加热器。

2）大风（台风）、雷暴雨（冰雹）前后

大风（台风）、雷暴雨（冰雹）前后应进行一次巡维，重点关注以下巡视项目：

（1）检查机构箱密封情况，检查密封条是否存在损坏变形，电缆的封堵应良好。机构箱内应不存在进水或凝露现象，根据检查情况适时启动加热器。对于装有干燥剂的箱柜，应注意干燥剂颜色变化。

（2）接线板无裂纹现象，引流线无断股现象。

（3）红外检查隔离开关导电部分各接头无发热现象。

（4）检查是否无异物。

3）地质灾害发生后

地质灾害发生后应进行一次巡维，重点关注以下巡视项目：

（1）检查基础是否无裂缝、垮塌、下沉。

（2）检查设备线夹、引流线、支柱瓷瓶是否无断裂。

（3）检查设备是否正常运行。

4）设备预警与反措发布时

依据设备预警与反措要求开展治理。

5）迎峰度夏

Ⅰ、Ⅱ级重点管控设备开展一次专业巡维。

6）保供电

保供电前开展一次巡维，重点关注：

（1）设备缺陷和异常是否有进一步发展趋势，影响安全运行的应在保供电到来前完成消缺。

（2）保供电方案涉及的重要设备，使用测温仪检查设备发热情况。

4．停电维护

停电维护主要包括：清除异物、机构箱维护、防腐处理及其他专项检查。

2.2.5.7 直流分流器

1．日常巡视

（1）检查绝缘子伞群是否无明显污垢，无放电闪络痕迹，无明显损伤、丝状裂纹。

（2）检查所有金属部件是否无锈蚀、无发热变色现象。

（3）检查接地扁铁是否接地良好，无锈蚀。

（4）检查有无放电声及其他噪声，现场无异常气味。

（5）检查支架有无倾斜。

2．专业巡维

1）红外、紫外检查

（1）采用红外成像进行检查，特别是接线部位过热时，若发现发热异常，应认真查明原因并及早处理，防止缺陷扩大。

（2）采用紫外成像仪检查连接线部分。

2）数据分析

对记录的红外测温等数据进行分析，明确是否存在进一步恶化趋势。

3．动态巡维

1）大雪、大雾、低温凝冻后

大雪、大雾、低温凝冻后应开展一次动态巡维，重点关注以下项目：

绝缘子伞群应无明显污垢，无放电闪络痕迹，无明显损伤、丝状裂纹。

2）大风（台风）、雷暴雨（冰雹）前后

大风（台风）、雷暴雨（冰雹）前后应开展一次动态巡维，重点关注以下项目：

（1）绝缘子伞群应无明显污垢，无放电闪络痕迹，无明显损伤、丝状裂纹。

（2）引线有无断股和放电痕迹等情况。

（3）检查支架有无倾斜。

3）地质灾害发生后

地质灾害发生后应开展一次动态巡维，重点关注以下项目：

（1）检查分流器基础有无下陷、开裂。

（2）检查分流器本体有无倾斜、变形等。

（3）检查复合绝缘子伞群是否无明显污垢，无放电闪络痕迹，无明显损伤、丝状裂纹，引线及接头无断股现象。

（4）接地引下线或接地扁铁无断裂。

（5）检查运行时无异响、异味。

（6）开展红外测温一次。

4）设备预警与反措发布时

依据设备预警与反措要求开展治理。

5）迎峰度夏

Ⅰ、Ⅱ级重点管控设备开展一次专业巡维。

6）保供电

保供电一级及以上时，应在保供电前进行一次专业巡维。

4．停电维护

停电维护主要包括：清除异物、设备清扫、端子箱检查、清扫、防腐处理及其他专项检查。

2.2.5.8 直流分压器

1．日常巡视

（1）绝缘子伞群无明显污垢，无放电闪络痕迹，无明显损伤、丝状裂纹。

（2）接地扁铁应接地良好，无锈蚀。

（3）瓷瓶底座的接地应良好，无裂纹、锈蚀。

（4）螺栓及插销应无松动、脱落、变形、锈蚀。

（5）内部应无放电声、其他噪声，现场无异常气味。

（6）直流电压分压器气体压力表指示正常，指示值在规定范围内（SF_6气体绝缘）。

（7）直流电压分压器油位计指示正常，指示值在规定范围内（油绝缘）。

2．专业巡维

1）红外、紫外检查

（1）采用红外成像进行检查，特别是接线部位过热时，若发现发热异常，应认真查明原因并及早处理，防止缺陷扩大。

（2）采用紫外成像仪检查连接线部分。

2）SF_6表计端子箱防潮检查

开展开箱防潮检查，检查干燥剂情况（变色不应超过 2/3 或吸湿盒中储水不超过 2/3），每次开箱后更换密封圈。

3）数据分析

对记录的红外测温等数据进行分析，明确是否存在进一步恶化趋势。

3．动态巡维

1）大雪、大雾、低温凝冻后

大雪、大雾、低温凝冻后应开展一次动态巡维，重点关注以下项目：

（1）伞群无放电闪络痕迹，无明显损伤、丝状裂纹等情况。

（2）SF_6气体泄漏检查。

2）大风（台风）、雷暴雨（冰雹）前后

大风（台风）、雷暴雨（冰雹）前后应开展一次动态巡维,，重点关注以下项目：

（1）复合绝缘子伞群无明显污垢，无放电闪络痕迹，无明显损伤、丝状裂纹，引线无断股和放电痕迹等情况。

（2）SF_6气体泄漏检查。

（3）瓷瓶底座的接地良好，无裂纹、锈蚀。

3）地质灾害发生后

结合日常巡视，重点关注以下巡视项目：

（1）检查分压器基础有无下陷、开裂。

（2）检查分压器本体有无倾斜、变形等。

（3）检查复合绝缘子伞群有无明显污垢，有无放电闪络痕迹，有无明显损伤、丝状裂纹，引线及接头有无断股现象。

（4）检查 SF_6 有无泄漏情况。

（5）接地引下线或接地扁铁有无断裂。

（6）检查运行时有无异响、异味。

（7）开展红外测温一次。

4）设备预警与反措发布时

依据设备预警与反措要求开展治理。

5）迎峰度夏

Ⅰ、Ⅱ级重点管控设备开展一次专业巡维。

6）保供电

保供电一级及以上时，应在保供电前进行一次专业巡维。

4．停电维护

停电维护主要包括：清除异物、设备清扫、端子箱检查、清扫、防腐处理及其他专项检查。

2.2.5.9 **直流避雷器**

1．日常巡视

（1）检查瓷套表面是否无脏污、无放电现象，瓷套、法兰无裂纹、破损。

（2）复合绝缘外套表面有无脏污，有无龟裂老化现象。

（3）与避雷器、计数器连接的导线及接地引下线有无烧伤痕迹或断股现象。

（4）检查避雷器均压环有无歪斜。

（5）检查带串联间隙的金属氧化物避雷器串联间隙与原来位置没有发生偏移。

（6）避雷器放电计数器或在线监测仪计数器外观完好，无积水；泄漏电流指示无异常。

（7）避雷器一次连线良好，接头牢固，接地可靠。

（8）检查支柱绝缘子瓷瓶有无损坏、放电痕迹，表面有无污垢。

（9）检查内部有无放电响声。

2．专业巡维

1）红外测温

（1）对一次接线、端子及外瓷套等进行测温，记录环境温度与测量温度，检查数据是否正常，异常时保留红外图谱。

（2）重点检查设备本体有无整体或局部过热现象、相间温差应正常（相间温差不超过 0.5～1 K），异常时保留红外图谱。

2）数据分析

（1）红外测温数据分析。通过运行记录对红外测温数据进行横向、纵向比较，判断是否存在一次接头发热发展的趋势。

（2）对放电计数器指示数和泄漏电流数据进行分析，存在异常时提出处理建议或措施。

3．动态巡维

1）大雪、大雾、低温凝冻后

大雪、大雾、低温凝冻后应进行一次动态巡维，检查外观有无破损、裂纹及明显可见爬电现象。

2）大风（台风）、雷暴雨（冰雹）前后

大风（台风）、雷暴雨（冰雹）前后应进行一次动态巡维，重点关注以下项目：

（1）检查瓷套及法兰是否完整，表面无裂纹、破损及放电现象。

（2）引流线及连接金具应完好，无断股、变形及放电现象。避雷器引线及接线桩头应无异物。

（3）检查均压环有无歪斜。

（4）接地装置应完整，无松动现象。

（5）检查记录避雷器动作次数，检查避雷器泄漏电流应在正常范围内，且无其他异常。

3）地质灾害发生后

地质灾害发生后应进行一次动态巡维，重点关注以下巡视项目：

（1）检查避雷器基础有无下陷、开裂。

（2）检查避雷器本体有无移位。

（3）检查避雷器外观有无破损、裂纹及明显可见爬电现象，引线及接头有无断股现象。

（4）检查避雷器有无异常声响。

（5）接地引下线或接地扁铁有无断裂。

4）设备预警与反措发布时

依据设备预警与反措要求开展治理。

5）迎峰度夏

Ⅰ、Ⅱ级重点管控设备开展一次专业巡维。

6）保供电

保供电前开展一次巡维，重点关注：

（1）设备缺陷和异常是否有进一步发展趋势，影响安全运行的应在保供电到来前完成消缺。

（2）保供电方案涉及的重要设备，使用测温仪检查设备发热情况。

4．停电维护

停电维护主要包括：清除异物、设备清扫、端子箱检查、清扫、防腐处理及其他专项检查。

2.2.5.10　直流耦合电容器

1．日常巡视

（1）检查外观是否清洁，绝缘子套管是否完整、无裂纹、无破损、无放电痕迹、无渗漏油现象。

（2）检查安装基础应水平、安装牢固、排列整齐，底座与基础的安装螺丝紧固。

（3）检查引线有无松动、断线或断股现象。

（4）检查接地引线是否可靠、规范。

（5）检查支柱绝缘子瓷瓶有无损坏、放电痕迹，表面是否无污垢沉淀。

（6）检查内部有无放电等异常响声。

2．专业巡维

对巡维数据进行横向、纵向趋势分析，分析结果形成书面记录存档。

3．动态巡维

1）大雪、大雾、低温凝冻后

大雪、大雾、低温凝冻后应进行一次动态巡维，检查外观有无破损、裂纹及明显可见爬电现象。

2）大风（台风）、雷暴雨（冰雹）前后

大风（台风）、雷暴雨（冰雹）前后应进行一次动态巡维，重点关注以下项目：

（1）耦合电容器本体无移位。

（2）外观无破损、裂纹及明显可见爬电现象，引线及接头无断股现象。

3）地质灾害发生后

应进行一次动态巡维，重点关注以下巡视项目：

（1）检查耦合电容器基础有无下陷、开裂。

（2）检查耦合电容器本体有无移位。

（3）检查耦合电容器外观有无破损、裂纹及明显可见爬电现象，引线及接头无断股现象。

（4）检查耦合电容器有无异常声响。

（5）接地引下线或接地扁铁有无断裂。

4）设备预警与反措发布时

依据设备预警与反措要求开展治理。

5）迎峰度夏

Ⅰ、Ⅱ级重点管控设备开展一次专业巡维。

6）保供电

保供电前应进行一次巡维，重点关注：

（1）设备缺陷和异常是否有进一步发展趋势，影响安全运行的应在保供电到来前完成消缺。

（2）保供电方案涉及的重要设备，记录设备负荷状况，使用测温仪检查设备载荷发热情况。

4．停电维护

停电维护主要包括：清除异物、设备清扫、端子箱检查、清扫、防腐处理及其他专项检查。

2.2.5.11 交直流滤波器

1．日常巡视

（1）检查支柱绝缘子、瓷瓶有无破损裂纹、放电痕迹，表面是否清洁，外部涂漆无变色。

（2）检查有无异常声响、振动，有无异常气味，有无影响设备安全进行的障碍物、附着物。

（3）检查各连接线有无松脱，接头有无过热变色迹象；接地引线有无严重锈蚀、松动。

（4）检查设备接地线、接地螺栓表面有无锈蚀，是否压接牢固，基础有无沉降，编号标识是否齐全、清晰。

（5）检查电容器各连接线、等电位线、接地线有无松脱、断股、明显锈蚀现象；母线及引线应松紧适度，设备连接处无松动。

（6）检查电容器外观是否完好，外壳无鼓肚、膨胀变形，接缝开裂、渗漏油现象；引线瓷套有无损坏、放电痕迹，表面有无污垢沉积。

（7）电阻器外观无异常、无裂纹及爬电痕迹，无明显污垢；绝缘子无破损、裂痕；本体无明显发热变色。

（8）围栏内地面无影响设备运行的杂草。

2．专业巡维

1）红外测温

本体及导电连接部位采用红外测温，并记录测温数据。

2）数据分析

对巡维数据进行横向、纵向趋势分析，分析结果形成书面记录存档。

3．动态巡维

1）大雪、大雾、低温凝冻后

大雪、大雾、低温凝冻后应进行一次动态巡维，检查外观有无破损、裂纹及明显可见爬电现象。

2）大风（台风）、雷暴雨（冰雹）前后

大风（台风）、雷暴雨（冰雹）前后应进行一次动态巡维，重点关注以下项目：

（1）检查滤波器本体、引线是否存在异物。

（2）检查接线连接是否牢固、无断股，基础有无下沉或倾斜。

3）地质灾害发生后

地质灾害发生后应进行一次动态巡维，重点关注以下项目：

（1）检查滤波器基础有无下陷、开裂。

（2）检查滤波器本体有无移位。

（3）检查滤波器外观有无破损、裂纹及明显可见爬电现象，引线及接头无断股现象。

（4）检查滤波器有无异常声响。

（5）接地引下线或接地扁铁无断裂。

4）设备预警与反措发布时

依据设备预警与反措要求开展治理。

5）迎峰度夏

Ⅰ、Ⅱ级重点管控设备开展一次专业巡维。

6）保供电

保供电前应进行一次巡维，重点关注：

（1）设备缺陷和异常是否有进一步发展趋势，影响安全运行的应在保供电到来前完成消缺。

（2）保供电方案涉及的重要设备，记录设备负荷状况，使用测温仪检查设备载荷发热情况。

4．停电维护

停电维护主要包括：清除异物、设备清扫、防腐处理及其他专项检查。

本章知识点

本章主要对换流站的一次设备试验及运维管理要求做了介绍，涉及的一次设备包括换流变、换流阀、平波电抗器、直流避雷器、交/直流滤波器、直流断路器、直流耦合电容器、接地极及串补设备，目的相关人员掌握换流站一次设备的运维及试验原理，便于现场开展试验。

课后测试

简答题

（1）换流变的预防性试验周期项目包括哪些？换流变套管介损及电容量试验的判断标准是什么？

（2)直流耦合电容器预防性试验周期项目包括哪些？当耦合电容器内部存在并联电阻时，如何判断试验是否合格？

（3）画出三节直流避雷器直流参考电压试验接线原理图，对于多柱并联的避雷器如何判断其是否合格？

第3章　检修技术

3.1　作业准备

3.1.1　标准及规程

《高压直流输电用油浸式换流变压器技术参数和要求》（GB/T 20838）
《电气装置安装工程串联电容器补偿装置施工及验收规范》（GB 51049—2014）
《±800 kV及以下直流输电工程启动及竣工验收规程》（DL/T 5234—2010）
《±800 kV特高压直流设备预防性试验规程》（DL/T 273—2012）
《电力设备检修试验规程》（Q/CSG1206007—2017）

3.1.2　作业前准备

3.1.2.1　工作人员的准备

换流变压器检修人员一般不少于20人，换流阀及阀冷、串补装置、STATCOM的检修人员一般不少于6人，直流场设备检修人员一般视情况配置5～20人。其中检修工作负责人应从事变电检修工作5年以上，熟悉本项作业，了解有关技术标准要求，安全考试合格。

换流变检修专业技术人员要求：经过高处作业、司索指挥、焊接、压接、试验等培训，考试合格并持证上岗，掌握干燥空气发生器、真空泵（真空机组）、双级高真空滤油机等机具的操作使用。

换流阀及阀冷检修专业技术要求：经过高处作业、升级车（电动液压升降平台车）操作等培训，考试合格并持证上岗，掌握电动葫芦的操作使用，熟悉本作业指导书；串补装置检修专业技术要求：经过高处作业、司索指挥、焊接等培训，考试合格并持证上岗，掌握气体回收装置（SF_6气体处理装置）的操作使用。

直流场设备检修专业技术要求：经过高处作业、司索指挥、焊接、压接等培训，考试合格并持证上岗，掌握真空泵等机具的操作使用。

3.1.2.2　技术准备

熟悉检修试验规程、规定等，熟悉待检修设备技术资料，准备好出厂试验报告和历史试验数据，明确有关技术要求及质量标准。收集运行中发现的缺陷和异常（事故）情况，查阅不停电维护中发现的产品问题，查阅试验记录。根据确定的检修项目制定检修计划和方案等。

3.1.2.3　检修工器具的准备

1. 换流变检修工器具的准备

油务处理设备：双级高真空滤油机、真空机组、真空表、储油罐、压力表、干燥空气发生器、瓶装干燥空气、油桶、施工电源电缆、抗真空管。

起重设备：双钩汽车吊、尼龙吊带、缆风绳、尼龙绳、手拉葫芦、卸扣、高空作业车。

工器具：轻便快装脚手架、升降平台、氧气含量监测仪、内检防尘棚、交流弧焊机、油泵（电油泵）、乙炔、氧气、烘箱、力矩扳手、角度仪、望远镜、手电筒、配电盘、铜丝刷、常规手动工具、常规电动工具、吸尘器、茶色广口玻璃瓶、针筒、颗粒度专用瓶、专用工（吊）具。

安全、防护用品：连体工作服、耐油防护鞋、绝缘梯、全方位安全带、安全帽、手套。

消耗性材料：白布带、皱纹纸、无水乙醇、电工胶布、生料带、塑料布、百洁布、记号笔、焊条、油漆。

备品备件：油面温度指示控制器、绕组温度指示控制器、主体油位计、分接开关油位计、气体继电器、压力释放阀、开关保护继电器、油流指示器、密封件、紧固件、硅胶、合格绝缘油、阀侧套管、网侧套管、二次元件。

2．串补装置检修工器具的准备

电源设备：电源、配电盘；

工器具：棘轮扳手、力矩扳手、开口扳手、套筒扳手、SF_6气体检漏仪、SF_6气体处理装置、吊环、手电筒、安全灯具、专用工（吊）具。

安全、防护用品：绝缘梯、全方位安全带、安全帽、手套。

消耗性材料：无水乙醇、砂纸、电力脂、凡士林、百洁布。

备品备件：电容器单元、金属氧化物限压器（MOV）、旁路开关备件、分闸线圈、合闸线圈、电机、机构及汇控柜加热元件、SF_6密度继电器、接触器、继电器、温控器、转换开关、密封材料、SF_6充气接头及管路、火花间隙备件、电极、限流电阻、均压电容、套管、触发回路控制电路板、电流互感器、光控模块、原件、板卡。

3．换流阀及阀冷检修工器具的准备

电源设备：电源、配电盘。

工器具：棘轮扳手、力矩扳手、开口扳手、套筒扳手、内六角扳手、电动液压升降平台车、电动葫芦、阳极电抗器吊具、晶闸管更换工具、吊环、专用工（吊）具。

安全、防护用品：绝缘梯、全方位安全带、安全帽、手套。

消耗性材料：无水乙醇、砂纸、电力脂、凡士林、百洁布、洁净服、专用手套、拖把。

备品备件：触发光纤、电抗器、阀分立元件、回检光纤、晶闸管级电子元件、晶闸管组件、漏水检测光纤、门级线、阻尼电阻、光纤测试装置、晶闸管测试装置。

4．直流场设备检修工器具的准备

起重设备：吊车、高空作业车。

工器具：尼龙吊带、力矩扳手、水准仪、经纬仪、减压阀、充气接头及充气装置、温湿度计、SF_6气体检漏仪、微水仪及试验仪器、真空泵、叉车、水平尺、手拉葫芦、线坠、交流弧焊机、金属切割机、角尺、钢卷尺、棘轮扳手、套筒扳手、梅花扳手、开口扳手、枕木、专用工（吊）具。

平波电抗器检修专用器具：平抗专用吊具、专用工（吊）具、平抗本体专用吊绳。

安全、防护用品：绝缘梯、全方位安全带、安全帽、手套。

消耗性材料：白布带、无水乙醇、电工胶布、塑料布、百洁布、电焊条、油漆。

备品备件：直流场设备相关备品备件。

3.1.2.4 维护、检修周期说明

检修是指为保障设备的健康运行，对其进行检查、检测、维护和修理的工作，设备的检修分为 A、B、C 三类。原则上 A 类检修应包括所有 B 类检修项目，B 类检修应包含 C 类检修项目。

A 类检修：指设备需要停电进行的整体检查、维修、试验工作。

B 类检修：指设备需要停电进行的局部检查、维修、更换、试验工作及周期性的试验工作。

B1 检修：指设备需要停电进行的局部检查、维修、更换、试验工作。

B2 检修：指设备需要进行的周期性试验工作。

C 类检修：指设备不需要停电进行的检查、维修、更换、试验工作。

C1 检修：指一般巡维，即日常巡视过程中需对设备开展的检查、试验、维护工作。

C2 检修：指专业巡维，即特定条件下，针对设备开展的诊断性检查、特巡、维修、更换、试验工作。

3.2 换流变压器检修

3.2.1 换流变压器检修项目及要求

3.2.1.1 换流变 C1 类维护项目及周期

1．换流变主体检查

1）检修维护周期

每年一次、配合日常巡视开展。

2）每年一次检修维护项目及要求

（1）油面温度指示控制器、绕组温度指示控制器的外观完好，表盘密封良好。

（2）油箱表面温度、线圈温度等无异常现象，与远方测温表指示温度一致。

（3）外壳及中性点接地良好。

（4）铁心、夹件外引接地应良好。

（5）其他位置接地可靠良好。

3）配合日常巡视开展项目及要求

（1）油位计外观完整，密封良好。

（2）法兰、阀门、表计、分接开关、冷却装置、油箱、油管路等连接处及焊缝处密封应密封良好，无渗漏痕迹。

（3）运行中的振动和噪声应无明显变化，无外部连接松动及异常响声。

（4）无闪络、跳火和放电声响。

（5）换流变压器基础无下沉、裂变。

（6）引线接头、电缆、母线应无过热，雨天无蒸汽，夜间无发红迹象。

（7）冷却管束的冲洗。

2．换流变冷却装置检查

1）检修维护周期

每年一次、每半年一次、配合日常巡视开展。

2）每年一次检修维护项目及要求

（1）散热良好，无堵塞、气流不畅情况。

（2）同一工况下，各散热片的温度应大致相同。

（3）油泵、风扇手感温度相近，运行和停止信号相对应。

（4）随温度和负载自动控制的冷却器的转速情况正常，风机无积聚大量污尘。

3）每半年一次检修维护项目及要求

（1）风扇、油泵的运行情况正常，无异常声音及振动。

（2）油流指示正确，无抖动现象。

（3）风扇、油泵运转正常，无异声，反转、卡阻、停转现象。

4）配合日常巡视开展项目及要求

冷却装置及阀门、管路无渗漏。

3．换流变套管检查

1）检修维护周期

每年一次、每半年一次、配合日常巡视开展。

2）每年一次检修维护项目及要求

（1）瓷套表面无破损、裂纹，无严重油污、无放电痕迹及其他异常现象。

（2）采用红外测温等手段对套管，特别是装硅橡胶增爬距或涂防污涂料的套管，重点检查有无异常。

（3）用红外测温装置检测套管内部及顶部接头连接部位温度情况。

（4）套管末屏及套管电流互感器端子箱端子是否过热。

（5）橡胶伞裙形状能够与瓷伞裙表面吻合良好。

（6）表面洁净、光滑，硅伞裙无开裂、搭接口无开胶、伞裙无脱落、黏结位置无爬电等现象。

3）每半年一次检修维护项目及要求

油位指示正常。

4）配合日常巡视开展项目及要求

（1）各密封处应无渗漏。

（2）电容式套管应注意末屏接地套管的密封情况。

4．换流变吸湿器检查

1）检修维护周期

每月一次。

2）每月一次检修维护项目及要求

（1）当颜色改变 2/3 以上时，更换硅胶。

（2）吸湿器筒无裂痕，油封杯油面高度适当。

（3）呼吸正常，并且伴随着油温的变化，油封杯内有气泡产生。
（4）如发现呼吸不正常，应防止压力突然释放。

5．换流变有载分接开关检查

1）检修维护周期
每年一次、配合日常巡视开展。
2）每年一次检修维护项目及要求
（1）电压应在规定的偏差范围内。
（2）指示灯显示正常。
（3）操作齿轮机构无渗漏油。
（4）分接开关连接、齿轮箱、操作机构箱内无异常现象。
（5）调压分接挡位指示正确，同组各相现场与远方应保持一致。
3）配合日常巡视开展项目及要求
（1）变压器有载调压开关油枕的油位指示正常，油标管无破裂，油色正常。
（2）管路无渗漏现象。

6．换流变在线滤油机检查

1）检修维护周期
每年一次、配合日常巡视开展。
2）每年一次检修维护项目及要求
（1）滤油装置箱内各开关、指示灯、照明、压力值等运行正常，各控制把手置于正确位置。
（2）清洁完好，无过热、烧坏、积尘、受潮等现象。
（3）箱体锈蚀无锈蚀。
3）配合日常巡视开展项目及要求
（1）滤油装置箱密封良好。
（2）滤油装置工作时无异常响声。
（3）管路无渗漏现象。

7．换流变端子箱和控制箱检查

1）检修维护周期
每年一次。
2）每年一次检修维护项目及要求
（1）控制箱和二次端子箱应密封是否良好，有无进水受潮，加热器运行是否正常。
（2）箱体内有无放电痕迹，电缆进出口的防小动物措施是否良好。
（3）端子排、开关有无打火现象；接线是否松动、脱落。
（4）接线端子应无松动和锈蚀，接触良好无发热。
（5）冷却器控制箱中冷却器电源状态是否正常、各选择/控制开关的位置是否正常、箱体驱潮器的投退是否正确、箱体的接地是否良好。
（6）箱内是否清洁；保险与开关是否与运行方式一致；各指示灯指示是否正常。

8．换流变在线检测装置检查

1）检修维护周期

每年一次。

2）每年一次检修维护项目及要求

（1）无渗漏油。

（2）工作正常。

3.2.1.2 **换流变 C2 类维护项目及周期**

C2 维护项目除应包含所有 C1 类维护项目外，还应包含以下内容。

1．换流变冷却装置检修维护

1）检修维护周期

每 3 年或必要时。

2）检修维护项目及要求

（1）开启冷却装置，检查是否有不正常的振动和异响。

（2）检查冷却管道、支架的脏污、锈蚀情况。

（3）必要时对外壳、支架进行防腐处理。

（4）采用 500 V 或 1000 V 绝缘电阻表测量电气部件的绝缘电阻值，其值不应低于 1 MΩ。

（5）检查阀门位置是否正确。

（6）逐台关闭冷却器电源一定时间（30 min 左右）后，检查冷却器应无渗漏现象；若存在渗漏现象应及时消除。

2．换流变电容式套管检修维护

1）检修维护周期

每 3 年或必要时。

2）检修维护项目及要求

（1）瓷套表面无破损、裂纹，无脏污，无电晕放电情况，法兰无锈蚀。

（2）必要时校正套管外绝缘爬距，应满足污秽等级要求。

（3）套管本体与油箱间密封良好，套管油位正常。

（4）螺栓应无松动。

（5）接线端子等连接部位表面应无氧化及过热现象。

（6）末屏应无放电、过热痕迹，接地良好。

3．换流变纯瓷套管检修维护

1）检修维护周期

每 3 年或必要时。

2）检修维护项目及要求

（1）瓷套表面无破损、裂纹，无脏污，无电晕放电情况，法兰无锈蚀。

（2）必要时校正套管外绝缘爬距，应满足污秽等级要求。

（3）套管本体与油箱间密封良好，套管油位正常。

（4）螺栓应无松动。
（5）接线端子等连接部位表面应无氧化及过热现象。

4．换流变有载分接开关检查

1）检修维护周期
每 3 年或必要时。
2）检修维护项目及要求
（1）两个循环操作各部件的动作顺序及限位动作，应满足技术要求。
（2）各分接位置应显示正确、一致。
（3）从分接开关中取油样进行分析并满足要求。

5．换流变附件检查

1）检修维护周期
每 3 年或必要时。
2）检修维护项目及要求
（1）密封良好，无渗油现象。
（2）轻、重瓦斯动作可靠。
（3）观察窗清洁，刻度清晰。
（4）检查气体继电器的整定值。
（5）无喷油、渗漏油现象。
（6）回路传动正确。
（7）动作指示杆应保持灵活。
（8）温度计内应无湿气凝露，并与顶层油温基本相同。
（9）检查温度计接点整定值是否正确，二次回路传动正确。
（10）检查温度计接点整定值是否正确。
（11）应无假油位现象。
（12）表内应无潮气凝露。
（13）指针位置是否正确，油泵启动后指针应达到绿区，无抖动现象。
（14）采用 500 V 或 1000 V 绝缘电阻表测量继电器、油温指示器、油位计、压力释放阀二次回路的绝缘电阻应大于 1 MΩ。
（15）接线盒、控制箱等防雨、防尘是否良好，接线端子有无松动和锈蚀现象。

3.2.1.3 换流变 B 类维护项目及周期

B 类项目除应包含全部停电维护项目，此外还应包含以下内容。
1）15 年或必要时检修项目及要求
（1）压力释放阀校验合格。
（2）放出储油柜积污器中的油污，检修油位计，调整油位。
（3）更换胶囊。
（4）温度计检验合格，报警触点动作正确。
（5）滤油或换油。

（6）检修后注入的绝缘油，其油牌号、油质简化、微水、颗粒度及色谱分析等应符合《电工流体变压器和开关用的未使用过的矿物绝缘油》（GB 2536—2011）的要求。

2）9 年或必要时检修项目及要求

（1）吸湿器内外清洁，更换受潮的吸湿器，硅胶呼吸管道畅通。

（2）吸湿器密封油位正常。

（3）放出储油柜积污器中的油污，检修油位计，调整油位。

（4）对冷却系统和器身进行冲洗。

3）6 年或必要时检修项目及要求

（1）传动机构灵活，无卡轮、滑齿现象。

（2）主动磁铁、从动磁铁耦合和同步转动，指针指示与表盘刻度相符。

（3）限位报警装置动作正确。

（4）油位计密封良好，无渗漏。

（5）散热器清扫冲洗。

（6）储油柜更换胶垫，对渗漏点进行补焊，确保无渗漏油。

（7）风扇、油泵运转正常。

（8）对出现故障的风扇油泵及控制元件进行处理。

（9）压力释放阀密封良好，无渗漏。

（10）对工作不正常、渗漏油的压力释放阀进行更换处理。

（11）气体继电器密封良好，无渗漏。

（12）防雨罩安装牢固。

（13）对工作不正常、渗漏油的气体继电器进行更换处理。

（14）气体继电器保持水平位置，联管朝储油柜方向有 1%～1.5% 的升高坡度。

（15）储油柜内外表面无锈蚀及油垢。

（16）油位指示器指示正确。

（17）检查吸湿器管道有无堵塞、泄露。

（18）对工作不正常渗漏油的油位指示器、吸湿器进行更换处理。

（19）检查储油柜胶囊是否有破损现象。

（20）测温插管内清洁、注满油，测温元件插入后塞座拧紧，密封无渗漏。

（21）对指示不正确的温度计进行校正或更换。

（22）气体继电器二次回路绝缘良好。

（23）调压装置机械转动部分灵活、齿轮盒密封良好、润滑脂足够，位置指示正确。

（24）调压装置电器回路连接正确无松动，电器顺序开关、限位开关及机械限位动作可靠，控制回路绝缘良好。

（25）调压装置各继电器触点无严重锈蚀。

（26）调压装置箱体密封良好。

（27）调压装置检查防滑挡与手动/电动闭锁。

（28）清扫控制箱内部灰尘及杂物。

（29）检查电磁开关和热继电器触点有无烧损或接触不良，必要时进行更换。

（30）检查各部触点及端子板连接螺栓有无松动或丢失，必要时补齐。

（31）检查控制箱的密封情况并更换密封衬垫。

（32）对风扇和油泵进行动作试验，检查电机的运转声音是否正常；转动方向是否正确。

（33）变压器油箱应可靠接地。

（34）铁心及夹件接地套管应可靠接地并进行绝缘电阻测量，绝缘电阻大于 15 MΩ。

（35）本体及附件各阀门开闭灵活，指示正确，放气塞无渗漏油。

（36）更换处理损坏的阀门部件。

（37）对渗漏油的放气塞密封件进行更换。

（38）油箱和附件外观应清洁无油垢，漆膜完整，如有渗漏应进行补焊，重新喷涂漆。

（39）对受损的油箱外观进行除锈补漆，要求平整有光泽。

（40）油箱和附件外观应清洁无油垢，漆膜完整，如有渗漏应进行补焊，重新喷涂漆。

（41）套管外绝缘应清扫干净。

（42）套管顶部将军帽应密封良好。

（43）套管与外部引线的接线端接触良好。

4）3 年或必要时检修项目及要求

电容式套管及充油套管油位应正常，表面清洁，无渗漏油，套管介损 $\mathrm{tg}\delta < 0.5\%$。

5）必要时检修项目及要求

（1）处理后应符合相关的规定和要求。

（2）过渡电阻无断裂损伤，阻值测量误差不大于 20%。

（3）开关油室与变压器本体间无渗漏，检修后油室内注入合格绝缘油。

（4）转换器和选择开关动、静触头无烧损、发热痕迹，接触良好，转动部分动作灵活，绝缘支架无损伤变形、无放电痕迹，与分接引线连接牢固，螺栓紧固并有防松螺母，触头及导电部分与分接引线距离符合规定。

（5）快速机构主弹簧、复位弹簧、爪卡等无变形断裂，固定螺栓紧固，动作部分无严重磨损擦毛、损伤、卡涩。

（6）密封胶垫全部予以更换。

（7）相关组件应试漏，确保密封良好无渗漏。

（8）检查相间隔板和围屏有无破损、变色、变形、放电痕迹。

（9）检查绕组各部垫块有无位移和松动。

（10）用手指按压绕组表面检查绝缘状态。

（11）检查引线有无变形、变脆、破损，断股，有无过热现象等，引线与各部位之间的绝缘距离是否满足要求。

（12）检查绝缘支架有无松动和损坏、位移等。

3.2.1.4　换流变 A 类维护项目及周期

1．A 类临时检修项目、周期（非周期）检修项目与要求

（1）检查集气盒内有无集聚气体。

（2）对本体油样进行分析。

（3）对继电器进行检查。

（4）对有载分接开关油样进行分析。

（5）进行相关试验。

（6）对压力释放阀进行检查。

（7）对油位进行检查。

（8）对本体油路进行检查。

（9）检测套管与引流线之间是否接触良好（含将军帽）。

（10）对油枕波纹或胶囊进行检查。

（11）检查油标管、吸湿器、防爆管通气孔进否有堵塞现象，排除“假油位”的可能。

（12）对绝缘油进行相关试验。

（13）排查能产生负压区的设备。

（14）整体密封性检查。

3.2.2　换流变压器主要部件检修介绍

换流变压器由控制柜、储油柜、冷却装置、高压套管等众多配件组成。由于换流变压器的设计方式导致现场无法进行吊罩、阀侧套管 A 类检修等大型作业。若遇到现场无法处理的问题，一般只能先用备用换流变压器将故障相替换，再将故障相换流变压器牵引至检修厂房内或返厂或运输到具备条件的厂房内进行检修。换流变压器主要部件检修重点介绍安装、检修及网侧高压套管更换、绝缘油处理等工作内容和工序流程。

3.2.2.1　验收与保存

1．换流变压器主体验收

（1）主体上的冲击记录仪记录应满足运输中水平加速度不得超过 3g，垂直加速度不得超过 3g，水平横向加速度不得超过 2g。

（2）运输的产品主体，检查气体正压力为 0.01 ~ 0.03 MPa（气体正压力常温下不得低于 0.01 MPa）。

（3）主体外观无机械损伤情况，并表面油漆完好。

（4）主体内残油油样化验，符合以下规定：

耐压值 > 50 kV；含水量 < 25 μL/L。

（5）测量绝缘含湿量（可用露点法），绝缘湿水量应小于 0.9%。

（6）用 2500 V 摇表检测铁心对地、夹件对地绝缘电阻应不小于 300 MΩ。

（7）绝缘油到货后抽样试验必须符合产品技术文件和国家标准 GB 2536 的相关要求，同时主要试验标准参数符合下列要求（合同有要求时，按合同要求执行，合同无要求时，按下面的要求执行）：

击穿电压≥60 kV；

介质损耗因数（tanδ）≤0.5%（90 °C）；

含水量≤10 μL/L；

含气量≤1%；

色谱分析：不含乙炔；

颗粒度大于 5 μm 的颗粒≤2000 颗/100 ml。

2．附件验收保存

换流变压器除本体外其余拆卸运输的附件均为包装运输，需详细对照产品拆卸装箱单核对拆卸运输件是否齐全，如阀侧套管、网侧套管、电流互感器、散热器、油枕、温控器、油位表、气体继电器、压力释放阀、技术资料等。应查看有无损伤、污染、吸湿、生锈，并按各附件使用说明书进行检验。

3．主体储存

（1）充氮储存：主体存放时间从到达现场起不得超过 60 天（氮气或干燥空气符合换流变压器的运输要求时，存放时间可达 90 天），否则应注油存放。充氮存放过程中每天至少巡查两次，检查过程中随时做好记录，氮气压力保持在 0.01 ~ 0.03 MPa（露点低于 – 55 °C），如氮气压力降低很快，说明有漏气情况，要及时检查处理，严防器身受潮。

（2）注油储存：临时装上储油柜系统，注入处理后符合标准要求的绝缘油，使油面调整到稍高于储油柜正常油面的位置。存放过程中要经常巡查储油柜油面，如低于储油柜最低油面，要及时补充注入符合注油标准要求的绝缘油，严防器身存放中受潮。

4．拆卸件储存

拆卸件的存放保管要妥善，如充氮存放应每天至少巡查两次，氮气压力保持在 0.01 ~ 0.03 MPa，如氮气压力降低很快，说明有漏气情况，要及时进行处理。

充油运输的拆卸件必须充油存放，应每天至少巡查两次， 保证无渗漏油情况。

橡胶密封件、各种仪表、压力释放阀、吸湿器、油泵、控制箱等必须在干燥的室内保存。

套管、冷却器、储油柜及其他外部安装零件可以保存在室外，放在离地面 300 mm 高处，盖上篷布，不得锈蚀和污秽。

3.2.2.2 换流变压器现场安装

1．工序流程

换流变压器现场安装工序流程如下：断流阀、压力继电器、瓦斯继电器、温控器、压力释放阀等配件校验，且合格→绝缘油合格→SF_6 气体合格→网侧、阀侧高压套管试验合格→抽空排氮，充入干燥空气→内检→外部附件装配：储油柜、冷却器、连气管、压力释放阀、压力继电器等→升高座、高压套管装配→抽真空→真空注油（气）→热油循环→静放及正压气密性检查→油气、电气试验→耐压试验→色谱试验。

2．冷却器安装

按冷却器安装图及冷却器安装使用说明书进行安装。

小心地拆开冷却器的包装箱，检查冷却器是否在运输过程中有损坏，用吊带拴在冷却器的专用吊环上起吊到垫有木板的地面上，拆除上下联管运输封板。

起吊冷却器的方法有两种：

（1）冷却器端部（有放油塞的一端）要垫上胶皮，防止冷却器起立时与地面磕碰而损伤，用主吊钩吊带钩挂住冷却器上端的专用吊环，缓慢地将冷却器立起，打开冷却器下部放油塞，放掉冷却器内部残油，拧紧放油塞。

（2）用双钩吊车分别冷却器的上下端吊环上，指挥吊车双钩配合将冷却器先水平悬空吊起，缓慢由水平状态调整成垂直状态后拆除冷却器下部吊带。

冷却器安装前需将主体上相应的运输封板拆除，将端口的油用干净的抹布擦拭干净并密封好，应无杂质和异物；检查上、下部联管的蝶阀，再将冷却器安装到导油管上。有序地紧固冷却器上的法兰连接螺栓。在法兰连接处，螺栓不能偏斜，否则不能紧固螺栓。

3．联气管装配

气体继电器、导气盒、断流阀按使用说明书及联气管装配图进行安装。先安装储油柜支架，然后安装储油柜上的仪器仪表，起吊储油柜，将其安装到储油柜支架上。连接各联管，安装气体继电器、导气盒、断流阀、吸湿器。气体继电器箭头应指向储油柜，还应检查导气盒铜管是否畅通。安装时，吸湿器底部油杯上的运输密封圈必须拆除。必须检测气体继电器动作是否可靠。

4．压力释放阀装配

按压力释放阀的使用说明书及导油管装配图进行安装。压力释放阀安装完，产品投运前，必须将标杆上运输压帽内的金属件拆除；换流变压器投运前蝶阀必须处于开启状态。

5．进箱内检要求和注意事项

雨雪风天（4 级以上）和相对湿度 80% 以上的天气不能进行内检和安装。

进行内检前，对于充氮短期存放的产品，先通过试验判断存放过程中产品是否受潮，再进行排氮。对于注油存放的产品，应先做试验，判断存放中器身是否受潮，依据是所测数据与存放时数据相比无明显差异。

进一步检查判断产品出厂后是否受潮，未受潮的判断标准为（充油后测量）：各线圈之间及线圈对地之间，绝缘电阻 $R_{60''}$≥出厂值的 70%（5000 V 摇表）；吸收比 $R_{60''}/R_{15''}$≥出厂值的 70%，且不低于 1.3（5000 V 摇表）；介质损耗因数 $\tan\delta$（90 °C）≤出厂值的 130%（同温度值）；铁心对地绝缘≥出厂值的 70%（2500 V 摇表）；夹件对地绝缘≥出厂值的 70%（2500 V 摇表）。

器身暴露在空气中的时间要尽量缩短，持续暴露在空气中的时间应符合产品技术要求，当无规定时，应满足 GB 50776—2012 的相关规定。

器身检查孔口处应设密闭内检棚，内部附件安装期间应向器身内持续充入干燥空气。隔板和围屏无破损、变色、变形、放电痕迹。绕组各部垫块无位移和松动。绕组表面绝缘状态无异常。引线无变形、变脆、破损，无断股、过热等现象，引线与各部位之间的绝缘距离满足设计要求。绝缘支架无松动、损坏、位移等。进箱检查前后的工器具材料应登记核对无误。进箱服装应为无纽扣等的连体服，不能携带钥匙等物。

6．真空注油

从抽真空开始至主体真空度达到 100 Pa 应在 5 h 内完成，否则应立即检查泄漏点。当换流变压器真空度≤80 Pa 时，应保持 20 min 后，再开始测试泄漏率，主体应测试 1 h 泄漏率（≤800 Pa · L/s）后，满足泄漏率要求才可继续抽真空（真空度小于 100 Pa），持续抽空时间≥96 h。满足真空度<27 Pa 时，开始真空注油。将准备好的合格绝缘油，通过油箱下部的 DN80 阀门注入油箱内，油流量为 4 ~ 5 t/h，油温控制在（65 ± 5）°C，直到油面至顶盖下 100 ~ 200 mm。再维持真空 2 h 后，将真空机组接至储油柜注油口抽空至 100 Pa 后，继续注油（按储油柜使用说明书），使储油柜油面略高于油位曲线规定的正常油面，即可进行热油循环。

7．热油循环

当油箱出口油温达到（60 ~ 70）°C 后，打开一台冷却器的进出口阀门，继续进行油循环 0.5 h 后，关闭此台冷却器的进出口阀门 2 h 后（期间油循环不停），再打开另一台冷却器的进出口阀门，油循环过程同第一台冷却器的油循环过程一样，需要对全部冷却器依次进行油循环。全部冷却器均参与油循环一次后，再开始第 2 个有冷却器参与的油循环周期，一般应进行 2 ~ 3 个有冷却器参与的油循环周期，循环时间要同时满足下述两条规定：连续循环 72 h，3 × 换流变压器总油量。

8．正压气密性检查与静置

向储油柜胶囊充入压力不超过 0.03 MPa 的高纯氮气，加压后维持 24 h，压力维持基本不变，检查油箱各密封处应无渗漏，解除压力。注油后必须静置 72 h 以上，静置期间需多次充分排气后才能施加电压。

3.2.2.3　换流变压器现场检修

1．胶囊更换

检查新胶囊，目测检查新胶囊应未受损。向胶囊内充入高纯氮气到微正压，关闭阀门。对比前后压力值判断是否有漏点，排气静置。

胶囊更换：关闭瓦斯继电器两侧蝶阀，关闭油枕顶部旁通阀，排空油枕内的绝缘油，拆除油枕顶部胶囊盖板和连接管道螺栓。取出旧胶囊，装入新胶囊，将胶囊钩挂在油枕内箱壁挂环上。更换密封圈后，紧固连接螺栓。打开油枕顶部旁通阀。取下吸湿器，将真空管连接在吸湿器接口上，抽真空到 133 Pa 以下停机计时 1 h 对比前后压力值判断是否有漏点，复抽 30 min 后，关闭油枕顶部的旁通阀，注油到额定油位。从吸湿器接口注入高纯氮做正压气密性试验，直至合格。恢复吸湿器，开启瓦斯继电器前后蝶阀。检查换流变压器、排气等。

2．网侧高压套管（穿缆式）更换

关闭瓦斯继电器前后蝶阀。退油打开换流变压器手孔，并持续充入合格的干燥空气。拆除设备连线及高压套管均压环、接线板等。将垂直高压套管 C 型喉箍组合吊带与高压套管引线专用牵引绳一起挂在吊车挂钩上。将组合吊带、工具 U 型环拴在高压套管上。将高压套管引线牵引绳上的螺栓拧入引线端头螺孔。拆除高压套管顶部将军帽后，拔出高压套管引线定位销，吊车缓慢受力。拆除高压套管连接法兰螺栓。吊车缓慢受力向上起吊，多方密切配合，将高压套管拔出，高压套管引线规整地盘绕在换流变压器内。大小钩配合将高压套管由垂直调整成水平状态（见图 3-2-1），并装箱。

图 3-2-1　大小钩配合将高压套管由垂直调整成水平状态

安装时，大小钩配合，将新的高压套管由水平调整成垂直状态（见图 3-2-2），并安装套管尾部均压罩。清洗升高座密封槽，并更换密封圈。套管位移到升高座口上方，将高压套管引线专用牵引绳连接螺栓拧入引线顶部螺孔。多方配合，使高压套管平稳就位，紧固螺栓，在换流变压器上拆除吊带吊具。连接真空泵抽真空，进行油务处理（排气静置等）等后续工作。

图 3-2-2　大小钩配合将新的高压套管由水平调整成垂直状态

3．设备一次连接线检查

螺栓紧固无松动，力矩值符合要求。金具完好、无变形、锈蚀、开裂等。导线无扭结、松股、断股或其他明显的损伤或严重腐蚀等缺陷。垂直布置或斜向布置压接管口向上的压接管根部的漏水孔应通畅。

4．绝缘油处理

大修后，准备注入的绝缘油质量应符合 GB/T 7595 标准要求。必须采用全真空注油，真空度、真空保持时间等处理工艺符合厂家技术要求。按厂家技术要求，补油至标准油位。热油循环，按照厂家技术要求执行。真空注油后及热油循环后，分别取油样进行油化验与色谱分析，质量标准应符合 Q/CSG114002—2011 要求。待注入新油油牌号、油质简化、耐压、介损、微水等应符合 GB 2536—2011 要求。将油管、阀门等连接于滤油机和换流变压器之间。取下换流变压器上的吸湿器。启动滤油机，缓慢打开滤油机上的进油阀。绝缘油上升到滤油机真空罐观察窗时，开启滤油机上的出油阀，缓慢打开换流变压器本体上的进油蝶阀，开始循环过滤。

油务处理过程中应做好以下记录：

（1）记录开机滤油时间。每隔一个小时记录一次绝缘油进口油温温度。

（2）记录关机时间，排气静放 72 h，恢复吸湿器，取油样送检。

完成常规电气试验，且合格；完成大型特殊试验，且合格；静放 24 h；取色谱油样送检（详见电气试验）且合格。排气、调整油位。

5．砂眼、焊缝渗漏油处理

换流变压器砂眼、焊缝渗漏油时可用样冲冷作挤压法进行处理，即用手锤敲击样冲对漏点进行挤压封堵。换流变压器在现场因焊缝渗漏油而需带油补焊时，应注意以下内容：

（1）将工作场所四周清理干净。

（2）准备好适当适量的消防灭火器材等。

（3）按渗漏点部位材质选用焊条牌号及焊接电流。

（4）选用适当截面的焊条，从距渗漏点 5 mm 处起弧短弧快速连续焊，焊过渗漏点处 5 mm 后停弧。

（5）严禁采用摆动焊法，以防将渗漏点扩大。当补焊处有蓝色火焰燃烧时，说明此处仍渗漏，应在此处迅速补焊，直至补焊时无油燃火焰，再用抹布将补焊处擦干净观察，确认无渗油为止。

（6）施焊后的换流变压器绝缘油需做色谱试验。

6．冷却器蝶阀更换处理

冷却器蝶阀在运行中的常见问题多为蝶阀关闭不严和蝶阀轴芯漏油。蝶阀轴芯漏油绝大部分是因为阀体转动轴的密封出现缺陷，现场对其进行紧固或加垫密封垫即可解决。

蝶阀关闭不严通常有三种原因：其一，蝶阀外部的阀轴防雨罩，在安装中没有严格按照操作规范进行，使得阀轴的限位挡圈、紧固螺母等生锈或者阀轴区域污染进入灰尘、泥沙等，造成阀轴转动不到位，导致蝶阀无法正常关闭；其二，蝶阀阀板的密封垫断裂，受断裂的垫条影响，使阀板无法正常关闭；其三，蝶阀制造质量存在问题，蝶阀阀板的传动轴偏差较大，使得阀板无法正常开关。

针对第一种情况，可以通过认真清理阀轴开关区域，实现蝶阀的正常开关。对第二、三种情况，则需对蝶阀进行更换处理。处理的具体程序如下：

（1）关闭换流变压器主体与缺陷冷却器之间的前端阀门。

（2）排放换流变压器油至缺陷蝶阀位置以下。

（3）用吊车吊下缺陷蝶阀的冷却器，拆卸缺陷蝶阀。拆卸过程中，可能出现无法取出阀体的情况，此时需要排放冷却器内的全部绝缘油，松动冷却器支架、下部连通管、下部蝶阀等连接件。

（4）检查蝶阀产生缺陷的原因，观察与其连接部位各通道是否影响阀板的正常开关，确认问题并处理。

（5）清理各连接处的密封面，安装需更换的蝶阀和密封垫，紧固各松动螺栓。检查各密封面，确认后，缓慢开启冷却器与换流变压器主体上部连接的阀门。同时，开启冷却器顶部的放气塞，待放气塞排出绝缘油后关闭放气塞。

（6）静置 30 min 后，再次开启放气塞排气，关闭放气塞。

（7）开启冷却器底部与主体连通的阀门，开启换流变压器各部位的放气塞排气，验收及投运。

7．有载分接开关分接头接触部位接触故障处理方法

有载分接开关分接头接触部位的接触性故障一般可分为接触不良性故障和触头灼烧性故障两种。

接触性不良一般由有载开关的切换开关及范围开关引起。在制造厂对器身进行干燥时，分接开关随器身一起入炉干燥，如果在干燥过程中工艺处理不得当将造成触头表面氧化或腐蚀，将使直流电阻超标。另外，绝缘油对开关的触头也有一定的腐蚀作用。这些都将影响开关动、静触头之间的接触。现场测试时若发现有载开关分接头接触不良，一般通过启动开关机构，在接触不良的挡位多次切换即可解决问题。如多次切换仍然无法解决，则需要排油检查触头并对触头做相应处理。

触头灼烧性故障产生的原因主要是开关切换时不同步、接触不良等。接触不良性触头灼烧会使绝缘油分解，通过对绝缘油的色谱分析可以检查、判断。切换不同步产生的触头灼烧性故障将使有载开关的保护继电器动作，使换流变压器退出运行。处理此类问题，换流变压器必须排油，对问题部位进行检测，确定产生问题的原因，根据产生问题时的工况，开关动作的情况，问题产生时响应的情况来断定故障的处理。处理该类问题，一般均由开关的厂家负责，厂家在实际处理时，将根据问题的性质采取局部更换触头、整体更换范围开关、整体更换选择开关等措施进行处理。

8．在线滤油机的渗油处理

在线滤油机渗油一般多发生在滤油机的顶盖拆卸部位、滤油机油样阀门部位、管路连接部位及上部压力指示器连接部位。处理时应根据具体情况进行操作，一般处理过程如下：

（1）关闭滤油机进油管和回油管路的阀门。

（2）从滤油机下部放油阀处，排放滤油机内的变压器油约 2 L。

（3）拆卸渗油部位的螺栓。

（4）解体渗油密封面，检查渗油原因，根据问题采取更换密封垫、清理密封面、更换损坏件等措施进行处理。

（5）打开进油管和回油管的截止阀。

（6）用回油管的放气塞给开关放气。

（7）在开关头部用吸油管的放气塞给进油管（吸油管）放气。

（8）试运行并再次放气。

（9）视开关储油柜的油位情况，通过开关储油柜的注放油管对开关储油柜进行补油。

9．阀侧套管充补 SF_6 气体

连接管路先对管路和 SF_6 气体处理装置本身抽真空，真空度达到装置的极限真空后，继续抽真空 10 min。再利用 SF_6 气体处理装置对阀侧套管抽真空，当达到装置极限真空以后，继续抽真空 30 min，然后，用合格的 SF_6 气体通过 SF_6 气体处理装置解除阀侧套管真空到微正压，直至额定气压。气瓶内的残余压力不得小于 0.1 MPa。

10．硅橡胶套管的清理方法

用干净的棉质毛巾蘸满清水、拧干，使毛巾保持潮湿，轻轻擦拭硅橡胶表面。毛巾清洗要彻底，不得残留尘粒，以免划伤硅橡胶表面。用于擦拭的毛巾要经常更换。擦拭伞面上面时，要用另一只手托住下面，用力不能过猛。应当特别注意：

（1）绝对不能使用含皂类或表面活性剂的洗涤用品进行清洗，避免清理过后在硅橡胶表面由于表面活性剂的残留而产生极性。

（2）绝对不能使用具有溶解力的溶剂，如：酒精、丙酮、甲苯等，以免硅橡胶发生溶胀变形。

（3）如果硅橡胶表面黏附有经上述方法清理不掉的污垢，说明该硅橡胶已经老化，建议更换。

11．换流变压器绝缘油的存储与试验

绝缘油和纸绝缘系统的寿命就是换流变压器的寿命。换流变压器内部固体绝缘——纤维素纸的老化和逐渐裂解是换流变压器内部化学反应的结果，固体绝缘材料具有不可逆的老化特性，且在日常运行中无法维护。

为了防止故障延长停电时间等，一般换流站的换流变压器备用绝缘油都贮存在专用容器内，需按照交接规程定期对绝缘油进行相关试验。

换流变压器绝缘油的老化和降质需对其进行净化和再生处理，经过净化和再生处理后的绝缘油需达到新油标准甚至更好。

定期检查储油罐吸湿器油杯内的油位是否适当、清洁，硅胶是否受潮变色。罐体接地是否良好等。

3.3　换流阀及阀冷、串补检修

3.3.1　换流阀检及阀冷修项目及要求

换流阀组由换流阀、晶闸管、阻尼电阻、均压电阻、冲击电容、阳极电抗器、均压电极、光纤、晶闸管控制单元、光分配器、冷却水管等众多配件组成，本课程仅包括晶闸管外观检查及更换（B1）、阳极电抗器外观检查及更换（B1）、光纤测试及更换（B1）、均压电极外观检查及更换（B1）等。

3.3.1.1 换流阀检及阀冷维护、检修周期及项目

1．晶闸管外观检查及更换（B1）

1）检修维护周期

晶闸管检查周期为 1 年，力矩校验周期为 2 年。

2）检修维护项目及要求

（1）检查晶闸管、散热块、阻尼电阻、阻尼电容、TVM 板（TE 板）形态完好，无变形、变色痕迹，电气连接正确、完好。

（2）晶闸管级导线形态一致，与其他元件保持安全距离，严禁触碰元件。

（3）用硅堆钢叉检查阀段安装压力，阀段安装压力正常，对偏松的进行紧固。

（4）占校验总量的三分之一，滚动进行，确保元件螺栓力矩满足要求，软连接线固定可靠且不会触碰无关元件。

3）晶闸管更换步骤（西门子阀）

（1）打开光纤槽后需检查故障晶闸管对应的光纤是否与其他光纤缠绕，防止在抽出的过程中造成光纤弯曲度过大而损坏。

（2）拆卸时将液压工具压力控制在 30 ~ 35 kPa，防止压力过大损坏碟簧。

（3）释放液压工具压力时应缓慢打开泄压阀，防止泄压过渡导致晶闸管散落。

（4）故障晶闸管两端散热器的接触面应使用浸过酒精的无毛纸进行清洁处理，然后在表面均匀涂抹硅油。

（5）新晶闸管的两个接触表面必须同样采用酒精清洁干净，注意不要把灰尘擦进晶闸管的凹槽里。

4）晶闸管更换步骤（ABB 阀）

（1）从 TCU 上断开晶闸管门级线时应防止门极线损坏。

（2）进行晶闸管拆卸时液压泵压力应控制在 30 ~ 35 kN，且加压前应将泄压阀门关闭。

（3）使用晶闸管撑开工具撑开晶闸管时，加压至规定数值（4″ 晶闸管为 90 kN，5″ 为 135 kN，6″ 为 190 kN），且加压前应将泄压阀关闭。

（4）读取撑开工具液压泵压力计的读数时，把右端板附件的夹紧螺母向内旋转 $1\frac{3}{4} \sim 2\frac{1}{4}$ 圈，旋转之前，要在夹紧螺母和右端板之间做标记线。

（5）松开加压泵上的泄压阀速度应尽量放慢，确保散热器之间有足够大的距离（应为 39 ~ 40 mm，不能超过 40 mm）保证晶闸管能从散热器之间分离出来，并能对晶闸管进行更换。

（6）晶闸管拆出后应检查散热器无损坏且使用无毛纸蘸取酒精对散热器表面进行清洁处理。

（7）为保证散热器与晶闸管接触良好，应使用砂纸蘸取酒精轻轻打磨散热器的接触面，打磨完毕后对散热器接触面进行清洁。

（8）散热器清洁完毕后，应在其表面滴大约 0.5 mL 的硅油，然后用无毛纸均匀涂抹开，处理完毕后不得对散热器表面进行触碰。

（9）应使用 600# 砂纸对表面滴有酒精的新的晶闸管进行打磨，打磨完成后对晶闸管表面进行清洁处理。

（10）在晶闸管的每侧表面都滴上 0.5 mL 的硅油，并用无毛纸均匀涂抹。

（11）安装晶闸管时应适度旋转晶闸管，以便门极位置符合要求。

（12）恢复门极线时应检查门极线是否插紧到位，且对照电路原理图检查所有电缆连接正确。

（13）检查所有工具等设备已从组件上移走。

（14）使用 LTTA 15 晶闸管测试仪器对此阀组件的所有晶闸管级进行测试，且测试结果正常。

2．阳极电抗器检查及检修（B1）

1）检修维护周期

外观检查周期为 1 年，力矩校验周期为 2 年。

2）检修维护项目及要求

（1）阳极电抗器本体形态完好，环氧树脂无裂纹或变色。

（2）绝缘子形态完好，无裂纹、破损。

（3）载流母线排形态完好，接头处无氧化、变色现象。

（4）冷却水管连接完好，无松动；水管间及与其他元件保持足够距离，确保无自由触碰风险。

（5）水管上的螺旋包裹带、固定件（扎带、扣箍等）安装形态正常，无裂纹、破损，与水管无磨损痕迹（须打开螺旋包裹带等查看），发现水管受损时应更换水管，调整或更换造成磨损的元件。

（6）水管内无异物，无渗漏。

（7）检查阳极电抗器载流母线螺栓标记线，标记线清晰、连贯、无错位，对松动螺栓按安装力矩进行紧固。

（8）对载流母线全部连接螺栓按 80%安装力矩进行紧固校验，对存在松动的按安装力矩紧固，并重新打标记线。

3）阳极电抗器更换步骤

（1）拆除电抗器连接水管时应防止水洒到下层阀组件上，在下层阀组件上覆盖塑料薄膜。

（2）若移出阀电抗器的过程中会磕碰屏蔽罩，应将附近的屏蔽罩拆掉。

（3）测量新的电抗器的感抗，确定感抗在额定范围内。

（4）恢复阀电抗器水管连接时应使用新的 O 形密封圈。

（5）恢复电抗器的母线连接母排时应将接头表面使用无水乙醇清洁并均匀涂抹导电膏。

（6）安装完成后按照厂家要求力矩对螺栓进行力矩检查，然后测量接触电阻，应小于 10 μΩ，接触电阻不满足要求时按照“十步法”进行处理。

（7）对阀塔注水时应注意进行排气，且检查电抗器水管接头是否有水渗出。

（8）对阀冷系统补水后进行静态打压试验。

（9）全部工作结束后检查阀塔无遗留物。

3．光纤测试及更换（B1）

1）检修维护周期

6年或必要时。

2）检修维护项目及要求

（1）光纤排列整齐，固定完好，无拗折。光纤及光纤束弯曲部分宽松流畅，半径不得小于设备规范要求。

（2）测量光纤衰耗在正常范围内，光纤衰耗增速正常，无加速老化或突变。连接紧固可靠。

3）光纤更换步骤

（1）将晶闸管级控制单元上的光纤拔出后应做好标记。

（2）新的光纤插入晶闸管级控制单元前，应先用光纤清洁工具将光纤头清洁干净，同时检查新光纤的光功率损耗在正常范围内。

（3）光纤安装完毕后，检查光纤弯曲度在正常范围内。

（4）光纤更换完毕后，晶闸管级试验合格。

（5）全部工作完毕后检查阀塔无遗留物。

4．均压电极外观检查及更换（B1）

1）检修维护周期

1年。

2）检修维护项目及要求

（1）均压电极抽检应包含各类安装位置均压电极。均压电极探针表面光洁，无结垢和腐蚀，均压电极探针表面结垢厚度不大于0.4 mm；电极探针长度不低于原长的60%。电极螺纹完好，无腐蚀痕迹。电极安装力矩需符合要求。均压电极密封圈形态完好，弹性正常，无腐蚀。对于异常的电极进行更换，电极拆除检查后须更换垫圈，垫圈在使用前应使用纯净水浸泡不少于5 min。

（2）均压电极连接线接头插入良好且紧固无松动。均压电极线连接线完好，无硬化、变色现象。均压电极连接线固定良好，且不得触碰内冷水管及其他元件；S形水管上的均压电极连接线严禁触碰均压罩边缘。

3）均压电极更换步骤

（1）在电极的拆出过程中应对下方的组件上覆盖保护塑料膜。

（2）拔电极时注意不能拉导线，防止均压导线从插头内脱出。

（3）拆出电极后应密封电极安装孔，防止灰尘进入。

（4）对存在水垢的电极进行清理。

（5）当电极有效部分体积减小超过20%时，对电极进行更换。

（6）安装电极时应使用新的O形密封圈，且O形密封圈使用前要先用纯水浸湿。

（7）新电极插入安装孔并按规定力矩进行紧固，检查电极电气连接可靠。

（8）对阀塔注水，注水过程中应注意水管排气，保证管路中无气泡。

（9）电极更换完毕后进行加压试验。

（10）全部工作完毕后检查阀塔无遗留物。

3.3.2 串补装置检修项目及要求

串补装置由串补平台、串联电容器、MOV、火花间隙、电流互感器、光纤柱、旁路断路器、旁路（串联）隔离开关等众多配件组成，本书仅包括干式电流互感器检查及更换（B1）、MOV 检查及检修（B1）、串联电容器的检查及检修（B1）、支柱绝缘子检查（B1）等。

3.3.2.1 串补装置维护、检修周期及项目

1．干式电流互感器检查及更换（B1）

1）检修维护周期

3 年或必要时。

2）检修维护项目及要求

（1）清洁复合套管，检查应完整，无龟裂老化迹象。

（2）清扫固体绝缘表面，无脏污。

（3）树脂绝缘表面无碳化物、无裂纹，绝缘涂层、半导体涂层完好。

（4）检查接线端子连接部位，金具应完好、无变形、锈蚀，若有过热变色等异常应拆开连接部位检查处理接触面，并按标准力矩紧固螺栓。

3）干式电流互感器更换步骤

（1）CT 更换时，要注意电流流过的方向，注意 CT 的同名端，检查 CT 二次是否开路。

（2）CT 二次短接，待到二次接线完成后，做试验前去掉 CT 的二次短接连片。

2．MOV 检查及检修（B1）

1）检修维护周期

3 年或必要时。

2）检修维护项目及要求

（1）清洁复合套管，检查应完整，无龟裂老化迹象。

（2）MOV 底座无积水和锈蚀，瓷套清洁、完好。

（3）检查接线端子连接部位，金具应完好、无变形、锈蚀，若有过热变色等异常应拆开连接部位检查处理接触面，并按标准力矩紧固螺栓。

3）MOV 更换步骤

（1）拆除需更换的 MOV，松开上端及下端连接铝排。

（2）更换新装 MOV，注意压力释放口向外。

（3）按标准力矩紧固螺栓上下端子。

3．串联电容器的检查及检修（B1）

1）检修维护周期

6 年或必要时。

2）检修维护项目及要求

（1）熔断器外观完好无锈蚀、破损或裂纹；弹簧完好无锈蚀、断裂。

（2）清扫电容器瓷套，应清洁完好，无鼓肚、渗漏油。

（3）接线端头螺母、垫圈齐全，无烧伤、损坏。连接紧固可靠。

（4）对外壳锈蚀的电容器进行除锈喷漆。
（5）清扫瓷瓶，检查瓷件清洁完好应完好无破损、金具齐全，无锈蚀、变形。
（6）母线应平整无弯曲，引线接头紧固良好，螺栓齐全无锈蚀。连线导线无锈蚀、无断股。
3）串联电容器更换步骤
（1）拆除需更换电容器端子连接线。
（2）拆除固定电容器框架上的螺栓，将故障电容器抬出框架。
（3）安装新的电容器，检查电容值与电容值是否匹配。
（4）用力矩扳手逐一紧固电容器连线，戴上防鸟帽。

4．平台支柱绝缘子检查（C2）

1）检修维护周期
15 年或必要时。
2）检修维护项目及要求
采用超声波探伤。

3.4 直流场主要设备检修

3.4.1 直流场主要设备检修项目及要求

3.4.1.1 直流断路器维护项目及周期

1．分合闸线圈检查（B1）

1）检修维护周期
6 年，或按停电预试周期进行。
2）检修维护项目及要求
（1）检查线圈固定螺栓应无松动。
（2）线圈引出线端子应紧固，电气接线插头应紧固。
（3）测量分合闸线圈电阻应在允许范围内。
注意：
① 直流断路器液压储能机构必须在释能状态。
② 断开交直流电源。

2．辅助开关检查（B1）

1）检修维护周期
1 年，或按停电预试周期进行。
2）检修维护项目及要求：
（1）安装固定螺栓无松动。
（2）传动连接部位轴、销应正常无磨损，传动灵活。
（3）电气接线插头无锈蚀及烧蚀痕迹，引出线插头能插紧到位。
注意：
① 直流断路器液压储能机构必须在释能状态。

② 断开交直流电源。

3．功能检查（B1）

1）检修维护周期

1 年，或按停电预试周期进行。

2）检修维护项目及要求

（1）安装固定螺栓无松动。

（2）传动连接部位轴、销应正常无磨损，传动灵活。

（3）电气接线插头无锈蚀及烧蚀痕迹，引出线插头能插紧到位。

4．安全阀检测（B1）

1）检修维护周期

1 年，或按停电预试周期进行。

2）检修维护项目及要求

安全阀功能正常，强制启动油泵电机当压力达到安全阀动作额定压力值时，观察安全阀内有响声且压力表不再动作，说明安全阀可靠动作。

5．密度继电器、液压压力开关检查及校验（B1）

1）检修维护周期

6 年，或按停电预试周期进行。

2）检修维护项目及要求

工艺流程及要求：密度继电器、液压压力开关压力低报警及闭锁功能正常，报警及闭锁值误差在允许范围内。

6．液压操作机构预充压力检查（B1）

1）检修维护周期

6 年，或按停电预试周期进行。

2）检修维护项目及要求

对液压操作机构预充压力值进行检查，如发现液压操作机构预充压力值异常时，应对储压筒进行检查，并制定相应的检修方案。

7．液压机构防失压慢分试验（B1）

1）检修维护周期

6 年，或按停电预试周期进行。

2）检修维护项目及要求

当断路器本体在合闸时，由零压开始建压至额定压力过程中，检查本体合闸位置应保持无变化。

8．油泵电机启、停值检测（B1）

1）检修维护周期

6 年，或按停电预试周期进行。

2）检修维护项目及要求

（1）手动释放压力并观察油泵启动继电器，启动压力值正常。

（2）强制启动油泵电机，电机停止时的压力值正常。

9．控制回路二次元件、接线及功能检查（B1）

1）检修维护周期

按停电预试周期进行。

2）检修维护项目及要求

（1）所有二次元件（包括端子排）安装紧固。

（2）所有电气接线应无松动、虚接脱落现象。

（3）脱开断路器与保护、控制系统、储能电源连接线后，采用绝缘电阻测试仪测试二次回路的绝缘电阻值不小于 2 MΩ。

3.4.1.2 直流隔离开关维护项目及周期

1．主导电回路检查（B1）

1）检修维护周期

1 年。

2）检修维护项目及要求

（1）主回路电阻测量，测量电流值不小于 100 A，电阻值符合制造厂规定。

（2）触头位置无污垢沉积或烧损，接触良好。

（3）软连接无撕裂等损坏现象，连接螺栓力矩符合要求。

（4）钢芯铝绞线无散股、断股。

2．转动部件检查（B1）

1）检修维护周期

3 年。

2）检修维护项目及要求

（1）轴承座、轴套、轴销，轴套具有自润滑措施，转动灵活，无锈蚀，新换轴销应采用防腐材料。

（2）传动轴、齿轮、连杆及部件应无变形、无锈蚀、无严重磨损，水平连杆端部应密封，内部无积水，轴承座采用全密封结构，更换不合格部件。

（3）主刀与接地刀的机械、电气闭锁功能可靠，位置正确，不合格则进行调整，闭锁板及闭锁杆配合位置正确、可靠。

（4）所有转动部位清洁润滑。

3．接地刀闸装配检修（B1）

1）检修维护周期

6 年。

2）检修维护项目及要求

（1）检查接地刀杆有无变形，变形应校正。

（2）检查所有导电接触面，镀层接触面用清洗剂清除污垢，非镀层接触面用砂纸清除氧化层。

（3）检查触指弹簧的变形及锈蚀情况，如锈蚀或变形严重均应予更换。

（4）动静触头应无损坏并清除污垢，静触头安装板应除锈刷漆。

4．操动机构检查（B1）

1）检修维护周期

3年。

2）检修维护项目及要求

（1）操作时机构内无异常响声，电机转动声音正常，继电器、切换开关转换正常。

（2）机构箱清洁干净，各转动部分无锈蚀，箱体密封良好。

（3）垂直连杆抱箍紧固螺栓及止动螺钉无松动，抱箍铸件无裂纹，带孔圆柱销无弯曲现象操作时垂直连杆无打滑现象。

（4）电机回路、控制回路、照明回路、驱潮回路功能正常。

（5）辅助开关信号、动作正确，无卡滞。

（6）各电气元件紧固良好且功能正常，无烧损现象。

5．绝缘子检修（A）

1）检修维护周期

12年。

2）检修维护项目及要求

（1）检查绝缘子表面有无裂纹、破损，如有则应更换。

（2）检查绝缘子瓷件与法兰的浇装情况，如有脱块应及时修补，瓷件松动及铁法兰有裂纹则应更换。

6．底座及传动部分检修（A）

1）检修维护周期

12年。

2）检修维护项目及要求

（1）检查所有转动轴和轴套，若有变形应校正，并用砂纸清除其锈蚀，涂注润滑油。

（2）检查平衡扭簧，用钢丝刷清除锈蚀，如严重锈蚀或变形则应更换。

（3）检查旋转瓷瓶支座和法兰有无开裂、变形，如有开裂或变形严重应更换。

（4）检查各拉杆和连接头的螺纹是否完好，有无损坏，焊接处有无裂纹，如开裂应补焊，螺纹损坏严重则应更换。

（5）检查所有传动拐臂，如严重变形应校正，如连接头转动轴磨损严重应更换。

（6）检查所有圆柱销有无变形，如变形严重则应更换。检查机械闭锁板，如严重变形应校正。

（7）对所有外部连接螺栓，按力矩要求值紧固。

7．电动操动机构检修（A）

1）检修维护周期

12 年。

2）检修维护项目及要求

（1）机构箱无锈蚀，密封良好，安装牢固。

（2）各电气元件完整、无损、接触可靠；

（3）辅助开关触点光滑，通、断位置正确，转动灵活。

（4）限位开关动作准确，到达规定分、合闸极限位置可靠切断电源。

（5）各转动部件完好，蜗轮与蜗杆及齿轮转动灵活。

（6）电机辅助工作面无裂纹和锈蚀，接触面良好转动灵活，引出线焊接良好，电机转动正常。

（7）二次回路接线端子无锈蚀，标记清晰，接线正确，辅助开关切换可靠，二次回路及电机绝缘电阻不小于 2 MΩ。

8．手力操动机构检修（A）

1）检修维护周期

12 年。

2）检修维护项目及要求

（1）各连接固定螺栓牢固。

（2）辅助开关触点光滑、接触良好，通、断位置正确，转动灵活。

（3）蜗轮、蜗杆无磨损，蜗杆轴与轴套完好无变形蜗轮中心线与蜗杆轴线在同一水平面，其轴向串动量不大于 0.5 mm，机构动作灵活，无卡涩。

（4）机构与辅助开关接点位置切换正确，二次回路绝缘电阻大于 2 MΩ，各转动部分涂适合当地的润滑脂。

9．大修（A）

1）检修维护周期

15 年。

2）检修维护项目及要求

（1）更换主、地刀动静触头系统。

（2）更换全部弹簧。

（3）更换旋转系统。

（4）更换齿轮。

（5）更换导电轴承。

（6）更换转动轴、销、运动部件所有的螺栓、螺母并紧固，检查传动部件，增加润滑脂，二次元件全部更换。

（7）更换破损、变形材料。

3.4.1.3　平波电抗器维护项目及周期

1．本体内部检查（B1）

1）检修维护周期

1 年。

2）检修维护项目及要求

（1）电抗器内部及支架上无异物。

（2）内部通风道无封堵，若风道落尘情况严重或存在异物应及时清理。

（3）引拔棒紧固牢靠。

2．支柱绝缘子（B1）

1）检修维护周期

3 年。

2）检修维护项目及要求

（1）支柱绝缘子表面清洁，无裂纹、破损。

（2）对复合绝缘支柱应抽样检查憎水性能。

3.4.1.4 直流滤波器维护项目及周期

1．电容器检查（B1）

1）检修维护周期

1 年。

2）检修维护项目及要求

（1）外观完好，无变形、鼓胀、渗油、喷油现象，若本体损坏或存在鼓胀、渗油、喷油现象，则需进行处理或更换。引线瓷套无损坏、放电痕迹，表面无污垢沉积，必要时进行清污。

（2）防鸟帽完好无破损。

3.4.2 直流场主要设备常见故障分析

3.4.2.1 直流断路器常见故障分析

1．直流断路器电气方面常见的故障

若合闸操作前红、绿灯均不亮，说明无控制电源或控制回路有断线现象。可检查控制电源和整个控制回路上的元件是否正常，如操作电压是否正常，熔断器是否熔断，防跳继电器是否正常，断路器辅助接点接触是否良好等。

当操作合闸后绿灯闪光，而红灯不亮，仪表无指示，喇叭响，断路器机械分、合闸位置指示器仍在分闸位置，则说明操作手柄位置和断路器的位置不对应，断路器未合上。其常见的原因有：合闸回路熔断器熔断或接触不良；合闸接触器未动作；合闸线圈发生故障。

当操作断路器合闸后，绿灯熄灭，红灯瞬时明亮后又熄灭，绿灯又闪光且有喇叭响，说明断路器合上后又自动跳闸。其原因可能是断路器合在故障线路上造成保护动作跳闸，或断路器机械故障不能使断路器保持在合闸状态。

若操作合闸后绿灯闪光或熄灭，红灯不亮，但表计有指示，机械分、合闸位置指示器在合闸位置，说明断路器已经合上。可能的原因是断路器辅助接点接触不良，例如常闭接点未断开，常开接点未合上，致使绿灯闪光和红灯不亮，还可能是合闸回路断线或合闸红灯烧坏，操作手把返回过早，操作电压过低，电压为额定电压的 80% 以下。

2．机械方面常见的故障

（1）传动机构连杆松动脱落。

（2）合闸铁心卡涩。

（3）断路器分闸后机构未复归到预合位置。

（4）跳闸机构脱扣。

（5）合闸电磁铁动作电压过高，使挂钩未能挂住。

（6）分闸连杆未复归。

（7）机构卡死，连接部分轴销脱落，使机构空合。

（8）有时断路器合闸时，多次连续做分合动作，此时系开关的辅助常闭接点打开过早。

3.4.2.2 直流隔离开关常见故障分析

1．直流隔离开关瓷瓶断裂故障

此类故障易在运行操作及在施工接线过程中发生，断裂处大多在瓷瓶和法兰的胶合处。瓷瓶断裂既与产品质量有关，也与隔离开关的整体质量及操作方法有关。瓷瓶在烧制过程中控制不当可能造成瓷件夹生、致密性不均以及水泥胶装不良等问题，加之质检手段不严，造成个别质量低劣的瓷瓶被组装成产品后，投放到运行中对安全构成极大威胁。操作人员在分合隔离开关时操作方法不当、用力过猛也容易造成瓷瓶损坏。

2．直流隔离开关导电回路过热

运行中常常发生导电回路异常发热现象，多数是由于静触指压紧弹簧疲劳、特性变坏、静触指单边接触，以及长期运行接触电阻增加而造成的。运行中由于静触指压紧，弹簧长期受压缩，如果工作电流较大，温升超过允许值，就会使其弹性变差，恶性循环，最终造成烧损，这是造成触头发热的主要原因。此外，触头镀银层工艺差、易磨损露铜，接触面脏污，触头插入不够、螺栓锈蚀造成线夹接触面压力降低等也是造成发热的原因。

3．直流隔离开关机构问题

机构问题表现为操作失灵，如拒动或分合闸不到位，往往发生在倒闸操作时，影响系统的安全运行。由于机构箱密封不好或锈蚀进水造成机构锈蚀严重，润滑干涸，操作阻力增大，在操作困难的同时，还会发生零部件损坏，如变速齿轮断裂、连杆扭弯等。

4．直流隔离开关传动困难

隔离开关的传动系统锈蚀会造成传动阻力大，甚至出现拒分拒合。在运行中若出现底座轴承锈死、无法操作的情况，一般是由于传动部件的主轴铜套干涩、轴承脏污、黄油干涸造成的。

3.4.2.3 平波电抗器常见故障分析

1．平波电抗器局部温度过高

电抗器在运行时温度过高，会加速聚酯薄膜老化，若引入线或横面环氧开裂处有雨水渗入，也会加速老化，丧失机械强度，造成匝间短路，引起着火燃烧。造成电抗器温升原因有：焊接质量问题，接线端子与绕组焊接处焊接电阻产生附加电阻而发热。另外由于温升的设计裕度很小，使设计值与国际规定的温升限值很接近。除设计制造原因外，在运行时，如果电抗器的气道被异物堵塞，造成散热不良，也会引起局部温度过高引起着火。对于上述情况，应改善电抗器通风条件，降低电抗器运行环境温度，从而限制温升。同时，定期对其停运维护，以清除表面积聚的污垢，保持气道畅通，并对外绝缘状态进行详细检查，发现问题及时处理。

2．平波电抗器沿面放电

电抗器在户外大气条件下运行一段时间后，其表面会有尘雾堆积，在大雾或雨天，表面会因污尘受潮导致泄漏电流增大，产生热量。由于水分蒸发速度快慢不一，表面局部出现干区，引起局部表面电阻改变，电流在该中断处形成局部电弧。随着时间延长，电弧将发生合并，行程沿面树枝状放电。而匝间短路是树枝状放电的进一步发展，即短路线匝中电流剧增，温度升高使线匝绝缘损坏。为了确保户外电抗器不发生树枝状放电和匝间短路故障，涂刷憎水性涂料可大幅度抑制表面放电。端部预埋环行均流电极可克服下端表面泄漏电流集中现象。顶戴防雨帽和外加防雨层，可在一程度上拟制表面泄漏电流。

3．平波电抗器振动噪声故障

铁心电抗器运行中震动变大，引起紧固件松动，噪声加大。引起震动的主要原因是磁回路有故障或制造安装时铁心未压紧或压件松动。一般只需要对紧固件再次紧固即可。有时会遇到空心电抗器在投运后交流噪声很大，并伴随着有节奏的拍频，地基发热。这是因为空心电抗器运行产生强大交变磁通，给周围的钢铁构件尤其是基础预埋件带来交变电磁力，引起共振和涡流并发热。这是基建设计安装的根本问题，只能停运进行彻底改造。

本章知识点

第 1 部分首先介绍了换流变压器检修的相关引用标准及规程；再围绕人员、技术及仪器仪表工器具等主要生产要素详细介绍了换流变压器检修作业前重点准备工作。

第 2 部分首先介绍了换流变压器检修项目及要求；再从换流变压器主体进场验收开始，重点介绍了安装、检修及网侧高压套管更换、绝缘油处理等工作的内容和工序流程；最后介绍了换流变压器投运前及日常维护与巡视的注意事项等。

课后测试

1. 单选题

（1）施工作业前，现场工作负责人应对全体作业班成员进行（　　），现场设置安全监护人员。

A. 风险防控　　B. 风险辨析　　C. 安全技术交底　　D. 安全资料交底

（2）携带手电筒进入设备内部检查，照明必须良好，安全照明电压应不大于（　　）V。

A. 9　　B. 10　　C. 11　　D. 12

（3）使用真空滤油机时，应按什么程序开机？（　　）

A. 真空泵、水泵、油泵、加热器　　B. 水泵、真空泵、油泵、加热器

C. 水泵、真空泵、加热器、油泵　　D. 水泵、油泵、真空泵、加热器

（4）变压器破氮安装阶段，应保证在环境条件符合要求。当空气相对湿度小于 75% 时，器身暴露在空气中的时间不得超过（　　）h。

A. 5　　B. 7　　C. 9　　D. 8

（5）新换流变压器投运前(热油循环后)，100 ml 油中大于 5 μm 的颗粒数应该少于(　　)个？

A. 1000　　B. 1500　　C. 2000　　D. 2500

（6）直流输电不存在交流输电的（　　）问题，适用于（　　）距离（　　）容量送电。（　　）

A. 过负荷、远、小　　B. 功率控制、近、大

C. 短路容量、远、大　　D. 稳定性、远、大

（7）换流变压器的冷却器由冷却风扇、潜油泵、散热片和（　　）构成。

A. 六氟化硫继电器　　B. 压力继电器

C. 温度继电器　　D. 油流指示器

（8）规程所规定的各项检修标准，是保证电力设备安全可靠运行的基本要求，是电力设备全过程管理工作的重要组成部分。在设备的维护检修工作中必须坚持（　　），积极地对设备进行维护，使其能长期安全、经济运行。

A. 应修必修　　B. 应试必试　　C. 预防为主　　D. 规程要求

（9）检修工作应以消除隐患和缺陷为重点，恢复设备性能和延长设备使用寿命为目标，坚持（　　）的原则，设备不应超期检修、检查性操作，不应任意调整检修项目。

A.“应试必试、试必试全”　　B.“应修必修、修必修好”

C.“安全第一，预防为主”　　D. A 和 B

（10）《中国南方电网电力设备检修规程》中，对设备检修项目分为哪几类？（　　）

A. A、B 类　　B. A、B、C 类　　C. A、B、C、D　　D. 以上都不是

（11）瓷柱式断路器及罐式断路器构架检查要求不包括（　　）。

A. 断路器构架接地良好、紧固，无松动、锈蚀

B. 断路器基础无裂纹、沉降

C. 断路器构架螺栓应紧固

D. 支柱瓷瓶和灭弧室瓷套检查

（12）瓷柱式断路器及罐式断路器本体 A 类检修的周期为（　　）。

A. 8 年　　B. 12 年　　C. 16 年　　D. 24 年

（13）瓷柱式断路器及罐式断路器机构 A 类检修的周期为（　　）。

A. 8 年　　B. 12 年　　C. 16 年　　D. 24 年

（14）断路器并联合闸脱扣器应能在其交流额定电压的（　　）范围内可靠动作。

A. 80% ~ 110%　　B. 85% ~ 110%　　C. 80% ~ 100%　　D. 65% ~ 120%

（15）断路器并联合闸脱扣器应能在其直流额定电压的（　　）范围内可靠动作。

A. 80% ~ 110%　　B. 85% ~ 110%　　C. 80% ~ 100%　　D. 65% ~ 120%

（16）断路器并联分闸脱扣器应能在其额定电源电压的（　　）范围内可靠动作，当电源

电压低至额定值的 30%或更低时不应脱扣。

A. 80% ~ 110%　　B. 85% ~ 110%　　C. 80% ~ 100%　　D. 65% ~ 120%

（17）断路器在使用电磁机构时，合闸电磁铁线圈通流时的端电压为操作电压额定值的（　　）（关合电流峰值等于及大于 50 kA 时为 85%）时应可靠动作。

A. 60%　　B. 70%　　C. 80%　　D. 85%

（18）瓷柱式隔离开关 A 类检修周期为（　　）。

A. 6 年　　B. 12 年　　C. 18 年　　D. 24 年

（19）隔离开关触头及触指导电接触面烧损深度不应大于（　　）。

A. 0.3 mm　　B. 0.5 mm　　C. 0.6 mm　　D. 0.8 mm

（20）运行中隔离开关操动机构箱二次回路及电器元件绝缘电阻应大于（　　）。

A. 1 MΩ　　B. 2 MΩ　　C. 3 MΩ　　D. 5 MΩ

（21）隔离开关电动机操动机构经 A 修后在其额定操作电压的（　　）范围内分、合闸动作应可靠。

A. 80% ~ 110%　　B. 85% ~ 110%　　C. 80% ~ 100%　　D. 65% ~ 120%

（22）串补电容器不平衡电流检查要求（　　）开展 1 次，电容器不平衡电流在正常范围内，无越限告警或突变现象。

A. 10 天　　B. 20 天　　C. 1 个月　　D. 3 个月

（23）MOV 每 6 年开展 1 次复合绝缘外套憎水性检查，采取抽检的方式，憎水性分级（HC 值）要求达到（　　）级及以上，如复合绝缘外套有龟裂老化现象或憎水性为 HC5-HC6 级时，应对复合绝缘外套喷涂 PRTV 涂料。

A. HC-1　　B. HC-2　　C. HC-3　　D. HC-4

（24）自饱和电抗器的铁心完全去磁时，铁心的磁导率最小，工作绕组的电感量最大，因此，直流输出的电流（电压）（　　）。

A. 最大　　B. 最小　　C. 不变　　D. 无法确定

（25）一般交流电压表和电流表的表盘刻度都是前密后疏，这是由于使指针偏转的力矩与所测的电压或电流的（　　）成比例的缘故。

A. 平均值　　B. 有效值　　C. 平方值　　D. 最大值

（26）在可控硅导通时，下列条件中（　　）不能使可控硅关断。

A. 降低主回路正向电压到一定值　　B. 降低主回路电流到一定值

C. 断开主回路　　D. 控制回路断开

（27）根据电气设备正常运行所允许的最高温度，把绝缘材料分为七个等级，其中 A 级绝缘的允许温度为（　　）°C。

A. 90　　B. 105　　C. 120　　D. 130

（28）用 DT890B 型数字式万用表的 200 mΩ 挡测量一阻值为 10 mΩ 的电阻，其读数为（　　）。

A. 11.0　　B. 10.1　　C. 10.01　　D. 1.1

（29）碱性蓄电池注入电解液或补充液面高度时，可打开（　　）。

A. 一只气塞，并注入　　B. 两只气塞，依次注入

C. 全部气塞，依次注入　　D. 没有严格要求

（30）浮充运行时浮充电机输出电流应等于（　　）。

A. 正常负荷电流

B. 蓄电池浮充电流

C. 正常负荷电流和蓄电池浮充电流两者之和

D. 正常负荷电流和蓄电池浮充电流两者之差

（31）运行3年左右或50～100次循环，需更换一次新电解液的蓄电池是（　　）。

A. 酸性蓄电池　　B. 碱性蓄电池

C. 阀控密封式铅酸蓄电池　　D. 胶体蓄电池

（32）控制、信号回路母线采用环网开环供电时，由直流屏至最远断开点的电压降不应超过直流母线额定电压的（　　）。

A. 5%　　B. 10%　　C. 15%　　D. 20%

（33）铅酸蓄电池放电电流小，放电容量就多，放电不能超过各种放电率的额定容量的（　　），否则应停止放电，准备充电。

A. 75%　　B. 80%　　C. 90%　　D. 100%

（34）交流母线水平布置时从里向外（面向设备）的安装顺序是（　　）。

A. 黄绿红　　B. 黄红绿　　C. 红黄绿　　D. 可以任意

2. 多选题

（1）换流变压器与普通电力变压器的不同之处表现在哪些地方？（　　）

A. 短路阻抗　　B. 绝缘特性　　C. 有载调压　　D. 直流偏磁

（2）换流变压器的总体结构包括以下几种型式？（　　）

A. 三相三绕组　　B. 三相双绕组　　C. 单相双绕组　　D. 单相三绕组

（3）换流变压器的冷却器由以下几个部分组成？（　　）

A. 冷却风扇　　B. 潜油泵　　C. 散热片　　D. 油流指示器

（4）在下列什么情况下不能进行换流变压器内部检查？（　　）

A. 下雨　　B. 下雪　　C. 刮风（6级以上）　　D. 相对湿度65%以上

（5）检修是指为保障设备的健康运行，对其进行（　　）的工作。

A. 检查　　B. 检测　　C. 维护　　D. 修理

（6）对换流变压器套管进行日常巡视时，瓷套表面应无（　　）及其他异常现象。

A. 破损　　B. 裂纹　　C. 严重油污　　D. 放电痕迹

（7）干式电抗器停电检修的项目包括（　　）。

A. 防雨罩、器身、支座绝缘子检查

B. 引流线连接部位、包封引线和汇流排检查

C. 包封与撑条（引拔棒）、通风道检查及清理

D. 接地检查

（8）以下属于每个月开展1次的瓷柱式断路器及罐式断路器本体检修项目有（　　）。

A. 构架检查（支架、横梁、基础、接地）

B. 支柱瓷瓶和灭弧室瓷套检查

C. 本体压力值及SF_6气体密度继电器检查

D. 红外测温

（9）以下属于瓷柱式断路器本体 A 类检修的项目有（　　）。

A. 灭弧室弧触头、喷口检查　　B. 本体密封情况检查

C. 绝缘拉杆及绝缘件检查　　D. 更换吸附剂

（10）瓷柱式断路器及罐式断路器机构 1 个月开展 1 次的检修项目有（　　）。

A. 机构箱及汇控箱电器元件检查

B. 液压系统检查、弹簧机构检查、空压系统检查、空压系统储气罐排水

C. 机构箱及汇控箱密封情况检查

D. 分合闸指示牌检查、加热器功能检查

（11）瓷柱式断路器及罐式断路器弹簧操作机构每 6 年开展 1 次的检修项目有（　　）。

A. 机械特性及分、合闸速度测量

B. 缓冲器检修

C. 操作机构储能电机、加热器检查

D. 机构箱二次端子、辅助开关传动机构的检查

（12）除制造厂另有规定外，断路器的分、合闸同期性应满足下列要求（　　）。

A. 相间合闸不同期不大于 5 ms

B. 相间分闸不同期不大于 3 ms

C. 同相各断口间合闸不同期不大于 3 ms

D. 同相各断口间分闸不同期不大于 2 ms

（13）避雷器（MOV）瓷套停电检查要求有（　　）。

A. 清扫瓷套，检查瓷套完好、无裂纹、无破损

B. 增爬裙粘着牢固，无龟裂老化现象

C. 检查防污涂层无龟裂老化、起壳现象

D. 压力释放装置紧固螺栓无锈蚀，密封完整

（14）电容器外观检查项目包括（　　）。

A. 检查瓷绝缘无脏污、无破损裂纹、放电痕迹

B. 外部涂漆无变色、外壳无鼓肚、膨胀变形，接缝开裂、渗漏油现象

C. 母线及引线松紧适度，设备连接处无过热变色现象

D. 接地引线无严重锈蚀、松动

（15）火花间隙电极检修要求包括（　　）。

A. 清扫主间隙、精密放电间隙电极，表面保持光洁，无烧蚀痕迹、灰尘和毛刺，必要时，打磨电极烧痕

B. 电极和套管安装牢固，无变形、移位

C. 测量放电间隙距离应符合制造厂规定，必要时重新调整间隙距离

D. 接线端子连接牢固可靠，无松动、锈蚀现象

3. 判断题

（1）《中国南方电网电力设备检修规程》颁布之后的新购置设备的维护检修周期不得短于该规程规定的周期要求。（　　）

（2）在运设备的维护检修项目应按《中国南方电网电力设备检修规程》的要求执行，如制造厂使用说明书有本规程未包含的项目或特殊要求的，应按制造厂使用说明书的要求执行。（　　）

（3）断路器的分、合闸同期性应满足相间合闸不同期不大于 3 ms、相间分闸不同期不大于 5 ms 的要求。（　　）

（4）电容式电压互感器分压电容器低压端子（N、J）必须通过载波回路线圈接地或直接接地。（　　）

（5）电容器不平衡电流接近告警值或越限告警时应进行电容器组配平，重新调整各桥臂电容量，使各桥臂电容量偏差在保护整定值范围内。（　　）

（6）当串补线路发生短路故障后应进行 MOV 支路电流对比检查，比较串补故障录波中两组 MOV 支路电流波形、峰值，若波形有偏差或峰值偏差达 50%时，应停电进行 MOV 泄漏电流试验和外观检查。（　　）

4. 简答题

（1）换流变压器运行过程中哪些情况下需立即停电或与调度联系停电？

（2）简述气体继电器的结构和工作原理。

（3）设备一次连接线包括哪些检查内容？

（4）《中国南方电网电力设备检修规程》中，A、B、C 类检修分别指什么？

（5）断路器本体 SF_6 密度继电器（压力表）检查的要求有哪些？

（6）断路器操作机构机械特性检查的要求有哪些？

（7）断路器操作机构分、合闸电磁铁动作电压测量的具体要求是什么？

（8）寻找直流接地点的一般原则是什么？

（9）对蓄电池室的取暖设备和室温及液温有何要求？

（10）铅酸蓄电池正常维护项目有哪些？

第 4 章　直流控制保护

4.1　直流输电控制保护简介

4.1.1　控制保护系统组成

直流控制保护系统是直流输电系统的核心，是保证直流功率输送的关键。一个典型的直流输电控制保护系统平台包括以下部分：

（1）运行人员控制系统：服务器、工作站等。

（2）直流控制系统：包括极控系统、直流站控系统。

（3）交流控制系统：交流站控系统、站用电系统。

（4）直流保护系统：包括直流极保护、直流滤波器保护、换流变保护、交流滤波器保护。

（5）测控系统：测控单元、接口单元等。

（6）交直流就地接口设备、站主时钟设备、网络和现场总线设备、远动通信系统、仿真培训工作站等。

因控制和保护是最为关键的系统，所以通常意义上的直流控制保护系统指的是直流控制和直流保护系统。

直流输电控制保护系统一般采用分层接入设计，通常分为三个层次：运行人员控制层、控制层、就地处理层。

直流控制保护系统结构图如图 4-1-1 所示。

换流站正常运行时，运行人员的人机界面和站监控数据收集系统的重要部分。主要功能包括：

（1）接收运行人员或远方调度中心对换流站的正常运行监视和操作指令。

（2）故障或异常工况的监视和处理。

（3）完成全站事件顺序记录和事件报警。

（4）直流控制系统参数的调整、历史数据归档。

（5）将除保护系统外的全站历史和实时的运行工况由远动工作站通过远动 LAN 网/专用通道送至远方的调度中心。

控制保护系统的核心功能均在控制层实现，控制层的设备包括极控系统、直流站控系统、交流站控系统、站用电控制系统，以及极保护系统、直流滤波器保护系统、交流滤波器保护系统、换流变保护系统等。主要功能包括：

（1）控制保护系统和运行人员控制层之间通过 LAN 网进行数据交换。

（2）控制保护系统与就地处理层之间通过 PROFIBUS 现场总线进行数据交换。

（3）控制层各个系统之间的重要信号交换通过快速控制总线和硬连线完成，一般信号交换通过站内 LAN 网完成。

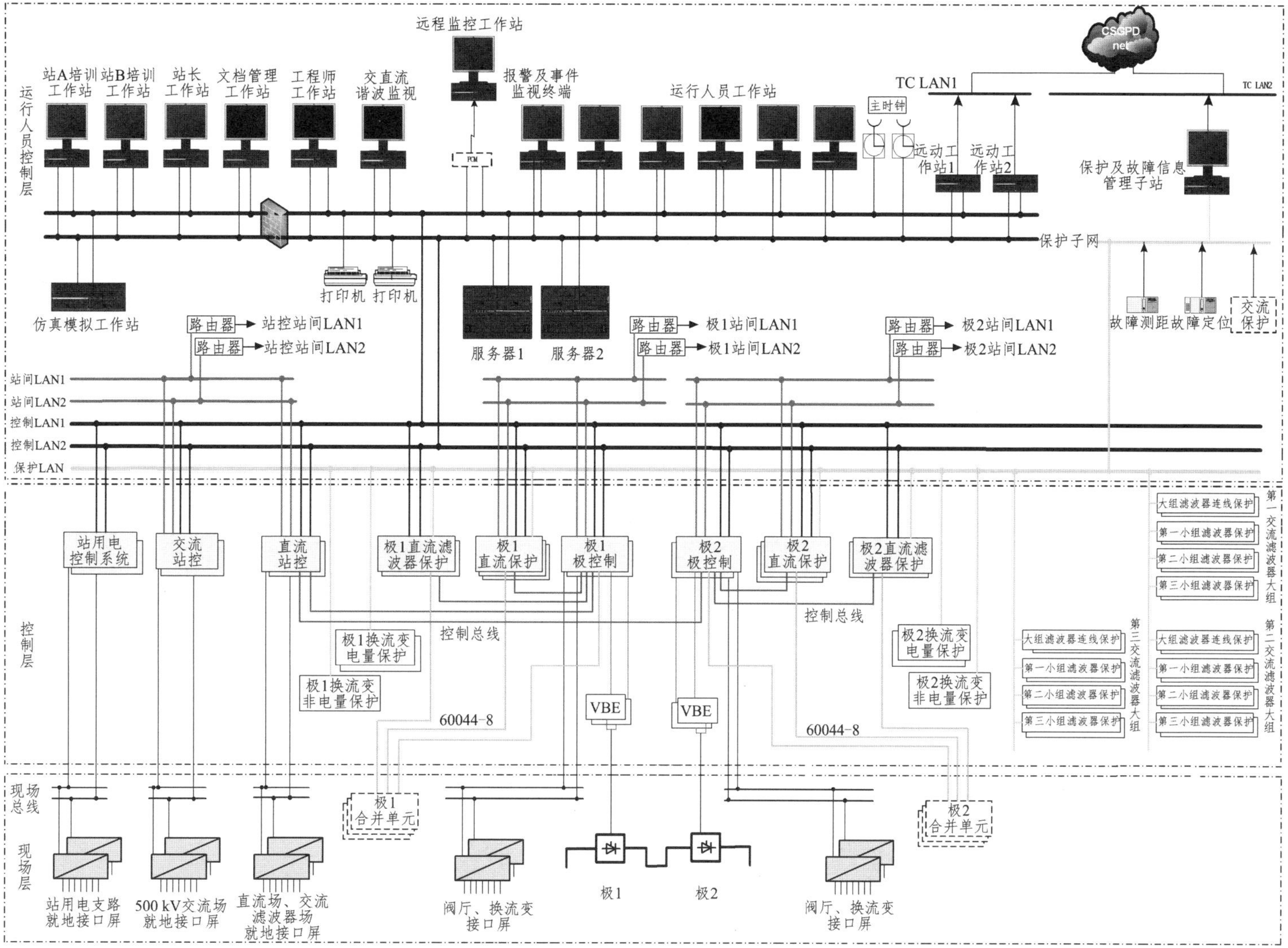

图 4-1-1 直流控制保护系统结构图

通过测控装置 DFU410 完成对现场一次设备及辅助系统监视及操作控制。主要功能包括：

（1）现场一次设备及辅助系统的状态信息由 DFU410 测控装置完成采集，通过现场总线上传至控制层。

（2）来自控制层的控制命令通过 DFU410 测控装置实现对一次设备及辅助系统的操作控制。

4.1.2 控制、保护系统的总体设计

4.1.2.1 控制、保护系统的设计原则

永富直流输电工程采用许继公司 DPS-3000 控制保护系统，按照以下基本原则进行配置：

（1）直流控制设备与直流保护相互独立。

（2）双极控制功能统一配置在极控制系统中，直流控制和直流保护设备之间，以及双重化冗余的直流控制设备之间，采用高速控制总线通信，以保证整个直流控制保护系统数据传输的实时性。

（3）直流滤波器保护完全双重化配置，采用“启动+动作”的跳闸逻辑。

（4）直流控制系统、交/直流站控系统采用双重化冗余设计，从采样单元、数据传输总线、主设备到控制输出等采用完全双重化设计。

（5）运行人员控制系统中的服务器、站 LAN 网等按双重化冗余结构配置，工作站和其他相关设备按多重化和双重化配置。整个系统具备足够的串行冗余度，可以确保任何单一设备的故障不会影响直流系统的正常运行。

（6）直流系统保护（包括换流器保护、极保护、双极保护）按三重化原则冗余配置，采用基于快速控制总线的“三取二”逻辑，即可防止直流系统保护的误动又可防止其拒动，不存在逻辑上的盲区，保护出口采用硬接点直接驱动一次设备，双套“三取二”逻辑与双重化控制系统通过快速总线连接。

4.1.2.2 控制、保护系统的配置和功能范围

换流站控制设备按照功能范围的不同分别配置，主要包括：极层控制系统、直流站控系统、交流站控系统，各功能划分范围如图 4-1-2 所示。

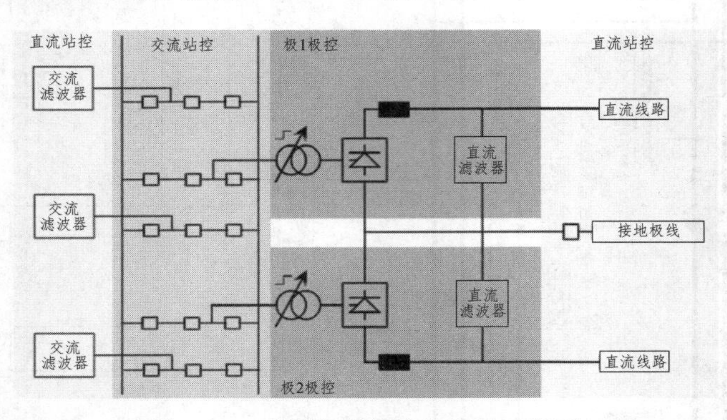

图 4-1-2 控制系统划分范围示意图

直流保护按照保护区域设置不同的保护设备，主要包括：极保护、直流滤波器保护、换流变压器保护和交流滤波器保护，各保护设备的功能范围及测点布置如图 4-1-3 所示。

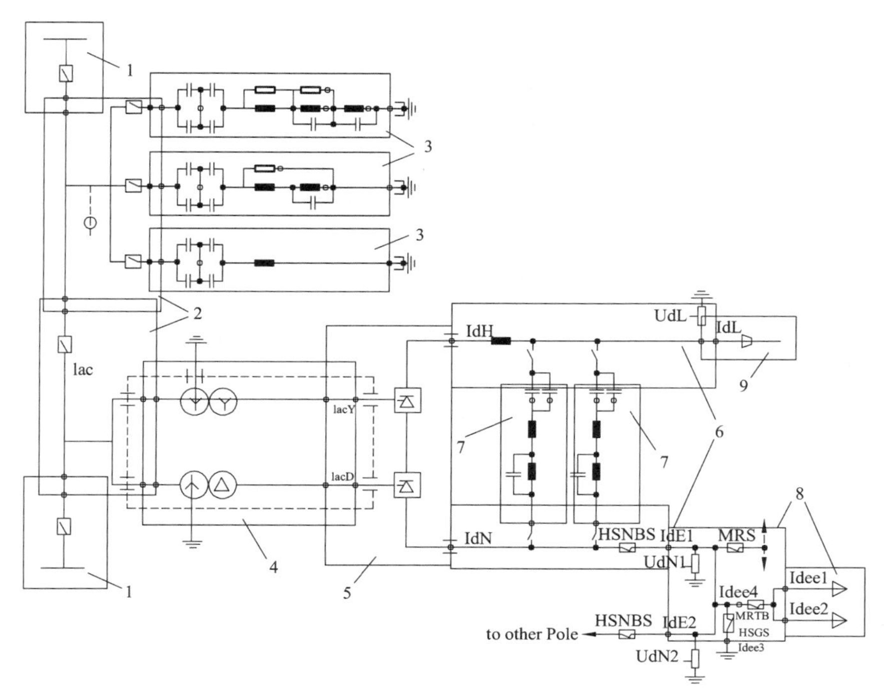

1—交流母线保护；2—连接线保护；3—交流滤波器保护；4—换流变保护；5—换流器保护；6—直流母线保护；7—直流滤波器保护；8—双极中性线及接地线保护；9—直流线路保护。

图 4-1-3　保护系统功能划分示意图

4.1.2.3　直流控制保护设备系统总体结构

根据对直流控制系统分层配置的原则，直流控制系统从功能上分为：AC/DC 系统层、区域层、双极控制层、极控制层和换流器控制层。与这种控制功能的分层相对应，永富直流换流站控制保护设备采用运行人员控制层、控制保护设备层、现场设备控制层等三个层次的分层分布式结构，各分层之间以及同一分层的不同设备之间通过网络总线和其他接口相互连接，构成完整的换流站直流控制保护系统（见图 4-1-1）。

整流站和逆变站的控制保护系统之间，通过双重化的站间通信通道互联。

4.1.3　控制保护系统分系统介绍

控制保护系统包括以下几部分：

（1）控制系统，包括极控、直流站控、交流站控、站用电控制。

（2）保护系统，包括直流极保护、直流滤波器保护、换流变保护、交流滤波器保护。

极控系统屏柜按极进行配置，极 1 极控系统配置一套冗余屏柜，极 2 极控系统配置一套冗余屏柜，一个站共配置 4 面极控系统主机屏柜。

极控系统的接口配置如图 4-1-4 所示。

直流站控系统屏柜按站进行配置，每站配置一套冗余屏柜，一个站共配置 2 面直流站控系统主机屏柜。

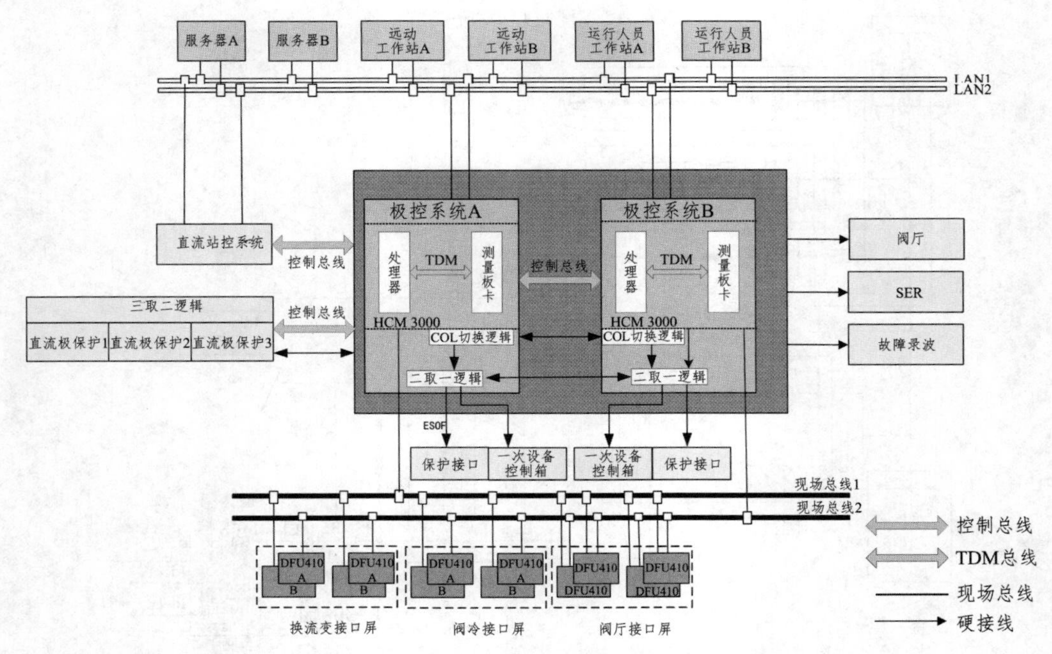

图 4-1-4　极控接口示意图

直流站控系统的接口配置如图 4-1-5 所示。

交流站控系统屏柜按站进行配置，每站配置一套冗余屏柜，一个站共配置 2 面交流站控系统主机屏柜。

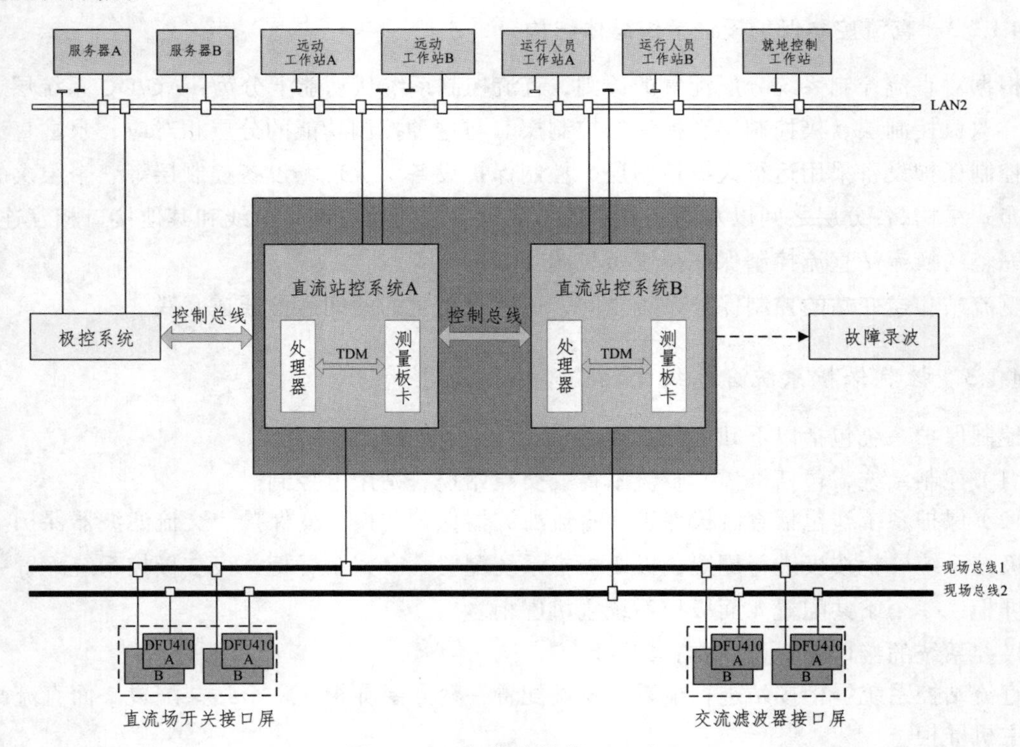

图 4-1-5　直流站控接口示意图

站用电控制系统屏柜按站进行配置，每站配置一套冗余屏柜，一个站共配置 2 面站用电控制系统主机屏柜。

极保护按极三重化配置，每站两极共 6 面极保护主机屏柜。

直流保护系统的接口配置如图 4-1-6 所示。

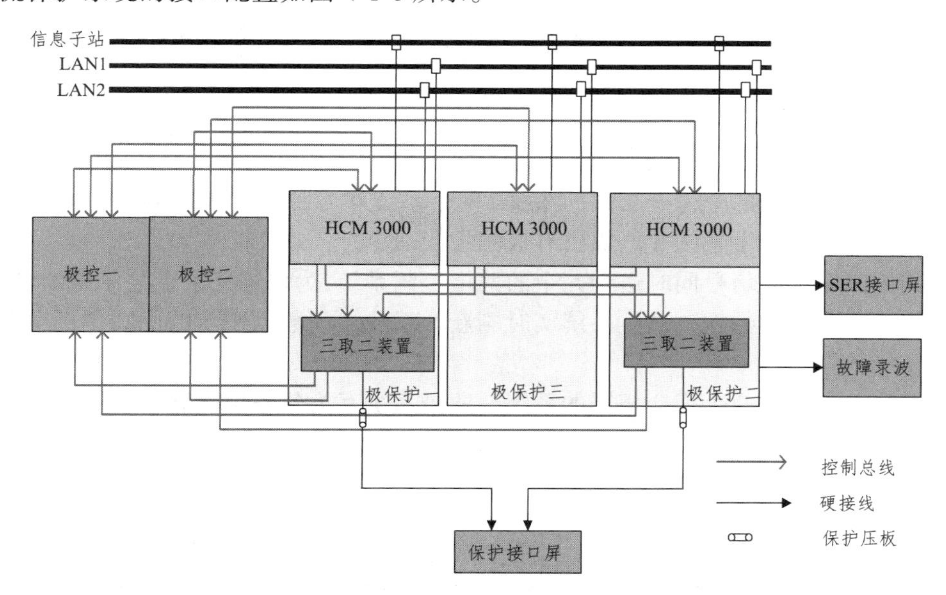

图 4-1-6　直流保护接口示意图

直流滤波器保护独立组屏，完全双重化配置，每个极配置两面屏柜，每个站共 4 面屏柜。直流滤波器保护系统的接口配置如图 4-1-7 所示。

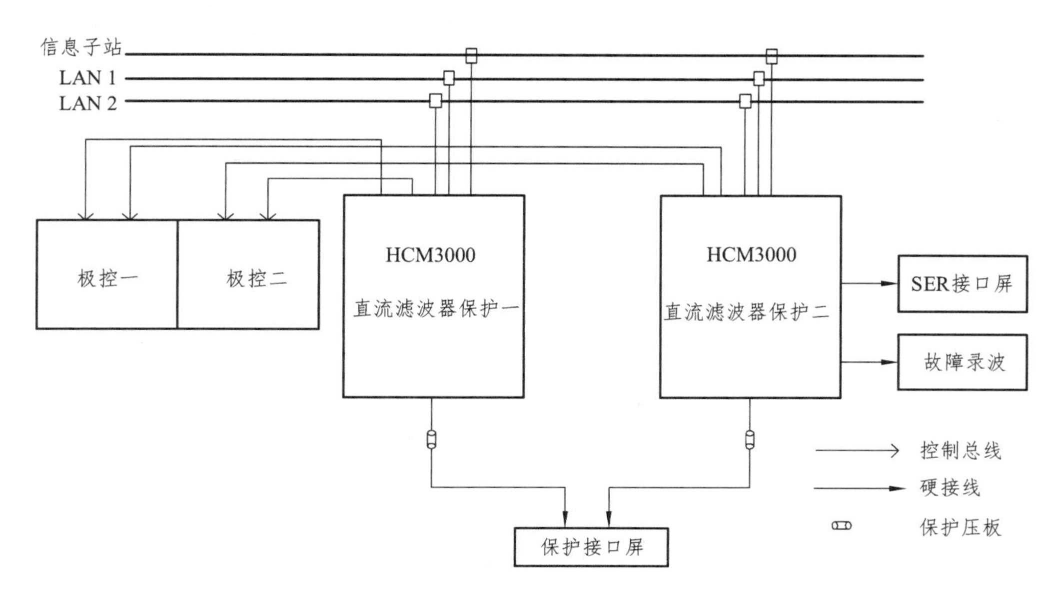

图 4-1-7　直流滤波器保护接口配置

大组滤波器连线保护和小组滤波器保护独立配置，全部采用完全双重化配置。大组滤波器连线保护每重保护配置在一面屏内，两面屏构成一套保护。小组滤波器保护每重保护配置在一面屏内，两面屏构成一套保护，其中一面保护中配置操作箱，一面屏配置断路器保护装置。

换流变保护按极进行配置，每极配置 3 面屏柜，每站共配置 6 面屏柜。换流变压器的电气量保护由两面屏组成，完全双重化配置，每面屏完成一套电气量保护；换流变压器本体保护由一面屏完成。

4.1.4 控制系统冗余设计及切换

控制系统被设计成两个完全相同的系统，两个系统互为备用，正常运行时一个为主系统，一个为备用系统，只有主系统才能输出有效的控制命令。

所有到控制系统的信号同时送到冗余的两个控制系统，为保证冗余极控系统的输出一致，热备用系统的一些关键数据要被主系统实时刷新。系统之间数据刷新的原则是：主系统实时刷新备用系统的数据。

极控系统被设计成两个完全相同的系统，两个系统互为热备用状态，为保证在任何时刻只有一个系统的输出有效，控制系统设计了系统选择单元。

极控系统冗余配置图如图 4-1-8 所示。

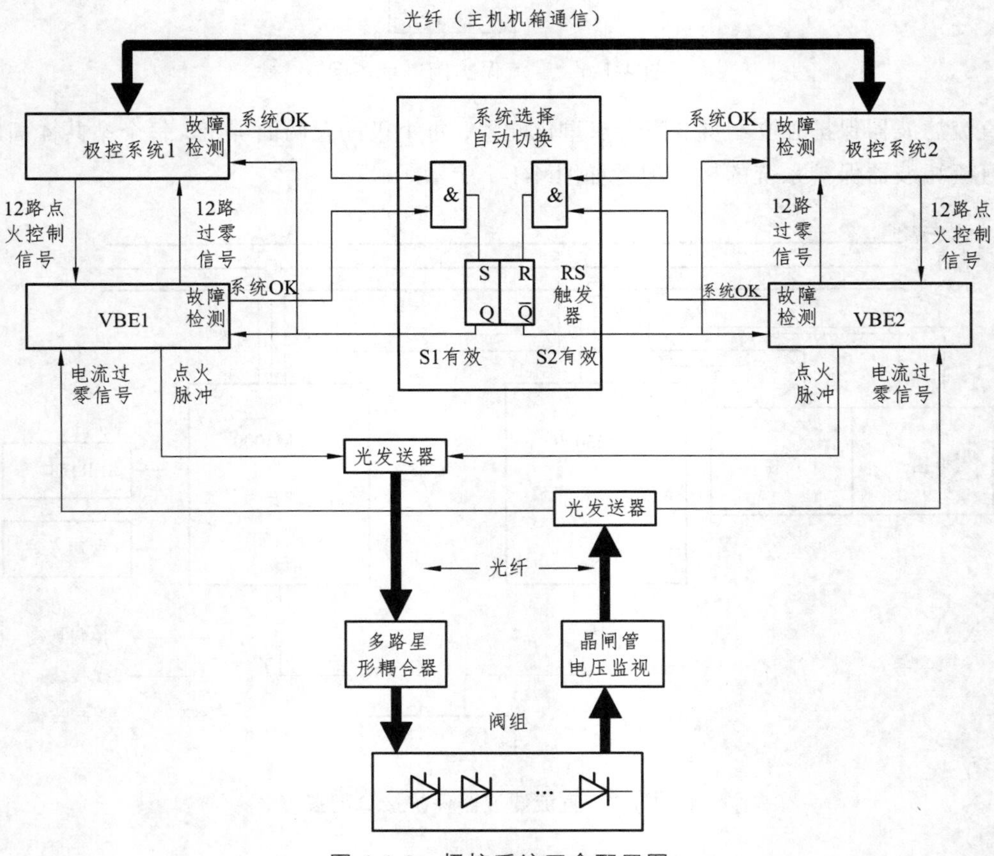

图 4-1-8 极控系统冗余配置图

系统选择单元由冗余切换模块 RCD100 和二取一逻辑模块 LFM 组成，实现主备系统切换功能，保证在任何时刻只有主系统的控制命令输出有效。

控制系统屏 1 和控制系统屏 2 分别配置了一个 RCD100 模块，一个用于控制系统 1，另一个用于控制系统 2。如果一个 RCD100 模块故障，另外的一个 RCD100 模块可以保证整个控制系统的运行。

控制系统 RCD100 模块对外部输入信号进行监视，如果任何一个信号出现故障，表示该系统存在故障，RCD100 模块将运行系统切换到热备用系统运行，如果热备用系统同样存在故障，RCD100 模块发出系统停机命令。

通过操作 RCD100 模块上的选择按钮“SEL”，可以选择两个控制系统中一个为主系统。

RCD100 模块有两种运行模式，自动模式和手动模式。自动模式下，主系统出现故障，RCD100 模块自动将系统切换到热备用系统运行。手动模式下，主系统故障时，RCD100 模块的切换功能被闭锁，此时 RCD100 模块将发出跳闸命令。

极控系统逻辑切换原理如图 4-1-9 所示。

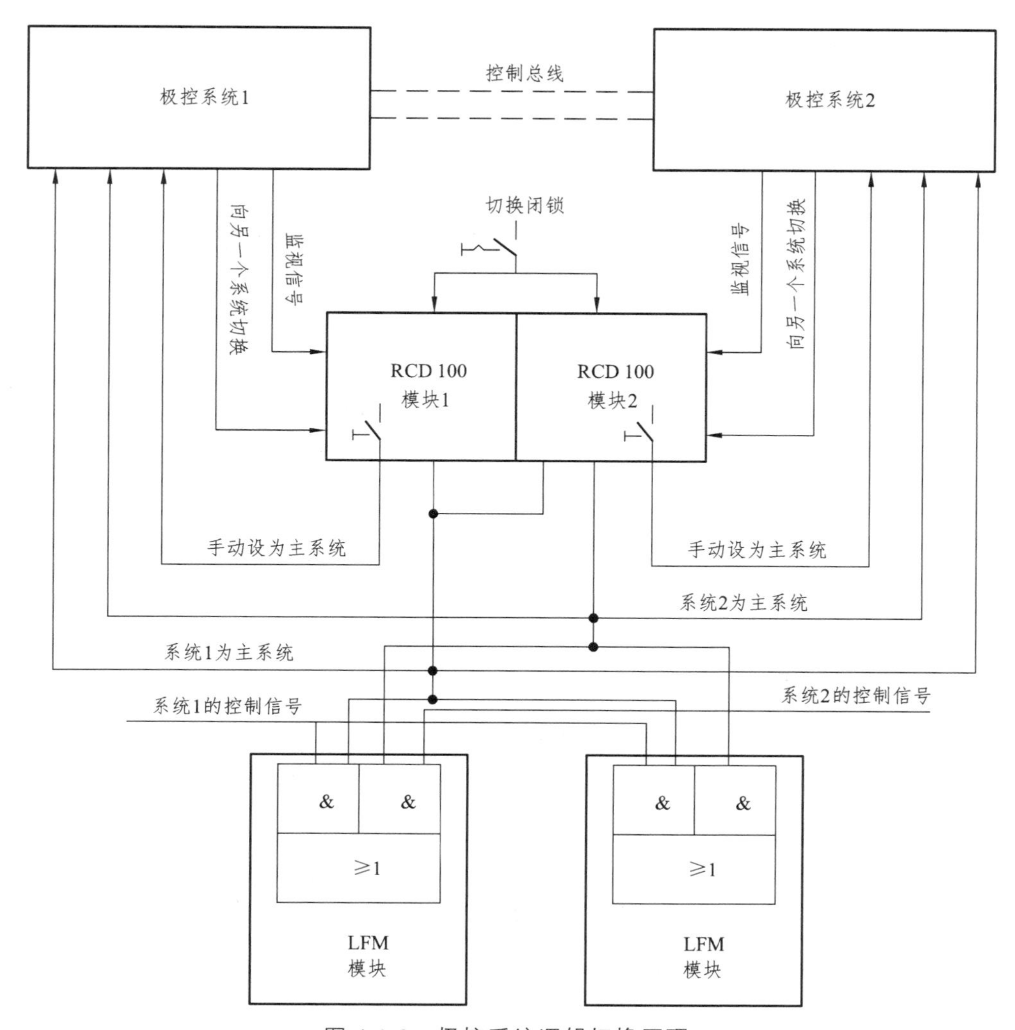

图 4-1-9　极控系统逻辑切换原理

4.1.5 通信系统

换流站基本的通信子系统包括：站 LAN 网通信，现场总线通信、快速控制总线通信、站间通信、TDM 通信等。

4.1.5.1 LAN 网通信

运行人员控制层与控制保护设备层之间通信的局域网包括连接运行人员控制层设备的 SCADA LAN 和连接控制保护设备的控制系统 LAN 两部分，两者之间通过高速级接口连接在一起。站 LAN 网的通信协议基于 TCP/IP 协议，采用双网冗余设计，LAN1 和 LAN2 完全独立，对于控制主机来说，LAN1 为主 LAN，LAN2 为热备用 LAN，LAN1 和 LAN2 的数据交换是一样的。当 LAN1 故障后，系统自动通过 LAN2 交换数据。HCM3000 控制主机和保护主机配置有两块 ENT10 网卡，两块网卡分别连接冗余的两个 LAN 网。控制 LAN 网和后台 LAN 网为同一个网络，服务器同时接入两个 LAN 网，等同于服务器与控制主机采用交叉冗余连接方式，使数据传输更为可靠。与站长工作站、培训工作站，MIS 接口工作站 LAN 网连接时，中间配置有硬件防火墙，保证数据的安全流通。远东系统也通过 LAN 网与冗余系统进行连接，两套运动系统分别接入两个站 LAN 网。

4.1.5.2 现场总线通信

HCM3000 控制主机与测控单元 DFU410 采用 PROFIBUS DP 总线进行通信。总线按照系统分别组网，全站包括直流站控网、交流站控网、站用电控制系统网、极 1 控制系统网、极 2 控制系统网共 5 个总线网络（6 个，这里设置 6 个独立网络的原因是富宁站多了一个 220 kV 网络），各个总线网络在物理层相互独立。

HCM3000 主机通过 ECM10 总线板卡与 DFU410 进行总线连接。主机中的板卡 ECM10 作为主站，DFU410 作为从站。测控单元采用优化的总线协议上传信息，主站最多可以与 128 个从站进行通信。DFU410 配置有电 RS485 通信口和光纤总线通信接口，RS485 以菊花链的形式组网。室内通信载体为 RS485 接口总线电缆，各控制室之间通过 OLM 光电转换模块转换为光信号后连接起来，光纤总线通信主要采用冗余光纤环网，环网中间的任一设备检修维护不会影响其他设备（见图 4-1-10）。

4.1.5.3 快速控制总线通信

HCM3000 系统采用快速控制总线完成冗余控制系统之间，直流站控与极控系统通信、极层控制与阀组控制之间的通信、直流保护系统与控制系统之间数据传送。

控制总线功能由 IFC10 控制总线插件完成。IFC 插件是一种快速通信插件，提供高速点对点通信功能，为嵌入式板卡，需要嵌入到处理器插件 EPU10 上运行。IFC10 具有 4 个光纤接收口和 4 个光纤发送口，通信速率为 50 Mb/s，采用点对点通信方式，全双工双向串行通信总线，抗电磁干扰能力强；采用多模光纤，波长为 1300 nm，传输距离远，光功率较小，通道和链路都有自检功能（见图 4-1-11）。

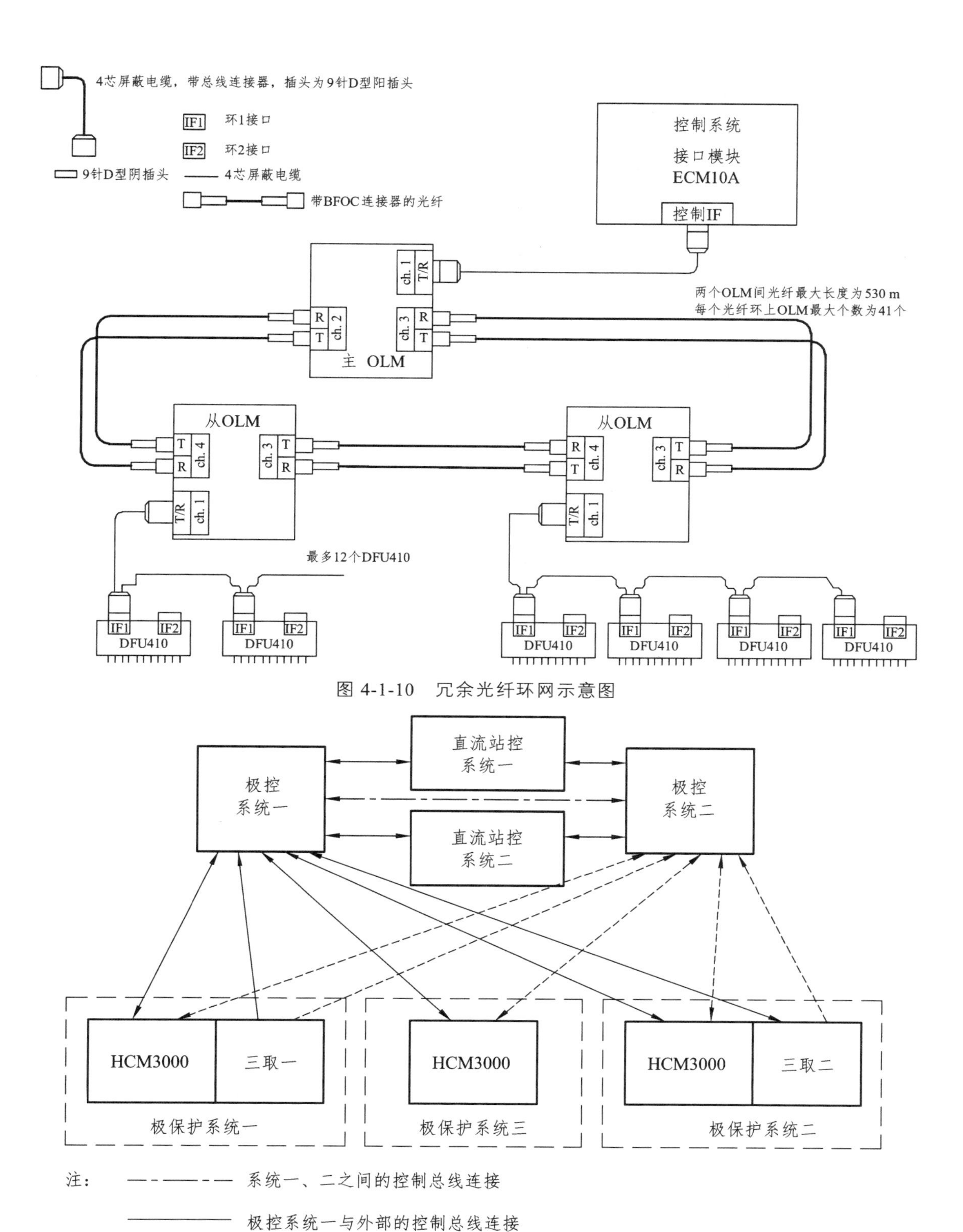

图 4-1-10 冗余光纤环网示意图

图 4-1-11 极层快速控制总线连接示意图

4.1.5.4　站间通信

按照功能分区进行设计，可以 在简化通道数量的情况下保证通信的快速性。通道数量为 12×2M，分为 6 对，将 12 个通道设计为两个数据平面网，每个网 6 个通道，相互备用。通道包括站 LAN 网通信通道、极 1 极控通信通道、极 1 保护通信通道、极 2 极控通信通道、极 2 保护通信通道、直流站控通信通道和故障测距通信通道。

站间通信在控制主机采用 LAN 网 UDP 传输模式，从控制保护机箱 ENT10 板卡中直接输出，经过网桥将 LAN 网转换为 G.703 协议，与对站进行通信；每个控制主机同时接收对站 2 套系统数据，根据报文确定对端的主系统。主站接收对站主系统的传输的信息作为控制的参考值，备用系统的数据仅作为参考。保护主机优先选择第一通道作为参考对象。第一路通道故障时，第二个通道数据作为参考，直流故障测距系统（2 套）直接采用 2M 通道对传。站间通信通道配置如图 4-1-12 所示。

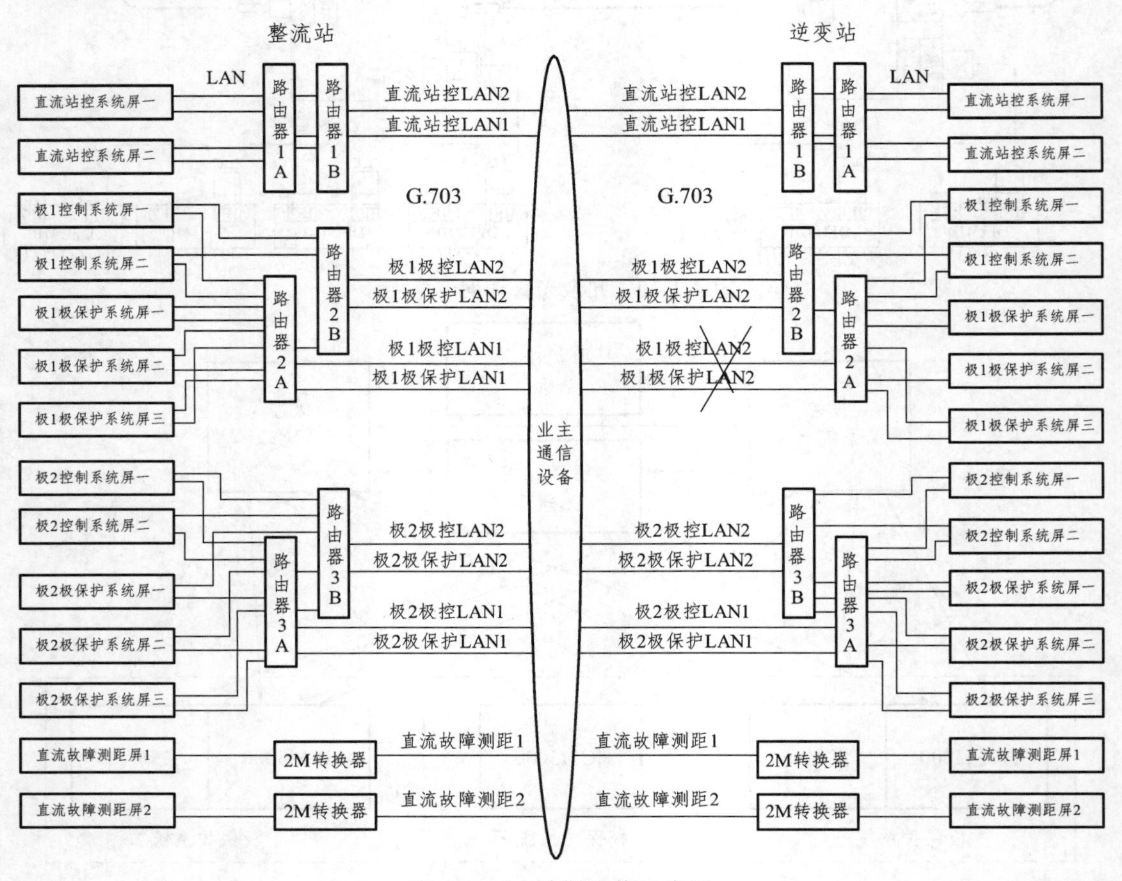

图 4-1-12　站间通信示意图

4.1.5.5　TDM 总线通信

HCM3000 系统模拟量采集传输将采用 TDM 总线通信方式，TDM 总线通信支持 32 bit 数据带宽的 PCI 总线，时钟频率为 33 MHz，通信速率为 32 Mb/s，采用插入式 TDM 总线，每块 TDM 采集板作为一个节点形式存在于数据结构中，每个节点最多可采集 25 个模拟量，最多 10 个节点，每个节点数据都加入了 CRC 校验信息，保证数据的正确性，采用时钟同步方式。

4.1.6 控制保护系统的测量与接口

4.1.6.1 控制保护系统测量接口

控制保护系统通过主机机箱内的测量板卡采集必需的模拟量。

1．换流变网侧电压的测量

换流变压器原边的三相交流电压经过电压互感器之后，通过主机机箱内相应的交流电压变换模块转换为测量板卡 ESP10 能识别的≤±10 V 的交流信号，测量板卡 ESP10 的软件进一步处理这些信号。

2．换流变网侧电流的测量

换流变压器原边的三相交流电流经过电流互感器之后，通过主机机箱内相应的交流电流变换模块转换为测量板卡 ESP10 所能识别的≤±10 V 的交流信号，测量板卡 ESP10 的软件进一步处理这些信号。

3．换流变阀侧电流的测量

等效直流电流是由换流变压器的副边 Y/Y 侧和 Y/D 侧电流之和进行等效，等效直流电流是由测量板卡 ESP10 的软件计算的。在实际的直流电流测量出现故障时，等效直流电流用于直流电流的闭环控制。

4．直流电压和直流电流的测量

直流电压和直流电流在一次设备测量点采用光数字信号输出，控制保护系统专门配置有测量板卡 EOT10 接收光合并单元信号，并通过 TDM 总线与之接口。采用光纤介质传输，避免测量采样信号在传输过程中受到干扰、改变或丢失，防止测量故障引起的保护误动作。

5．频率的测量

换流变压器进线的交流电压的正序分量用于频率的测量，频率的测量是由测量板卡 ESP10 的软件完成的。

6．熄弧角测量

熄弧角 γ 在极控系统中由测量板卡 ESP10 计算，通过测量每一个换流阀电流过零到电压过零的时间，可以精确得到每一个换流阀的熄弧角。电流的过零信号 EOC 通过 12 个换流阀的晶闸管电压监视（TVM）板来检测，并通过 VBE 传送给极控系统。实际上，EOC 取决于晶闸管电流关断时的换流阀晶闸管负向电流。换流阀电压的过零信号是通过 ESP10 进行处理换流变三相进线电压与 0 V 交叉点的信号。

4.1.6.2 极控保护系统的接口

（1）极控、保护系统保护与运行人员控制系统接口，通过 LAN 网连接，LAN 网通信接口由极控、保护主机机箱的通信处理器 ENT10 板卡实现。

（2）极控、保护系统与测量系统接口，测量系统集成在极控、保护主机机箱中，主机系统所需要测量的模拟量信号经过测量板卡 ESP10 预处理之后，通过 TDM 总线送到主机系统的处理器板卡 EPU10 用于控制、保护系统的保护功能。

（3）极保护系统与极控系统接口，极控制系统通过高速控制总线将极控制系统的状态、闭锁命令等信号送到三套直流极保护系统，同时直流极保护三取二逻辑输出的跳闸命令通过高速控制总线送到极控系统。

（4）极控、保护系统与故障录波系统接口，通过光纤通信方式和硬连线方式送到故障录波系统，与故障录波系统的光纤通信由 ICT10A 板卡实现。

（5）极控、保护系统与站主时钟 GPS 系统的接口，换流站都配置了双重化的站主时钟系统（采用 GPS 信号作为时间源）。完整的时间信息对时采用网络接口，GPS 主时钟提供网络时间服务器 NTS 并接入站 LAN 网，系统服务器、各运行人员工作站、远动工作站、控制保护主机等都通过站 LAN 网使用 NTP 对时。

（6）极控系统与直流站控系统接口，极控系统与直流站控系统高速控制总线由 IFC10 板卡实现，高速快速总线采用点对点、双向传送方式。极控系统与直流站控系统 LAN 网通信通过站内 LAN 局域网实现。

（7）极控系统与直流滤波器保护系统接口，极控系统和直流站控系统之间通过高速控制总线进行数据交换。

（8）极控系统与冗余极控系统接口，为保证冗余极控系统之间信息的一致性，冗余的极控系统之间通过高速控制总线进行数据的跟踪、刷新。

（9）极控系统与就地层接口，极控系统配置现场总线，可方便、快速地完成换流变接口信号、阀冷系统相关信号、阀厅系统相关信号、VBE 系统相关信号的处理及下发、上送功能。

（10）极控系统与 VBE 接口，极控系统和 VBE 之间除了现场总线连接外，重要信号还通过硬连线进行数据交换。

4.2 直流控制功能

4.2.1 功率控制

功率控制的主要功能是根据运行人员控制信息计算正确的稳态功率指令。双极功率控制模式下控制原理是双极功率整定值除以双极直流电压（整流侧测量）。这个双极层功能在直流站控系统中执行，电流指令由功率调节器产生的功率定值经过进一步处理产生，计算所得电流指令是整流侧电流控制器的参考值，双极电流指令相同确保双极平衡运行。如果一极降电压运行，双极功率控制功能将增加电流指令以维持功率不变双极平衡运行。

在双极功率控制模式下，极控系统接收直流站控处理过的双极功率整定值（BPrefDC）实现功率控制，双极功率整定值（BPrefDC）由运行人员设定。在单极功率模式控制下，极控系统接收运行人员下发的单极功率整定值（SPrefDC）实现功率控制。

当控制系统重启时，为了冗余系统具有相同的指令值，斜坡发生器的值将跟随冗余系统的值。单极运行时最小功率指令为双极功率的 5%。

双极运行或者单极闭锁过程中功率不会发生改变。将要闭锁的极以 100 A/s 的速率降低功率，使电流达到最小值闭锁。这种情况下，双极功率整定值斜坡发生器保持运行人员输入值。

当双极同时闭锁或最后运行极闭锁斜坡发生器的输出值设为最小功率指令。

控制系统配置基于对交流系统参数监视的调制控制或者由业主系统稳定控制直接硬接点启动的稳定控制，控制系统可以实现功率的动态变化。由调制控制产生的参考值（PrefAC）是所有有效的调制控制产生功率的参考值之和。

参与稳定控制功能参与调制控制功率指令计算（POAC）主要包括：功率提升、功率回降、功率限制、功率摇摆阻尼、功率摇摆稳定、频率限制控制。

对于稳定控制功能设计有一总禁止信号，它可以禁止对所有稳定控制功能的响应，这个信号通过极控经站间通信传递到对站。所有的稳定控制均不能突破最小功率 $P_{\min}$ 的限制。

整流侧交流系统损失发电功率或者逆变侧交流系统甩负荷时，为了维持交流系统的稳定，整流侧需要快速减少直流系统输送的直流功率，为此工程中设计了相应的功率回降功能。

整流侧交流系统发生甩负荷故障或者逆变侧损失发电功率时，为了维持交流系统的稳定，需要快速增加直流系统输送的直流功率，所以极控系统中设计了功率提升功能。功率提升功能将被终止，功率提升功能所产生的功率增加量将按照运行人员设定的功率变化速率减小至功率设定值。站间快速通信故障不会影响整流站功率提升功能，逆变站的功率提升启动和禁止状态保持不变，但是闭锁其产生的 PrefAC。

极控系统设置有功率限制功能。针对富宁站三种不同的运行方式，功率限制功能按极单独配置，每一极可单独进行投退，控制参数可单独进行设置。

功率限制功能将被终止，功率限制功能所产生的功率增加量将按照运行人员设定的功率的升降速率增加至设定值。站间快速通信故障不会影响整流站功率限制功能，逆变站的功率限制启动和禁止状态保持不变，但是闭锁其产生的 PrefAC。

极控系统设置有频率限制控制功能，当送端为弱系统时，频率变化比较大，此时频率限制功能容易起作用。频率限制值可由运行人员进行整定和选择。频率限制功能按极单独配置，每一极可单独进行投退，针对送端不同的运行方式（联网方式、孤岛方式），控制参数可单独进行整定。

功率模式和电流模式下均能使用频率限制功能。频率限制功能定值可由运行人员进行整定。站间快速通信故障不会影响整流站频率限制功能，逆变站的频率限制功能启动和禁止状态保持不变，但是闭锁其产生的 PrefAC。

在交流系统发生比较大的扰动的情况下，功率摇摆阻尼/功率摇摆稳定功能自动启动。功率摇摆阻尼/功率摇摆稳定根据两站交流系统的频率变化产生附加的功率ΔPrefAC。功率摇摆阻尼/功率摇摆稳定只在整流测有效。

此功能仅适用于直流联网运行方式，在孤岛运行方式下自动退出，联网运行双极落点广西时自动退出；联网运行一极落点广西、一极落点云南时自动退出落点广西极的功能。

4.2.2 极间功率转移

在直流双极运行时，两极的电流是平衡的。极间功率转移即功率从一极转移到另一极，这种情况下接地极将会有电流流过，举例说明如下。

富宁站功率全送广西或功率全送云南运行工况下，一极为单级电流控制模式或单极功率控制模式，另一极为双极功率控制模式时，双极功率控制模式的极接收单级电流模式或单极功率模式的极产生的电流指令增量 ΔI_{ppt}，在它的电流容量允许的情况下尽可能地维持双极功率恒定。ΔI_{ppt} 为双极功率控制模式的极产生的电流指令和电流模式或单极功率模式的极产生的电流指令的差值。

增量 ΔI_{ppt} 信号在极间交换实现了电流指令从一极向另一极的转移，如果极闭锁，这个信号输出将被禁止（设为零）。考虑双极运行不相同的极电压的情况（一极正常运行一极降电压运行），增量 ΔI_{ppt} 信号必须按照电压进行调整。极间功率转移功能只在主导站（整流站）有效。

4.2.3　直流电流控制

运行人员设定的单级功率/电流设定值最终要转换为整流侧的直流电流控制器的电流参考值，从而实现对直流系统传输功率的控制。直流电流控制属于极层功能，根据功率参考值和本极的直流电压计算本极的电流参考值。单极运行时，本极直流电压等于双极直流电压。

4.2.3.1　极电流指令设定

双极功率控制模式下，极控系统接收到的双极功率设定值 BPrefDC 除以实际的双极直流电压值 U_{dBP} 之后，得到极电流定值，该值用于极电流控制。单极功率控制模式下，极控系统接收到的单极功率设定值 SPrefDC 除以实际的单极直流电压值 U_d 之后，得到极电流定值，该值用于极电流控制。

4.2.3.2　双极直流电压计算

双极直流电压为极一电压和极二直流电压之和（U_{d1} 和 U_{d2} 的绝对值），另一极的电压值来自它的直流电压分压器。双极电压 U_d 在逆变站可以为计算的整流站直流电压（考虑直流线路和中性线的直流电压降单极运行时，或者是整流站测量的直流电压。整流站直流电压（U_d RECT CALC）的计算由整流侧电压计算功能完成。

由于双极功能分配在各极控制中完成，每极测量分别测量本极和另一极的直流电压，保证了两极使用相同的直流电压。单极运行时另外一极直流电压设为零。为了得到一个稳定电流指令，必须要有一个稳定的直流电压信号，这个稳定的直流电压信号对交、直流故障时保持直流电流指令恒定也起到重要作用。

4.2.3.3　极电流定值的计算

电流运行模式下，运行人员手动输入电流设定值、电流升降速率。来自有效控制位置的电流设定值在极控软件中完成选择和限制处理。如果有效控制位置在另一站，定值将经直流站控接收。

电流指令设定功能主要由斜坡发生器构成，斜坡发生器按照设定的电流升降速率调节电流指令最终使电流指令的变化趋于平稳。在直流电流升降过程中，运行人员可以随时在运行人员控制层启动和停止直流电流的升降过程。解锁后斜坡发生器的输出从最小电流指令到目标值。如果极闭锁，斜坡发生器输出实际电流指令变化到最小电流指令。

在功率控制模式时斜坡发生器的输出值始终为功率定值/直流电压，保证系统由功率模式向电流模式切换时的无扰动。

在电流模式时整流站经过极控电流指令回校功能确定另一站的电流指令。如果站间通信故障，回校机制失去作用，运行人员此时要负责协调电流指令避免裕度的丢失。

4.2.3.4 通信故障情况下的电流调整

正常情况下，由整流侧控制功率。站间通信故障时将考虑以下措施：

（1）整流站功率控制始终有效。

（2）在逆变站功率控制不起作用。

（3）站间通信故障时，原有来自整流站的电流指令将由本站功率控制自己的电流指令Idref代替。

（4）整流侧控制直流电流，功率指令按照设定的功率改变不需要考虑逆变站，逆变站通过一个滞后的环节根据测量的直流功率增加或减少逆变侧的功率指令。

4.2.3.5 电流平衡控制

电流平衡控制（CBC）用来平衡功率控制模式下的两极实际直流电流，补偿各极直流指令的累积误差。作为一个闭环积分控制器，它的最大输出为额定电流的 2%。平衡极线电流的测量信号直接取至直流 CT，电流平衡控制只在富宁站功率全送广西或功率全送云南运行工况下，双极功率控制模式下整流侧有效，并且要求双极解锁运行且均为双极功率控制模式。电流平衡控制在本极叠加在电流指令上，另一极将减去此值。

在接收到直流保护电极线保护启动的“平衡双极模式请求”时，电流平衡控制器将根据运行模式控制双极接地极电流最小。如必要的话将通过减少一极电流增加另一极的电流到电流允许的最大值使极电流平衡。即使运行在电流控制模式，双极不平衡运行控制器也可以在 1 s 内平衡极电流，减少接地电流。如果逆变站请求平衡运行，信号经站间通信发送到整流站。

4.2.3.6 阻尼次同步振荡

极控系统的附加控制功能中设置有阻尼次同步振荡功能（SSR），用以保证对直流系统与交流系统中的任何同步发电机之间可能发生的次同步振荡都产生正阻尼。SSR 功能会输出一个附加的 I_{dref} 来阻尼发电机的机械振荡。站间通信故障情况下阻尼次同步振荡仍旧有效。阻尼次同步振荡需要系统层的主控站或者站控层的整流站操作。

4.2.3.7 接地极电流限制

直流极保护系统监视接地极电流，当接地极电流大于限制值后，直流极保护系统向极控系统发出“接地极电流限制请求降电流”指令，极控系统将按照一定策略降低电流，使得接地地极电流低于限制值。如果逆变侧发出请求降电流指令，该指令通过站间通信传到整流侧执行。

极控系统接收直流站控系统接地极电流限制功能的限制值，按照设定的速率降电流到限制值。如果逆变侧发出请求降电流指令，该指令通过站间通信传到整流侧执行。

4.2.3.8 极电流限制

根据环境温度、换流变的绕组温度、晶闸管的结温、阀冷却系统和换流变冷却系统运行状况的不同，极控系统具有不同的电流限制值，除了以上电流限制功能之外，还有一些其他的条件对系统传输的功率进行限制，例如：所投交流滤波器组的数目不满足当前运行工况的要求、某些直流保护动作之后将直流电流参考值降到限制值等。

4.2.3.9 过负荷功能

极控系统设计了三种过负荷功能，包括瞬时过负荷、短时过负荷、连续过负荷。

瞬时过负荷功能是具有最高等级的过负荷水平，系统运行时，如果直流电流大于小时过负荷的电流限制值，秒级过负荷功能启动。如果过负荷运行过程中直流电流发生变化，那么过负荷运行的时间将根据实际的直流电流值进行调整。瞬时过负荷不受冷却器影响。

秒级过负荷具有不同的恢复时间，也就是在秒级过负荷之后，在一定的时间内禁止启动秒级过负荷。3 秒的过负荷的恢复时间为 2 min。秒级过负荷功能启动之后，直流电流必须低于 2 小时过负荷的电流值，才允许启动新的秒级过负荷功能。

短时过负荷功能包括 2 小时过负荷，阀冷出水口的水温将限制小时过负荷电流的大小。

系统运行时，如果直流电流大于连续过负荷的电流限制值，小时过负荷功能启动，小时过负荷运行的电流值受到限制。小时过负荷功能运行完毕之后，在 12 h 内禁止再启动小时过负荷功能。如果小时过负荷运行过程中直流电流恢复，小时过负荷功能将继续进行。小时过负荷功能启动之后，直流电流必须低于连续过负荷的电流值，才允许启动小时过负荷功能。

4.2.3.10 电流裕度补偿

电流裕度补偿（CMC）是指当直流系统的电流控制转移到逆变侧时，在逆变侧将整流侧与逆变侧之间的电流裕度去除，使处于电流控制的逆变侧电流参考值与整流侧电流参考值相近。该功能只在整流侧并且站间通信正常情况下可用，当极解锁以后，如果电流参考值比实际电流值大 2%，则差值通过 PI 调节器产生参考值补偿量，该补偿量送到逆变侧以补偿逆变侧的电流裕度。通过电流裕度补偿后，使逆变侧补偿后的参考值比整流侧的参考值低 2%。当整流侧电流限制取消并重新恢复电流控制时，随着直流电流的上升，电流裕度补偿功能自动退出。

4.2.3.11 低压限流功能（VDCL）

VDCL 的主要功能是在交直流系统故障时，随着直流电压的降低，控制系统减小直流电流；故障恢复之后，随着直流电压的升高，极控系统逐渐的恢复直流电流。VDCL 主要作用有：

（1）防止在交流系统故障时或者故障后系统不稳定。

（2）在交流或直流系统故障清除后快速控制整个系统恢复功率传输。

（3）减小由于持续换相失败对换流阀造成的过应力。

（4）在故障恢复之后抑制持续的换相失败。

低压限流功能输入的直流电压经过一个非线性的滤波器，这个非线性滤波器的时间常数在直流电压升高和下降时是不一样的。为了保证在交直流故障时直流电流快速的降低，直流电压下降时的时间常数要小。

根据富宁站不同的运行工况，VDCL 功能设计有参数切换功能，以适应不同运行工况。VDCL 的功能框图如图 4-2-1 所示。

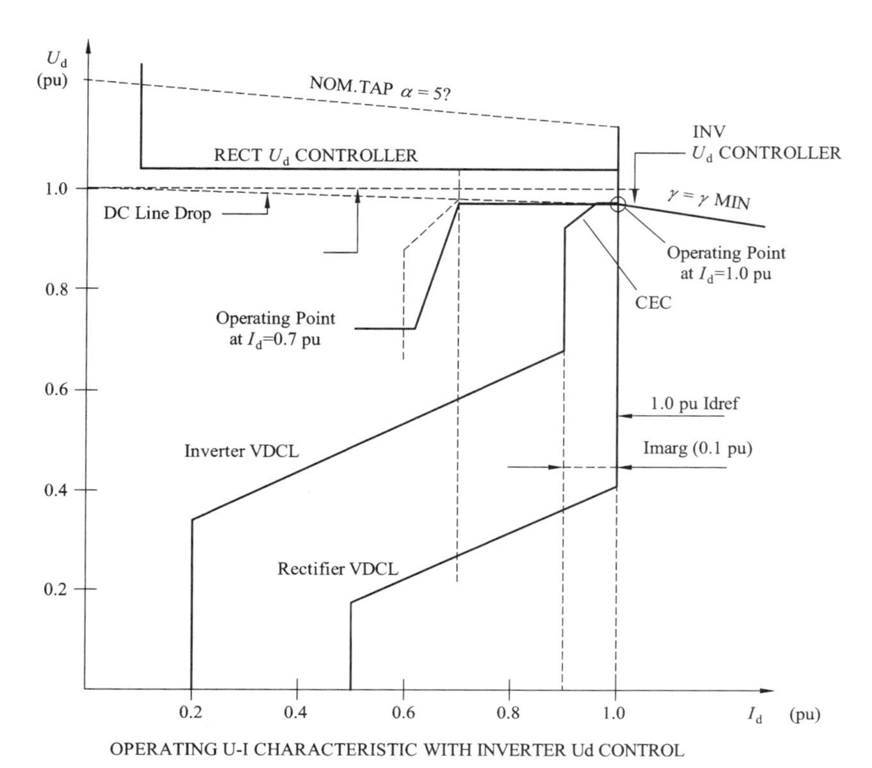

OPERATING U-I CHARACTERISTIC WITH INVERTER Ud CONTROL

图 4-2-1　VDCL 功能框图

4.2.3.12　瞬时电流控制

瞬时电流控制功能只在整流侧有效，并且和整流侧的 VDCL 功能相配合。其主要作用是在交流系统故障恢复时动态的控制直流电流，使传输的直流功率快速、稳定地恢复。

瞬时电流控制功能根据设定的 *U*/*I* 特性监视故障的开始和结束。当设定的 *U*/*I* 特性的输出小于门槛值时，瞬时电流控制功能启动，如果故障恢复，设定的 *U*/*I* 特性的输出大于门槛值，则判定为故障结束。瞬时电流控制功能启动之后，首先，减少直流电压的值（20%），防止由于 VDCL 功能的释放引起直流电压的升高，使得瞬时电流控制功能退出。经过短暂延时之后，增加直流电压的值（20%）。此时，VDCL 功能在很低的水平，已经开始准备对故障进行恢复，这种设计在大电流运行时并不是很重要，但是在小电流运行时会起到很大的作用。

故障恢复之后对直流电流的控制主要有三个部分：

（1）瞬时电流控制功能在故障恢复时附加的电流增加量。

（2）故障恢复时，电流增加量的滤波时间常数。

（3）故障恢复后，电流增加量减小到零的时间常数。

在交流低电压时，直流电压下降，但是可能不会降到门槛值，此时 *U*/*I* 特性的输入设为 10%，激活这个功能。

4.2.3.13　直流电流实际值

用于直流电流控制器的直流电流有两个：实际的直流电流经过数字滤波之后，用于直流电流控制器；此外换流变压器阀侧 Y 桥和 D 桥的阀侧交流电流的最大值为等效的直流电流，作为实际直流电流的后备。等效的直流电流减去 5%之后和实际的直流电流之间的最大值用于直流电流控制器。

4.2.3.14 直流电流控制器

直流电流控制器是极控系统快速的闭环控制器，系统解锁之后，电流控制器立即起作用，保证系统传输的功率为设定值。

直流电流闭环控制的误差计算方法如下：

直流电流的误差 = 直流电流的参考值 – 直流电流的实际值

计算的直流电流误差值经过一个非线性环节之后产生用于直流电流闭环控制的直流电流误差，这个非线性环节主要作用是保证正常运行时获得更高的稳态精度，还可在系统经受大的故障之后，提供快速的恢复过程。

正常运行时，整流侧定电流运行，所以直流电流控制器为整流侧的主要控制器，整流侧直流电流的误差计算方法如下：

直流电流的误差 = 直流电流的参考值 – 直流电流的实际值

将直流电流的误差和直流电压的误差相比较，选中的最小误差，送到 PI 控制器，产生相应的控制信号，经过线性化环节，输出触发角的值送到触发单元，产生所需要的触发脉冲。直流电流闭环控制器作用时，如果实际的直流电流偏小，PI 控制器的输出将调整触发角向 5°方向移动；如果实际的直流电流偏大，PI 控制器的输出将调整触发角向 160° 方向移动。

正常运行时，逆变侧的熄弧角控制器起限制作用，将逆变侧的熄弧角控制在额定值附近。如果整流侧交流电压下降，整流侧处于最小触发角限制状态，此时逆变侧将逐渐转向定直流电流控制。

正常运行时，逆变侧的电流参考值要在整流侧的电流参考值的基础上减去一个电流裕度值，如果逆变侧过渡到定直流电流运行，整流侧的电流裕度补偿功能起作用，将逆变侧的电流参考值增加一个电流裕度值，从而保证系统传输的功率恒定。

将直流电流的误差和直流电压的误差相比较，选中最大的误差，送到 PI 控制器，PI 控制器的输出经过预测性熄弧角控制器的输出限制之后，产生相应的控制信号，经过线性化环节，输出触发角的值送到触发单元，控制系统的运行。

直流电流闭环控制器作用时，如果实际的直流电流偏小，PI 控制器的输出将调节触发角向 5° 方向移动；如果实际的直流电流偏大，PI 控制器的输出将调节触发角向 160°方向移动。

4.2.4 直流电压控制

直流电压控制通常在逆变侧有效，与逆变侧定熄弧角控制相比，定直流电压控制更有利于逆变侧交流母线电压稳定。例如，当受端交流电网受到扰动，致使逆变器交流母线电压下降时，将引起逆变侧换相角增大，同时直流电压也降低。在采用定熄弧角控制的情况下，为了保持熄弧角不变，熄弧角调节器将使逆变器的触发角减小，于是逆变侧消耗的无功功率增加，这就导致逆变侧换流母线电压进一步降低，从而可能引起交流电压不稳定。而采用定电压控制时，当受端电网交流电压下降导致直流线路电压降低时，为了保证直流电压不变，电压调节器将增大逆变侧的触发角，这就使逆变侧消耗的无功功率减小，从而有利于换流母线电压的恢复。

此外，在轻负荷时，定电压控制可获得较大的熄弧角，从而进一步减小了换相失败的概率；同时由于熄弧角加大，使逆变侧消耗的无功增加，这对轻负荷时换流站的无功平衡有利。由于这一原因，当受端为弱交流系统时，逆变侧的正常控制方式往往采用定电压控制，而定熄弧角控制则作为限制器使用，以防止熄弧角太小时发生换相失败。由于定电压控制时，额定情况下的熄弧角比定熄弧角控制时更大，逆变器吸收的无功功率会比定熄弧角控制吸收的无功功率大一些，设备利用率也要低一些。

整流侧和逆变侧均配置有直流电压控制，但在两侧有不同的用途。在逆变侧，直流电压控制器按正常的控制方式维持极直流电压；在整流侧，正常情况下直流电压控制作为一个限制器，当直流电压大于电压参考值与电压裕度之和时，整流侧的电压控制器会瞬时投入，通过增加触发角减小直流电压。

直流电压参考值的产生是由直流电压调节器产生的，直流电压调节器按照固定的直流电压升降速率将直流电压升到设定值，直流电压设定值要根据系统运行的工况进行选择。

4.2.4.1 闭锁时的电压控制

换流器闭锁时，直流电压的设定值为最小值 2%，换流器解锁时，如果逆变侧监测到直流电流大于 8%，直流电压调节器将直流电压参考值在 20 ms 内从最小值升到设定值。

换流器闭锁时，逆变侧直流电压参考值设为最小值 2%；整流侧的直流电压调节器一直将直流电压参考值设为额定值。

4.2.4.2 空载时的电压控制

空载加压试验时，直流电压的设定值和直流电压的升降速率由运行人员设定。

空载加压试验在整流侧进行，所以空载加压试验时，直流线路上的直流电压由整流侧的直流电压控制器进行控制。换流器解锁时，直流电压调节器按照设定的直流电压升降速率，将直流电压参考值缓慢升到设定值。换流器闭锁时，直流电压设定值为最小值 2%。在整个直流电压的升降过程中，运行人员可以随时停止和启动直流电压的升降过程。

4.2.4.3 直流电压实际值

直流电压控制中使用的直流电压实际值应该是整流侧的直流电压值，而电压控制又在逆变侧起作用，所以在极控中提供了整流侧直流电压实际值计算功能。

在电压实际值的计算过程中，需要用到线路电阻，由于环境温度、线路发热以及其他自然条件的影响，长距离输电总的直流线路电阻不是一个常量。为了提高计算的整流侧直流电压的精度，程序中使用两站的电压差除以直流电流计算得到线路电阻。如果 LAN 网出现通信故障，将整流侧的电压固定为 115%。得到的线路电阻经过限幅后用于整流侧直流电压计算。当运行于金属返回运行方式时，线路电阻变为上面计算电阻的两倍。

4.2.4.4 整流侧直流电压控制

直流电压控制器在整流侧和逆变侧有不同的用途。在整流侧通过增大触发角减小直流电压，逆变侧通过减小触发角减小直流电压。

在整流侧，直流电压控制器的目的是将整流侧的直流电压限制在最大限制值以下。这个最大的限制值为直流电压定值加上一个裕度值，正常情况下这个限制器不会运行。直流电压控制误差为直流电压定值减去直流电压实际值，直流电压实际值为整流侧测量得到的 U_{dH} 减去 U_{dN}。当直流电压控制器在整流侧起作用时，直流电压控制器将减小 PI 控制器的输出，使触发角向 150° 方向移动，特性等同于强迫移相。

当逆变侧极开路或者闭锁时，整流侧直流电压控制器能够快速响应防止直流过电压。整流侧的电压控制必须不和故障恢复时的电流控制相冲突。因此，整流侧直流电压裕度正常时设置为 30%，当直流电压上升到 103% 时，电压裕度切换到 4%。这样可以保证当直流电流控制动态响应时直流电压控制器不起作用，直流电压升高，需要直流电压控制器时，才适时投入。

如果整流侧交流电压降低，整流侧由于最小触发角限制而失去电流控制，逆变侧将变为直流电流控制。此时的直流电压将决定于最小触发角和整流侧的交流电压。如果整流侧交流电压增加到正常值以上，整流侧直流电压控制可能会瞬时投入运行以控制直流电压。但是一般情况下，虽然整流侧交流电压增加到正常值以上了，整流侧还会维持电流控制，因为交流电压增加也会引起直流电流的增加，电流控制器会通过增大触发角使直流电流恢复正常，这也会使整流侧的直流电压降低到正常水平。究竟哪种控制器起作用主要看直流电压和直流电流的变化幅值和变化速率。

4.2.4.5 逆变侧直流电压控制

在逆变侧，直流电压控制正常情况下用于将整流侧的直流电压控制为额定值。用作控制变量的整流侧直流电压通过计算得到。当操作员选择降压运行或直流线路故障引起降压运行时，逆变侧的参考值会降低为降压运行值，控制整流侧的直流电压降低到降压运行水平。当整流侧处于最小触发角限制时，逆变侧会由直流电压控制切换到直流电流控制，电流裕度补偿功能会改变逆变侧的电流参考值，使之与整流侧的电流参考值相等。为了整个过程能够平滑地转变，极控系统中提供了电流误差控制（CEC）功能。该功能是逆变侧电压控制的一部分，当电流控制器的输入误差大于 5%后，逆变侧的电压参考值会减去一个与电流控制误差成比例的调制量。通过这种方式可以使逆变侧的电压曲线和电流曲线之间有一段平滑的连接，使系统的运行更加稳定。

当逆变侧交流电压降低时，为了避免熄弧角小于最小参考值，逆变侧熄弧角控制器将取代电压控制器，这种情况下可能会出现瞬时的换相失败，熄弧角控制器将触发角调节到参考值时换相失败会消失。当交流电压增加时，逆变侧电压控制器将通过减少触发角来维持整流侧电压为参考值，换流变分接头控制会调节熄弧角值，这种情况下不会发生控制方式切换。

4.2.5 熄弧角控制

熄弧角指令设定为 17°，熄弧角实际值为上一个周期中 12 脉冲换流器中 12 个阀中最小的熄弧角值，每个阀的熄弧角根据阀的电流过零信号和电压过零信号的时间间隔来测量，电流过零信号是根据可控硅关断之后产生的负压来产生的。

熄弧角控制器是一个 PI 控制器，其作用是防止逆变侧的熄弧角小于最小熄弧角，熄弧角控制器的控制变量为测量的熄弧角。当熄弧角的控制误差大于其他两个控制器的控制误差时，熄弧角控制器起作用，减小触发角，限制熄弧角到最小熄弧角值。

4.2.6 换流器层控制器选择

换流器层的控制功能主要完成和换流器相关的控制功能，包括各个闭环控制器的实现，各换流器相关的顺序控制以及在极控系统实现的保护功能等。

在换流器层实现的控制器有：直流电流控制器、直流电压控制器和熄弧角控制器。用于整流侧的控制器有直流电流和直流电压控制器；用于逆变侧的控制器有直流电流控制器、直流电压控制器和熄弧角控制器。

两侧的闭环控制功能由一个 PI 控制器实现，这种多个闭环控制器共用一个 PI 控制器的设计方法是：对直流电压和直流电流的误差进行比较，在整流侧选择误差最小的值作为 PI 控制器的误差输入，逆变侧选择误差最大的值作为 PI 控制器的输入。这种设计方法的优点是可以实现控制器之间的无扰动切换，避免了控制器之间切换时的控制死区和对系统的扰动。

4.2.7 触发角限制

正常情况下，PI 控制器输出控制信号，经过反余弦变换之后，输出触发角到触发单元，产生系统运行所需要的触发脉冲。

换流器闭锁之后，两侧的触发角设为 160°，这样保证在换流器解锁时（包括空载加压试验解锁）直流电压为零。

换流器正常的运行时，触发角的范围为 5° ~ 160°。空载加压试验时，为防止产生直流过电压，当测量的直流电压值很小的时候，将触发角限制到 120°；保护或者极控的顺序控制发出移相命令时，移相命令直接输出到触发单元，将触发角直接移到 160°。

极控系统移相时，如果触发角移动得过快，由于直流电压放电，换流阀中仍有直流电流流过，就会发生换相失败。所以当保护或者顺序过程启动移相命令时，先将触发角移到 120°，等到直流电压放电完毕并且直流电流为零之后，再将触发角移到 160°。

4.2.8 极控保护性监视功能

极控系统中设计了部分保护性监视功能,这些保护功能作为直流保护中保护功能的后备。

4.2.8.1 零电流检测

站间通信故障时，当整流侧闭锁，逆变侧检测到直流电流小于 5%且超过 10s 时启动零电流检测保护，闭锁换流器。

站间通信故障时，当整流侧解锁不成功，逆变侧脉冲使能但检测到直流电流小于 5%且超过 60 s 时启动零电流检测保护，闭锁换流器。

站间通信故障时，当逆变侧因某种原因闭锁，整流侧脉冲使能但检测到直流电流小于 5%且超过 3 s 时启动零电流检测保护，闭锁换流器。

4.2.8.2 大角度监视

大角度监视的目的是保护晶闸管阻尼电路。触发角处于 $60° \leqslant \alpha \leqslant 120°$ 范围且超过 10 s 闭锁换流器。

4.2.8.3 空载加压失败保护

该保护对空载加压试验有效，保护范围包括直流线路和换流器。在空载加压试验过程中，当检测到直流电流大于 5%（即绝缘失效）超过 4 ms 或控制器受下限限制（100°）的情况下直流电压低于 2%（即直流电压测量故障）超过 3 s，启动空载加压失败保护，闭锁触发脉冲。

4.2.8.4 阀避雷器监视

阀避雷器监视功能为保护阀避雷器。由换流变阀侧电压和熄弧角的大小进行计算阀关断电压，当阀关断电压大于 215 kV 且超过 3 min，产生告警信号，当超过 8 min 后启动快速闭锁逻辑。

4.2.8.5 直流低电压保护

在站间通信故障的情况下，当逆变侧因某种原因闭锁时，整流侧检测到直流电压低于 20% 并持续 1 s 后保护动作，闭锁换流器。

在站间通信故障情况下，当整流侧因某种原因闭锁时，逆变侧检测到直流电压低于 10% 并持续 6.5 s 后保护动作，闭锁换流器。

当系统处于闭锁状态、OLT 状态或强制移相时，闭锁该保护。

4.2.8.6 换流变阀侧电压监视

换流变阀侧电压监视功能保护换流变。若换流变阀侧电压大于 105%，将产生告警信号，超过 10 min 后启动快速闭锁逻辑。

4.2.8.7 直流保护监视

极控系统接收 3 套极保护系统 OK 信号，当极控系统检测到 3 套极保护系统全部不 OK 情况下，极控系统执行快速闭锁逻辑。

4.2.8.8 阀冷监视

测量冷却水的出水温度，如果出水温度过高，大于 C_1，极控系统降低传输的直流功率，如果延时一段时间 10 s 之后，出水温度仍大于 C_1，继续降低传输的直流功率，减小量为 Δp，如此循环，直至降至合理的功率水平。

以上定值 Δp、C_1 和策略由系统研究决定。

4.2.8.9 低负荷无功优化功能

除了直流站控无功控制功能外，极控系统配置有低负荷无功优化功能。低负荷无功优化功能按极单独配置，功能可投退，默认为退出状态。

在直流低功率范围内，直流电压参考值随直流功率按照一定斜率变化，增加换流器的无功消耗，减少直流系统注入交流系统的无功，减轻交流系统低负荷水平下的调压难度。空载加压情况下，低负荷无功优化功能自动退出。图 4-2-2 为低负荷无功优化功能直流电压参考值变化曲线示意图。

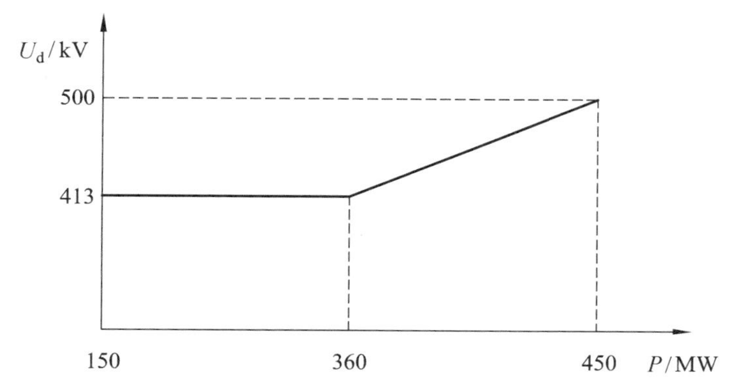

图 4-2-2　低负荷无功优化功能直流电压参考值变化曲线

该功能可由运行人员选择，仅在站间通信正常时，且满足以下条件才能投入：

（1）系统层控制。

（2）分接头自动控制。

（3）分接头角度控制方式。

（4）分接头 OK。

（5）分接头未失步。

（6）阀厅避雷器关断电压不高。

4.2.9　空载加压试验

为了检测主设备的绝缘能力，极控功能设计了空载加压试验功能。空载加压试验根据接线方式可分为带线路空载加压试验和不带线路空载加压试验；根据控制模式可分为自动空载加压试验和手动空载升压试验。极控系统根据不同的接线方式和控制模式采用不同的控制策略。

手动空载加压试验时，运行人员输入直流电压的设定值、直流电压上升和下降的速率和直流电压的限制值，启动空载加压试验过程，直流电压的设定值可在 0 ~ 1.05 pu 间选择。

在直流电压升降的过程中，运行人员可以手动停止和启动空载加压的过程，试验结束时，运行人员选择热备用状态命令，极控系统按照设定的直流电压上升和下降的速率自动降低直流电压，直流电压降到最小值后，闭锁换流阀。

4.2.10　系统的启停顺序控制

为了实现换流站安全可靠的运行，获得直流输电平稳的启/停以及各种运行模式之间的平稳过渡，极控系统设计了换流站的启/停顺序控制。双极运行时，两个极的启/停几乎同时。两极和两站的顺序控制完全相同。

为了实现不同状态之间的平稳转换及每种状态下安全的手动或自动控制，换流站站控系统设计分为顺序控制和联锁系统。顺序控制和联锁的目标是：平稳地启动和停运直流输电，安全可靠地操作断路器、隔离开关、直流场设备和接地刀闸。

换流站直流系统顺序控制的基本状态有 5 种：接地、停运、备用、闭锁、解锁。启动或停止顺序是在操作控制层中选择某个状态来实现的。极控系统根据选择的目标状态，自动执行顺序的相应步骤，在执行过程中，每个顺序步骤是否正确执行由监视时间来检查。如果监视时间已过且回校信号仍不正常，那么整个顺序将被中止。此时顺序事件记录中会产生一个告警。当故障被清除后，顺序能够继续进行。当极保护跳闸后，顺序自动地将整个极安全地返回到备用状态。

顺控模式可以选择自动控制模式，自动控制模式中的顺序控制步骤按照顺控基本流程进行，自动顺控模式一般应用在站控层或者系统层。当系统处于系统层并且在热备用状态时，由主控站启动顺控指令解锁直流系统。自动控制模式允许换流器在 5 种标准状态之间自动执行。

顺控模式也可以选择手动控制模式，手动控制模式用于维护系统或者试验。在手动控制模式下可以单个操作开关和刀闸等设备，手动控制模式不能使用顺控基本流程。

顺控操作必须遵守以下条件：

（1）系统处于站控层时，换流器从闭锁到解锁运行或者从解锁运行到闭锁，整流站和逆变站必须协调控制。

（2）系统处于系统层时，主控站能够自动协调从闭锁到解锁运行或者从解锁运行到闭锁的操作。

（3）保护跳闸 5 min 内，禁止任何顺控操作。

顺序过程将由运行人员启动，极控系统指示当前可用的操作状态。在当前的状态下依据一些前提条件启动某个状态的顺序所必需的步骤和动作将完全自动进行。

在监视时间内监视每个步骤的回检信号来检查顺序的正确步骤是否完成。如果超过了这个时间还没有收到回检信号，这个顺序就会被终止。一个告警信号就会发送到 SER。在消除故障之后，这个顺序又可以继续向下进行。如果故障无法消除，可以启动反转顺序，从而把换流站退回到先前的操作状态。

4.2.11 换流器层顺序过程

4.2.11.1 换流器解锁过程

解锁的阀本质是有触发脉冲的阀。如果阀组是闭锁的，则它的阀是闭锁的，但是，阀组的隔离开关仍是闭合的并连接到直流电路上。

换流变压器进线断路器闭合之后，极控系统发出触发脉冲到 VBE，VBE 并不用这个触发脉冲解锁换流器，而是对换流桥臂上的可控硅进行预检。这时极控系统发出的触发角为 160°，换流器仍处于闭锁状态。当换流器解锁时，极控系统要发一个换流器解锁信号到 VBE，VBE 接收到这个信号之后，开始释放极控系统发出的触发脉冲，这时两侧的换流器开始建立直流电压和直流电流，传输功率。

换流器的解锁过程是系统启动的一个步骤，运行人员在工作站监视换流器的解锁过程。换流器的解锁首先要求逆变侧解锁，然后整流侧解锁，因此如果系统运行在站控层，系统由闭锁到解锁运行，两站的运行人员必须协调进行；如果系统运行在系统层，主导站的运行人员发出解锁指令。换流器解锁之后，如果没有停机信号或者保护动作，换流器的解锁状态信息就一直保持。运行人员启动解锁后，站控将最小交流滤波器连入交流系统。

1．逆变侧的换流器的解锁过程

（1）极控系统发出换流器解锁命令到 VBE，VBE 接收到这个信号之后，开始释放极控系统的触发脉冲。

（2）启动逆变侧的直流电压控制器，并且将极控系统的触发角设为 160°。然后等待整流侧解锁。

（3）逆变侧检测到直流电流之后，逆变侧的直流电压调节器将直流电压参考值从最小值升到设定值，一直到直流电压控制。

2．整流侧的换流器的解锁过程

（1）极控系统发出换流器解锁命令到 VBE，VBE 接收到这个信号之后，开始释放极控系统的触发脉冲。

（2）启动整流侧的直流电流控制器，调节整流侧的触发角从 160° 开始向 5° 方向移动，从而建立直流电流和直流电压。整流侧换流器解锁时，直流电流的参考值增加为 30%，加快直流电流和直流电压的建立。

当直流电压建立之后，根据选择的能量传输模式，功率/电流调节器开始释放，按照设定的功率/电流升降速率将功率/电流调节到设定值。

富宁站功率全送广西或功率全送云南运行工况下，双极均为双极功率控制模式，或双极都不为双极功率控制模式时，双极可同时解锁；当富宁站一极送广西、一极送云南运行工况下，两个极都为独立控制（电流控制模式或单极功率控制模式），可同时解锁。

4.2.11.2 换流器闭锁过程

为了使闭锁过程对系统扰动最小，闭锁过程分为正常闭锁过程，保护启动的闭锁（BLOCK）过程和紧急闭锁（ESOF）过程。换流阀闭锁通常由运行人员启动，这个顺序在对系统扰动最小的情况下关闭换流阀。同样，在整个站的 U_{d} 和 I_{d} 参数仍然有效时，换流阀的闭锁可由一些保护功能在发生如下事件时启动，如冷却水导电、冷却水温过高等。同解锁顺序一样，闭锁顺序也根据闭锁站是直整流站还是逆变站有所不同。

1．正常闭锁过程

正常闭锁时，系统从解锁状态执行到闭锁状态，按照运行人员设定的功率/电流升降速率将直流功率/电流降到最小值。正常的停机过程要求先闭锁整流侧的换流器，再闭锁逆变侧的换流器。

2．在整流侧执行的过程

（1）如果实际直流功率和直流电流为最小值，整流侧开始移相，首先将触发角移到 120°，直流电流过零之后，将触发角移到 160°。

（2）直流电流为零且延时 100 ms 后，直流电流控制退出，触发脉冲闭锁。

3．在逆变侧执行的过程

直流电流为零且延时 500 ms 之后，直流电流控制退出，触发脉冲闭锁。

富宁站功率全送广西或功率全送云南运行工况下，双极均为双极功率控制模式，或双极都不为双极功率控制模式时，双极可同时闭锁；富宁站一极送广西、一极送云南运行工况下，两个极都为独立控制（电流控制模式或单极功率控制模式），可同时闭锁。

4．保护启动的闭锁过程

极控系统从冗余的直流保护系统接收保护发出的移相停机命令，然后和极控系统的停机命令相产生最终的移相停机命令。极控系统执行总的移相停机命令，完成整个系统的停机过程。

极控收到保护发出的移相停机命令时，系统从解锁状态执行到冷备用状态，触发脉冲闭锁，同时两侧的换流变压器进线开关跳开。

5．站间通信正常时，极控系统整流侧和逆变侧接收到移相停机命令后的整流侧闭锁过程

（1）整流侧立即把触发脉冲强制移相到 120°，直流电流小于 5% 时延时 50 ms 之后，触发角置位到 160°，直流电流小于 3% 且延时 10 ms 后，触发脉冲闭锁，停止向换流阀发送触发脉冲。

（2）整流侧接到 ESOF 信号的同时向逆变侧发出闭锁请求，逆变侧经过站间通信的延时后接到闭锁命令执行闭锁顺序：直流电流小于 3% 且延时 500 ms 后，触发角置位到 160°，控制器退出，触发脉冲闭锁停止向换流阀发送脉冲。

6．逆变侧闭锁过程

（1）接到 ESOF 信号后，如果直流电压大于 10% 并且没有禁止投旁通对，延时 3 ms 投入旁通对，1 s 后撤除旁通对。直流电流小于 3% 且延时 500 ms 后，触发角置位到 160°，控制器退出，触发脉冲闭锁停止向换流阀发送脉冲。

（2）接到 ESOF 信号的同时向整流侧发出闭锁请求，整流侧经过站间通信的延时后接到闭锁命令执行闭锁顺序：接到闭锁请求后立即将触发角强制移到 120°，如果直流电流小于 5% 之后，延时 50 ms 之后，将触发角移到 160°，如果直流电流小于 3% 且延时 10 ms 后，直流电流控制退出，触发脉冲闭锁停止向换流阀发送脉冲。

7．站间通信故障时，极控系统整流侧和逆变侧接收到移相停机命令后的整流侧闭锁过程

整流侧发生 ESOF 后整流侧执行 ESOF 顺序，逆变侧检测到直流电流小于 5% 后延时 10 s 闭锁逆变侧执行闭锁顺序。

8．逆变侧闭锁过程

逆变侧发生 ESOF 后整流侧的直流保护检测到直流低电压延时 300 ms，执行整流侧闭锁顺序，立即把触发脉冲强制移相到 120°，直流电流小于 5% 且延时 50 ms 后，触发角置位到 160°，当直流电流小于 3% 且延时 10 ms 后，触发脉冲闭锁，停止向换流阀发送触发脉冲。逆变侧执行 ESOF 顺序，当直流电流小于 3% 且延时 500 ms 后，触发角置位到 160°，控制器退出，触发脉冲闭锁停止向换流阀发送脉冲。

4.2.11.3 直流线路故障重启功能（DFRS）

直流线路故障重启动功能（DC line Fault Recovery Sequence，DFRS）主要用于直流架空输电线路瞬时性故障后迅速清除故障、恢复送电，最大限度地确保直流系统的正常运行。由于直流架空线路的短路故障大多数是瞬时性的，所以设置了直流线路故障重启功能。

直流线路故障发生后，直流保护会发出直流线路故障信号送到控制系统，控制系统会快速响应，启动直流线路故障重启动逻辑。

运行人员可以在操作员工作站设置直流线路故障重启次数和每次重启的放电时间。运行人员可以选择 0 ~ 5 次重启，如果选择了 0 次则意味着退出直流线路故障重启功能。放电时间可以在 100 ~ 500 ms 选择，要求 5 个时间按由小到大的顺序排列。此外，运行人员也可以设置每次重启时的电压等级，如果故障前的电压参考值大于这个设置值，则系统重启后的电压参考值会被设置为运行人员设置的值。通信正常时，整流侧的放电时间以及重启次数会更新逆变侧的相应值，同样逆变侧的重启电压参考值会更新整流侧的相应值。如果通信故障，以上数值不能被对站更新，只能靠两站的运行人员将其调节一致。

在整流侧，当检测到直流线路故障后，设置输入到 VDCL 的直流电压为零，启动交直流系统故障恢复的暂态电流控制，极控系统将触发角移相到 120°，当直流电流降低到零时将角度设定到限制值。这个过程虽然类似于移相闭锁，但控制系统触发脉冲一直使能，所以极解锁信号一直存在。经过一定的放电时间后，直流系统按设置的电压等级自动重启。如果重启以后直流线路故障消失，则系统继续运行；如果重启后直流线路故障依然存在，控制系统再次重复先前的移相动作，同时计算重启次数，当重启次数达到运行人员设定值时，控制系统将启动闭锁顺序；在逆变侧，当检测到直流线路故障后设置熄弧角实际值为零，使触发角向 120° 的方向移动使直流电压降低，当电流重新建立后，再释放触发角限制重新控制电压。

如果通信故障，在整流侧会检测到直流线路故障，整流侧将直流电流降为最小并经过放电时间后重启，如果重启次数达到了，则整流侧按闭锁顺序闭锁，逆变侧由直流低电压保护动作闭锁；而在逆变侧检测到直流线路故障时则不会启动直流线路故障重启，最后整流侧和逆变侧均由直流低电压保护闭锁。

直流线路故障重启动功能的相关配置：

（1）直流线路故障重启动功能按极单独配置，可由运行人员进行单独投退。

（2）直流线路故障重启动功能的定值（放电时间常数和电压水平）可由运行人员进行整定。

（3）联网方式下一极闭锁后，间隔时间 $Time_1$（可整定）内禁止另一极重启动，如 $Time_1 = 0$，表示开放另一极故障重启动。

（4）联网方式下一极故障再启动过程中，发生另外一极闭锁或者线路故障，直接闭锁双极。该功能可通过控制字（Block Bipole1）投退（Block 表示投入该功能，直接闭锁双极）。

（5）孤岛方式下一极闭锁后，间隔时间 $Time_2$（可整定）内禁止另一极重启动，如 $Time_2 = 0$，表示开放另一极故障重启动。

（6）孤岛方式下一极故障再启动过程中，发生另外一极闭锁或者线路故障，直接闭锁双极。该功能可通过控制字（Block Bipole2）投退（Block 表示投入该功能，直接闭锁双极；ContinueOperation 表示退出该功能，即允许双极互不干扰的重启动）。

（7）孤岛方式下一极故障再启动成功后，时间 $Time_3$ 之后允许下一次直流线路故障再启动，否则直接闭锁该极。如 $Time_3 = 0$，表示开放下一次故障重启动。

4.2.12 功率反转

直流系统闭锁状态下，运行人员可以输入功率翻转命令，功率输送方向自动反向。运行人员设定的功率翻转命令对双极均有效。系统处于系统控制层时，只有主控站启动的功率翻转命令有效，从控站功率翻转命令无效；系统处于站控制层时，整流站设定的功率方向有效并更新逆变站，如果站间通信故障时，两站的运行人员通过电话协调，各自在本站设定一致的功率方向。

4.2.13 分接头控制

分接头控制有两种控制模式：手动控制模式和自动控制模式。

在自动控制模式下，分接头升/降挡位命令均为三相同步。如果选择了手动控制模式，有报警信号送至运行人员控制层。此时既可以对分接头分相单独调节，也可以三相同步调节。如果选择了分相调节，那么在手动模式切换回自动控制前，必须对所有换流变的分接头进行手动同步。

手动控制为一种保留的控制模式。自动控制模式故障时，自动转为手动模式。功率传输的过程中，分接头用于控制触发角和阀侧理想空载电压，此时应避免在直流功率传输的过程中对分接头进行手动控制。

自动模式下分接头控制分为以下几种控制方式：空载控制、角度控制、理想空载直流电压（U_{di0}）控制，此外还有 U_{di0} 限幅、自动重同步等功能，U_{di0} 限幅在手动模式下也有效。

4.2.13.1 分接头监视

极控系统分接头控制的软件接收每相分接头的回校信号，如果回校值和实际值不一致，极控系统产生分接头故障信息。分接头的位置以 BCD 码的形式送到极控系统，极控系统的软件将分接头位置信息从 BCD 码转换成十进制形式。如果极控系统接收的 BCD 编码在 9 s 内一直为零，或者当 BCD 编码不能转换为十进制编码时，极控系统产生分接头故障信息。极控系统产生分接头故障信息和故障的详细描述将在工作站的 SER 信息中显示。

4.2.13.2 分接头控制模式选择逻辑

分接头控制模式有手动控制模式和自动控制模式两种。

1．极控系统允许选择分接头手动控制模式需满足的条件

（1）分接头控制模式为自动控制模式。

（2）分接头的三相正常。

2．极控系统允许选择分接头自动控制模式需满足的条件

（1）分接头控制模式为手动控制模式。

（2）分接头的三相正常。

（3）没有运行时间故障。

满足手动/自动控制模式的允许条件之后，运行人员设置的自动控制/手动控制模式的命令才会有效，同时从系统相应的控制模式被主系统刷新，而且运行人员控制系统和顺序事件

记录信息系统中也出现相应的指示。

4.2.13.3 自动模式下分接头控制方式

换流变分接头的空载控制用于换流站闭锁和空载加压试验的情况，在空载加压试验时，空载控制将控制换流变分接头在以下预先设定的位置：

（1）如果换流变失电（交流断路器断开），换流变分接头移至最低点，此时，U_{di0} 最低。

（2）如果换流变上电，换流变分接头的空载控制根据 OLT 需要的直流电压等级控制 U_{di0} 为参考值。

（3）如果换流变上电，并且不在空载加压试验的状态下，换流变分接头根据允许的最小运行电流（0.1 pu）建立 U_{di0}。

角度控制在极解锁后才会有效。它又分为触发角控制和熄弧角控制。为了使分接头的调节动作不反复，一个升/降挡位的请求将延迟一定的时间后再向分接头发出命令。

整流侧的分接头控制用来维持触发角在 15°±2.5° 范围内。触发角实际值超出设定范围后，换流变分接头开始动作。

换流变的分接头控制属于慢速控制，每步约 5～10 s。因此在整个极控系统的协调配合中，由阀组控制改变点火角 *alpha* 值对扰动进行快速响应，维持恒定的直流电流，再由换流变分接头控制进行慢速控制，维持整流侧触发角 *alpha* 在设定的范围之内。

假设整流侧交流电压上升，阀组控制将增大触发角以保持直流电流等于电流设定值。如果 *alpha* 大于 *alpha* 参考值 2.5°，分接头动作，降低阀侧电压，使得 *alpha* 回到窗口值内。如果交流电压降低，*alpha* 下降至 *alpha* 参考值减去 2.5°，分接头动作，增大阀侧电压，直到 *alpha* 重新回到窗口值内。

逆变侧的分接头用来将熄弧角维持在设定的范围内（17.5°～21.5°），熄弧角实际值超出设定范围后，换流变分接头开始动作。

正常工况下，逆变侧的分接头用于补偿交流电压的波动，维持换流变阀侧的理想空载直流电压（U_{di0}）恒定。在换流变上电但极未解锁的情况下，换流变分接头将强制进行理想空载直流电压（U_{di0}）控制，这样分接头控制按照实际的母线电压调节分接头的起始位置，为换流器的解锁提供理想的电压。

与 U_{di0} 限幅相关的限幅值有两个：U_{di0G} 和 U_{di0L}。其中，U_{di0G} 为换流变分接头控制中允许发出增大 U_{di0} 参考值的上限。U_{di0} 限幅的主要目的是防止设备承受过高的稳态电压应力。因此，在所有的控制模式下，包括在手动控制模式下，U_{di0} 限幅功能都是有效的。它在分接头控制中具有最高的优先级。这样可以保证稳态时的 U_{di0} 永远不会大于 U_{di0L}。通过分接头控制换流变阀侧电压来达到此目的。为避免分接头来回振荡，U_{di0L} 被选得足够高。

4.2.13.4 分接头自动重同步

当换流变的三相分接头位置不一致时，将产生报警信号至运行人员控制层，此时，自动同步功能可以重新同步换流变分接头，自动同步功能仅在自动控制模式下有效。

自动重同步功能力图同步换流变的分接头位置，如果同步不成功，将发出一个报警信号，并禁止自动控制。

在手动控制模式下，如果选择了调节单相换流变分接头的控制模式，在返回自动控制前换流变分接头必须被手动同步。

4.2.13.5 分接头挡位的升/降逻辑

该功能监视分接头的最大和最小挡位，换流变二次侧的电压、一次侧交流电流，以及稳态直流电压。

换流变一上电，U_{di0} 控制就开始计算 U_{di0} 的值，并开始监视换流变二次侧的电压。当电压高于 1.0125 pu 时，将闭锁升分接头挡位的命令；当电压高于 1.025 pu 时，将自动产生一个降分接头挡位的命令。

为避免分接头机构承受过大的电流，当一次侧交流电流超过上限时，调节分接头挡位的命令将被闭锁。

在手动控制模式下，当某一相分接头正常，并且不在最大/最小挡位时，该相的手动升/降挡位命令才会有效，而对应的允许位将被送到运行人员控制系统。

在手动控制模式下，要使“三相同步升/降分接头挡位”命令有效，则三相分接头挡位必须同步，三相分接头都正常，且不在最大/最小挡位；要使“手动回起始挡位”命令有效还需要分接头挡位不在起始挡位上。对应的允许位也将被送到运行人员控制系统。

4.2.13.6 分接头挡位和状态的监视

极控系统软件计算的分接头挡位信息用于失步监视。当三相的分接头挡位不相等时，将产生一个“失步故障”信号送到顺序事件记录系统，并在运行人员控制系统中指示出来。不过当分接头正在调节挡位时，这个监视信号将被闭锁。当手动控制模式下出现该信号，自动控制模式的选择允许位将被闭锁。

分接头状态监视还有以下功能：

（1）“分接头在起始挡位”程序中可以修改起始挡位的设定值，当三相分接头到达起始挡位后，“手动回起始挡位”命令的允许位将被复归。在顺控起机的过程中需要检测这个状态。

（2）当出现“分接头至少有一相在最大/最小挡位”状态时，自动控制模式下对应相的升/降分接头挡位命令将被闭锁，而手动控制模式下对应相的升/降挡位命令的允许位也将被闭锁。该状态位将送往 SER 信息系统，并在工作站中显示。

（3）如果 BCD 解码产生了一个大于最大挡位的挡位值，极控系统产生分接头故障信号，并且不能再对分接头进行调节。

（4）当一个升/降分接头挡位命令的监视时间起动时，分接头会产生一个“分接头挡位正在调节中”信号。极控系统检测到这个信号时，会产生“正在升/降挡位”状态信息，并将这个信息送到 SER 信息系统。

当每一相分接头出现下面任一信号时，都会送给 SER 信息系统一个对应相的分接头故障信号：

（1）分接头挡位无回检。

（2）分接头挡位超过最大挡位。

（3）分接头挡位小于最小挡位。

（4）分接头运行时间故障。

（5）分接头 BCD 解码故障。

（6）分接头电机电源故障。

只要三相的分接头故障信号有一个出现时，都会送给运行人员控制系统一个“至少有一相分接头故障”信号。在这种情况下，调节分接头回起始挡位的控制请求都被闭锁。当每一相分接头满足以下所有条件时，就认为该相分接头正常并可以进行操作：

（1）没有调节分接头挡位。

（2）分接头挡位正常，没有超过最大挡位或低于最小挡位。

（3）BCD 解码正常。

（4）没有开始监视分接头命令的执行。

（5）机构电源正常。

当三相分接头都正常时，才能在自动控制模式下对分接头进行操作。在手动控制模式下进行三相同步操作也需要三相分接头都正常，而单相操作时只需要对应相分接头正常即可。

4.2.14 开关控制与监视

交流场和直流场的开关由站控系统进行控制，其状态信号由站控系统送到运行人员控制层；由阀控系统控制的部分开关信号，其状态信号由阀控系统送到运行人员控制层。

开关控制分为手动控制和自动控制，手动控制和自动控制具有相同的连锁条件，这样可以保证直流输电能够平稳启动和停运，并且不同控制和配置模式可平稳进行转换，使设备在操作过程中不受冲击。

4.2.14.1 换流变接地开关/隔离开关

极控系统对这些开关不进行控制，只是发送一个请求到交流站控系统，同时请求将该支路连接到母线Ⅰ或者母线Ⅱ，交流站控系统完成开关操作和联锁。

4.2.14.2 换流变进线断路器

极控系统只发出换流变压器充电命令到交流站控系统，交流站控系统完成开关操作和联锁。

4.2.14.3 高速中性母线开关（HSNBS）

高速中性母线开关由直流站控系统完成开关操作和连锁。极控系统在闭锁触发脉冲时释放 HSNBS，允许直流站控系统对其进行操作。

4.2.15 孤岛功能

云南永仁至富宁直流输变电工程中，直流运行方式有联网方式与被动孤岛方式两种。正常情况下，可以在这两种方式下进行切换，不会引起直流系统的停运或功率的波动。

4.2.15.1 被动孤岛方式的判别逻辑

云南永仁至富宁直流输变电工程中，送端换流站配有单独的孤岛判断装置，由其根据换流站与云南主网以及附近电厂的连接运行方式来判断送端是否为孤岛运行方式。孤岛判别装置判断输出的孤岛运行方式信号经过硬接线送到直流站控系统。为保证该信号 ISLAND OPERATION 判断的准确可靠，运行人员控制系统（HMI）也设计有孤岛运行方式的命令输出，经过 LAN 网也送到直流站控系统，最终在直流站控系统的软件中综合判断来自孤岛判别装置和 HMI 的孤岛运行方式状态，输出最终的孤岛运行方式信号给 HMI 显示和极控，用于孤岛方式下的控制逻辑。

直流站控判断后的孤岛运行方式信号通过控制总线送给极一控制系统和极二控制系统。直流站控在判定为孤岛运行方式以后，将会自动使稳定控制功能中的频率限制控制功能（FLC）使能，同时以前联网方式下使能的稳定控制功能（PSS、PSD）功能将自动不使能，退出运行。

孤岛运行方式的投入或退出均有相应的 SER 事件送到 HMI 显示，以提醒运行人员监视。而且，如果直流站控收到的来自孤岛判别装置的 ISLAND ON 或 ISLAND OFF 信号同时为高电平或同时为低电平，则认为其判断的 ISLAND 方式非法，将产生一条紧急等级的 SER 事件送到 HMI，提醒运行人员检查。

4.2.15.2 孤岛方式下极控系统实现的逻辑

（1）孤岛方式下，极控系统实现的稳定控制功能（PSS、PSD）将会自动退出。

（2）孤岛方式下，极闭锁过程中 VDCL 将不起作用。

（3）直流线路故障重启。

孤岛运行方式下，直流线路故障允许重启的次数将被限制，线路故障重启次数最多为 1 次。满足以下要求：

（1）孤岛方式下一极闭锁后，间隔时间 $Time_2$（可整定）内禁止另一极重启动，如 $Time_2 = 0$，表示开放另一极故障重启动。

（2）孤岛方式下一极故障再启动过程中，发生另外一极闭锁或者线路故障，直接闭锁双极。该功能可通过控制字（Block Bipole2）投退（Block 表示投入该功能，直接闭锁双极；ContinueOperation 表示退出该功能，即允许双极互不干扰的重启动）。

（3）孤岛方式下一极故障再启动成功后，时间 $Time_3$ 之后允许下一次直流线路故障再启动，否则直接闭锁该极。如 $Time_3 = 0$，表示开放下一次故障重启动。

（4）跳换流变进线开关。

孤岛运行方式下，跳进线开关增加有如下的逻辑：

（1）整流站另外一极未解锁，本极发生闭锁，本极触发脉冲使能信号消失后延时一定时间跳开换流变进线开关。

（2）整流站另外一极未解锁，本极接收到对站产生的极 ESOF 信号，本极触发脉冲使能信号消失后延时一定时间跳开换流变进线开关。

（3)整流站通过控制总线接收到直流站控发出的 ESOF 信号后直接跳开换流变进线开关。

4.2.16 子系统监视

4.2.16.1 触发角差别

系统运行时，极控系统监视冗余的两个系统触发角的差值，如果差值过大（例如大于 9°），极控系统将发出报警信号。这个信息用于监视冗余的极控系统的输入信息是否一致。

4.2.16.2 直流电流的监视

通过比较测量的直流电流和等效的直流电流（换流变压器阀侧的交流电流的最大值）的差值，对测量的直流电流进行监视，比较时，等效的直流电流值要减去5%。如果测量的直流电流值小于等效的直流电流值超过一定的时间，极控系统将产生故障信号，启动极控系统切换；如果等效的直流电流小于测量的直流电流超过一定的时间，极控系统将产生报警信号。

4.2.16.3 有功功率的监视

通过监视测量的换流变压器进线的有功功率和输送的直流功率的差值，对直流功率进行监视。如果差值大于10%，延时2 s；如果差值大于50%，延时50 ms，发出极控系统故障信号，启动极控系统进行切换。

4.2.16.4 交流电压的相序的监视

通过监视交流电压的测量值和交流电压的正序分量，如果交流电压的测量值大于65%，同时交流电压的正序分量小于40%，则判断交流电压的相序不对。

4.2.16.5 交流电压的监视

通过监视比较交流电压的测量值和交流电压的正序分量的差值，如果差值大于25%超过2 s，将产生交流电压测量故障信号。

4.2.16.6 交流电流的监视

通过监视比较交流电流的测量值和交流电流的正序分量的差值，如果差值大于15%超过20 s，将产生交流电流测量故障信号。

4.2.16.7 电流过零信号的监视

本侧为逆变侧，且满足以下条件时：

（1）交流电压大于75%。

（2）极解锁。

（3）VBE正常。

（4）没有紧急停机或者闭锁命令。

（5）没有投旁通对。

（6）极控主机的启动已经完成。

如果检测到电压过零信号，但是没有检测到电流过零信号，就产生电流过零信号故障信号。

4.2.16.8 电压过零信号的监视

本侧为逆变侧且满足以下条件时：

（1）交流电压大于75%。

（2）极解锁。

（3）VBE正常。

（4）没有紧急停机或者闭锁命令。

（5）没有投旁通对。

如果检测到电流过零信号，10 ms 内没有检测到电压过零信号，就产生电压过零信号故障信号。

4.2.16.9 异常运行范围

异常运行范围的设定主要是为了检测控制设备内部和外部的故障。故障发生，则开始进行系统的切换，如果故障持续存在则极控跳闸。主要监视直流电流和直流电压的以下情况：

（1）极解锁后，实际的直流电流值大于直流电流限制值超过 5 s。

（2）极解锁之后，不在空载加压试验状态，如果此时直流电压实际值小于 45% 超过 10 s。

（3）故障持续 500 ms 后启动极控系统切换，极控系统切换之后，如果故障仍然存在，延时 3 s 后系统跳闸。

4.2.16.10 控制总线监视

极控系统与以下其他屏柜之间进行控制总线通信：

（1）本极极控冗余系统间。

（2）极控系统与直流站控系统间。

（3）极控系统与极保护系统间。

（4）极控系统与极保护三取二装置间。

（5）极控系统与极直流滤波器保护系统间。

极控系统软件具有监视与其他屏柜之间的控制总线通信故障功能，极控系统直接将故障信息上送到 SER 信息系统。

4.2.16.11 到 VBE 的信号

从 VBE 上送的信息通过冗余的现场总线送到极控系统，然后通过 LAN 网送到运行人员控制层显示。极控系统和 VBE 之间的开关量信号直接连接，由于极控系统和 VBE 绑定在一起，所以极控到 VBE 的开关量信号不需要经过切换逻辑模块进行切换，VBE 接收到极控系统的系统状态主从信号，根据该信号控制 VBE 的输出。

4.2.17 直流运行方式配置顺序控制

正常的直流运行方式的转换由运行人员启动，系统将自动完成所有的步骤和顺序，从而到达目标状态，这个过程包含站间协调和联锁条件的判断。

在换流器解锁运行过程中，若极发生故障，某些直流保护会发出极隔离命令，并由极控系统通过快速总线转发给直流站控系统。此时即使直流场处于手动控制模式，保护极隔离指令也会得到执行。

如果在顺序控制过程中与对站通信失败，顺控将在需要对站直流站控信号才能继续下一步的位置停止。两站的运行人员需要手动检查相关设备位置指示，例如通过电话联络。这时可以通过下发对站刀闸状态人工确认命令来旁路这个条件来继续自动顺序。

4.2.18 无功控制

无功功率控制是关于整个站的控制功能，因此由直流站控完成。500 kV 交流母线的母线电压和无功水平受以下因素影响：

（1）连接的交流滤波器和并联的电容器组数。

（2）换流器无功消耗。

换流站的无功水平和它与交流系统的无功交换量有关，交流母线电压受运行人员设定的相应参数值影响。

无功功率控制主要通过投切滤波器小组来实现。滤波器小组的投切由直流站控来完成。投切的原则如下：

（1）交流母线电压在运行人员设定值范围内。

（2）滤波器小组的组合根据滤波性能决定。

（3）全站总的无功功率在运行人员设定的范围内。

无功控制是基于以下交流母线配置：两个换流器极和所有大组滤波器是电气连接的，也就是说，它们相当于一个电气节点。富宁站的交流母线配置会存在“一极送云南，一极送广西”的特殊方式，此时极 1 和第一、二大组交流滤波器组成一个电气节点，极 2 和第三、四大组交流滤波器组成一个电气节点，这两个电气节点相互独立，相应的无功控制也分为单极分送的控制策略和双极全送的控制策略，用于控制不同运行工况下的母线电压、无功功率、有功功率也从各自的电气节点采集。

滤波器小组的投切在无功自动控制模式或者手动控制模式下都可以实现。

4.2.19 交流场控制

交流站控主要完成典型的和交流场相关的功能，主要包括 500 kV 交流高压开关场的控制与监视、来自运行人员控制系统的命令联锁、辅助站控系统监控，以及一些常规功能，如与极控系统、直流站控系统、220 kV 交流站控系统、站用电系统的 LAN 网通信，与服务器及远动工作站的 LAN 网通信，与就地测控系统的现场总线通信，顺序事件记录功能，等。

500 kV 交流站控的基本功能是执行 500 kV 交流场的开关控制和监视，主要包括：交流场断路器的监视与操作、交流场隔离刀闸的监视与操作、交流场接地刀闸的监视与操作、交流场模拟量的测量与预处理以及交流控制位置的切换。这些功能和常规变电站 500 kV 交流场控制相似，这里不再赘述。

500 kV 交流场的 3/2 断路器接线每个间隔分为 3 部分，分别采集支路的三相电流、三相电压、有功功率、无功功率、频率，功率因数等（不同的支路需要采集的模拟量不同），这个功能由就地接口屏上的 DFU410 来完成。所有采集的模拟量通过冗余的 Profibus 总线送到 500 kV 交流站控，然后上送到运行人员工作站和远方调度中心显示。

当 500 kV 交流母线上所有的线路都断开的时候会导致换流变的电流进入到交流母线和交流滤波器，瞬时电流可以达到平时的 3 倍左右，因此短时间会抬高直流线路上的直流电流，对换相也可能造成冲击。非常不利于一次设备，对一次设备有很大的冲击。

通过 LAST_CB 功能块能够实现最后断路器的检测功能，在上送相关最后断路器的 SER 事件至后台 HMI 的同时，将最后断路器的开出信号送至相应的装置，与其他保护措施形成保护回路。

最后线路与最后断路器的功能类似，当仅有一条线路与 500 kV 交流场相连接的时候，此线路为最后线路，500 kV 交流站控检测到具有最后线路的时候，将会上送相关最后线路的 SER 事件至后台。同时，将最后线路的开出信号送至相应的装置。

分裂母线跳闸由 500 kV 交流站控检测，上送相应 SER 信息，在经过二取一模块装置后通过硬连线方式发送 ESOF 到保护接口屏。

4.3 直流保护功能

4.3.1 永富直流保护系统的组成

永富直流极保护按照三重化设计，每极配置三面屏，每个站共六面屏柜。每重保护包含换流器保护、直流母线保护、双极中性线及接地极保护、直流线路保护以及开关保护等。每重保护具有其独立的、完整的硬件配置和软件配置，与其他各重保护之间在物理上和电气上完全独立，既有各自独立的电源回路、测量互感器的二次线圈、信号输入输出回路、通信回路、主机，又有二次线圈与主机之间所有相关通道、装置和接口。出口回路均采用三取二逻辑，三套极保护系统分别将保护功能信号通过控制总线送至三取二逻辑，经逻辑判断后将保护动作信号通过控制总线传至极控系统，快速清除区域内的故障或不正常工况，保证直流系统的安全运行。

任意一重保护因故障、检修或其他原因完全退出时，不影响其他各重保护，并对整个系统的正常运行没有影响。直流极保护的冗余配置保证在任何运行工况下其所保护的每一设备或区域都能得到正确保护。三重化的直流极保护按照三取二逻辑进行出口表决，即一、二和三系统中两个系统的同一保护同时都有信号出口，即系统出口信号。三套系统均正常时，直流保护系统的二取一出口逻辑回路被可靠闭锁，当任一套直流保护系统发生异常时（硬件故障、软件故障、测量故障、串行接口故障等），为了确保直流保护系统出口可靠，直流保护系统立即开放二取一出口逻辑（见图 4-3-1）。

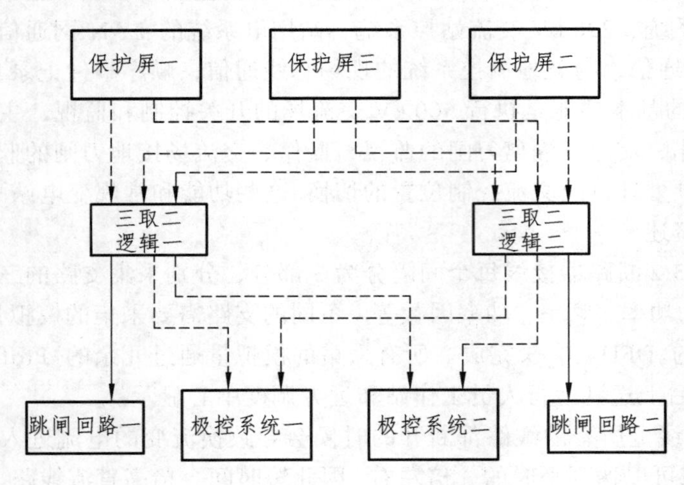

图 4-3-1 永富直流极保护系统的三取二装置连接示意图

永富直流的保护系统按照直流系统设计原则和配置要求，对直流保护系统的保护主机、测量设备和 I/O 单元的冗余结构、通信及接口系统等进行设计和配置。保护平台的硬件系统由保护主机和测量系统两部分构成，保护主机是平台的核心，由其中配置的多个主处理模块实现要求的保护功能，保护主机和测量系统之间通过 TDM 总线进行通信。保护平台软件功能包括直流控制保护功能、算术逻辑运算、I/O 功能、网络通信、服务诊断、特殊应用等，满足直流输电保护系统的要求。

保护屏柜按极配置，每极配置三块极保护屏、一块极保护接口屏、两块直流滤波器保护屏。

4.3.1.1　极保护

直流系统保护所覆盖的范围包括全部换流器单元、直流开关场（包括平波电抗器、直流滤波器、直流极线、极/双极中性母线，以及直流接地极线路和接地极）和直流输电线路。其中直流场双极中性线和接地极线路是两个极的公用设备。上述区域内的所有设备都应得到保护，相邻保护区域之间应重叠，不存在保护死区。直流系统保护除保护设备外，还应承担交/直流系统的保护。

永富直流极保护功能集成了以下功能（见表 4-3-1）。

表 4-3-1　永富直流极保护功能列表

保护代码	保护名称	保护代码	保护名称
87CSY/87CSD	换流器短路保护	50C/51C	交直流过流保护
87CBY/87CBD	换流器交流差动保护	59DC	直流过压开路保护
87CFP	换相失败保护	59ACVW	换流器零序过压保护
87CG	阀组差动保护	59AC	交流过电压保护
87DCM	换流器差动保护	27AC	交流低电压保护
87HV	极母线差动保护	50/51CTNY、50/51CTND	换流变中性点直流饱和保护
87LV	中性母线差动保护	81_50 Hz	50 Hz 保护
87DCB	极差动保护	81_100 Hz	100 Hz 保护
87DCLL	直流线路纵联差保护	27DC	直流低电压保护
87DCLT	金属回线横差保护	81I/U	交直流碰线保护
87MRL	金属回线纵差保护	WFPDL	直流线路行波保护
87EB	接地极母线差动保护	27du/dt	直流线路电压突变量保护
87GSP	接地系统保护	27DCL	直流线路低电压保护
82MRTB	金属回线转换开关保护	60EL	接地极电流不平衡保护
82MRS	金属回线开关保护	76EL	接地极线路过流保护
82HSNBS	中性母线开关保护	59EL	接地极开路保护
82HSGS	高速接地开关保护	76SG	站内接地网过流保护

4.3.1.2　直流保护接口屏

直流保护接口屏汇集直流控制保护设备的所有跳闸信号，当任一套保护接口装置接收到任何一个外部跳闸信号，将启动极控 ESOF 顺控命令、跳开换流变进线开关、启动故障录波。每极配置一块极保护接口屏，屏内两套保护冗余配置，配置有下列保护出口（见表 4-3-2）。

表 4-3-2　直流保护接口屏配置的保护出口

序号	名　称	序号	名　称
1	主控楼火灾事故跳闸	10	紧急手动跳闸
2	阀冷系统 1 跳闸	11	阀冷系统 2 跳闸
3	VBE 系统 1 跳闸	12	VBE 系统 2 跳闸
4	VHA 系统 1 跳闸	13	VHA 系统 2 跳闸
5	极控 1　ESOF	14	极控 2　ESOF
6	交流站控 1 分裂母线跳闸	15	交流站控 2 分裂母线跳闸
7	极母线分压器跳闸	16	中性母线分压器跳闸
8	阀厅穿墙套管跳闸	17	站内最后线路跳闸（逆变运行投入）
9	站内最后断路器跳闸（逆变运行投入）	18	

4.3.1.3　直流滤波器保护

永富直流滤波器保护独立组屏，采用完全双重化配置，每个极配置两面屏，每个站共四面屏柜。每重保护从启动和动作从采样、保护逻辑到出口的硬件完全独立，只有启动通道开放，同时保护通道达到动作定值才会出口。任何单一元件的故障都不会引起保护的误动和拒动。每重保护具有独立的、完整的硬件配置和软件配置，每重保护之间在物理上和电气上完全独立，既有各自独立的电源回路、测量互感器的二次线圈、信号输入输出回路、主机，以及二次线圈与主机之间的所有通道、装置和接口。保护的冗余配置保证在任何运行工况下其所保护的每一设备或区域都能得到正确保护。

永富直流滤波器保护功能集成了以下功能（见表 4-3-3）。

表 4-3-3　直流滤波器保护功能列表

保护代码	保护名称	保护代码	保护名称
87DF	直流滤波器差动保护	60/61DF	直流滤波器 C1 不平衡保护
51DF	直流滤波器反时限过流保护	49/59DF	直流滤波器 C1 过负荷保护

4.3.2　换流器保护

4.3.2.1　换流器短路保护（87CSY/87CSD）

换流器短路保护测量换流变压器 Y 绕组和 D 绕组电流、换流器高压端直流电流以及换流器低压端直流电流。正常运行时，这些电流是平衡的。在换流器发生故障的情况下，如一个阀短路将引起很高的交流电流，当另一个阀被触发，就形成了一个相间短路，反向电流流过故障阀。当换向阀在最小触发角触发时，故障电流最大。在逆变侧，由于平波电抗器和线路的阻抗，故障电流相对于整流侧小得多。换流器短路保护用以检测换流器发生阀短路故障、阀接地故障、直流侧出口、交流侧接地，相间故障，以及逆变侧的换相失败，以换流器阀侧电流以及换流器高、低压端电流作为动作判据。逻辑框图如图 4-3-2 所示。

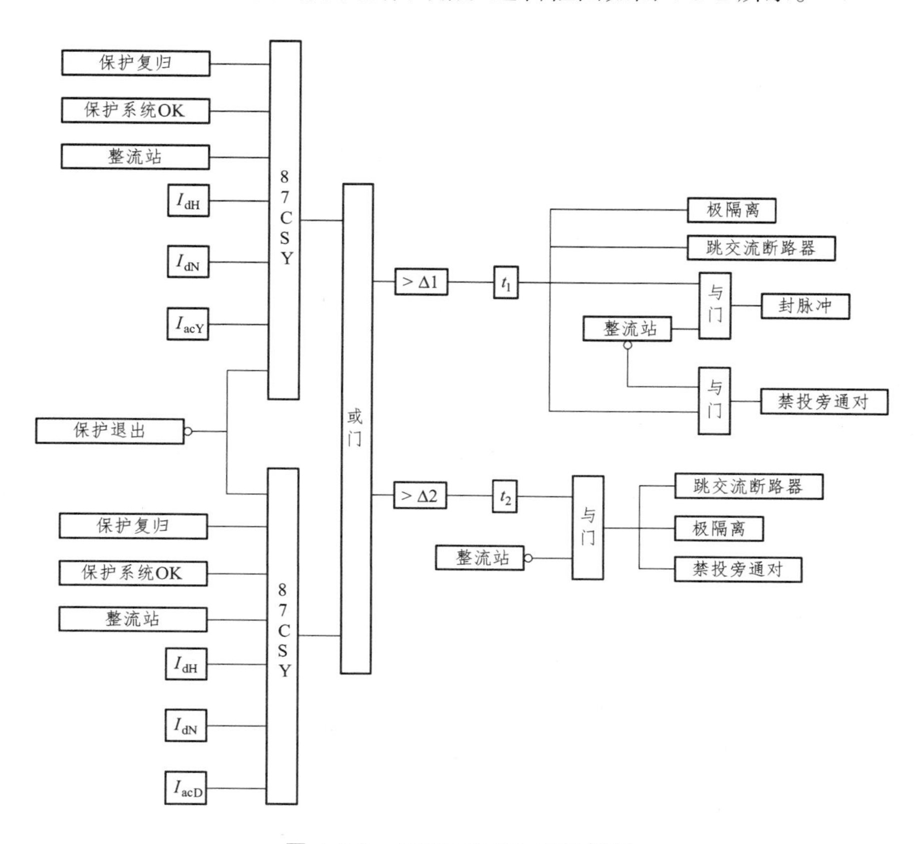

图 4-3-2　87CSY/CSD 逻辑框图

4.3.2.2　**换流器过流保护**（50/51C）

当整流侧和逆变侧发生短路故障、控制失效或短期过负荷，且其他主保护不动作时，换流器过流保护动作。以换流器阀侧电流和换流器高、低压测电流作为动作判据。逻辑框图如图 4-3-3 所示。

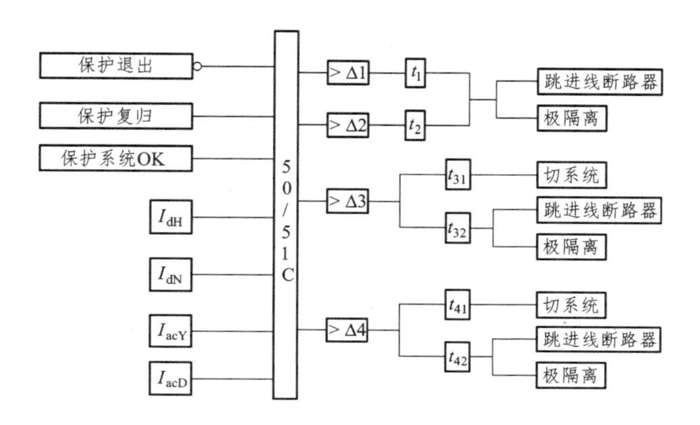

图 4-3-3　50/51C 逻辑框图

4.3.2.3　换相失败保护（87CFP）

换相失败用于检测交流系统故障或其他异常换相条件引起的换相失败故障，仅在逆变站投入。换相失败是晶闸管至今不能避免的一个缺陷，它是晶闸管元件需要恢复阻断期的能力所致。换相失败首先判断换相失败是否由控制系统故障引起，直流输电系统运行过程中发生换相失败系统首先判断是单桥换相失败还是任一桥换相失败，若单桥换相失败极控认为是本极的控制系统故障引起，首先切换控制系统，看换相是否消失。交流系统的扰动是引发换相失败的最常见的因素，交流系统扰动引发的换相失败原则上应由交流系统处理，直流系统的换相失败保护不处理此类故障，在交流系统故障时间，在判断交流电压 U_{ac}<0.7 pu，长延时出口避开交流系统故障引起的保护动作，动作延时应确保交流侧单相故障时不误动，依据仿真试验结果确定。

以换流器阀侧电流以及换流器高、低压端电流作为动作判据，逻辑框图如图 4-3-4 所示。

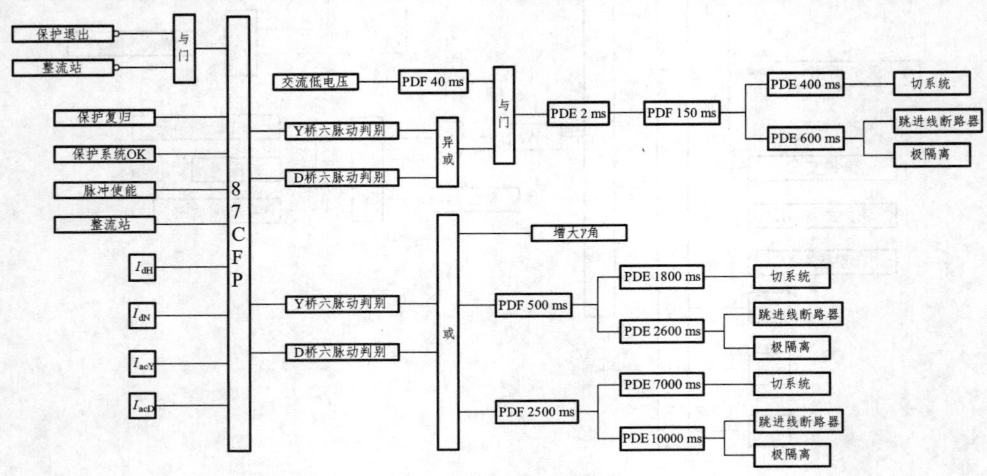

图 4-3-4　87CFP 逻辑框图

4.3.2.4　换流器差动保护（87DCM）

换流器差动保护用于检测换流器区内发生接地故障，即高低压端直流分流器内发生的接地故障。直流输电系统正常运行时换流器高、低压端直流电流相等，出现换流器内部接地故障后，将有部分电流通过接地点，高、低压端电流不再相等，本保护以换流器高、低压端电流作为动作判据，逻辑框图如图 4-3-5 所示。

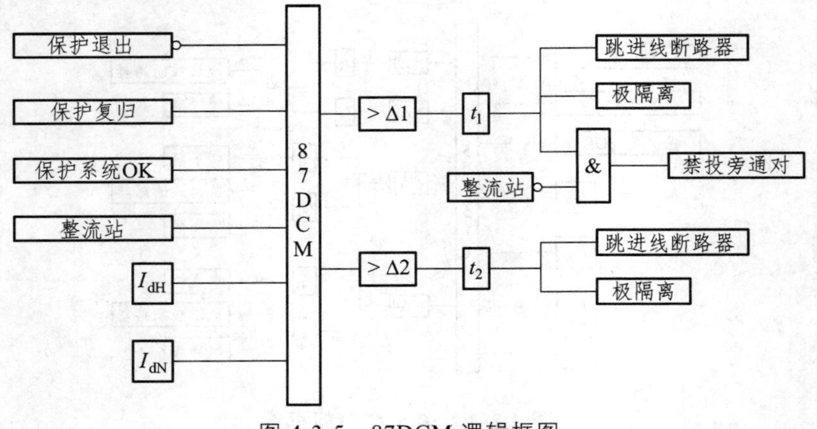

图 4-3-5　87DCM 逻辑框图

4.3.2.5 **换流器交流差动保护**（87CBY/87CBD）

换流器交流差动保护包括换流变压器 Y 绕组、D 绕组连接的交流差动保护。直流系统正常运行情况下，换流变压器星侧电流 I_{acY} 与换流变压器角侧的电流 I_{acD} 相等，若某个桥发生换流器发生阀持续触发异常和换相失败，则电流不再相等，则保护动作，保护以换流器阀侧电流作为动作判据，逻辑框图如图 4-3-6 所示。

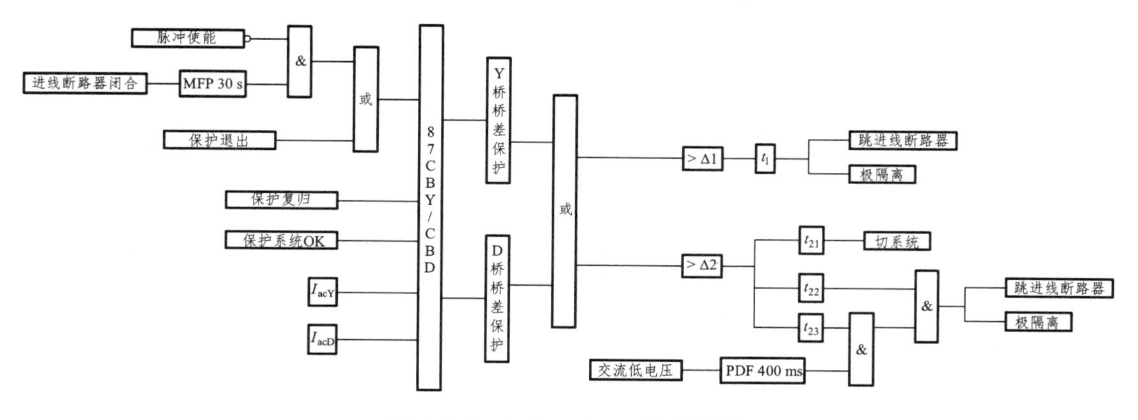

图 4-3-6　87CBY/CBD 逻辑框图

4.3.2.6 **阀组差动保护**（87CG）

换流器阀组差动保护配置在逆变侧，主要检测逆变侧的换相失败和阀区故障，在直流系统正常运行的情况下，逆变侧换流器高、低压端和换流变阀侧电流相等，若某个桥发生换流器发生阀持续触发异常和换相失败，则换流器高低压端电流和换流变阀侧电流不再相等，将来自换流器高压端的电流和低压端的电流的小值与交流侧电流相减，逻辑框图如图 4-3-7 所示。

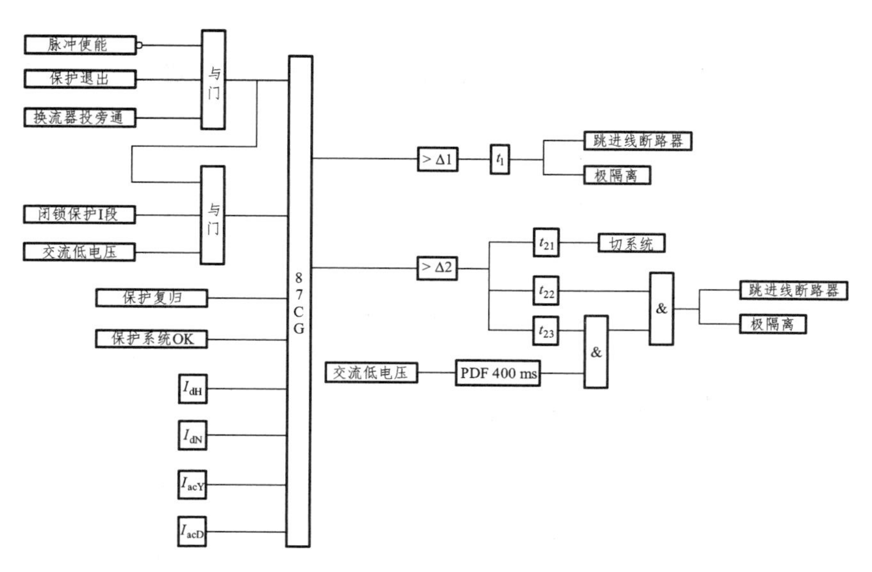

图 4-3-7　87CG 逻辑框图

4.3.2.7　换流器零序过压保护（59ACVW）

阀未解锁发生单相对地故障时，换流器零序过压保护动作，避免换流器在交流系统存在接地故障时解锁，保护动作后禁止阀解锁。本保护仅在系统未解锁时投入，直流系统正常运行时该保护退出。由阀侧绕组电压的零序分量构成动作判据，逻辑框图如图 4-3-8 所示。

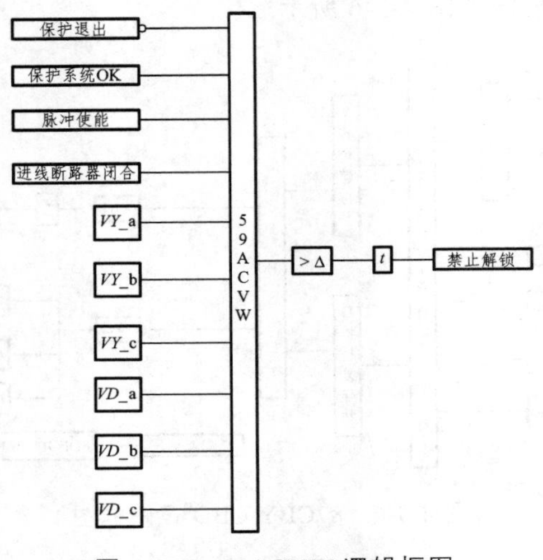

图 4-3-8　59ACVW 逻辑框图

4.3.2.8　交流过电压保护（59AC）

交流过电压保护检测交流系统电压，避免交流系统异常升高导致设备损坏，由交流电压的相间电压和相地电压构成动作判据。

交流过电压保护定值与动作延时与交流系统设备耐压情况、最后一个断路器跳闸后交流场的过压水平（仅逆变站）、孤岛方式下过电压控制要求相配合，并与交流系统过电压保护定值相配合，在永富直流输电工程中，交流过电压保护为适应不同的工况分为四段，其中Ⅰ、Ⅱ、Ⅲ段以相电压的峰值进行判断，Ⅳ段根据线电压的基波分量进行判断，逻辑框图如图 4-3-9 所示。

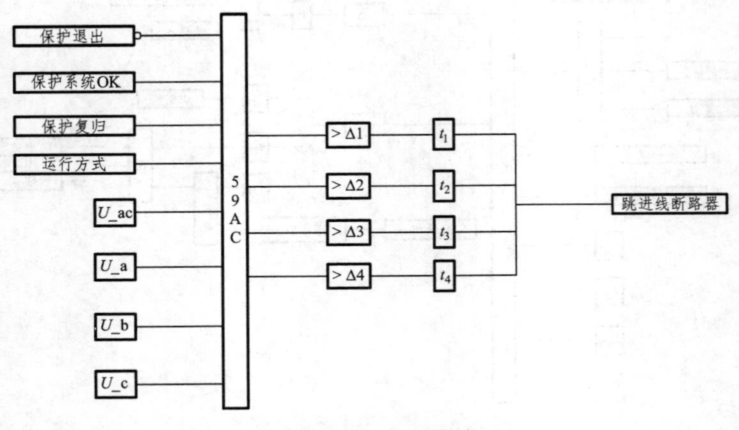

图 4-3-9　59AC 逻辑框图

4.3.2.9 交流低电压保护（27AC）

交流低电压保护主要作为交流侧系统故障的后备保护，当换流器交流侧电压低于正常水平时，保护动作。以交流电压的相电压的基波分量作为动作判据，逻辑框图如图 4-3-10 所示。

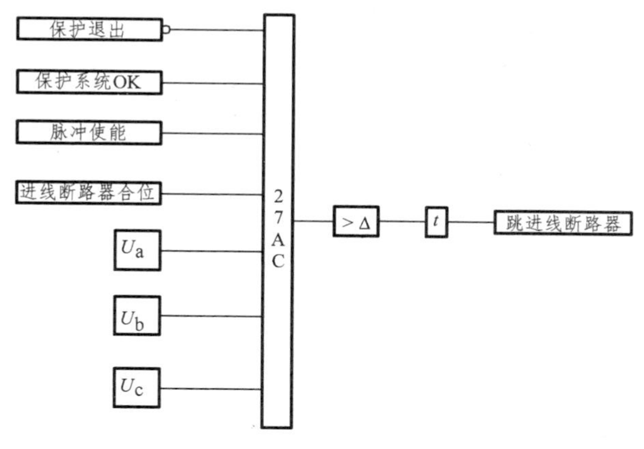

图 4-3-10 27AC 逻辑框图

4.3.2.10 直流过电压/开路保护（59/37DC）

直流输电设备的过电压超过承受能力时直流过电压保护动作，避免直流设备因意外断线、逆变器非正常闭锁，以及控制系统故障引起的过电压损坏。直流过电压针对开路过电压和系统正常运行过电压分别进行配置，以直流线路电压和中性母线电压作为动作判据，逻辑框图如图 4-3-11 所示。

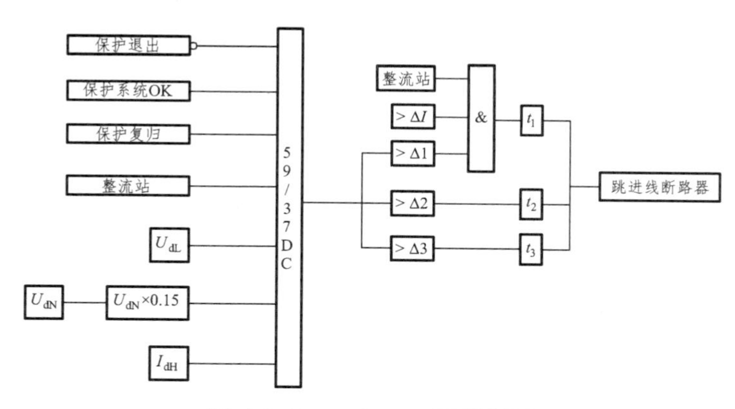

图 4-3-11 59/37DC 逻辑框图

4.3.2.11 直流低电压保护（27DC）

直流低电压保护是换流器高压端直流对地或中性母线短路故障的后备保护，由直流线路电压构成动作判据，逻辑框图如图 4-3-12 所示。

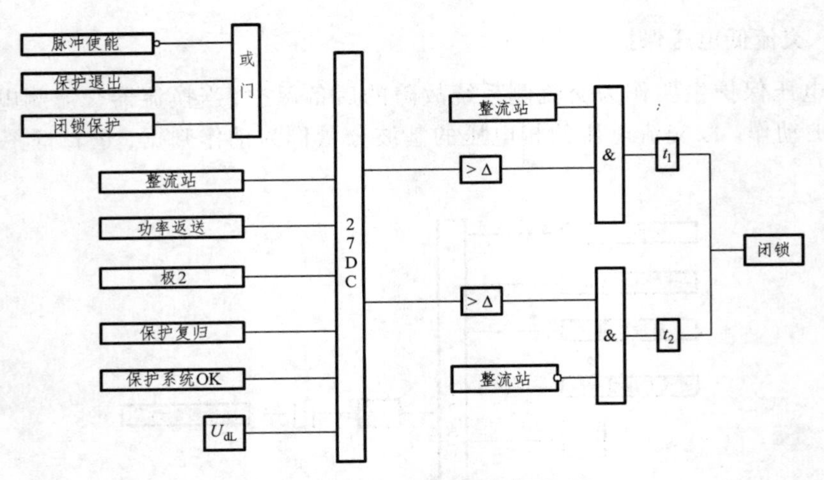

图 4-3-12　27DC 逻辑框图

4.3.2.12　50 Hz **保护**（81_50Hz）

50 Hz 保护是发生换相失败和阀触发异常的后备保护，检测直流线路电流中的 50 Hz 分量。逻辑框图如图 4-3-13 所示。

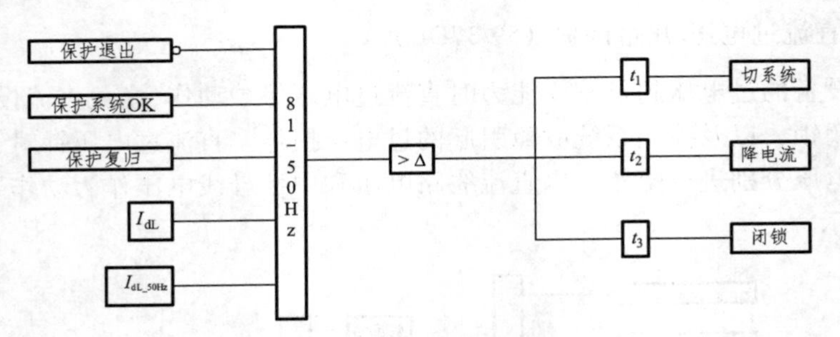

图 4-3-13　81_50Hz 逻辑框图

4.3.2.13　100 Hz **保护**（81_100Hz）

100 Hz 保护是交流系统单相或相间故障时的后备保护，检测直流线路电流中的 100 Hz 分量，逻辑框图如图 4-3-14 所示。

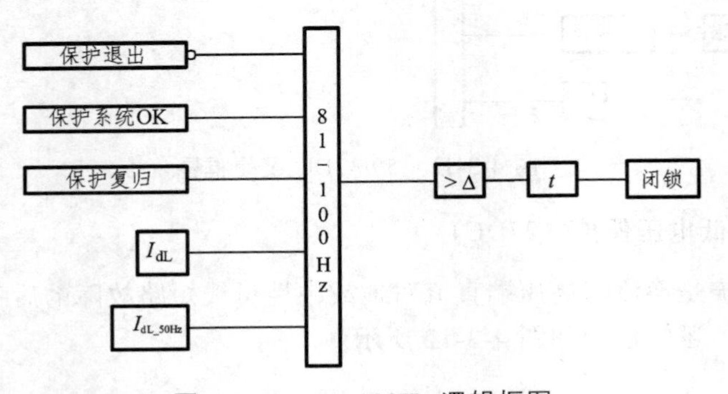

图 4-3-14　81_100Hz 逻辑框图

4.3.2.14　**换流变压器直流饱和保护**（50-51CTNY/CTND）

换流变压器与普通变压器不同，一般都配有直流饱和保护。直流输电系统中的触发角不平衡、换流器交流母线上有正序二次谐波电压、单极大地回线方式运行时由于换流站中性点电位升高所产生的流经变压器中性点的直流电流等都会引起换流变直流偏磁，将影响换流变正常运行。永富直流换流变压器的直流饱和保护以换流变中性点电流的直流分量直接作为动作依据，逻辑框图如图 4-3-15 所示。

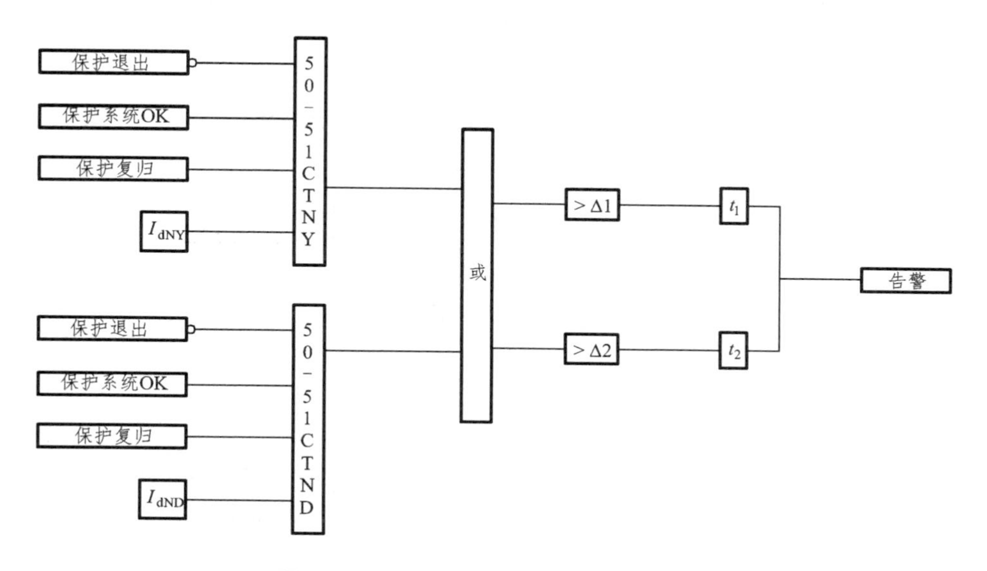

图 4-3-15　50-51CTNY/CTND 逻辑框图

4.3.3　直流母线差动保护

4.3.3.1　**极母线差动保护**（87HV）

极母线差动保护检测直流线路电流互感器与换流器高压端电流互感器间的接地故障。由直流线路电流与换流器高压端电流构成动作判据，逻辑框图如图 4-3-16 所示。

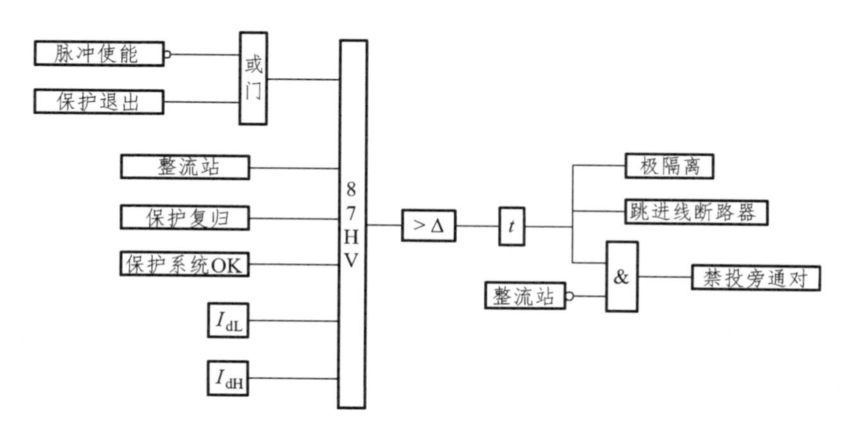

图 4-3-16　87HV 逻辑框图

4.3.3.2 中性母线差动保护（87LV）

中性母线差动保护检测中性母线电流互感器与换流器低压端电流互感器间的接地故障，逻辑框图如图 4-3-17 所示。

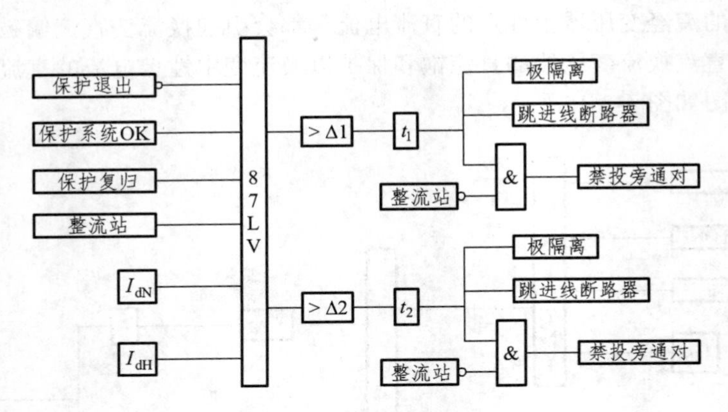

图 4-3-17　87LV 逻辑框图

4.3.3.3 极差动保护（87DCB）

极差动保护检测直流线路电流互感器与中性母线电流互感器间换流器侧的接地故障，是换流器差动保护的后备保护，保护范围相比换流器差动保护多了直流极母线，动作出口延时相应变长，由直流线路电流与中性母线电流构成动作判据，逻辑框图如图 4-3-18 所示。

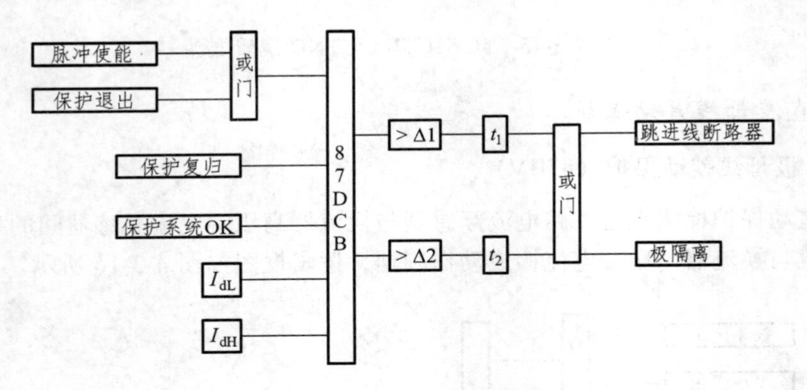

图 4-3-18　87DCB 逻辑框图

4.3.4 双极中性线及接地极故障

4.3.4.1 双极中性线差动保护（87EB）

双极中性线差动保护检测极 1 中性母线上的直流电流互感器、极 2 中性母线上的直流电流互感器、接地极线路 1 电流互感器、接地极线路 2 电流互感器之间的接地故障，保护与直流系统的运行方式密切相关。逻辑框图如图 4-3-19 所示。

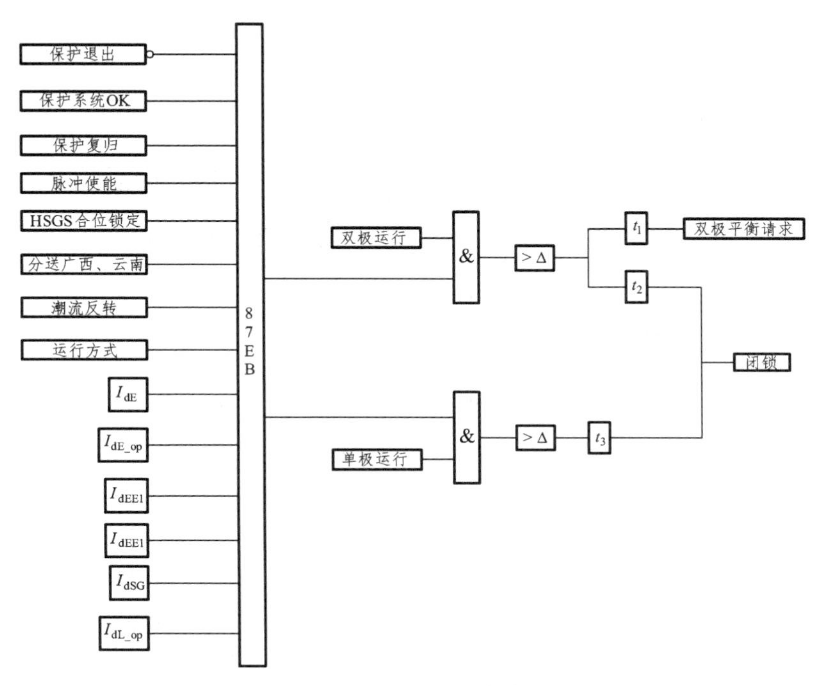

图 4-3-19　87EB 逻辑框图

4.3.4.2　**接地极线路不平衡保护**（60EL）

接地极引线路发生接地故障时该保护动作，由接地极线路 1 或接地极线路 2 电流构成动作判据，逻辑框图如图 4-3-20 所示。

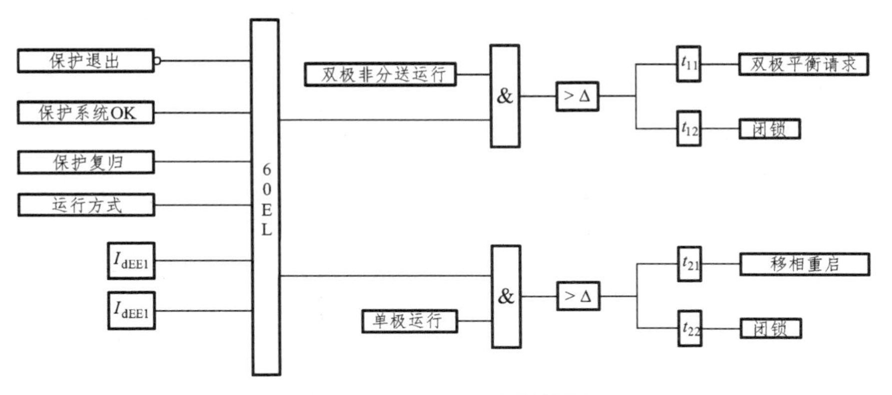

图 4-3-20　60EL 逻辑框图

4.3.4.3　**接地极引线过负荷保护**（76EL）

接地极引线过负荷保护检测接地极线路的过负荷情况，避免接地极引线一回断开后另一极因过负荷损坏。由接地极线路 1 或接地极线路 2 电流构成动作判据，逻辑框图如图 4-3-21 所示。

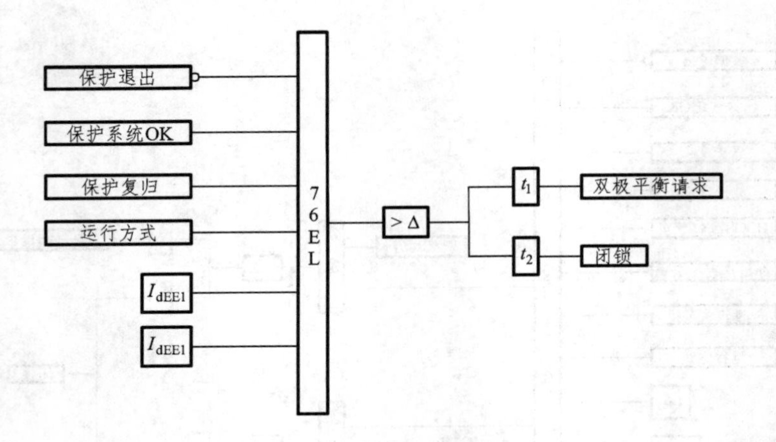

图 4-3-21　76EL 逻辑框图

4.3.4.4　接地极开路保护（59EL）

接地极开路保护用于检测双极中性母线、接地极引线、金属回线的开路故障，检测中性母线电压，使中性母线、接地极引线、金属回线等免受接地极开路造成的过电压的影响。由中性母线电压构成动作判据，逻辑框图如图 4-3-22 所示。

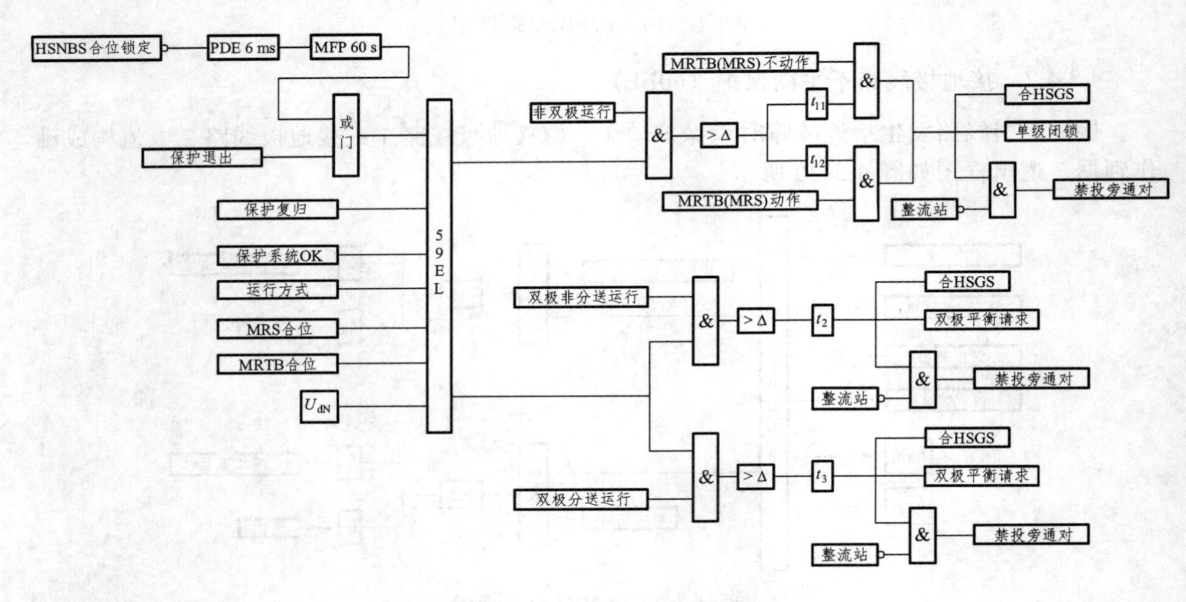

图 4-3-22　59EL 逻辑框图

4.3.4.5　站内接地网过流保护（76SG）

站内接地网过流保护检测直流系统流入站内接地网的电流，避免站内接地网因流过大电流影响设备的正常使用，由站内接地开关电流构成动作判据，逻辑框图如图 4-3-23 所示。

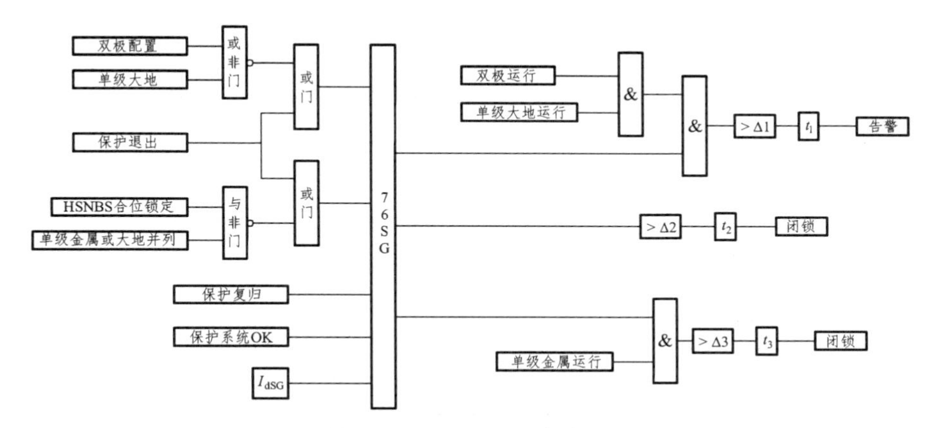

图 4-3-23　76SG 逻辑框图

4.3.4.6　接地系统保护（87GSP）

双极运行时，站内接地开关临时作为接地点运行，站内接地网电流过高时保护动作，闭锁双极。只有在双极运行且 HSGS 合上的工况下该保护才起作用，逻辑框图如图 4-3-24 所示。

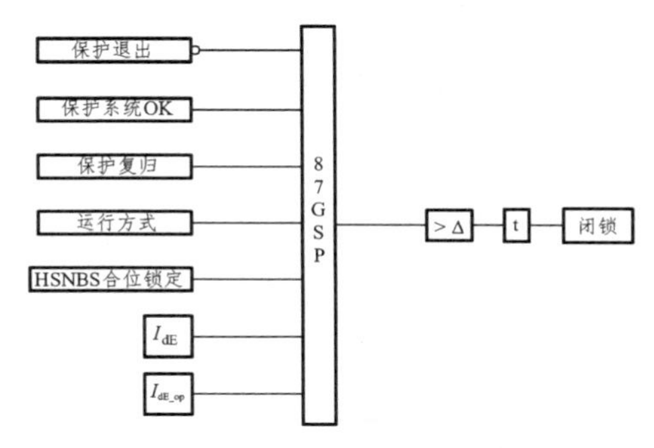

图 4-3-24　87GSP 逻辑框图

4.3.5　直流线路保护

4.3.5.1　直流线路行波保护（WFPDL）

直流线路行波保护是直流线路发生接地故障时的主保护。由直流线路电流和直流线路电压构成动作判据。当直流线路发生故障时，会造成直流电压电流的变化，利用变化量检测出线路的故障，逻辑框图如图 4-3-25 所示。

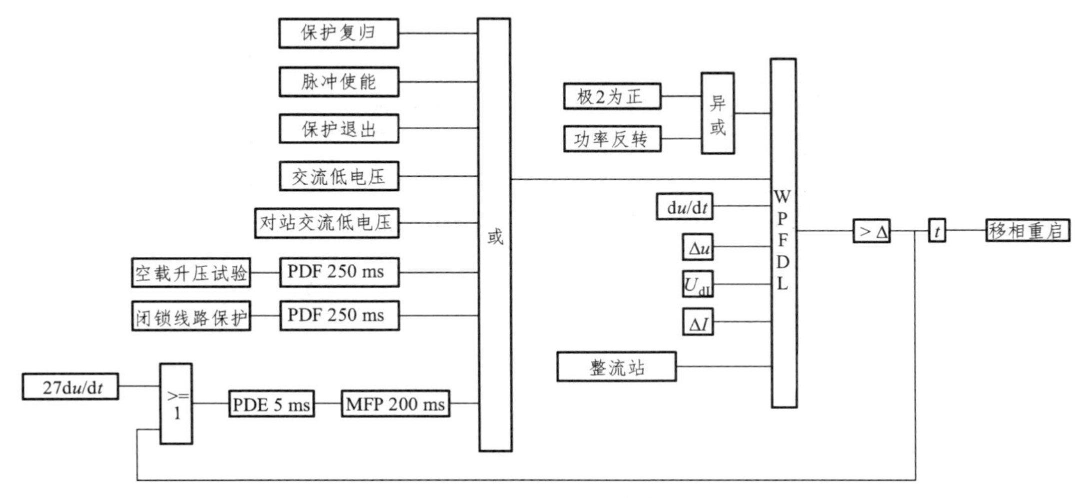

图 3-25　WFPDL 逻辑框图

4.3.5.2 直流线路电压突变量保护（27du/dt）

直流线路电压突变量保护是直流线路发生接地故障时的主保护，由直流线路电压构成动作判据。逻辑框图如图 4-3-26 所示。

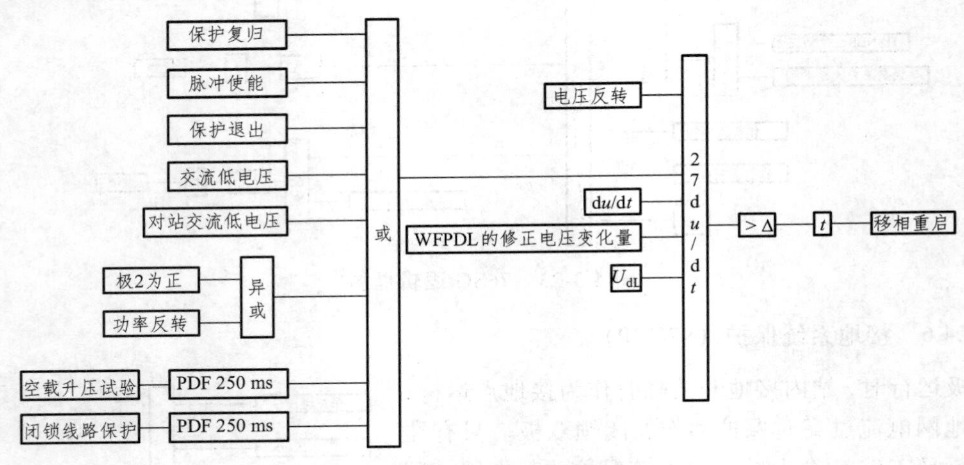

图 4-3-26　27du/dt 逻辑框图

4.3.5.3 直流线路低电压保护（27DCL）

直流线路低电压保护是直流线路发生接地故障时的后备保护。由直流线路电压构成动作判据。逻辑框图如图 4-3-27 所示。

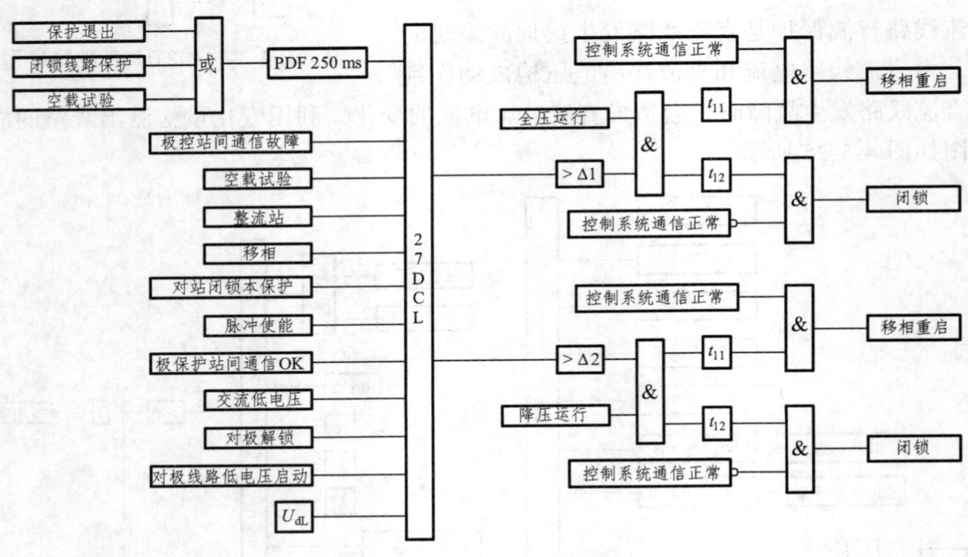

图 4-3-27　27DCL 逻辑框图

4.3.5.4 直流线路纵差保护（87DCLL）

直流线路纵差保护直流线路上发生接地故障时的后备保护，由本站的直流线路电流和对站的直流线路电流构成动作判据，反映高阻接地故障，逻辑框图如图 4-3-28 所示。

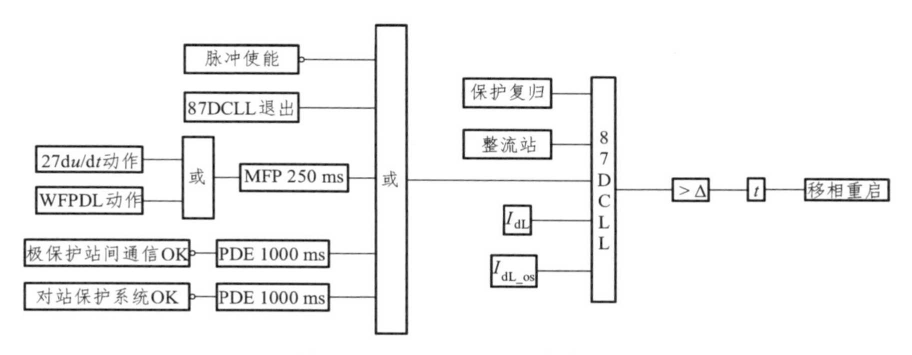

图 4-3-28　87DCLL 逻辑框图

4.3.5.5　**金属回线横差保护**（87DCLT）

金属回线横差保护是单极金属回线方式运行时直流线路以及金属回线上发生接地故障时的保护，由极 1 和极 2 的直流线路电流构成动作判据，逻辑框图如图 4-3-29 所示。

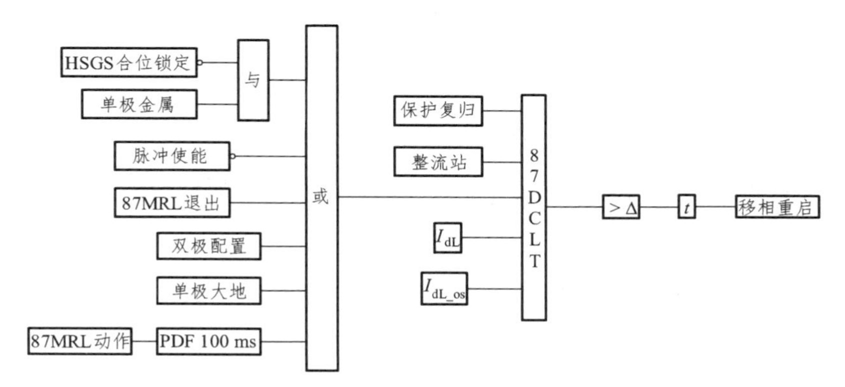

图 4-3-29　87DCLT 逻辑框图

4.3.5.6　**金属回线纵差保护**（87MRL）

单极金属回线方式运行时金属回线上两端直流线路电流互感器之间的线路发生接地故障时的保护。由金属回线上本站直流线路电流和对站直流线路电流构成动作判据。逻辑框图如图 4-3-30 所示。

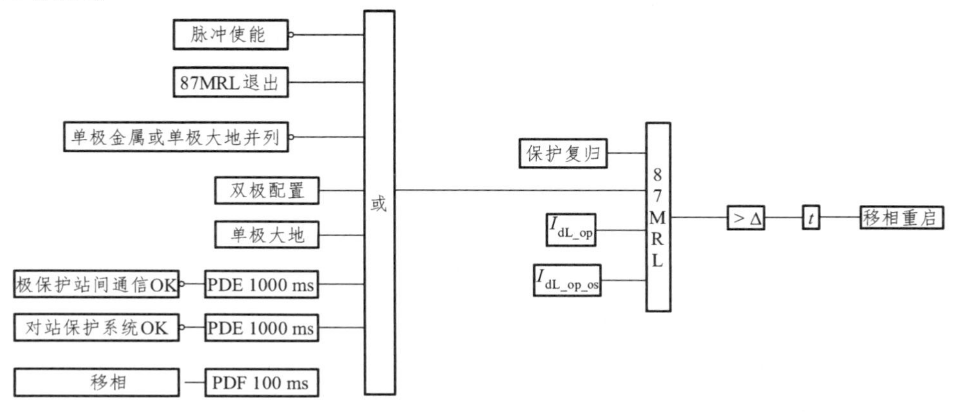

图 4-3-30　87MRL 逻辑框图

4.3.5.7　交直流碰线监视（81_I/U 逆变侧触发故障）

检测交、直流碰线故障，由直流线路电流和直流线路电压中的 50 Hz 分量构成动作判据，本保护的动作分为两段，分别对应逆变站脉冲闭锁故障和交直流导线的碰线故障。逻辑框图如图 4-3-31 所示。

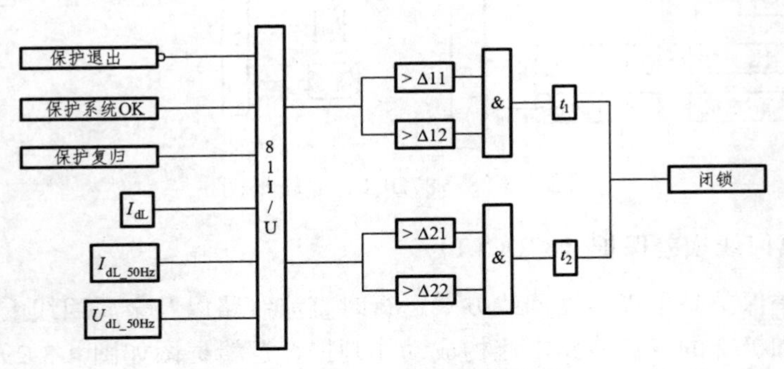

图 4-3-31　81_I/U 逻辑框图

4.3.6　直流开关保护

4.3.6.1　金属回线转换开关保护（82_MRTB）

MRTB 开关保护，即金属回线转换开关失灵保护，避免金属回线转换开关损坏，保护分为三段，逻辑框图如图 4-3-32 所示。

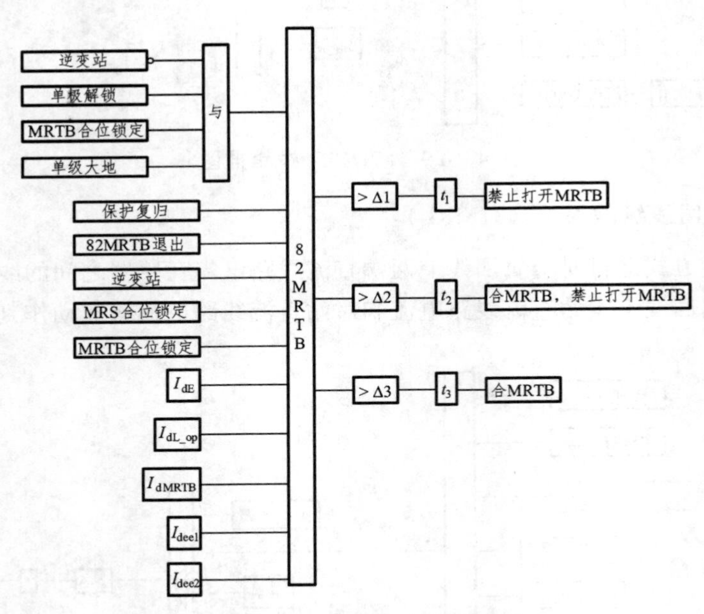

图 4-3-32　82_MRTB 逻辑框图

4.3.6.2　金属回线开关保护（82_MRS）

MRS 开关保护，即大地回线转换开关失灵保护，避免大地回线转换开关损坏，保护分为两段，逻辑框图如图 4-3-33 所示。

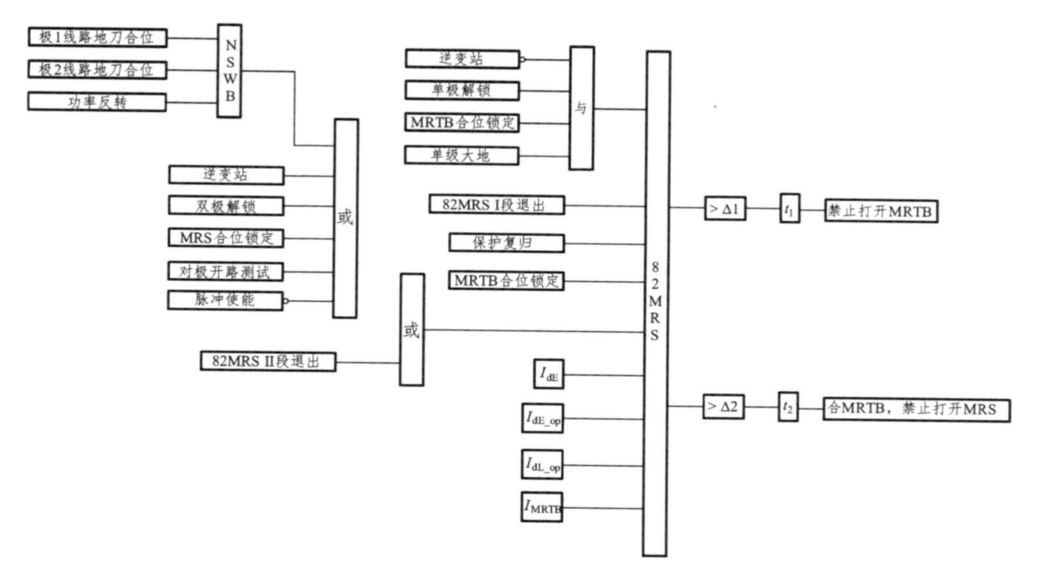

图 4-3-33　87MRS 逻辑框图

4.3.6.3　中性母线开关保护（82HSNBS）

中性母线开关保护是中性母线开关失灵保护。逻辑框图如图 4-3-34 所示。

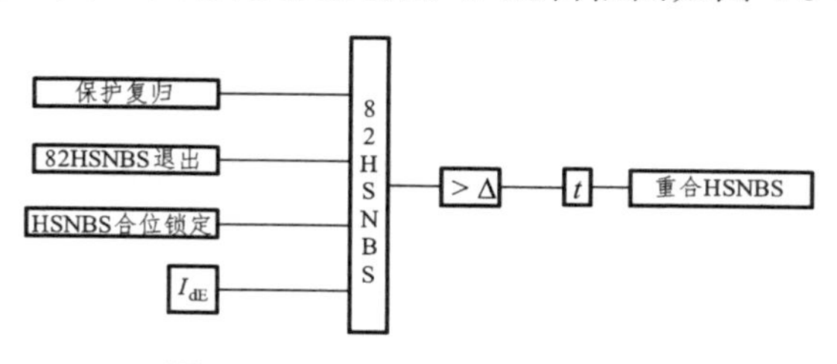

图 4-3-34　82HSNBS 逻辑框图

4.3.6.4　高速接地开关保护

高速接地断开关保护是站内快速接地开关失灵保护。逻辑框图如图 4-3-35 所示。

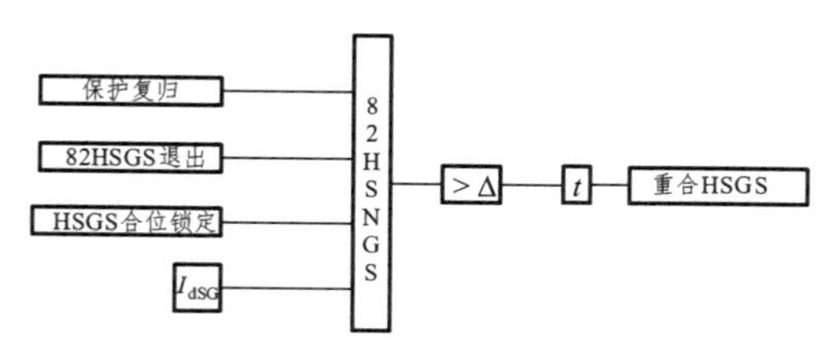

图 4-3-35　82HSGS 逻辑框图

4.3.7　直流滤波器保护

直流输电系统在运行过程中，换流器会在直流侧产生谐波电压，谐波电压将在直流极线和接地极引线上产生谐波电流。谐波电流流经直流极线和接地极引线时，附近的通信线路上会感应谐波电压，从而对通信造成噪音干扰，影响通信质量。为减少流入直流线路的谐波电流，减小直流输电系统对沿线通信线路的干扰，就必须在两侧换流站直流侧装设直流滤波器。

永富直流输电工程每极配置一组直流滤波器，并联装设于高压直流母线和中性母线之间，保护配置主要有差动保护（87DF）、不平衡保护（60/61DCF）、过电流保护（OCP）、过电压保护（OVP）。图 4-3-36 是直流滤波器保护配置示意图，针对不同的 CT 装设位置，直流滤波器保护功能所采用的测量略有不同。对于“H”形接线的电容器，不平衡电流由不平衡电流 CT 直接测量。

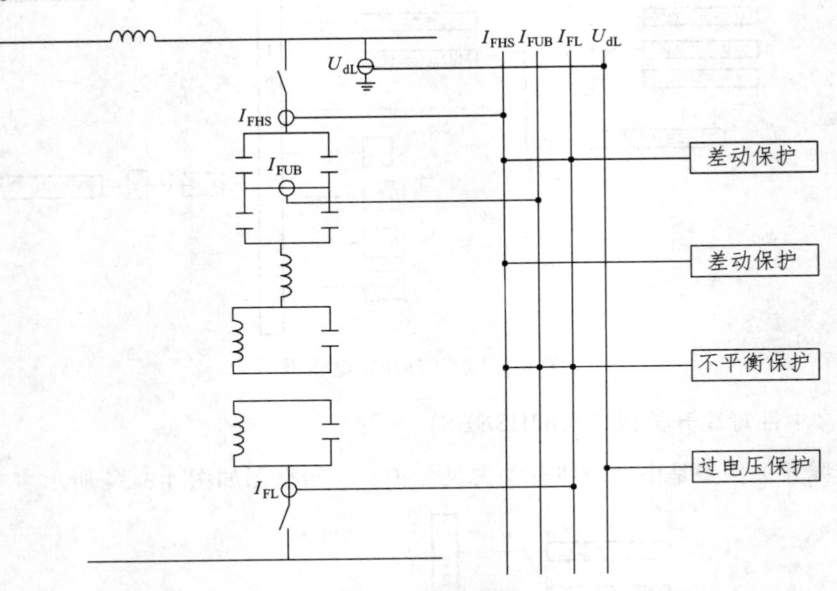

图 4-3-36　直流滤波器保护接线示意图

4.3.7.1　**差动保护**（87DF）

直流滤波器差动保护检测直流滤波器高压端电流互感器和低压端电流互感器之间对中性线或地短路故障。逻辑框图如图 4-3-37 所示。

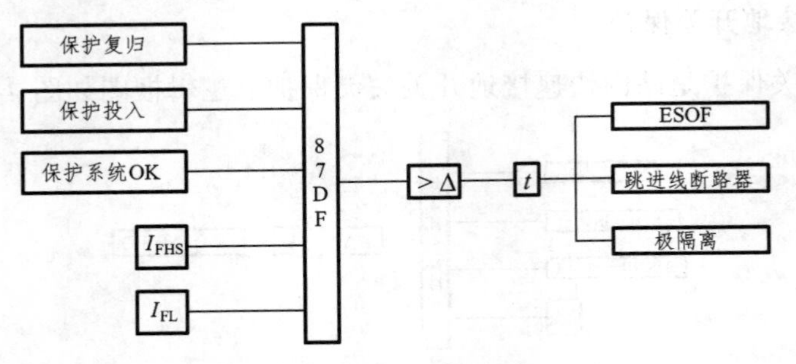

图 4-3-37　87DF 逻辑框图

4.3.7.2　**电容器不平衡保护**（60/61DF）

直流滤波器高压电容器内部元件损坏，导致剩余完好元件上的过压超过元件承受范围后，保护应可靠动作。通过检测直流滤波器的高压电容器两桥臂的不平衡电流与直流滤波器低压侧电流的比值作为动作依据，并根据流过直流滤波器电流的大小判断是否拉开直流滤波器高压侧隔离开关。逻辑框图如图 4-3-38 所示。

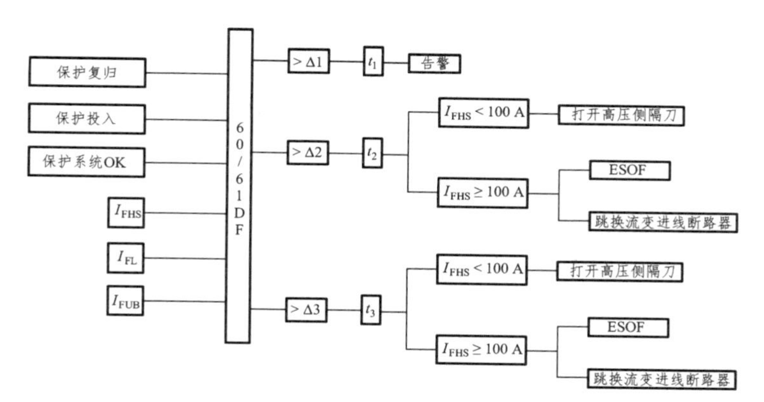

图 4-3-38　60/61DF 逻辑框图

4.3.7.3　电容器过电压保护（49/59DF）

检测直流滤波器元件过压，使直流滤波器免受过应力影响。以直流线路电压作为动作依据。直流滤波器过压保护超过保护定值，保护动作。逻辑框图如图 4-3-39 所示。

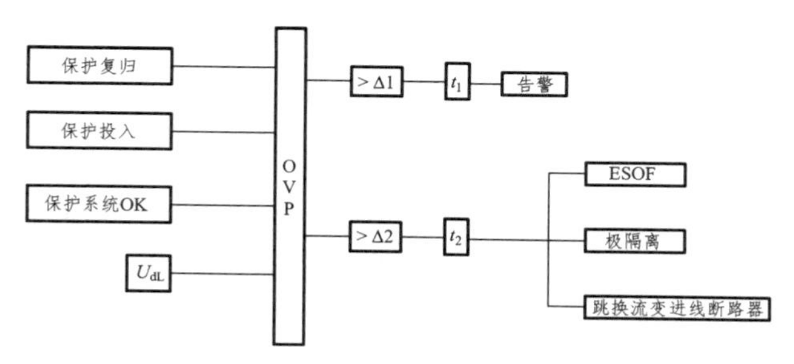

图 4-3-39　OCP 逻辑框图

4.3.7.4　过电流保护

检测直流滤波器元件过流，使直流滤波器免受过应力影响。直流滤波器中电抗器对谐波过负荷能力最差，永富直流滤波器中有电抗器 L_1（额定电流 154 A）、L_2（额定电流 271 A）和 L_3（额定电流 173 A）。逻辑框图如图 4-3-40 所示。

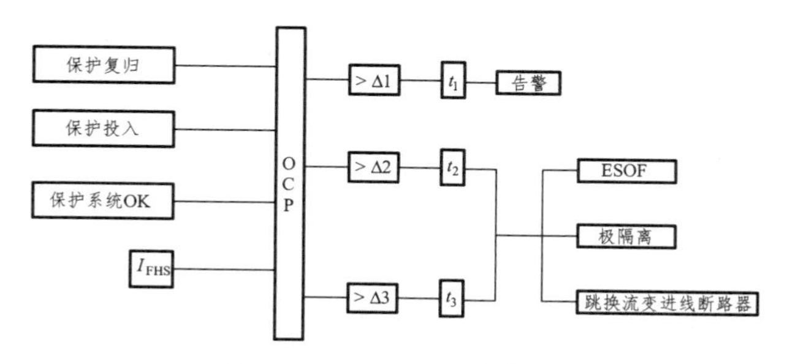

图 4-3-40　OVP 逻辑框图

4.3.8　极控系统的后备保护功能

永富直流输电工程同其他直流输电工程相似，极控系统中设计了部分保护性监视功能，这些保护功能作为直流保护中保护功能的后备。

4.3.8.1 零电流检测

站间通信故障时，当整流侧闭锁，逆变侧检测到直流电流小于 5% 且超过 10 s 时，启动零电流检测保护，闭锁换流器。

站间通信故障时，当整流侧解锁不成功，逆变侧脉冲使能但检测到直流电流小于 5%且超过 60 s 时，启动零电流检测保护，闭锁换流器。

站间通信故障时，当逆变侧因某种原因闭锁，整流侧脉冲使能但检测到直流电流小于 5%且超过 3 s 时，启动零电流检测保护，闭锁换流器。

4.3.8.2 大触发角度监视

大触发角监视的目的是检测和限制主回路设备在大触发角运行时所受的应力，该应力由大角度触发监视功能计算得到。大触发角监视功能计算高压直流输电系统的限制值，包括阻尼回路、阀避雷器。如主回路运行且理想空载电压太高时，换流阀应力超过其限制值，大角度监视功能发出降低理想空载电压的命令并报警，这时可以通过调节换流变压器分接头来降低理想空载电压直到其低于限制值为止。若此时出现手动调节不起作用或换流变压器分接头拒动的情况，换流阀的应力仍然过高，此时需要发出警报信号，若换流阀应力继续增加，则大触发角度监视在一定延时后发出跳闸命令。

4.3.8.3 空载加压失败保护

空载加压试验保护范围包括直流线路和换流器。在空载加压试验过程中，当检测到直流电流大于 5%（即绝缘失效）且超过 4 ms 或控制器受下限限制（100°）的情况下直流电压低于 2% 且超过 3 s，启动空载加压失败保护，闭锁触发脉冲。

4.3.8.4 阀避雷器监视

阀避雷器监视功能为保护阀避雷器。计算阀关断电压，当阀关断电压大于 215 kV 且超过 3 min，产生告警信号，当超过 8 min 后启动快速闭锁逻辑。

4.3.8.5 换流变阀侧电压监视

在交流过压且直流极控不起作用时，保护换流阀使其免受过应力，同时避免阀避雷器过应力和换流变压器过励磁。极控系统测量换流变压器电压、频率和换流变分接头位置，计算理想空载电压，并且考虑频率变化的补偿。如果分接头超过正常范围，保护闭锁出口，因为此时计算得到的空载理想电压不正确，保护延时的设定与分接头的调节时间配合。当计算理想空载电压大于 105%，产生告警信号，当大于 120% 时，延时 115 s 保护动作，发出移相停机命令。

4.3.8.6 直流保护监视

极控系统接收 3 套极保护系统 OK 信号，在极控系统检测到 3 套极保护系统全部不 OK 的情况下，极控系统执行快速闭锁逻辑。

4.3.8.7 换相失败预测功能

换相失败预测功能在逆变侧有效，通过测量逆变侧换流变压器支路上的交流电压，计算其零序分量和负序分量，当零序分量大于 15% 或负序分量大于 14% 时，极控系统动作增大熄弧角。

4.3.9 阀的保护功能

4.3.9.1 换流阀的正向过电压保护

在换流阀内部有一个后备触发回路，在阀两端正向电压超过阈值时，后备触发回路能自动触发晶闸管使其导通，防止换流阀损坏。对于光触发的晶闸管来说，晶闸管正向过电压保护（BOD）集成在硅片中，若正向电压超过允许的重复阻断电压，自触发导通，使晶闸管免受过电压而损坏。晶闸管的正向过电压保护设计为可连续运行、不损坏。另外若 du/dt 超过允许值，自触发保护可使晶闸管免于永久性损坏，自触发功能也集成在晶闸管硅片中。

4.3.9.2 换流阀反向过电压保护

在换流阀运行中，当发现电流过零关断后，由于晶闸管的特性存在一个反向恢复期，约为 600 μs。若雷电或交流故障正好出现在这一阶段，异常电压的上升率过大（大于 100 V/μs），就可能损坏晶闸管。反向过电压保护串联到每个阀段的冲击均压电容回路中，对该阀段中 13 个串联晶闸管进行集体保护，并在 VBE 的控制下仅在晶闸管反向恢复期有效。当反向过电压保护在此期间探测到正向电压上升率大于 100 V/μs 时，起动内部的激光发射电路，通过光缆直接向该组件的两个多模星形耦合器发出触发脉冲。多模星形耦合器将该光脉冲均匀分配并发送给与其相连的 13 只晶闸管使其导通，免受过高的 du/dt 损坏。

4.3.9.3 阀段检测保护功能

每个换流阀臂由 3 个晶闸管组件串联组成，每个晶闸管组件由 2 个阀段组成，每个阀段由 13 个晶闸管级分别与阻尼回路并联，再与 4 个电抗器串联，最后与一个均压电容器并联组成。每个阀在运行中作为一个整体，组成该阀的 78 个晶闸管同时被导通或截止。组成晶闸管组件的两个阀段在运行中作为一个整体，每个阀段的 13 个晶闸管由两条触发光纤和两条回检光纤与阀控系统相连接。如果晶闸管两端的电压高于 120 V 或低于 – 120 V，在第三个单脉冲滞后经过 30 μs 延时，晶闸管电压检测电路（TVM）向阀控系统发一个脉冲信号，阀控系统可通过该信号判断可控硅是否故障，若未有收到信号，即认为该可控硅级有故障，将发出一个晶闸管无回检信号。

阀控系统通过连接到阀段的两根光纤同时检测构成阀段的 13 只晶闸管，同时，阀控系统根据每个阀段的检测结果，核算每个阀内的故障晶闸管数量，当一个阀有三个及以上晶闸管故障时，将发跳闸信号给直流保护系统。

4.3.9.4 换流阀的外部保护

（1）组合电抗器。串接于每个阀段的组合电抗器限制流经换流阀的冲击电流，也可在阀单元出现浪涌电压现象时限定电压水平和限制电压上升率。

（2）均压电容器。并接于每个阀段的均压电容器在回路出现陡前波冲击电压现象时，在四重阀内将电压均匀分布到四个阀上，避免局部过压导致阀片损坏。

（3）外部水冷系统保护。换流阀在运行过程中会产生大量热能，因而需循环水冷却系统对晶闸管阀、阳极电抗器、RC 阻尼回路进行冷却。但冷却系统一旦发生漏水，将对换流阀的安全运行带来极大的隐患，因此合理的阀冷回路、合适的进水温度、流量、水压、先进的阀塔漏水检测技术均是换流阀外部保护的措施。

（4）阀避雷器。操作高电压、雷电压或脉冲过电压等也会危及换流阀安全稳定运行，因此必须对换流阀装设避雷器，对换流阀进行保护。

（5）直流侧平波电抗器及避雷器。对直流侧的过电压还可通过平波电抗器及直流场极线避雷器进行抑制。

4.3.9.5 晶闸管结温检测

晶闸管结温检测功能是为了保护换流阀，避免其遭受过热损坏。根据直流电流和晶闸管的热阻抗模型计算温升大小，极控系统做出响应。

温升值为 Δ_1，极控系统降低传输功率，经延时 t_1 后，温升值仍大于 Δ_1，继续降低传输的直流功率，减小量为 5%，如此循环，直至直流停运。

温升值为 Δ_2，延时 100 ms，极控系统启动冗余系统切换。

温升值为 Δ_3，延时 250 ms，极控系统执行移相闭锁命令。

此外测量冷却水的出水温度，如果出水温度过高，大于 C_1，极控系统降低传输的直流功率，如果延时一段时间 10 s 之后，出水温度仍大于 C_1，继续降低传输的直流功率，减小量为 Δ_p，如此循环，直至直流停运。

4.3.10 最后断路器保护功能

高压直流输电系统逆变站最后断路器跳闸装置是专门针对逆变站突然切除最后一条送出电能的交流线路设计的，其原理是：将可能导致逆变侧最后线路的断路器跳闸信息与逆变器的闭锁及投旁通对进行联锁，即在可能导致逆变器失去负荷的交流断路器断开之前进行逆变器投入旁通对，封锁触发脉冲，使直流系统停止运行，跳开换流站所有交流滤波器并断开交直流连接，这样可尽量降低逆变侧的过电压幅值和持续时间，保护一次设备安全。

最后断路器跳闸装置的主要判断依据是本地交流进线断路器的跳闸命令及其状态；如果通信正常，远方交流断路器的跳闸命令和状态信号也是主要判据，在永富工程的逆变侧专门配备了站外最后断路器跳闸屏柜。逆变站的控制系统监视系统运行方式，当逆变侧只有一条交流进线时控制系统会发出“逆变站只有一条交流进线”信息，提醒运行人员注意，并开放最后断路器跳闸装置。此时，如果检测到这条交流进线断路器断开命令，将启动动作时序。由于采用了断路器断开命令，在交流进线最后一台断路器实际断开之前已发出了直流系统紧急停运命令。如果由于各种原因换流站没有收到断路器的状态信号，并且远方断路器已经断开，则该跳闸装置的后备交流电压保护会检测过电压水平，并且触发紧急停运，可靠地断开交流系统。

4.3.11 典型故障分析

永富直流输电工程采用每极单 12 脉动换流器接线方式，根据直流系统主回路接线方式的特点，每极可分为以下 6 个保护区：换流器保护区、直流极母线保护区、中性母线保护区、直流线路保护区、双极中线及接地极保护区、直流滤波器保护区。

本章根据直流输电理论分析和永富直流工程的 DPT 试验，给出了永富直流输电系统各个故障点的特征分析和故障发生时保护的反应，所涉及的故障性质包括短路故障、接地故障、设备过负荷、设备功能异常或失效、系统性能异常等。各个故障点位置设置图如图 4-3-41 所示。

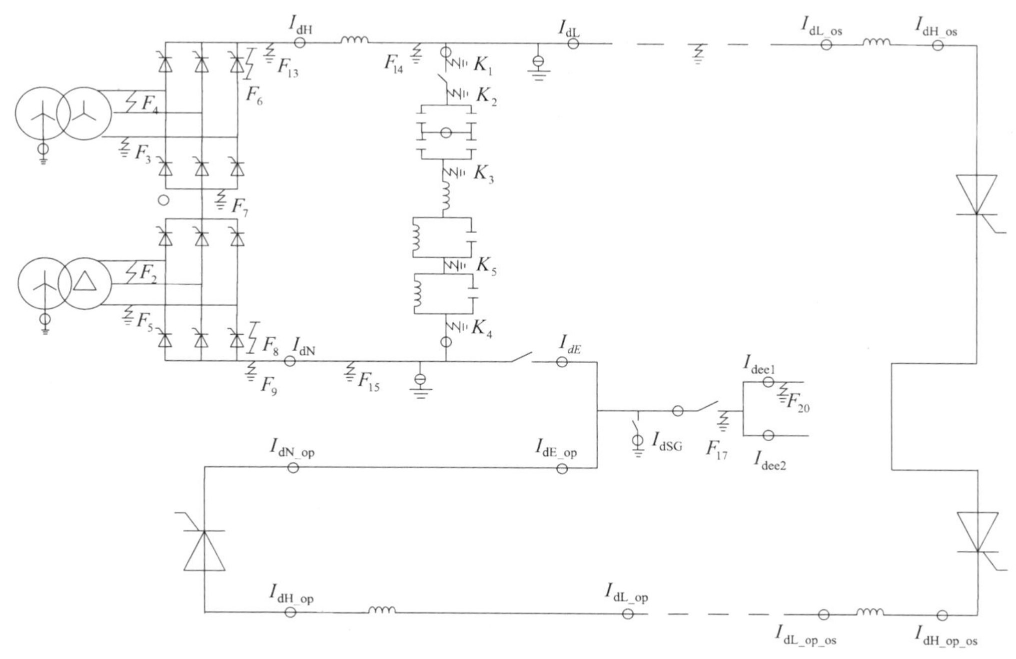

图 4-3-41　永富直流故障点位置设置图

1．交流系统故障（F_1）

在直流故障分析中，交流系统故障主要考虑的是直接影响到换流系统正常运行的故障，主要包括交流线路和换流站交流母线的接地故障、相间短路、三相短路故障等。

2．换流器区故障

换流阀的控制触发脉冲系统发生故障，或受到干扰未能受到正常的触发脉冲，或阀门极故障致施加触发脉冲后阀不能开通等原因产生的换流阀误触发或不触发故障；换流阀两端被短接、内外部绝缘损坏、阴极阳极间击穿等原因引起的高压阀臂短路故障（F_6）和低压阀臂短路故障（F_8）；换流变压器阀侧单相接地（F_4、F_5）或相间短路故障（F_2、F_3），6 脉动换流器出口短路故障（F_{10}、F_{11}）和 12 脉动换流器出口短路（F_{12}）；12 脉动换流器高压侧出口接地（F_{13}）、中点接地（F_7）和低压侧出口接地（F_9）等。

3．直流母线故障

直流母线故障包括极母线接地故障（F_{14}）、极中性母线接地故障（F_{15}）。

4．双极中性线及接地极故障

双极中性区域接地故障（F_{17}）、双极中性区域开路故障（F_{18}）、接地极引线开路故障（F_{19}）、接地极引线接地故障（F_{20}）。

5．直流线路故障

直流线路故障包括直流线路金属性接地（F_{16}）、高阻接地、线路断线，与交流系统碰线、金属回线的接地短路和断线等。

6．直流滤波器故障

高压侧电流互感器和高压侧刀闸间的接地故障（K_1）、高压侧刀闸和高压电容 C_1 间的接地故障 K_2、高压电容 C_1 与电抗器 L_1 间的接地故障 K_3、电抗器 L_3 与低压侧电流互感器间的接地故障 K_4、电抗器 L_2 与电抗器 L_3 间引线的接地故障 K_5、桥臂的电容器短路故障等。

上述故障发生后，往往会在换流站交/直流设备上产生过应力，如过电压、过电流、对器件或设备造成损坏等；对系统造成的影响主要体现在直流功率输送短时中断，系统产生过电压或低电压，由于谐波引起功率振荡等，下面分别对这些故障进行分析。

4.3.11.1　交流系统故障的影响

直流输电系统设计的重要基础条件之一就是两端交流系统的条件，包括短路容量、电压、频率、负序电压、背景谐波等。交流系统条件决定了直流主回路和主设备参数的设计，以及基本直流输电控制系统控制策略，主要考虑交流电压的变化对直流输电系统的影响。直流输电两端的交流系统三相发生对称故障和不对称故障时，会在换流变压器交流侧母线产生不同的残余电压，母线残余电压的大小在一定程度上可以表征交流系统内不同地点发生故障的情况。在讨论不对称故障时除了电压大小的变化外，还应该考虑换相电压过零点相位的移动。

交流系统故障通过换流变压器传变到换流阀的网侧对换流阀产生影响，不同的换流变压器接线方式，对换相电压的影响也有所不同。例如，换流母线单相接地故障，换流变压器网侧故障相电压为零，对（Y, y）接线阀侧换相电压与网侧一致；对于（Y, d）接线，阀侧两相电压下降到 0.577 pu，三相都有换相电压。如果交流线路一相断路，由于换流变压器存在三角接线，有互感作用，因此使换流变压器不同接线的换流器都有三相换相电压，仅相位发生变化。

1．整流侧交流系统故障

交流系统故障对直流系统的影响是通过加在换流器上的换相电压的变化而起作用的。当交流系统发生故障时，交流电压下降的速率、幅值以及相位的变化都会对直流系统的运行造成影响。

1）整流侧交流系统单相故障

整流侧交流系统发生单相故障，由于不平衡相电压的影响，在直流系统将产生 2 次谐波。在故障期间，直流系统除了出现 2 次谐波外，直流电流和电压也相对减小，直流输送功率下降。在交流系统单相故障清除后，直流输送功率将快速恢复。

故障造成换流站交流母线电压下降，使整流器输出的直流电压也相应下降，并引起直流电流减小。在定电流控制下整流器触发角 α 自动减小，希望提高直流电压以维持直流电流不变。正常时触发角一般运行于 15°～20°，尚有一定范围可供调节，如果再考虑到换流变压器的有载调节（25%变动范围），所以当整流侧交流系统故障时只靠整流器的独自调节到最小角度限制时还是不能维持直流电流不变。当直流电流 I_d 因此减小到低于逆变器减额定电流控制的设定值 $I_d = I_{d0} - \Delta I$ 时，逆变侧定电流控制投入工作，使 β 角增大，最终保持逆变侧的参考电流运行。此时直流电压取决于整流侧交流系统故障后残余电压的水平。

由直流线路联络的电网在整流侧交流系统故障后，逆变侧交流系统不会提供故障电流，但是对逆变侧交流系统也会产生干扰，这种干扰表现为突然甩掉一部分原送给逆变侧交流系统的有功功率和突增了部分无功负荷。

一般情况下，故障发生后低压限流 VDCL 会起作用，当直流电压降低到一定程度后，控制系统自动减小直流电流设定值，结果是直流输电系统传输的有功功率降低，同时也降低了逆变器的无功消耗，这对直流输电两端交流系统的稳定运行是有利的。在交流系统故障切除后，随着交流系统电压的恢复，直流功率则快速恢复。

某些严重的近区故障会造成直流输电闭锁停运。这主要取决于整流器控制系统基准信号是否因故障而紊乱或消失，以及提供触发脉冲的能量是否足够。整流侧交流系统故障虽然可能造成直流停运，但是当发生瞬时性故障时故障能快速消除，甚至控制系统不需要任何特殊的操作也能使直流系统自动恢复正常输电。

整流侧发生单相瞬时（100 ms）接地故障录波图如图 4-3-42 所示。

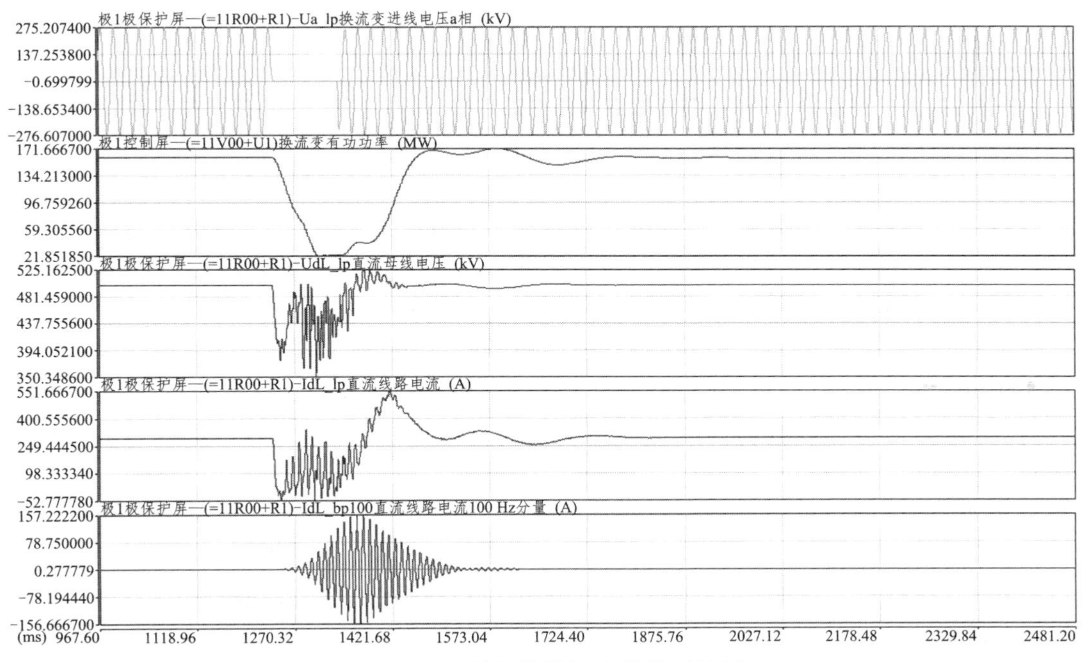

图 4-3-42 单相接地短路故障录波图

2）整流侧交流系统三相短路故障

交流系统发生三相对称性故障，整流器的换相电压变化与故障点距换流站的电气距离有关，故障点离换流器越近，电压下降越大，对换流器的影响越大，直至换相电压下降为零。直流系统受换相电压下降的影响，首先是直流电压下降而引起的直流电流下降，定电流控制从整流侧转到逆变侧，从而导致直流输送功率下降，直流电流中出现 100 Hz 交流分量。由于没有危及直流设备的过电压和过电流产生，所以不需要直流系统停运。在交流系统故障切除后，随着交流系统电压的恢复，直流功率则快速恢复。

整流侧发生三相瞬时（100 ms）短路故障录波图如图 4-3-43 所示。

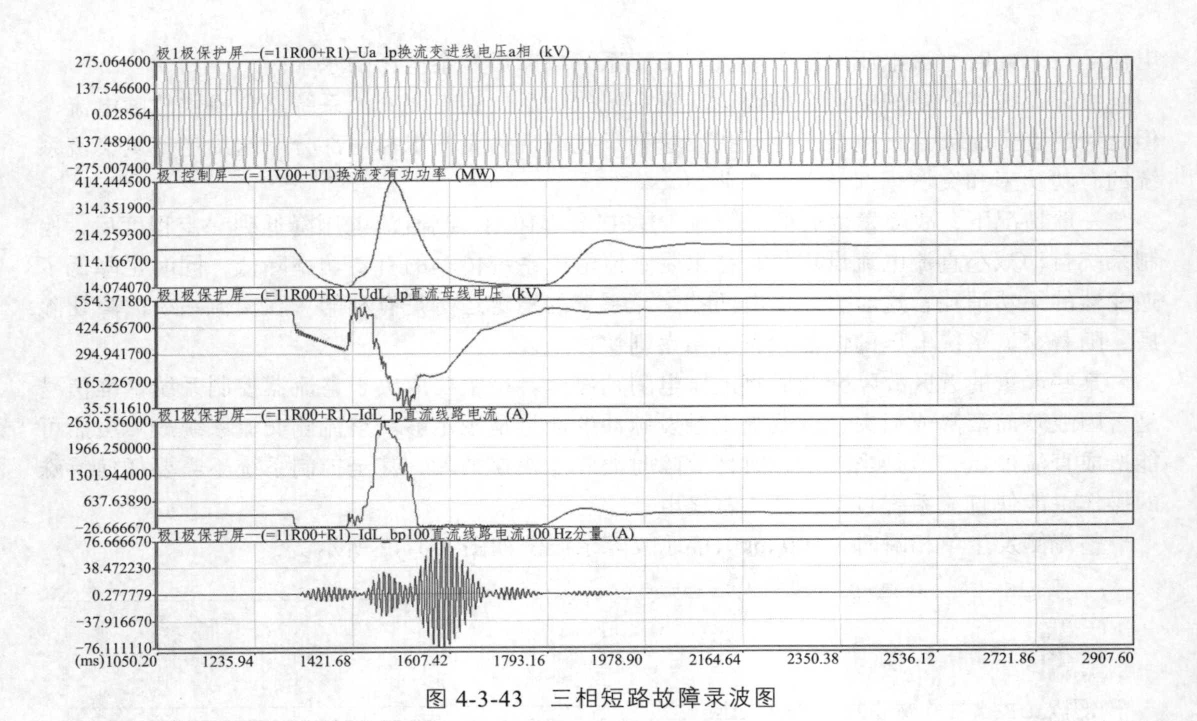

图 4-3-43　三相短路故障录波图

2．逆变侧交流故障

逆变侧交流系统发生故障，造成换相电压下降和换相电压过零点移动，直接增加了逆变器换相角 μ 和关断角 δ 的变动。此外，电压下降导致通过逆变器阀的电流增大，这些因素都会造成换相失败故障。因此，从交流系统故障对直流输电的影响而论，逆变侧交流系统的故障影响比整流侧交流系统大。另一方面，逆变器的控制中配置有定关断角控制。当测量到某阀的关断角 δ 角小于最小关断角 δ_0 时就能在短期内调整后继各触发超前角 β，使之增大以避免后继的换相失败。定关断角控制的设定值 δ_0 比导致换相失败的极限值 δ_{min} 大而留有足够的裕量，因此实际上逆变器的安全运行具有一定抗扰动能力。

1）三相短路故障

逆变侧交流系统三相短路故障，使逆变站交流母线电压降低，从而使逆变器的反电动势降低，直流电流增大，可能引起换相失败。交流电压下降的速度及幅值与交流系统的强弱及故障点离逆变站的远近有关。当故障点较近时，换相电压下降的幅值大且速度也快，最容易引起换相失败。以下将对交流系统发生三相短路故障可能引起换相失败的机理进行分析。

考虑到 12 脉动换流器实测的关断角调节器最快只能在 1.667 ms 完成换相电压变化对应的角度调节，在这个时间内，如果相应于换相电压下降减小的关断角大于调节器增加的角度，将会发生换相失败。如果换相电压波形畸变或不对称故障造成的相位变化速度大于调节器的调节速度，那么也将发生换相失败。但是，换相失败发生后，如果在调节器作用下的关断角大于相对稳定的换相电压的关断角，那么逆变器将恢复正常换相。

在实际直流输电工程中，逆变器换相失败通常在 50 ms 之内就可以恢复正常换相（与整流器的电流调节器的性能有关），一般交流系统三相故障在 100 ms 内清除，随后 120 ms 直流系统就可以恢复正常运行。

逆变侧发生三相瞬时（100 ms）短路故障录波图如图 4-3-44 所示。

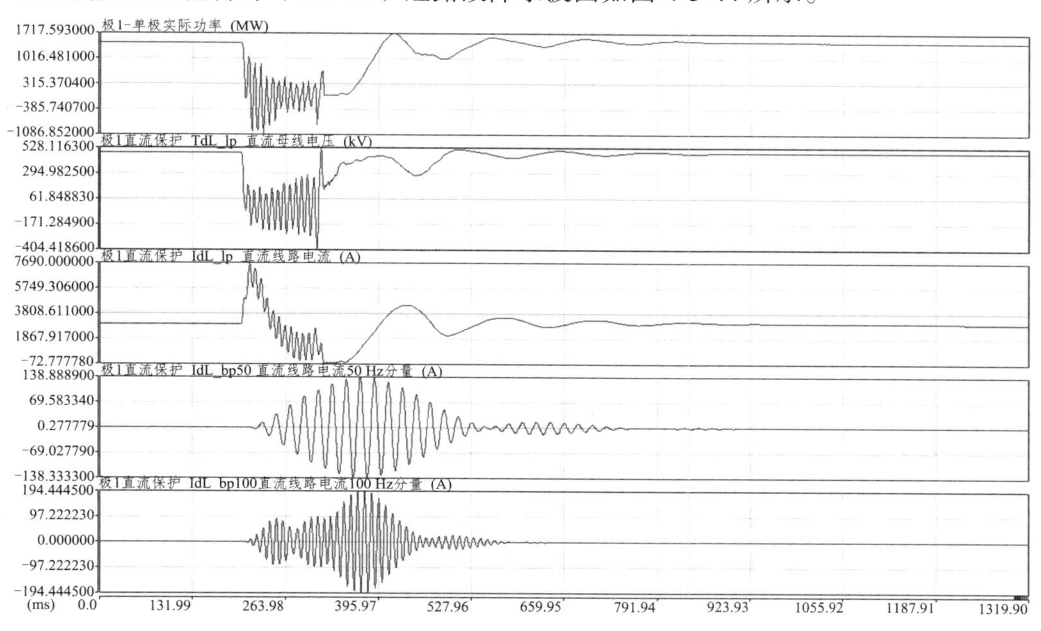

图 4-3-44　三相短路故障录波图

2）单相故障

逆变侧交流系统发生单相故障，由于不平衡相电压的影响，在直流系统将产生 2 次谐波。在故障期间，直流系统出现 2 次谐波的同时，直流电压减小，直流电流增大，低压电流控制 VDCL 起作用，在交流系统单相故障清除后，直流输送功率将快速恢复。

逆变侧发生单相瞬时（100 ms）接地故障录波图如图 4-3-45 所示。

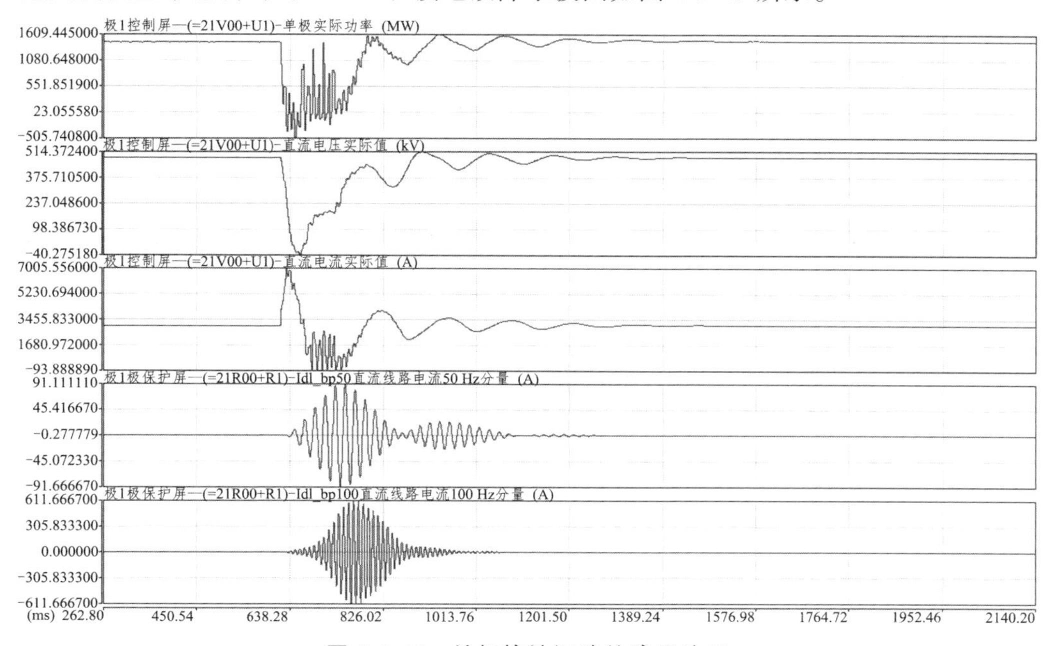

图 4-3-45　单相接地短路故障录波图

故障发生后，考虑关断角调节作用，为保证足够的关断角，触发角被立即减小，换相失败在几十毫秒内就能恢复正常换相。当然逆变侧的触发减小受到逆变器最小触发角的限制，换相失败的严重程度与交流系统的强弱有密切的关系，永富直流工程的受端交流系统属于弱受端系统，为了增加系统的无功支撑，减小换相失败的概率，在逆变侧装设有 3 台 100 MVar 的 STATCOM。

4.3.11.2 换流器故障分析

1．换流变压器阀侧单相接地故障（F2、F4）

换流变压器阀侧绕组不接地运行，对于阀侧的交流系统类似于小电流不接地系统，与换流器相连的直流系统中性母线接地运行。发生阀侧单相接地故障后，系统形成两点接地，产生较大的故障电流，因整流侧和逆变侧在系统中的位置不同，形成的故障电流大小相差较大。对于整流侧的单相接地故障形成的故障电流由整流侧交流系统的短路容量决定，逆变侧发生单相接地短路形成的故障电流大小同样由整流侧的交流系统的短路容量决定，而与逆变侧交流系统无关。但是逆变侧相对于整流侧来说，单相接地回路增加了平波电抗器、直流线路、接地极线路，以及大地回路的阻抗，所以短路电流相对于整流侧的单相接地短路电流而言小得多，基本不会造成多大的危害，甚至故障发生后，都不能引起阀短路保护动作。即便同在整流侧或逆变侧，因接地点处于阀侧 Y 绕组和 D 绕组不同，短路电流因形成的不同回路，短路电流也相差较大（见图 4-3-46 ~ 图 4-3-49）。

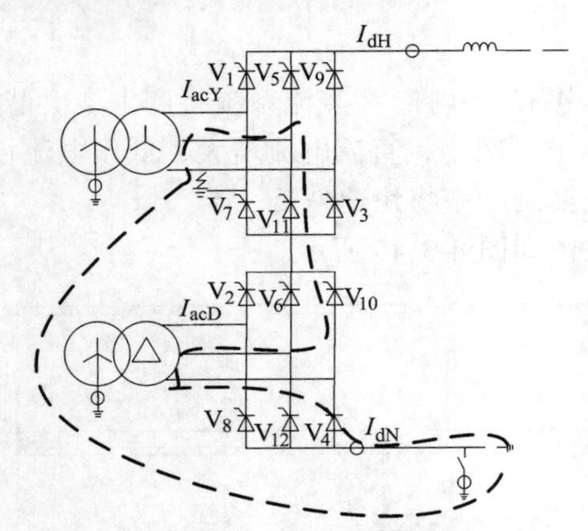

图 4-3-46 整流侧 Y 桥单相接地故障回路

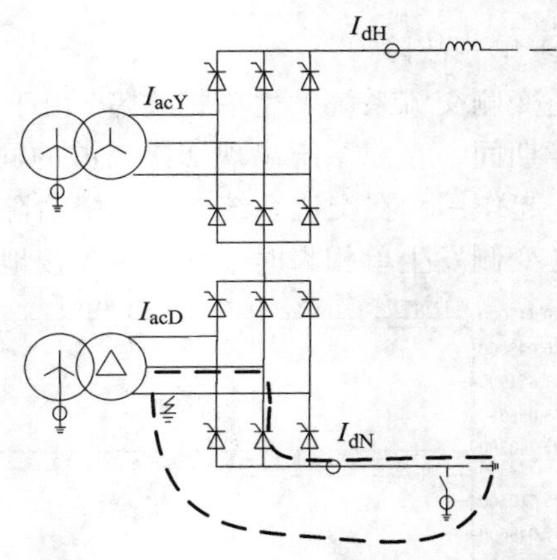

图 4-3-47 整流侧 D 桥单相接地故障回路

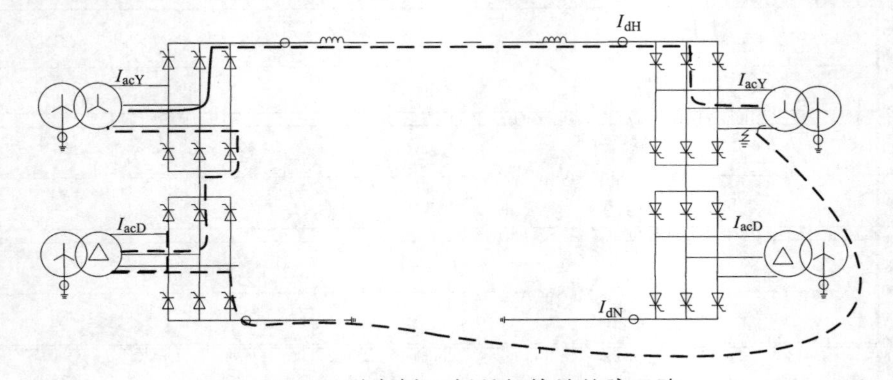

图 4-3-48 逆变侧 Y 桥单相接地故障回路

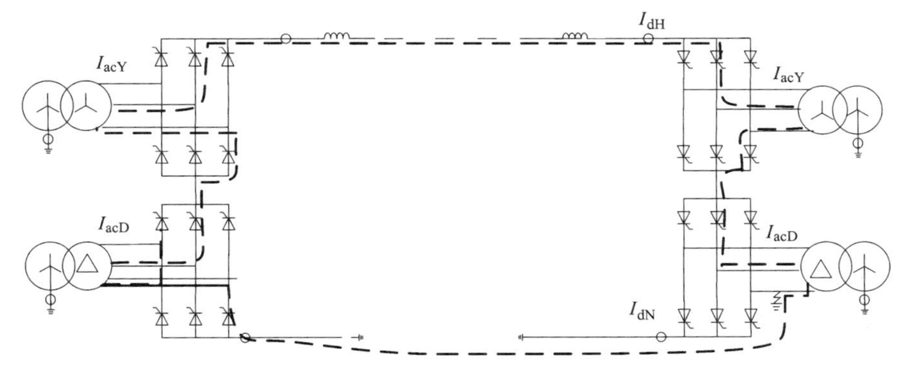

图 4-3-49 逆变侧 D 桥单相接地故障回路

1）整流侧

假设整流侧 Y 桥阀侧 C 相发生接地故障，C 相接地后，Y 桥换流阀只有阀 2 和阀 4 导通，而且阀 4 和阀 2 交替导通，形成两个故障回路。一个是阀 2 导通，故障电流自故障点入地和大地回线形成回路，自接地极返回；当阀 2 相阀 4 换相后，通过阀 4 和 A 相、C 相阻抗以及故障点、站内接地网及直流接地极形成通路，因短路电阻增加，此短路电流比阀短路电流略有减小。不论 Y 桥还是 D 桥发生单相接地故障，短路电流都要流经本极中性母线，但是对于高压端的 Y 桥发生单相接地短路，短路电流还要流经低压端 6 脉动换流器和 D 桥变压器绕组，而低压端的 D 桥发生单相接地短路，经中性母线直接形成回路，相比较而言低压端发生单相接地短路因短路阻抗小而短路电流较大。直流中性线电流在故障瞬间增大，Y 桥上半桥以及直流极线电流迅速过零，直流电压降低。

整流侧换流变阀侧单相对地短路故障录波如图 4-3-50 和图 4-3-51 所示。

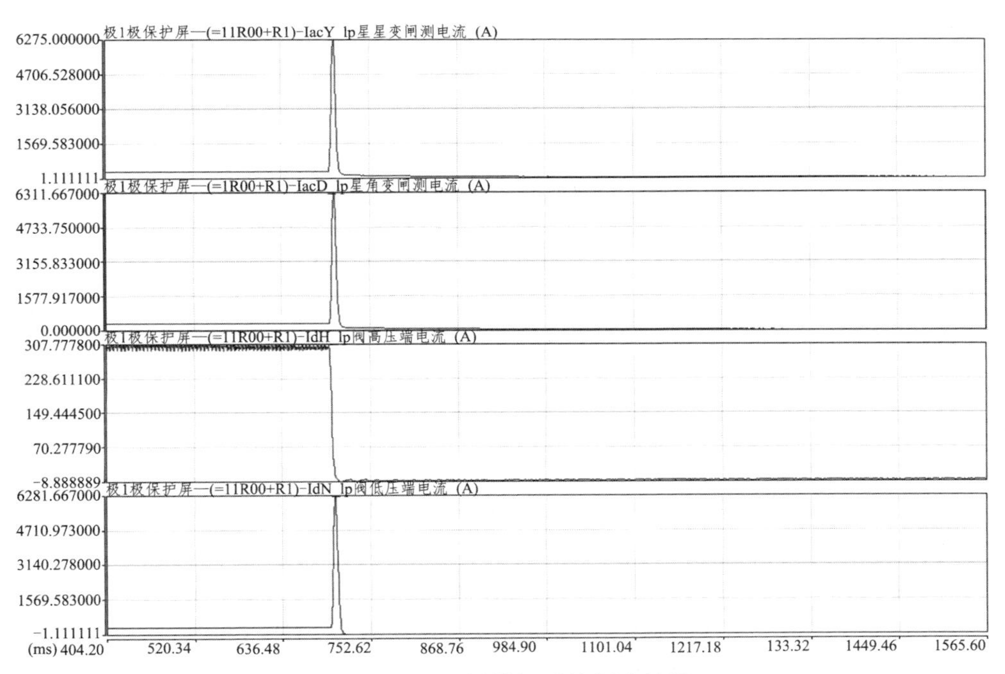

图 4-3-50 Y 桥单相对地短路故障

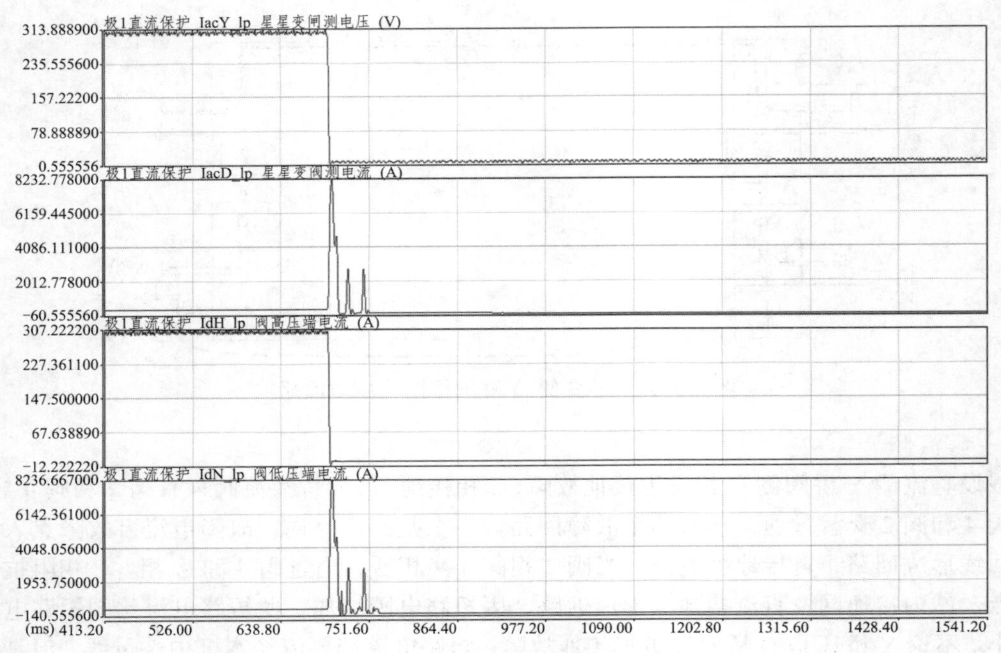

图 4-3-51 D 桥单相对地短路故障

上述故障的主要特征如下：

（1）主保护 87CSY/CSD. 87DCM 动作，后备保护 50/51C 动作。

（2）直流电压和直流电流均下降。

（3）$I_{dH}=I_{acY下降}$，$I_{dN}=I_{acD上升}$。

整流侧 Y 桥单相接地故障，引起 87CSYI 段、87CSDI 段、50/51CI 段、87DCMI 段动作。整流侧 D 桥单相接地故障，引起 87CSDI 段、50/51CI 段、87DCMI 段动作。

2）逆变侧

假设逆变侧 Y 桥换流变压器阀侧 A 相发生接地故障，A 相接地后，Y 桥换流阀只有阀 4 和阀 6 导通，阀 4 始终有电流，阀 6 电流时断时续，形成两条故障回路：一是通过整流侧、输电线路、逆变侧极母线、阀 4、故障点、接地极、大地、整流侧接地极及中性母线形成回路；另一条是通过整流侧、输电线路、逆变侧极母线、阀 6 和 B 相、A 相绕组、故障点、接地极、大地、整流侧接地极及中性母线形成回路，逆变侧 D 桥被隔离不导通，逆变侧接地极回线无电流流过。逆变侧 D 桥换流变压器阀侧 A 相发生接地故障，此时的短路电流与 Y 桥发生接地不同的短路电流要多流经 Y 桥换流变压器的绕组，所以短路电流变小。

对于逆变侧的单相接地短路，接地故障的 6 脉动逆变器发生换相失败，直流电流增加，可能使非故障的 6 脉动换流器也发生换相失败。同样，无论哪个 6 脉动换流器发生单相接地短路，通过大地回路形成的两相短路使整流侧交流电流和直流中性端电流都会增加。但电流增加幅度相对于整流侧短路来说要小得多。

值得注意的是，从故障本身来讲，逆变侧的单相接地故障不可能引起阀短路保护动作，但是在 DPT 试验时出现了阀短路保护出口的情况，这是因为 DCM 保护后，逆变侧投旁通，引起了逆变侧的两相短路，引起阀短路保护动作。

逆变侧 Y 桥单相接地故障，引起 87DCMI 段、87CSYII 段动作。逆变侧 D 桥单线接地故障，引起 87DCMI 段动作。

整流侧换流变阀侧单相对地短路故障录波如图 4-3-52 和图 4-3-53 所示。

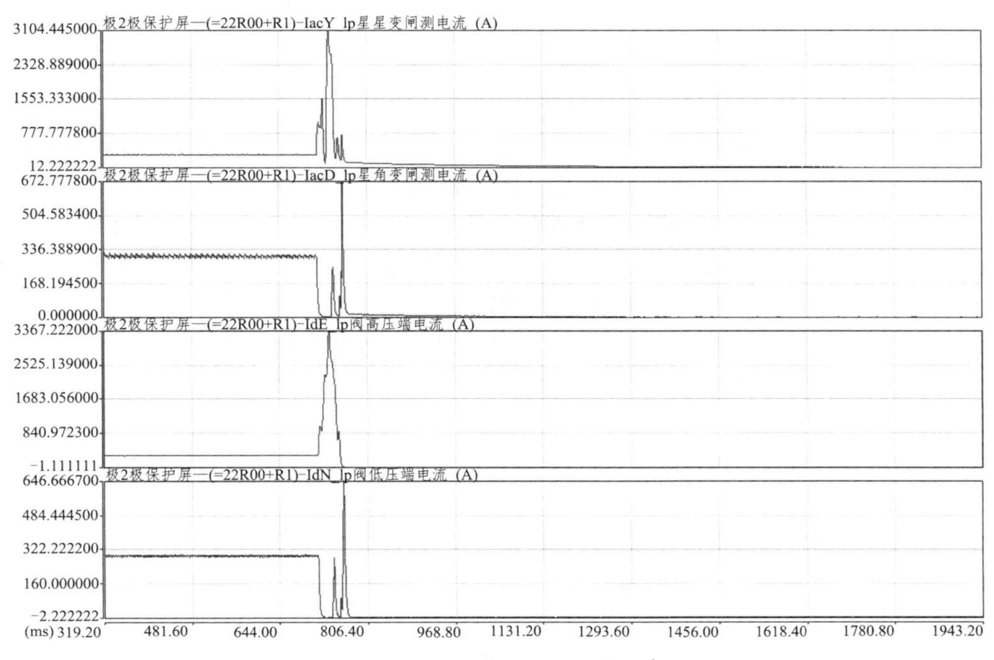

图 4-3-52　Y 桥单相对地故障

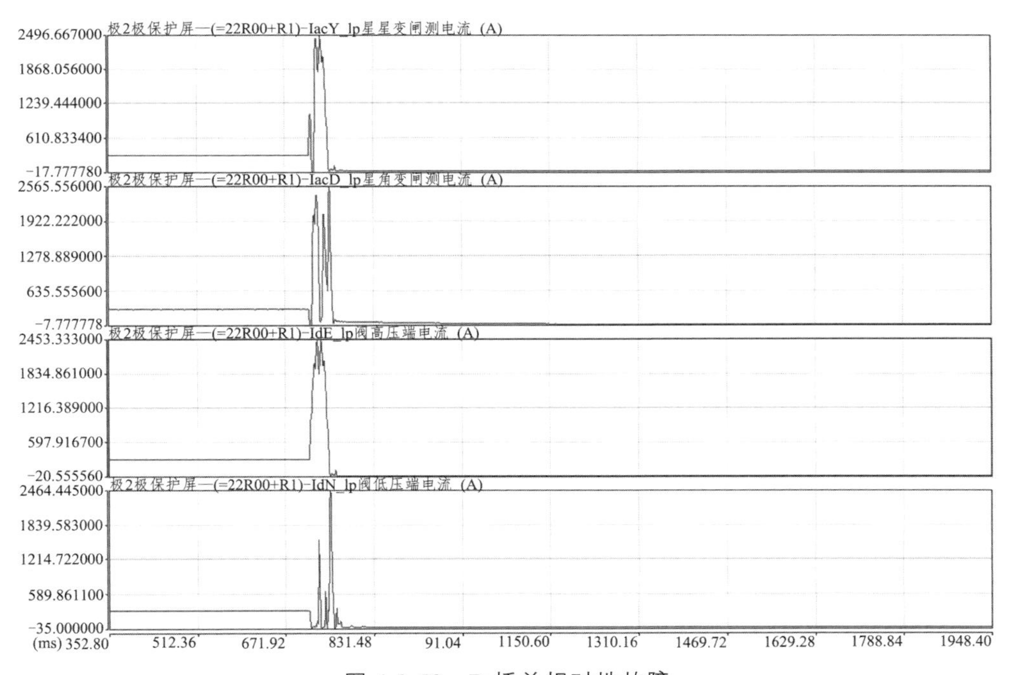

图 4-3-53　D 桥单相对地故障

由于不平衡换相电压的影响，直流系统会产生 100 Hz 谐波。

2．换流阀短路故障（F_6、F_8）

由于换流阀内部或外部绝缘损坏或被短接造成的故障中，整流侧换流阀的短路是最严重的一种故障。而逆变侧发生阀短路是因为直流线路和线路两侧平波电抗器的影响。逆变侧发生阀臂短路时，短路电流明显减小。

整流侧一个 6 脉动的阀 2 和阀 3 导通时，阀 1 发生阀短路故障，由于阀 1 承受反向电压，因此形成阀 1 和阀 3 的两相短路，换流阀内电流从 B 相电源出发，经阀 3 和阀 1 回到 A 相电源。阀短路故障发生时，阀 1（短路阀，电流反向）和阀 3（健全阀）的阀电流最大可达 10 pu 以上，阀电流上升速度可到达每毫秒几千安培，整流换流器的 D 桥阀电流为零。

故障期间，短路阀（阀 1）的阀电压始终为零，与短路阀同半桥阀（阀 3 和阀 5）的电压正反向都增大，共同承受的电压为交流线电压 U_{ba} 和 U_{ca}，类似于交变的正弦波形。非同半桥阀的电压也类似于正弦波形交变，但幅值相对较小。

可见，在整流侧阀短路期间，故障阀与其构成短路回路的阀流过比正常工作电流大得多的故障电流，承受很大的电流应力，同半桥的阀承受了较大的电压应力，而直流回路中电流为零，直流电压在故障期间下降。

整流侧换流阀短路的特征有：

（1）交流侧交替地发生两相短路和三相短路。

（2）通过故障阀的电流反向，并剧烈增大。

（3）交流侧电流激增，使换流阀和换流变压器承受比正常运行时大得多的电流。

（4）换流阀直流母线电压下降，直流电流减小。

永仁站高压阀臂短路故障录波如图 4-3-54 所示。

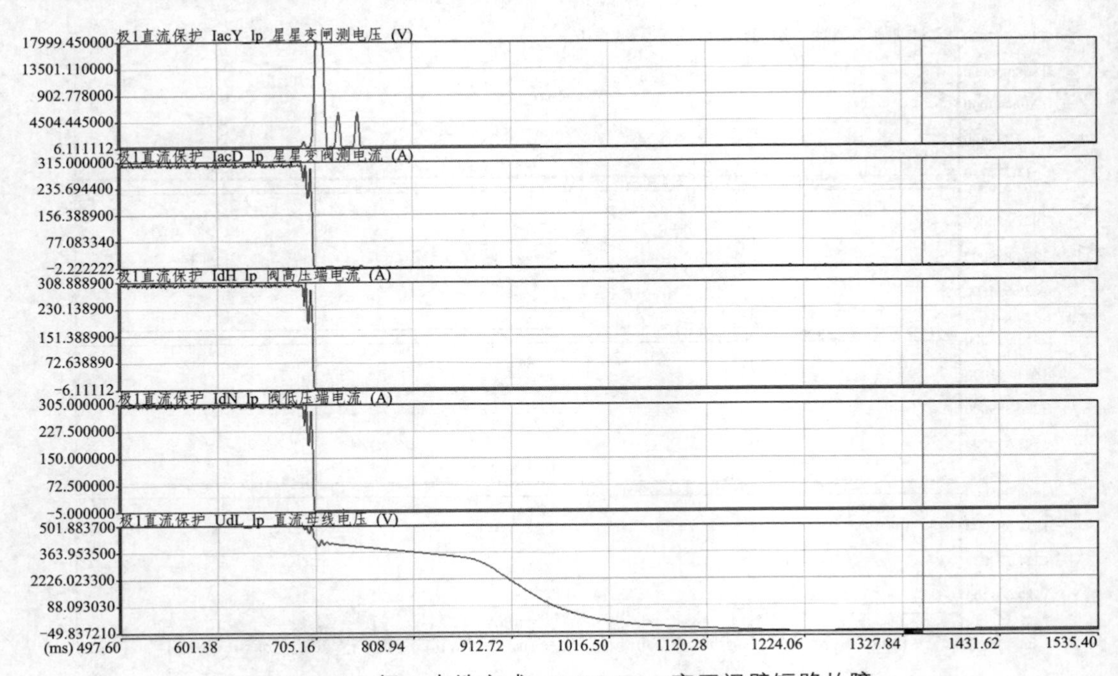

图 4-3-54　极 1 大地方式，150 MW，高压阀臂短路故障

逆变侧发生阀短路的现象与整流侧不同。假设 D 桥故障前 B 相阀 6 和 A 相阀 1 运行时，

发生 C 相阀 5 短路。在阀 6 与阀 2 换相后，阀 5 与阀 2 形成（C 相）旁通对，每隔 20 ms 形成一次旁通。逆变侧阀短路故障期间，直流电压下降，直流电流增大。

富宁站高压阀臂短路故障录波如图 4-3-55 所示。

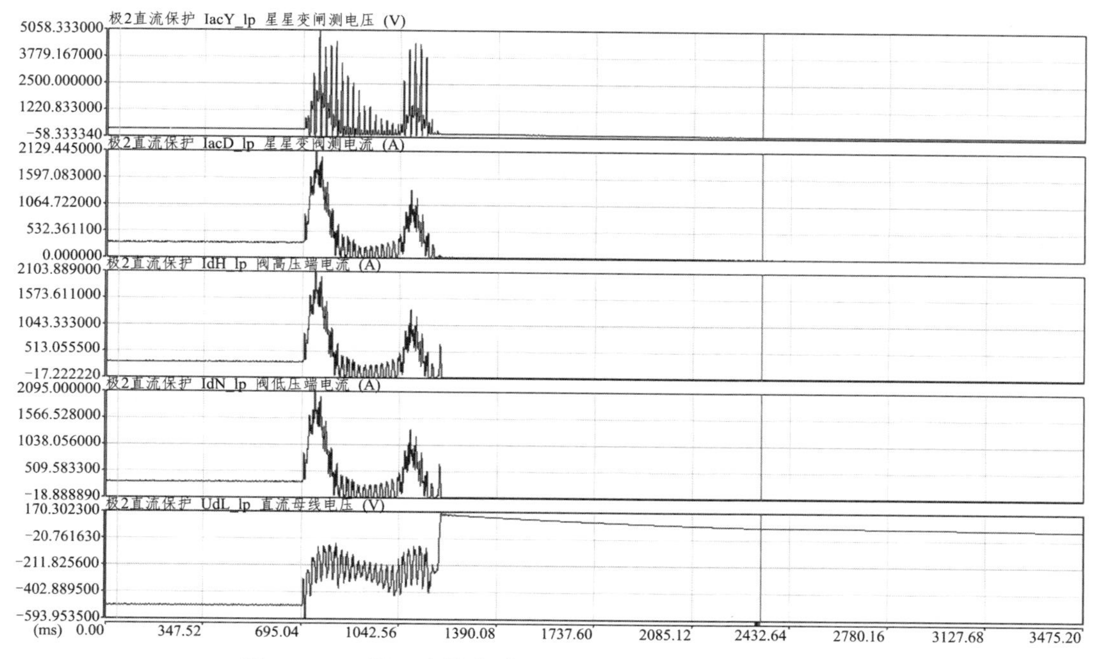

图 4-3-55　极 2 大地方式，150MW，高压阀臂短路故障

阀臂短路故障分析：

（1）整流侧阀臂短路时，主保护 87CSY/CSD。

（2）逆变侧阀臂短路时，87CSY/CSD 可能不会动作，往往是 87CBY/CBD 动作。

（3）阀臂短路时，I_{acY} 与 I_{acD} 不再相等，而 I_{dH} 与 I_{dN} 始终相等。

（4）逆变侧阀臂短路时，在 SER 报 87CSY I 段、50/51C I 段动作不是因为阀臂故障引起电流增大，而是禁投旁通对结束时投入旁通对，会造成逆变侧交流系统两相短路，出现过大的故障电流。

3．换相失败

换相失败是晶闸管换流器不能避免的一个缺陷，它是晶闸管元件恢复阻断能力的特性所致。由于逆变侧换流阀在大多数时间里承受正向电压，而整流侧换流阀在大多数时间里承受反向电压，所以由换相电压不正常产生的换相失败一般发生在逆变侧。

换相失败是换流阀不能正确依次换相的一种现象，是逆变侧最常见的故障。当两个阀臂换相结束后，刚退出导通的阀在反向电压作用的一段时间内，如果未能恢复阻断能力，或者在反向电压期间换相过程一直未能完成，都会在阀电压转变为正向时被换相的阀将向原来预订退出导通的阀倒换相，称为换相失败。

换相电压的故障和扰动是引起直流输电系统换相失败最常见的原因，其发生的时刻和间隔时间的长短引起的后果也不相同。例如：交流系统故障将引起任一桥换相失败，瞬时故障不会引起直流系统的停运，而永久故障则会引起直流系统停运等，交流系统引起换相失败的随机性很大。根据以往工程发生的换相失败工程可以看到，换流器一旦发生换相失败，原导通晶闸管恢复导通的速度很快，几个微秒内上升值可达到几百至上千安培，是无法依靠外部控制来挽救的（见图 4-3-56）。

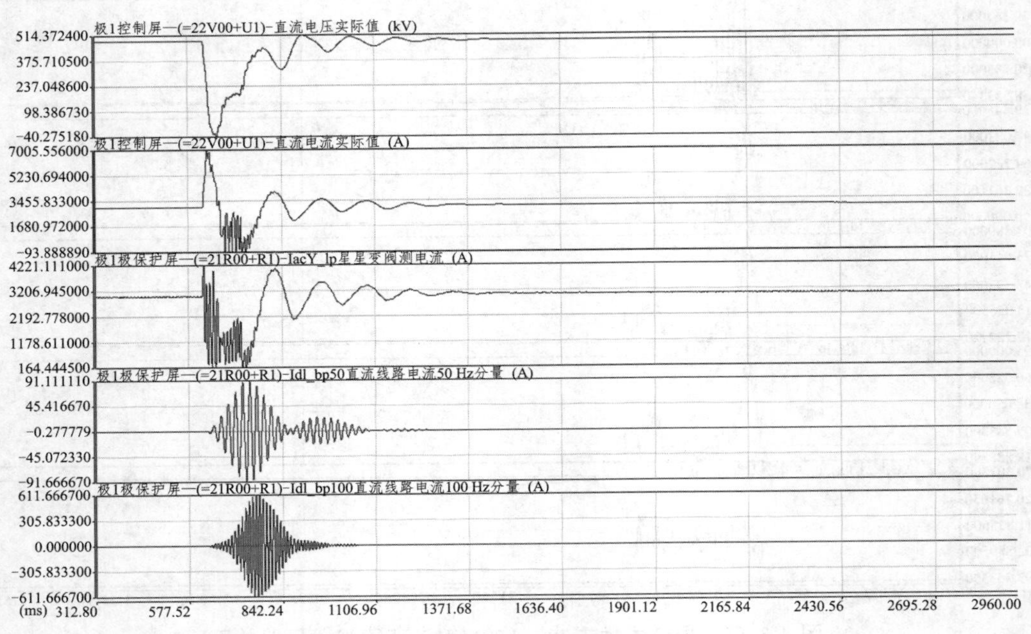

（a）单相接地瞬时短路（100 ms）

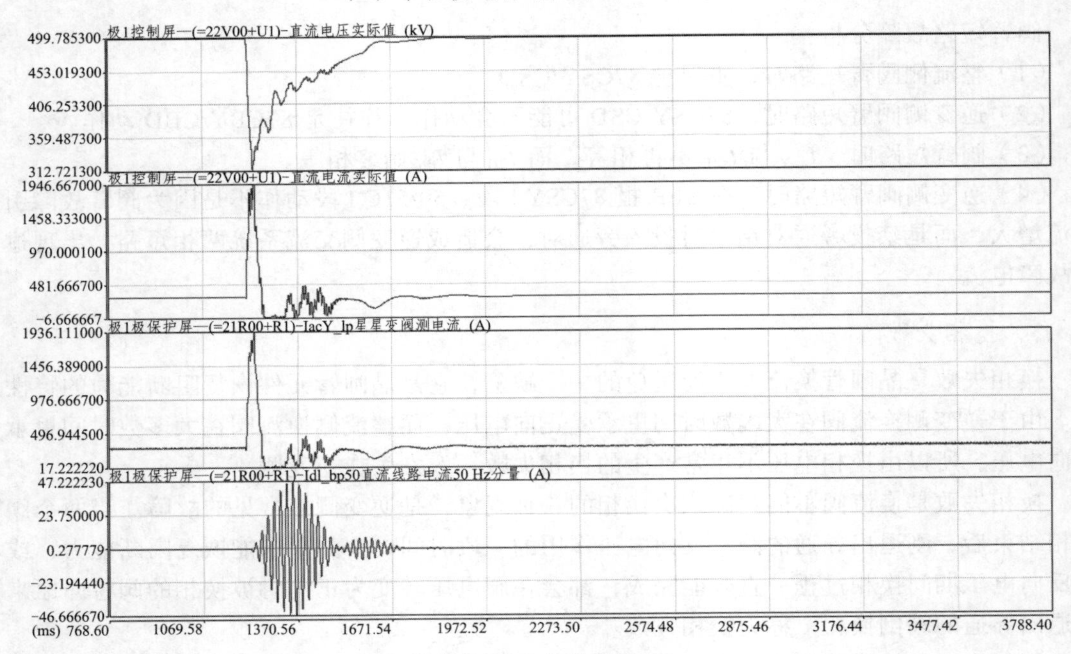

（b）Y 桥丢失触发脉冲

图 4-3-56　典型换相失败

一般来说，产生换相失败的原因主要有：

（1）逆变侧换相电压下降。换相电压的降低增大了换相时间和换相角，从而使换相角减小。

（2）逆变侧交流系统不对称故障。交流系统不对称故障引起交流线电压的过零点移动，当过零点前移时，关断角减小。

（3）暂态过程或谐波引起换相电压畸变，这也会引起相电压的过零点移动和幅值变化。

（4）由于直流电流大等原因造成换相时间过长。

（5）逆变侧控制系统的触发角和关断角设定值过小。

（6）触发脉冲丢失。

换相失败的故障特征是：

（1）关断角小于换流阀恢复阻断能力的时间（大功率晶闸管约 0.4 ms）。

（2）6 脉动逆变器的直流电压在一定时间下降到零。

（3）直流电流短时增大。

（4）交流侧短时开路，电流减小。

（5）基波分量进入直流系统。

（6）换流变压器持续流过直流电流产生偏磁。

控制换相失败从直流系统和交流系统方面综合考虑。

从直流控制系统看，要避免控制系统本身的故障造成晶闸管的不触发和误触发导致的换相失败，充分利用其快速控制触发角来支持交流系统无功和电压/限制直流电流的扰动增大，换相失败预测、低压限流等控制功能。一旦发生换相失败，整流侧控制可将直流电流控制在允许值（通常控制在最小允许电流），但逆变侧因换流系统旁路不能向交流系统输送功率。在换相失败过程中，直流电流含有谐波分量，在不会引起设备因谐波产生过热、系统不会因谐波引起谐振等现象的前提下，可以让换相失败过程尽量延续，以便当扰动过后直流输电系统可以迅速恢复功率的输送，减少直流输电系统的停运。

从交流系统看，关键是要稳定换相电压，特别是富宁换流站处于弱交流系统，提供足够的无功支持尤其重要。富宁换流站虽然配备了常规的无功补偿设备，但其投切的控制时间以秒计算，无法抵御交流系统的暂态扰动，为了满足富宁换流站交流弱系统的暂态无功支撑能力，装设 3 台 100 MVar 容量的 STATCOM 装置。

换相失败后增大关断角，直流输电系统吸收的无功功率增加引起交流系统电压下降。由于逆变侧交流系统电压降低，整流侧的电流调节器将增大触发角以降低整流侧直流电压，从而也会导致换流器吸收无功增大进而影响整流侧的交流系统电压，换相失败的控制策略、保护配置涉及交、直流系统综合性能的问题，不是采取某一具体措施就能解决的，应从系统方面进行综合考虑。

4.3.11.3 **极母线接地故障**（F_{14}）

极母线是指从平波电抗器到直流线路出口的一段区域。在极线平波电抗器的平滑作用下，不论在整流侧还是逆变侧，极母线接地故障和换流阀出口接地故障时的直流电压变化特性存在明显的区别，极母线发生线路故障时直流电压下降的速率比换流阀出口接地故障时直流电压下降的速率快，这一特性对直流保护系统分区配置有直接作用。在换流站直流开关场中，通常极母线两端设置有直流电流检测装置，保护判据主要依据极母线两侧的换流器高压端电流和直流线路电流判别。极母线发生接地故障，会引起线路电压突然降低，对站反应电压突变的保护也会动作。

单极大地方式下（150 MW），极母线接地故障的故障录波如图 4-3-57 和图 4-3-58 所示。

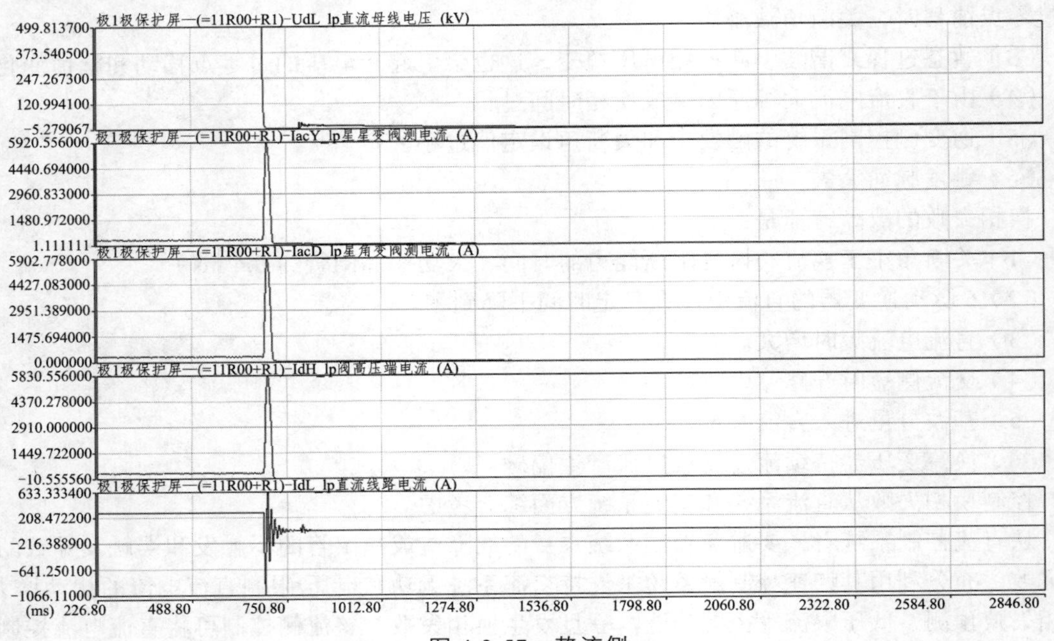

图 4-3-57 整流侧

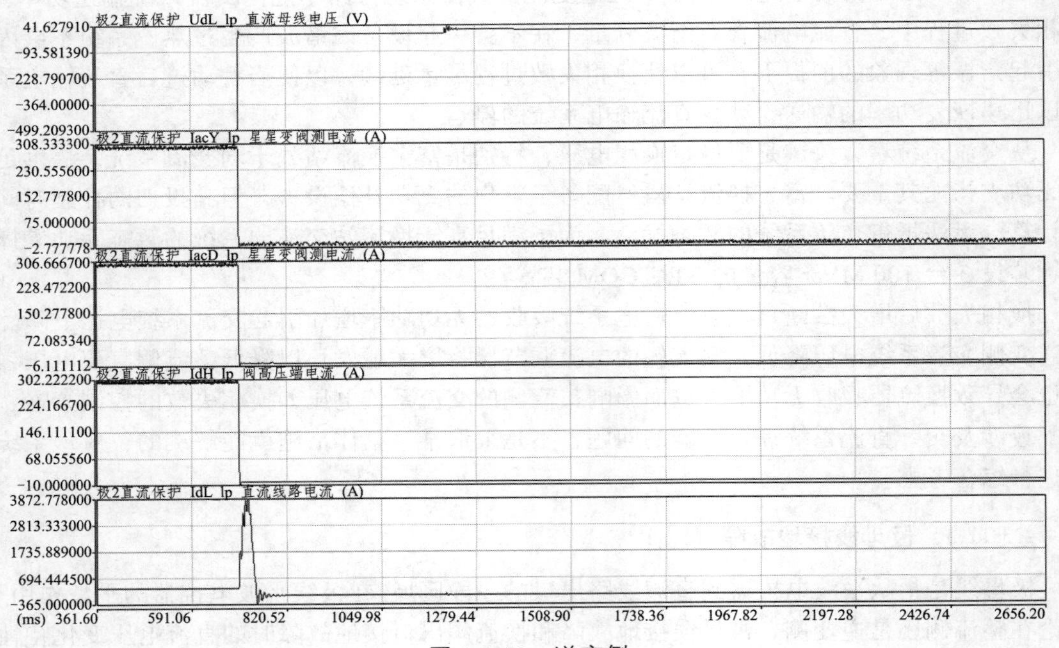

图 4-3-58 逆变侧

整流侧和逆变侧发生极母线接地短路故障，极母线差动保护 87HV 动作，另外值得注意的是，对站的线路保护 WFPDL 和 27 du/dt 动作。逆变站发生极母线接地故障后，整流侧的行波保护 WFPDL 都会动作，但当整流站发生极母线接地故障后，逆变侧的行波保护动作与否与直流系统的输送的功率有关，功率输送较低时，行波保护不会动作。

4.3.11.4 双极中性母线区开路故障（F_{18}）

双极中性母线区域发生开路故障，由于直流系统失去了接地点，在中性母线和极线会产生较高的电压，在不同运行方式下，接地极引线开路故障表现为不同的特征。

双极平衡运行方式下，双极中性母线区域基本上无电流流过，发生开路故障后，形成双极大回路，直流电流仍有流通回路，虽然中性母线电压失去嵌位后会漂移，但升高的幅度不大，不至于引起严重后果，中性母线开电路后电压升高，合上高速接地开关后，系统仍能正常运行。

单极大地回线运行时，双极中性母线流过电流，电流大小与传输功率有关，由于故障前直流系统流过电流，在开路瞬间电流无流通回路，中性线区域电感元件的电流发生突变，导致中性母线电压迅速升高，电压的高低与中性母线通过的电流有关，电流越大，产生的电压越高，中性母线电压升高引起中性母线电压开路保护 59EL 动作。在输送大功率工况下，中性母线开路引起更高的过电压甚至击穿中性母线的避雷器，此时极母线两端的电流测量值 I_{dN} 和 I_{dE} 不再相等，造成中性母线差动保护（87LV）动作。另外，整流侧极 1 运行时中性母线区域开路故障引起中性母线电压向负方向偏离零点位，因此中性母线电压变为负值后，线路电压与中性母线电压的差值变大，可能引起直流过电压保护 59DC 动作。

在金属回线运行方式下，由于只在逆变站接地，当接地站的接地极引线断开时，逆变站的中性母线电压由于失去嵌位而升高，引起整流站的中性母线电压变化，可能造成直流过电压保护（59DC）动作。

双极不平衡运行时，故障现象与单极大地运行类似。

各种运行方式下，双极中性母线开路故障录波如图 4-3-59 和图 4-3-60 所示。

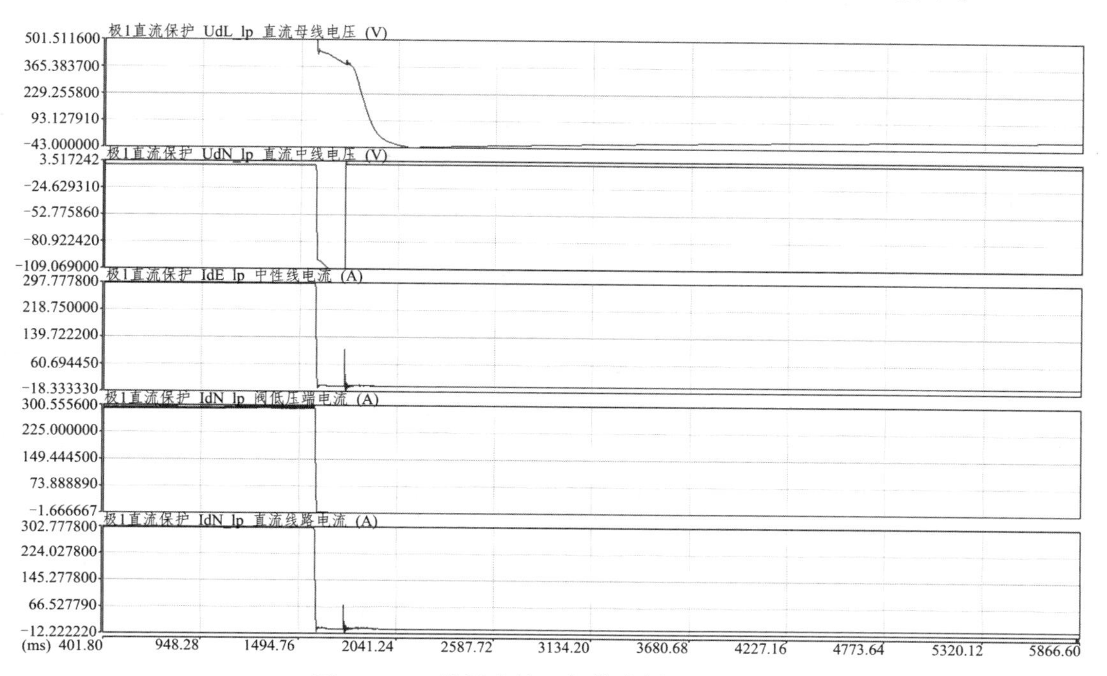

图 4-3-59 单极大地运行整流侧，150 MW

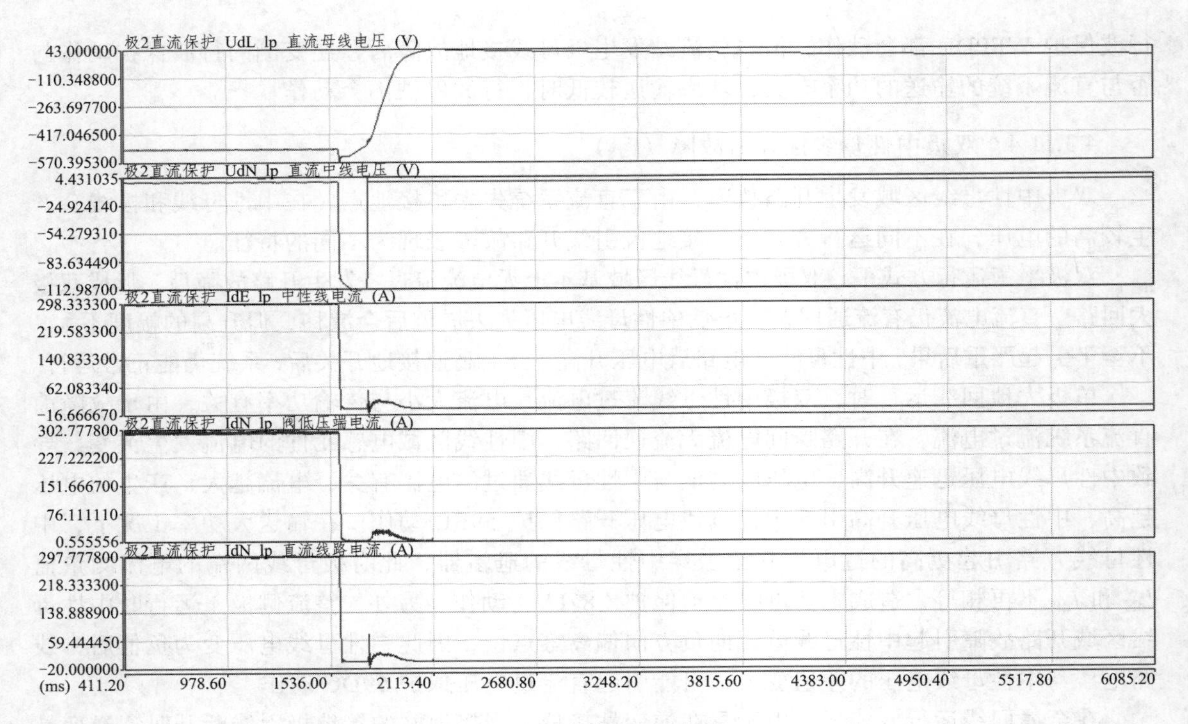

图 4-3-60　单极大地运行逆变侧，150 MW

4.3.11.5　开关类故障分析

在高压直流输电系统中，某些运行方式的转换或故障的切除要采用直流断路器。直流电流的开断不像交流电流那样可以利用交流电流的过零点，因此开断直流电流必须强迫过零，但是当直流电流强迫过零时，由于直流系统储存着巨大能量要释放出来，而释放出的能量又会在回路上产生过电压，引起断路器断口间的电弧重燃，以致造成开断失败，所以吸收这些能量就成为断路器开断的关键因素。永富直流输电工程采用的直流开关由三部分组成：①由交流断路器改造而成的转换开关；②以形成电流过零点为目的的振荡回路；③以吸收直流回路中储存的能量为目的的耗能元件。

整流侧装有 5 台直流开关，分别是 2 台高速中性母线开关（HSNBS）、1 台金属回线转换开关（MRTB）、1 台大地回线转换开关（MRS）、1 台高速接地开关；逆变侧侧装有 3 台直流开关，分别是 2 台高速中性母线开关（HSNBS）和 1 台高速接地开关。

用于改变运行方式的断路器（如 MRTB 和 MRS），应在无冷却的情况下进行两次连续转换，即分闸后如果电弧不能熄灭则应使断路器再重合闸，然后再分闸。转换断路器并非一般保护电器，操作应遵循换流站预设的“顺序控制”程序。对用于保护的开关（如 HSNBS 和 HSG），则按一次转换来进行设计。在正常运行情况下，HSNBS 决不允许断开，只有故障情况下极控允许的情况才能进行断开操作。

直流开关断开操作的原则是首先判断是否具备断开条件，具备条件后进行断开操作，断开后继续判断开关断开后的电流是否符合理论要求，是否存在无法断弧的故障，否则立即进行重合，避免开关受到损坏。

4.3.11.6 直流输电线路接地故障分析

发生接地故障后，极控系统的快速控制限制故障电流，与交流线路的短路故障相比，直流线路短路电流增大的幅度要小得多。故障发生会暂时中断功率的传输，对两边的交流系统造成冲击，故障本身对直流设备的应力并不是太大。但在故障起始时间，故障电流仍有一段暂态过程。由于线路电容放电和整流器控制的延迟，整流器的故障电流有一个明显过冲，这个过冲是由于线路电容储存能量的释放和整流器控制的延迟造成。永富直流工程直流线路较短、整流侧的交流系统短路容量相对较小，接地故障发生后瞬时过冲电流相对于其他工程来说比较小，线路中点金属接地故障电流约为额定电流的 1.5 倍左右。

发生接地故障后，整流侧的线路电流增大，由于整流侧定电流控制器起作用，增大整流器触发延迟角，整流侧至短路的回路中的直流电压也随之下降，最终整流侧提供的短路电流仍回到定电流控制设定值。逆变侧的线路电流由于直流滤波器和线路回路的放电作用，经过一段时间的震荡后逐渐降为零，逆变侧换流阀电流迅速降为零。故障期间，中性母线电压发生振荡，整流侧和逆变侧直流滤波器流过较大的电流。

在线路不同地点故障，如线路首端、中点、末端接地故障，直流线路电压下降的幅值和陡度不同，整流侧直流线路电流增大的幅度也不同。对于直流系统来说，整流侧可以看作一个电源，故障点离线路首端，即电源端越近，直流线路电压下降的幅值和陡度越大，直流线路故障电流越大。

行波保护作为直流线路接地故障的主保护，保护本站线路电流互感器安装地点至对站的平波电抗器的范围，平波电抗器是线路保护的分界点。利用行波保护可以有效地将线路末端的接地同逆变侧的换流器高低压端短路有效区别开来，因为发生故障瞬间，即线路末端的短路故障瞬间，整流侧检测倒的电压变化率比换流器高低压端短路瞬间电压变化率大得多，可以利用 DPT 试验测试变化率的不同，设置电压变化率区别不同的故障，这在交流系统的保护中是没有办法区分的。

如果故障是通过高阻接地，则直流线路电压下降的幅值和陡度均不明显，这些故障特征可能不能被行波保护检测到，但由于部分直流电流入地，两端的直流电流将出现差值，这要借助于线路纵差保护 87DCLL 和线路低电压保护 27DCL 来切除故障。

特别需要注意的是传输功率较小的工况（低于 900 MW）。此时线路发生接地故障，逆变侧的行波保护不会动作，这是因为电流的变化幅度不够。

直流系统在双极运行或单极大地运行时，直流线路接地故障发生后，行波保护 WFPDL、突变量保护 27du/dt、线路低电压保护 27DCL、直流线路纵差保护 87DCLL 都会对此故障有所反应。在金属回线故障运行的金属回线上发生接地故障，相应的金属回线纵差保护（87MRL）、金属回线横差保护（87DCLT）、站内接地网过流保护（76SG）会动作。

单极大地方式运行，线路故障一次重启成功故障录波如图 4-3-61 所示。

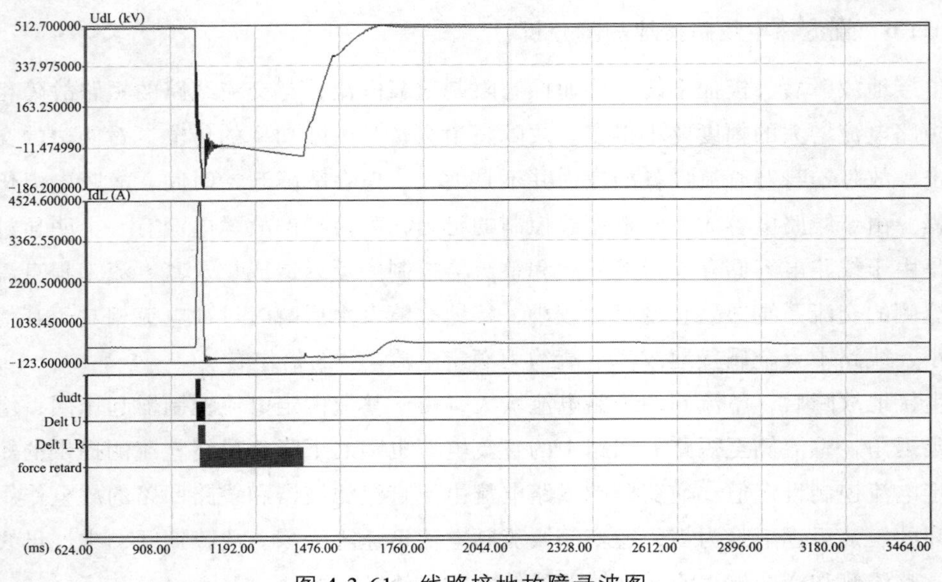

图 4-3-61　线路接地故障录波图

4.3.11.7　直流滤波器故障分析

永富直流输电工程每极配置一组直流滤波器，安装于高压极母线和中性母线之间。

1．直流滤波器高压侧电流互感器和高压侧刀闸间的接地故障（K_1）

本故障发生在直流滤波器的支路上，直流滤波器配置的保护并不能对此故障做出反应，本区域发生接地故障后，故障点两侧的 I_{dH} 和 I_{dL} 明显不同，故障现象也同极母线发生接地故障现象相同，极母线差动保护（87HV）动作，同时对站的行波保护（WFPDL）也会动作（见图 4-3-62）。

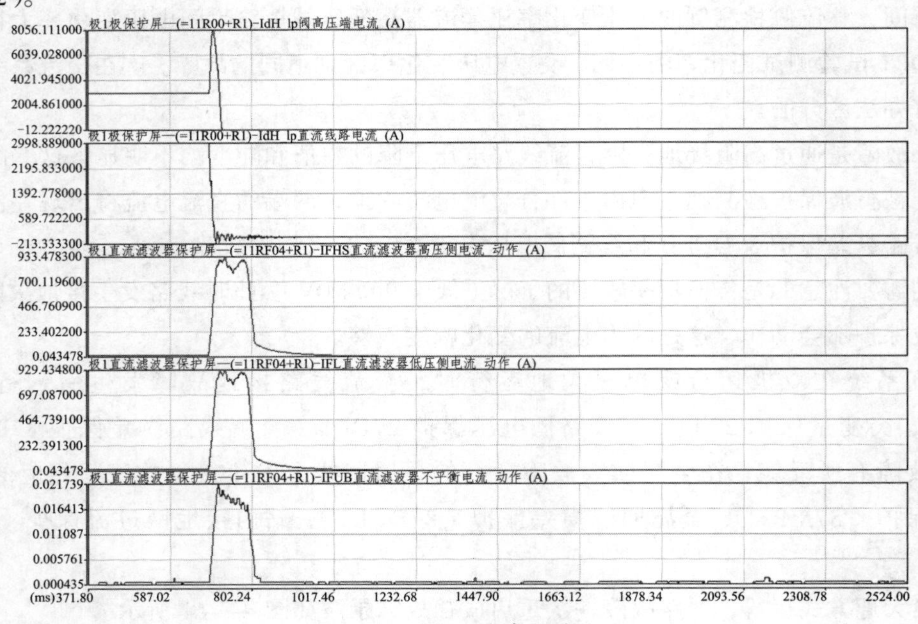

图 4-3-62　K_1 故障录波图

2．桥臂的电容器短路故障

永富直流工程换流站直流滤波器的高压电容器采用 H 型桥臂结构，其中永仁站 80 串 2 并，富宁站 88 串 2 并。当某个电容器单元损坏时，会有不平衡电流 I_{FUB} 流过 H 型桥臂的电流互感器，不平衡保护利用 I_{FUB} 的大小检测电容器损坏的情况（见图 4-3-63）。

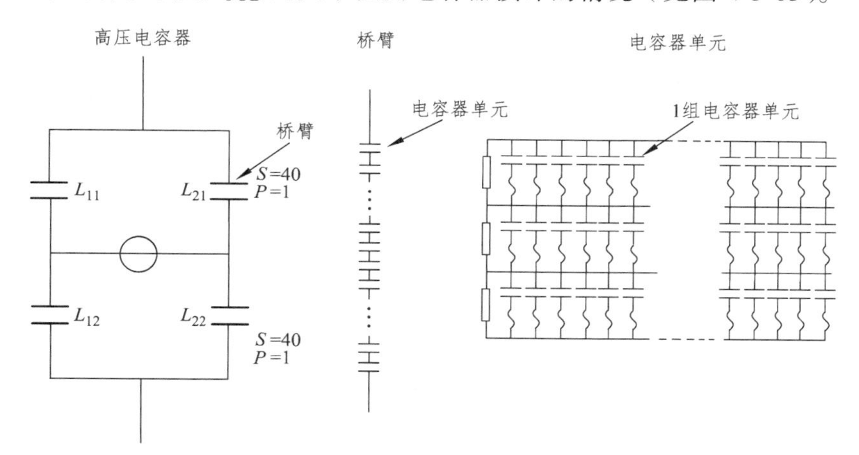

图 4-3-63　直流滤波器高压电容器结构图

不平衡保护保护分为三级，分别为报警、延时跳闸和瞬时跳闸。当电容器元件在一定的电压范围内被击穿时，剩下的与被击穿元件并联的完好电容器向击穿的电容器元件放电，使熔丝熔断，因为均压电阻的存在，不会因为内熔丝熔断而造成过电压。图 4-3-64 和图 4-3-65 为模拟相同工况下一个电容器和三个电容器损坏造成不平衡电流动作情况，可以明显看出三个电容器损坏引起的不平衡电流比一个电容器损坏引起的不平衡电流严重。

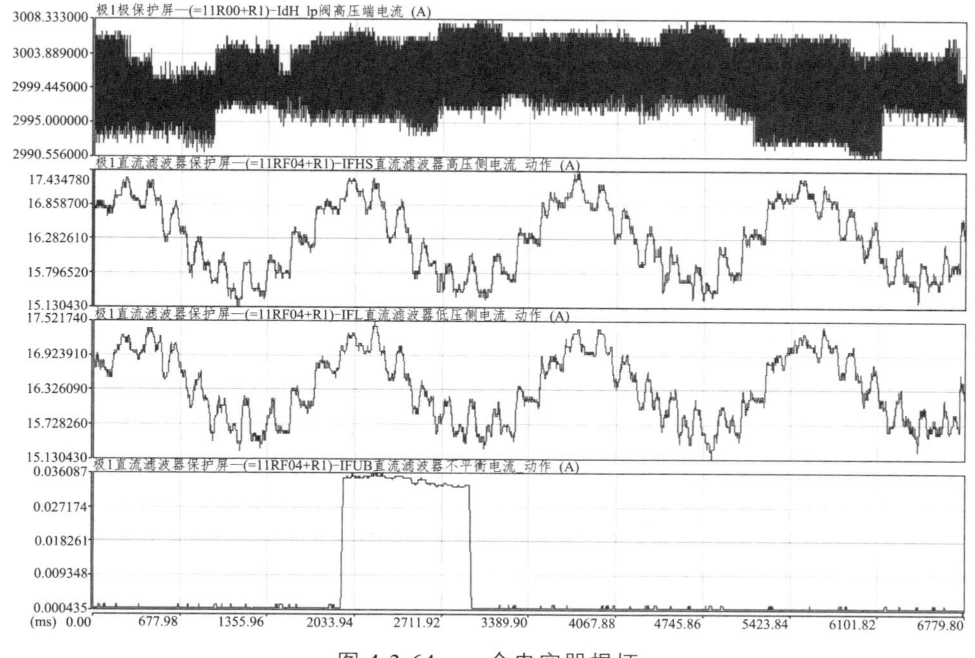

图 4-3-64　一个电容器损坏

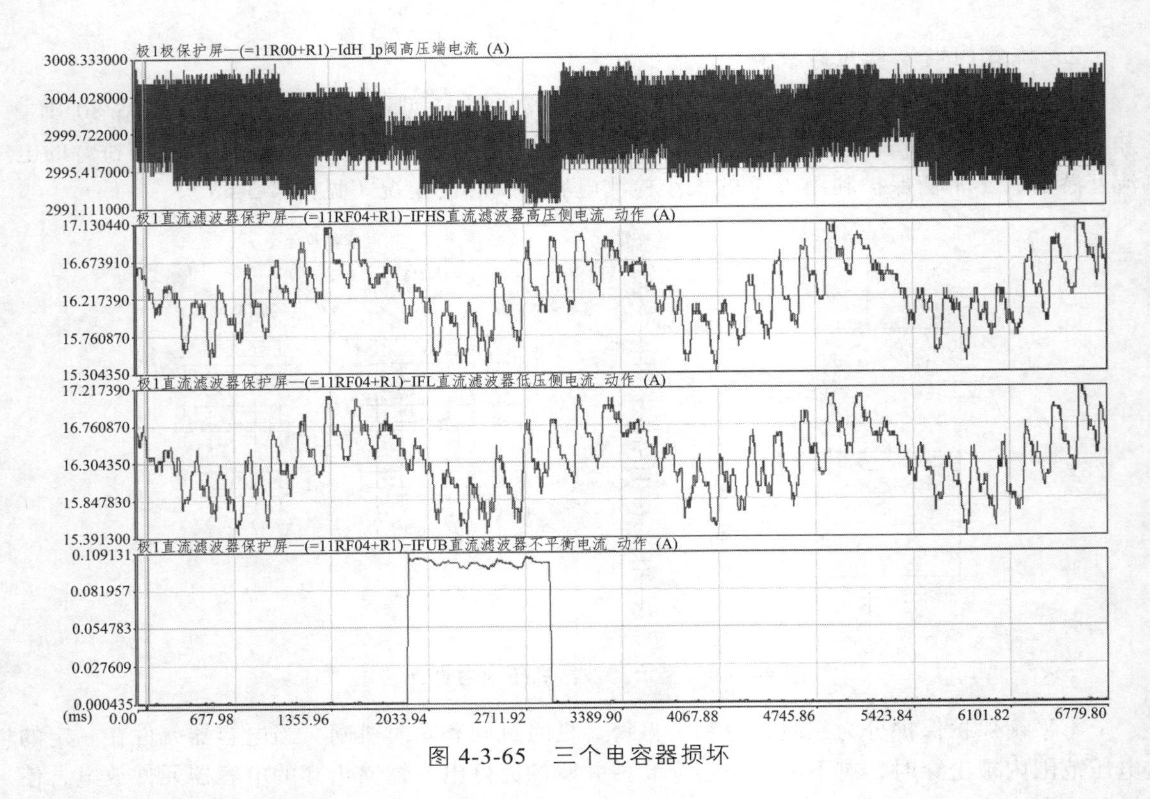

图 4-3-65 三个电容器损坏

4.3.11.8 站间通信中断对保护的影响

直流保护不依赖通信系统，但是保护动作后执行部分控制策略（如逆变侧请求极平衡或降电流等）需要站间通信正常，站间通信故障时对保护的影响主要体现在以下几个方面：

（1）非分送模式下，双极运行时接地极母线差动保护（87EB）1 段动作发双极平衡运行请求。站间通信中断时若逆变侧发生故障，则无法执行极平衡操作。逆变侧 87EB 跳闸段、整流侧 27DCL 或 27DC 动作产生极闭锁信号。

（2）接地极线不平衡保护（60EL）双极运行时极平衡段，单极运行时重启段。站间通信中断时逆变侧发生故障，则无法执行极平衡和重启操作。逆变侧 60EL 跳闸段、整流侧 27DCL 或 27DC 动作产生极闭锁信号。

（3）接地极线路过流保护（76EL）双极运行且非分送模式时极平衡段，单极运行时降电流段。站间通信中断时逆变侧发生故障，则无法执行极平衡和降电流操作。逆变侧 76EL 跳闸段、整流侧 27DCL 或 27DC 动作产生极闭锁信号。

（4）接地极降电流请求双极运行时接地极开路保护（59EL）极平衡段。站间通信中断时逆变侧发生故障，则无法执行极平衡操作，59EL 跳闸段或站内接地过流保护（76SG）动作产生极闭锁信号，整流侧 27DCL 或 27DC 动作产生极闭锁信号。

（5）直流线路行波保护（WFPDL）、直流线路电压突变量保护（27du/dt）动作请求线路故障重启段。站间通信中断时逆变侧发生故障，则无法执行线路重启，保护会直接发闭锁信号。

（6）直流线路纵联差保护（87DCLL）保护判据中包含对侧电流值，站间通信中断时，保护装置发“装置异常”信号，保护功能被闭锁。

（7）金属回线纵差保护（87MRL）保护判据中包含对侧电流值，站间通信中断时，保护装置发“装置异常”信号，保护功能被闭锁。

（8）50 Hz 保护（81_50Hz）2 段降电流段。站间通信中断时发生故障，逆变侧降电流信号无法送至整流侧。若整流侧 50 Hz 保护动作，同样可执行降电流操作，若整流侧 50 Hz 保护不动作，则由逆变侧 50 Hz 保护跳闸段动作切除故障。

（9）站间通信中断时，逆变侧直流线路低电压保护（27DCL）将自动闭锁，无须采取措施，整流侧 27DCL 动作后不重启而是直接闭锁。

4.4 直流系统调试与运维

4.4.1 直流系统调试介绍

永富直流工程系统调试是直流工程进入投产运行之前最重要的一个环节，它是在已经完成各分系统调试的基础上进行的，其目的是全面检验直流系统一次设备、二次控制保护的性能，保证整个直流系统安全可靠的正式投运。在整个永富直流工程系统调试阶段，系统调试的主要内容和目的包括以下部分。

4.4.1.1 交流滤波器带电试验

分步骤对每一个交流滤波器小组进行带电试验，检验交流滤波器的电压耐受能力和电晕情况，检验交流滤波器的相电流和不平衡电流，检验交流滤波器的开关和刀闸的操作性能，核实断路器选相合闸装置的性能。

4.4.1.2 直流转换操作顺序试验

这项试验是直流输电系统不带电的站试验，检查直流操作顺序的试验。涉及的主要设备包括交流场、阀厅和直流场的开关刀闸，直流站控制柜，极控制柜，以及运行人员控制系统，不需要附加的特殊的监测设备。该试验用于检验操作顺序及电气联锁是否能正确执行。

4.4.1.3 闭锁阀组充电试验

闭锁阀组的充电试验是直流输电系统一项带电的站试验，涉及的主要设备有换流变压器和换流阀组、极控制柜、带有可控硅元件监测系统（TVM）的阀基电子设备（VBE），以及运行人员控制系统。检验换流变压器交流侧断路器合闸时的励磁涌流是否处于所规定的限制值之内，与前期研究结果是否一致，检验合闸角控制器参数是否设置合理，并校验 VBE/TVM 的预检功能是否正确动作。

4.4.1.4 线路开路试验

线路开路试验是交/直流系统带电的、带直流线路的一项站试验，涉及的设备主要有交/直流控制保护柜、VBE、换流变压器、直流滤波器、直流线路，以及其故障定位仪和运行人员控制系统。该试验用于检验直流电压控制能否正确工作，检查换流器阀的触发能力及解锁阀的电压耐受能力，直流场（包括直流滤波器、直流线路）的耐压能力，检查线路开路试验顺序控制的正确性及开路保护会不会误跳闸。

4.4.1.5 闭锁及解锁性能试验

在单极及双极接线方式、功率正送和反送、有无通信通道的情况下进行解闭锁试验，检验被试极能否平滑地解锁及闭锁，同时也检验控制器参数的合理性。

4.4.1.6 紧急停运跳闸试验

在发生故障或出于某些安全方面的原因的情况下，控制系统中设计有 ESOF 时序，该时序可能由保护或手动启动。本试验分别在两站进行，检验阀组在带电前和带电后、有通信和无通信的情况下由不同地点触发保护动作。启动 ESOF 时序，通过试验检查 ESOF 能否正确动作，以及保护动作跳闸时序是否正常。

4.4.1.7 稳态性能及功率升降试验试验

试验检验所有测量值的额定值并检验控制能在交流系统电压、频率及短路水平等规定的运行过程中达到规定的运行值，检查功率升降的过程中所有控制量的性能，检查换流器、交流系统的 PQ 特性符合设计要求，检验换流变抽头控制的特性。验证直流功率变化是否对交流系统有影响，验证无功元件的自动投切、抽头控制、降压运行、无功功率和交流电压控制工作的正确性。

4.4.1.8 阶跃响应

主要进行功率阶跃、电流阶跃、电压阶跃、关断角阶跃响应试验，用于验证控制器的动态响应性能是否达到了最优化及满足规范书的要求。

4.4.1.9 换相失败、丢失触发脉冲试验

换相失败、丢失触发脉冲可能是由交流扰动或者换流器控制功能紊乱引起的。由系统扰动引起的换相失败会在直流电压及电流中产生二次谐波电压振荡。一个阀的控制故障将引起基频振荡。用于验证控制系统在换相失败、丢失触发脉冲期间是否稳定，检查直流系统在处于谐振或者接近基频谐振情况下，控制是否会放大振荡。系统在最后一次换相失败、丢失触发脉冲之后，在技术规范规定的时间内必须回到稳定运行状态。验证阀连续换相失败保护及基频、二次谐波保护能否正确动作，并没有其他保护误动作。

4.4.1.10 失去冗余设备试验

冗余设备故障时应当平稳地切换到冗余元件，并且对直流传输功率没有影响。试验的目的是检验冗余元件的平稳切换，对直流传输功率无大的扰动。同时校验不同级别设备如滤波电容器、变压器或阀冷却系统的风扇等失去冗余时的减负荷或者其他保护性措施。

4.4.1.11 直流线路故障恢复顺序试验

直流线路故障恢复顺序试验检验在有无通信情况下线路保护动作后控制器的恢复顺序及失去暂态功率对交流系统的影响，并检验故障恢复时间是否按技术规范要求在规定的限制值内，试验应进一步验证直流线路故障定位系统能否正确工作。

4.4.1.12 交流线路故障试验

验证整流侧、逆变侧交流系统发生故障后，直流控制保护是否会误动，直流的功率输送

能否在规定时间内恢复，有无超出设计值。逆变侧发生交流故障后，还需考验站用电辅助系统的响应。

4.4.1.13 热运行、过负荷、油温升试验

热运行、过负荷、油温升试验是在过负荷的环境下进行的，主要对一次设备的过负荷能力进行验证。在开展 1.1 倍和 1.2 倍过负荷试验的情况下，检验直流设备的输电能力，检查阀冷却水、主要设备和母线的温度，同时在试验期间应进行交/直流滤波器测量、可听噪声测量、电磁干扰试验工作。

4.4.2 直流控制保护系统定检

定检过程中按照安全生产要求组织现场勘察、编写定检方案、组织实施两票（二次措施单），进行安全技术交底，在定检中主要进行以下工作：

4.4.2.1 作业前准备（见表 4-4-1）

表 4-4-1 作业前准备

1. 出发前准备	人员	人员资质、职业禁忌、身体状况、精神状态满足工作要求	确认（ ）
	仪器工具	测试笔记本、继保测试仪、万用表、专用工具包、手套、绝缘胶布、防静电手套或护腕、光源、光功率计、尾纤、工业酒精、棉签、PC 与装置的数据连线、二次回路工作常用工具、毛刷等	确认（ ）
	技术资料	设计竣工图、直流保护装置厂家资料	确认（ ）
	防护用品	安全帽、两套安全带、工作服	确认（ ）
	物资材料	相关物资，备品备件	确认（ ）
	车辆	已开展车辆安全检查，并已确定最佳行驶路线	确认（ ）
2. 进场前准备	1. 安排工作班成员在指定地点耐心等候； 2. 办理工作许可手续，确保现场安全措施符合作业要求； 3. 再次核查人数相符和个人防护用品正确佩戴； 4. 工作负责人在首位，工作班按指定路线列纵队入场		确认（ ）
3. 工作和安全技术交底	负责人向工作班成员交代工作任务、工作范围、安全措施、分工安排		确认（ ）
	应急事项	遇紧急情况，工作人员应根据情况按照以下的紧急处理程序进行处理： 1. 发生人员触电、中暑等严重威胁生命的情况时，应立即停止工作，并向当值值班员和本部门领导、安全监督人员报告，将人员转移到安全地点，并进行急救，同时拨打 120 电话联系医院派救护车前来救援； 2. 发生碰伤、扭伤等较轻微且不危及生命的伤病时，先暂停工作进行紧急处理，再视伤病严重程度考虑是否送院治疗； 3. 发生误碰设备跳闸事故时，应立即停止工作，并通知当值值班员	确认（ ）

续表

	风险	控制措施	
4. 风险评估	误碰、误恢复端子	用绝缘胶布封出口端子，工作认真监护，核清楚图纸、端子及实际接线；严格执行二次回路工作安全措施单，拆线要详细做好记录，恢复接线后监护人、操作人要进行复核，工作中核清楚图纸、端子及实际接线	确认（ ）
	误恢复定值	工作结束后，规定保护人员、运行人员均要在装置面板进行核对，或打印定值单进行核对，确认无误后双方在定值单上签字	确认（ ）
	误投出口压板	用绝缘胶布将不能投退的压板封好，工作中需要退压板时，要有人监护，复核	确认（ ）
	误将试验电流、电压加到运行回路	工作中核清楚图纸、端子及实际接线，所做安全措施必须要操作人、监护人复核，确认运行回路已完全隔离	确认（ ）
	试验线错接到带电的PT二次端子上	严格执行二次回路工作安全措施单，工作前核清楚图纸、端子及实际接线，不能触及的电压端子用绝缘胶布封好	确认（ ）

4.4.2.2 作业过程

1. 外观检查项目

1）定检前状态检查（见表 4-4-2）

表 4-4-2 定检前状态检查

序号	项　目	定检前状态记录
1	保护屏已退出的压板	
2	保护屏已断开的空开	
3	保护屏开关运行状态切换把手	
4	控制屏已退出的压板	
5	控制屏已断开的空开	
6	控制屏开关运行状态切换把手	

2）屏体及光纤检查（见表 4-4-3）

表 4-4-3　屏体及光纤检查

序号	风险	控制措施	
1	外观检查时引起交直流短路、接地	清尘时应使用绝缘工具，不得使用带金属的清扫工具。	确认（　）
序号	作业内容与工艺要求		结果
1	设备标志应正确、完整、清晰，信号灯指示正确		（　）
2	所有连接片及电缆编号应与图纸相符合		（　）
3	连接片、把手、按钮的安装应端正、牢固，接触良好		（　）
4	环境温度、湿度满足相关规定		（　）
5	设备及二次回路无灰尘，清洁良好		（　）
6	屏柜上的标志应正确完整清晰，并与图纸和运行规程相符		（　）
7	装置面板键盘完整，操作灵活，液晶屏幕显示清楚，运行指示灯显示正常		（　）
8	屏柜接地可靠，底部电缆进线孔封堵严实		（　）
9	装置散热风扇运行平稳，声音正常		（　）
10	光纤端子箱密闭性应完好，无受潮或渗漏水现象		（　）
11	光纤弯曲半径，要求光纤弯曲半径不小于 5 cm		（　）
12	各光纤通道接头连接位置应正确、可靠		（　）
13	备用光纤盘应放整齐，接头应具有完好的保护措施		（　）

3）设备清扫（见表 4-4-4）

表 4-4-4　设备清扫

序号	风险	控制措施	
1	损坏设备	1. 清扫时使用软毛刷，避免刷毛进入设备内部	确认（　）
		2. 使用吸尘器时，注意调至合适挡位，防止对设备造成损坏	确认（　）
序号	作业内容与工艺要求		结果
1	屏内各元件表面清洁，无积污，建议采用软刷和真空吸尘器清洁		（　）
2	检查电源风扇工作是否正常，是否有异常声响		（　）
3	检查设备安装是否稳固，以耳贴屏柜外壁，检查是否有异常声响及震动		（　）
4	检查设备是否清洁，设备所处环境的温度计、湿度计度数是否在规定范围内		（　）

2．绝缘检查项目（见表 4-4-5）

表 4-4-5 绝缘检查项目

序号	风 险	控制措施	确 认
1	绝缘损坏装置内部弱电插件	绝缘检查前，断开保护装置 CPU、AD、开入、开出、光纤板等弱电插件与外部的联系	（ ）
2	对运行回路绝缘检查，引起运行保护误动、插件损坏	认真核对图纸，不得进行母差保护、安稳装置、备自投装置等与运行有关的电流回路及运行回路的绝缘检查，用绝缘胶布封好至运行设备侧的端子	（ ）
序号	作业内容	作业标准	作业记录
绝缘检查数据记录表格			
序号	测试项目	绝缘电阻/MΩ	确认（ ）
1	换流变阀侧交流电流对地 Y/Y		
2	换流变阀侧交流电流对地 Y/D		
3	换流变阀侧交流电压对地 Y/Y		
4	换流变阀侧交流电压对地 Y/D		
5	换流变网侧交流电压对地		
6	直流电源回路对地		
7	直流信号回路对地		

3．定值检查项目（见表 4-4-6）

表 4-4-6 定值检查项目

序号	作业内容与工艺要求	结果
1	在工程师工作站软件程序中截屏并打印保护系统定值单	确认（ ）
2	按照《中国南方电网电力通信中心继电保护定值单》，将下发的定值单与打印的定值单进行逐一核对，核对无误后运行人员、工作班人员在打印的定值单上签字确认	确认（ ）

4．光纤回路检查项目（见表 4-4-7）

表 4-4-7 光纤回路检查项目

序号	风 险	控制措施	
1	激光伤人	拆下的光纤用套头包好，不得用眼睛直视裸露的光纤头	确认（ ）
2	损坏光纤	在光纤回路上工作须小心谨慎，不得过度弯折光纤，防止损坏光纤	确认（ ）
序号	作业内容与工艺要求		
1	使用光功率计对屏内各光纤进行测量。确认光纤编号，光功率计发射端接光纤一端，测量端接对应光纤另一端，并可靠连接		确认（ ）

续表

序号	作业内容与工艺要求	
2	在光功率计上选取规定的波长，打开光源与光功率计电源，光功率计显示值即为被测试光纤的衰耗值	确认（　）
3	若衰耗值超出规程规定数值，使用酒精和棉签擦拭光纤或尾纤头部，待酒精彻底挥发后再次进行衰耗测试，直至衰耗值符合相关规程规定数值。若衰耗仍然超出规程规定数值，则使用备用纤芯更换，并做好相应记录	确认（　）
4	测试完成后，两端均将该光纤按原位置恢复连接	确认（　）

光纤衰耗记录表

序号	起始位置	终止位置	衰减（dB）
1			
2			
3			
4			
5			

5．直流电源检查项目（见表 4-4-8）

表 4-4-8　直流电源检查项目

序号	风　险	控制措施	
1	误碰端子、设备	工作前须认真查阅图纸，防止误碰其他端子及设备	确认（　）

序号	作业内容与工艺要求	
1	断开屏柜所有空开，包括直流空开与交流空开，确认所有空开均可靠断开	确认（　）
2	万用表测量相应电源端子，检查接入电源极性是否正确，电压幅值是否在正常范围内，记录测量结果	确认（　）

电　源		端　子	空载电压	
			系统 A	系统 B
交流工作电源	L / AC 230 V			
	N / AC 230 V			
	PE / AC 230 V			
直流工作电源 1	L+ / DC 220 V			
直流工作电源 2	L+ / DC 220 V			
直流信号电源	L+/ DC 220 V			
直流信号电源	L+/ DC 24 V			

6．逆变电源自启动性能检查项目（见表 4-4-9）

表 4-4-9　逆变电源自启动性能检查项目

序号	作业内容与工艺要求
1	正常工作状态下拉合电源试验：闭合直流电源开关，检查保护装置是否正常启动
2	直流电源缓慢上升时的自启动性能检验：断开电源开关，用测试仪输出直流电压，升至 80%额定电压，装置应正常启动
3	拉合直流电源时的自启动性能检验：检验电源在 80%额定电压下拉合电源，装置是否正常启动
4	合上装置电源开关

逆变电源的自启动性能检查记录

检验项目	直流电源缓慢上升时的自启动性能检验	拉合直流电源时的自启动性能检验	正常工作状态下检验
系统 A 电源 1			
系统 A 电源 2			
系统 B 电源 1			
系统 B 电源 2			

7．开入量校验项目（见表 4-4-10）

表 4-4-10　开入量校验项目

序号	风险	控制措施	
1	误动、误改软件	工作中须小心谨慎，找准软件地址后，再进行相关操作	确认（　）
2	误碰端子、设备	工作前须认真查阅图纸，防止误碰其他端子及设备	确认（　）
序号	作业内容：质量及风险控制要求		
1	进入工程师工作站，打开 ViGET 软件，选择 PPR 程序，进入“调试”模式，并输入极保护/极控系统的 IP 地址		确认（　）
2	查阅软件设计规范，找到调试相应软件地址		
3	查阅图纸，找到相应功能信号开入端子，逐一短接		
4	查看软件相应开关量变位情况是否正确		

开入量	软件位置	变位情况
测试模式		
SER 禁止上传		
保护复归		
直流保护系统 OK		
直流 24 V 电源 OK		
直流 220 V 电源系统 OK		
金属回线转换开关 Q95 合闸		
大地回线转换开关 Q94 合闸		
高速中性母线开关 Q93 合闸		
站内接地开关 Q96 合闸		
时钟同步脉冲		
极控系统 OK		

8．开出量回路校验项目（见表 4-4-11）

表 4-4-11 开出量回路校验项目

序号	风险	控制措施	
1	误动、误改软件	工作中小心谨慎，找准软件地址后进行相关操作	确认（ ）
序号	作业内容与质量及风险控制要求		
1	三套保护装置完好，在程序中置位，测量保护装置中相应跳闸信号的出口端子电位，检查电位是否正常		确认（ ）
2	两套保护装置完好，在程序中置位，测量保护装置中相应跳闸信号的出口端子电位，检查电位是否正常		确认（ ）
3	一套保护装置完好，在程序中置位，测量保护装置中相应跳闸信号的出口端子电位，检查电位是否正常		确认（ ）
开出量	软件位置		出口电压量
直流保护系统 OK（至极控一）			
三取二装置系统 OK（至极控一）			
直流保护系统 OK（至极控二）			
三取二装置系统 OK（至极控二）			
极保护系统 OK（至相邻保护屏）			
直流保护系统 OK（至直流故障录波屏二）			
跳换流变进线开关（至直流故障录波屏二）			
封脉冲（至直流故障录波屏二）			
合金属回线转换开关（系统 1）			
合金属回线转换开关（系统 2）			
合大地回线转换开关（系统 1）			
合大地回线转换开关（系统 2）			
合高速中性母线开关（系统 1）			
合高速中性母线开关（系统 2）			
合站内接地开关（系统 1）			
合站内接地开关（系统 2）			
跳换流变进线开关（系统 1）（至边断路器保护屏）			
跳换流变进线开关（系统 2）（至边断路器保护屏）			
跳换流变进线开关（系统 1）（至中断路器保护屏）			
跳换流变进线开关（系统 2）（至中断路器保护屏）			
封脉冲系统 1			
封脉冲系统 2			

9．整组传动试验项目（见表 4-4-12）

表 4-4-12　整组传动试验项目

序号	风险	控制措施	
1	误动、误改软件	工作中小心谨慎，找准软件地址后进行相关操作	确认（　）
序号	作业内容：质量及风险控制要求		
1	在工程师工作站程序中置位，模拟保护动作，验证跳闸矩阵出口		确认（　）

10．压板对地电位测量（见表 4-4-13）

表 4-4-13　压板对地电位测量

序号	内容	检查项目	作业方法和控制措施	
1	保护压板对地电位测量	功能压板对地电位检查	根据现场实际情况核查对地电位是否正常	确认（　）
2		出口压板对地电位检查		确认（　）

11．端子紧固项目（见表 4-4-14）

表 4-4-14　端子坚固项目

序号	风　险	控制措施	
1	端子、螺丝损坏	紧固端子力度适中	确认（　）
2	触电	螺丝刀的金属部分一定要用绝缘胶布包好	确认（　）
序号	作业内容与工艺要求		
1	对直流保护系统设备端子进行紧固，确保直流保护系统设备端子无松动，接线牢靠		确认（　）
2	跳闸出口回路端子紧固		确认（　）

4.4.2.3　作业终结（见表 4-4-15）

表 4-4-15　作业终结

序号	项　目	内　容		作业记录
1	恢复现场	工作中临时所做的措施已全部恢复（如临时接地线等）		确认（　）
2	清理现场	清理、撤离现场前，将仪器、工具、材料等搬离现场		确认（　）
3	工作终结	1. 工作负责人在首位，按指定路线列纵队退场； 2. 安排工作班成员到指定地点耐心等候； 3. 结束工作，办理工作终结手续		确认（　）
4	作业后记录	作业完成后，完成相关电子、纸质记录		确认（　）
5	发现问题及处理结果	问题描述		确认（　）
		处理结果		
		存在问题已告知班长或安全区代表		
6	风险变化情况	补充了新增风险，并已告知班长或安全区代表		确认（　）
7	作业结论	合格（　）　不合格（　）		确认（　）

4.4.3 直流控保仿真系统介绍

针对投产的永富直流输电工程，永富直流控制保护仿真平台可以进行控制保护的仿真校核、仿真计算、故障设定、保护参数校核、控制参数校核等方面的工作，同时也可以开展直流相关的科研工作。

永富直流控制保护仿真平台可以快速定位永富直流工程运行过程中产生的故障和缺陷，全面而精细地分析电网的响应。通过故障重现可以确保故障分析的时效性，同时也可以进行直流相关的各种仿真，避免在实际工程中出现系统故障时无应对措施，提高现场事故抢修效率，保障西电东送主网架的安全稳定运行。

该平台为云南电网的安全稳定分析提供有效的分析工具和手段，尤其为永富直流工程的正常运行提供强有力的技术支持和服务。同时可以为云南电网对于直流工程的仿真、故障重现、科学研究、技术培训等方面的工作提供便利的条件。

另一方面，仿真平台也可作为科技项目研究、技术产品研发的仿真平台和试验工具，例如：研究直流输电系统的优化协调控制策略、保护参数优化和校核、控制参数的优化和校核等工作。为培养富于创新思想的高层次人才提供先进的科学研究条件。

永富直流工程的顺利投产，对于云南电网直流工程的仿真、故障重现、科学研究、技术培训等方面的提高显得尤为重要，云南电网内的直流输电工程均采用 RTDS 进行了实时仿真。通过 RTDS 进行设备闭环试验、交/直流电网安全稳定分析、电网事故分析与重现，可以提高对复杂电网的分析和试验能力，为云南电网的规划、设计、建设和运行提供全面的技术支持，为培养富于创新思想的高层次人才提供先进的科学研究条件。

4.5 STATCOM 的控制与保护

4.5.1 STATCOM 的运行原理

根据 STATCOM 的工作原理，STATCOM 的变流器可以等效为一个可控的电压源，其关键就在于如何控制换流阀的输出电压，即多电平逆变器的调制方法，这属于器件级控制策略，即底层控制策略，调制控制效果的好坏直接影响到上层装置级的控制。

4.5.1.1 功率模块工作原理

根据 H 桥 4 只开关管及旁路开关的导通状态，可以将 H 桥子模块分为不同的工作状态。不同的工作状态下，电流的流通回路略有不同，具体见表 4-5-1。

状态 1：T_1、T_4 导通，T_2、T_3 截止，子模块交流输出端口电压为 U_C，当电流方向为 A 流向 B，T_1、T_4 的反并联二极管 D_1、D_4 形成回路，直流侧电容处于充电状态；当电流方向为 B 流向 A，T_1、T_4 开关管形成回路，直流侧电容处于放电状态。

表 4-5-1　H 桥子模块工作状态

	输出电平	电流 A→B	电流 B→A
状态 1（T_1、T_4导通，T_2、T_3截止）	U_C	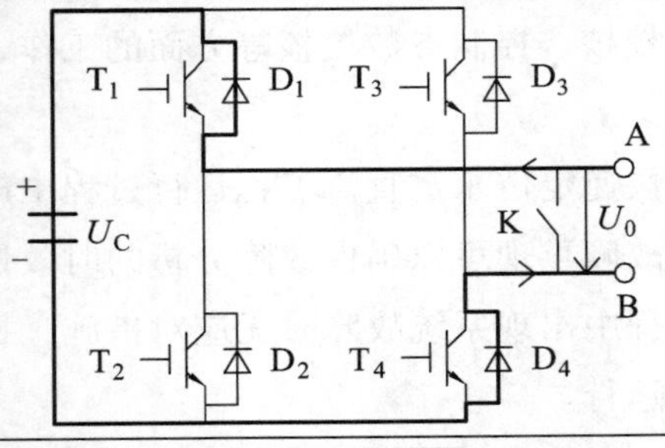 T_1 D_1 T_3 D_3 A U_C K U_0 B T_2 D_2 T_4 D_4	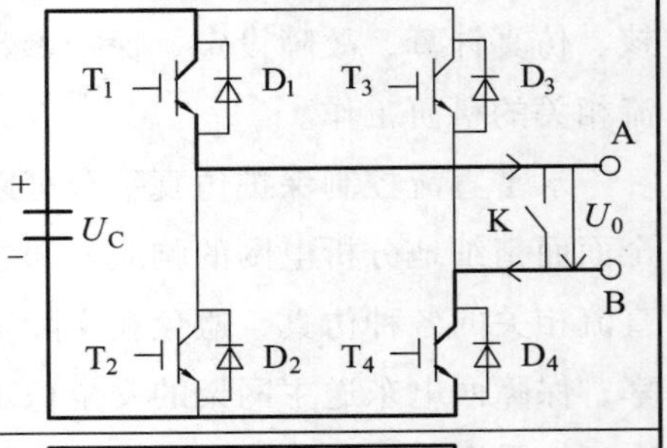 T_1 D_1 T_3 D_3 A U_C K U_0 B T_2 D_2 T_4 D_4
状态 2（T_1、T_4截止，T_2、T_3导通）	$-U_C$	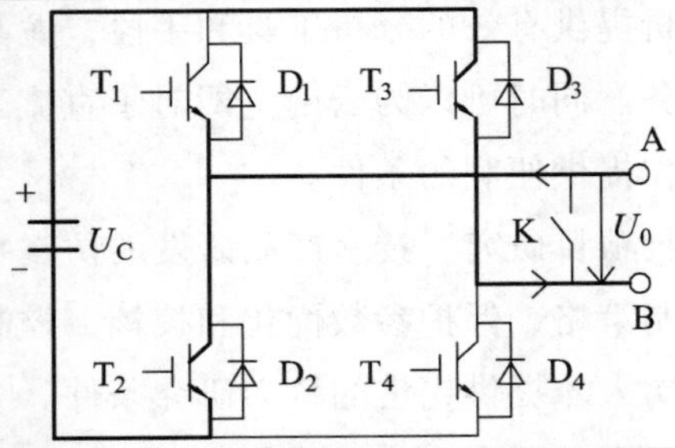 T_1 D_1 T_3 D_3 A U_C K U_0 B T_2 D_2 T_4 D_4	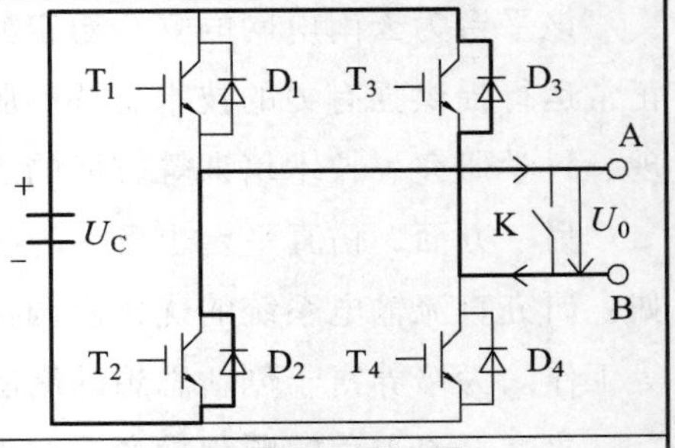 T_1 D_1 T_3 D_3 A U_C K U_0 B T_2 D_2 T_4 D_4
状态 3（T_1、T_3导通，T_2、T_4截止）	0	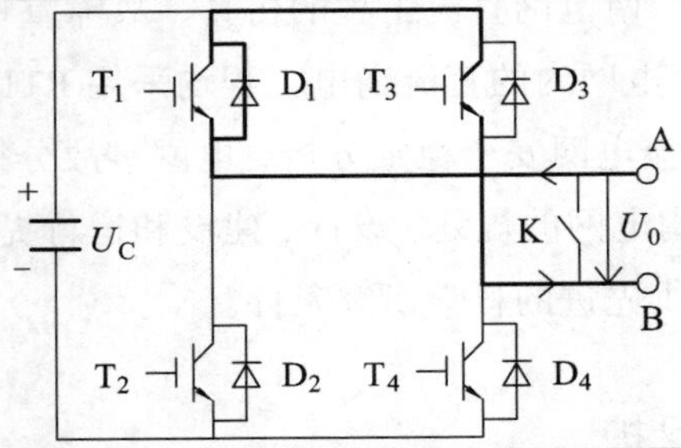 T_1 D_1 T_3 D_3 A U_C K U_0 B T_2 D_2 T_4 D_4	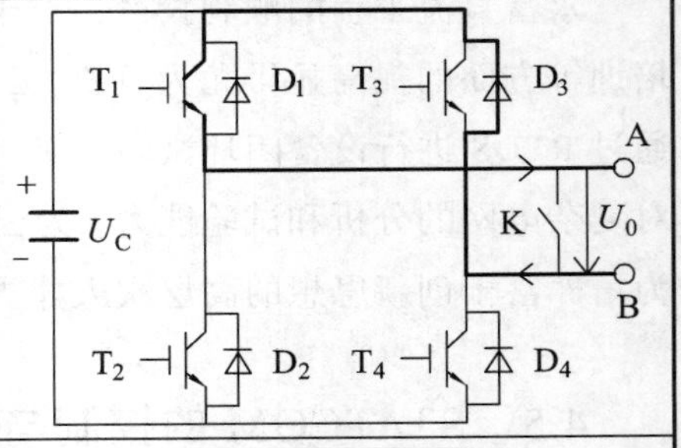 T_1 D_1 T_3 D_3 A U_C K U_0 B T_2 D_2 T_4 D_4
状态 4（T_1、T_3截止，T_2、T_4导通）	0	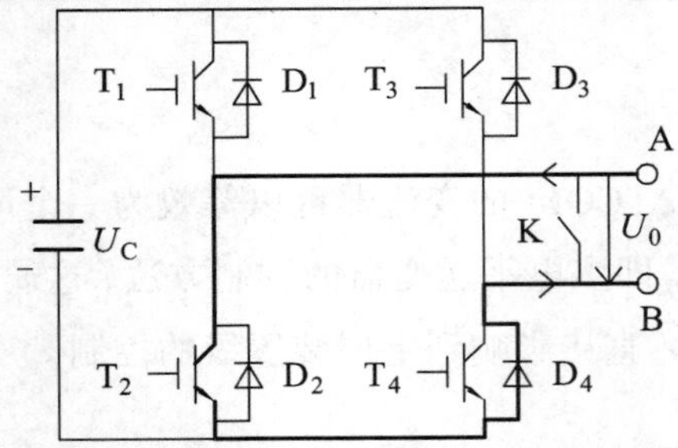 T_1 D_1 T_3 D_3 A U_C K U_0 B T_2 D_2 T_4 D_4	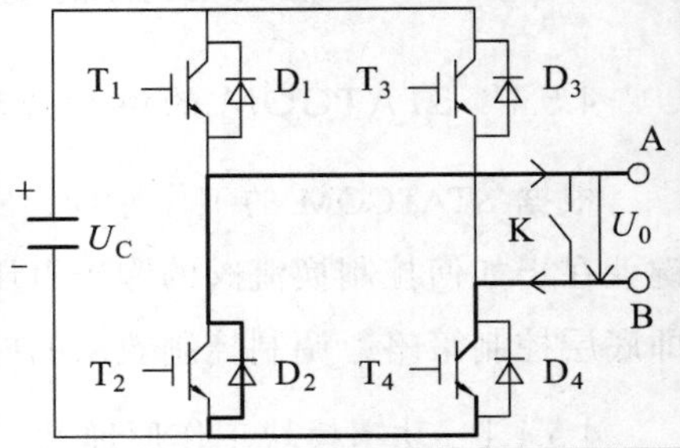 T_1 D_1 T_3 D_3 A U_C K U_0 B T_2 D_2 T_4 D_4
状态 5（旁路开关合位）	0	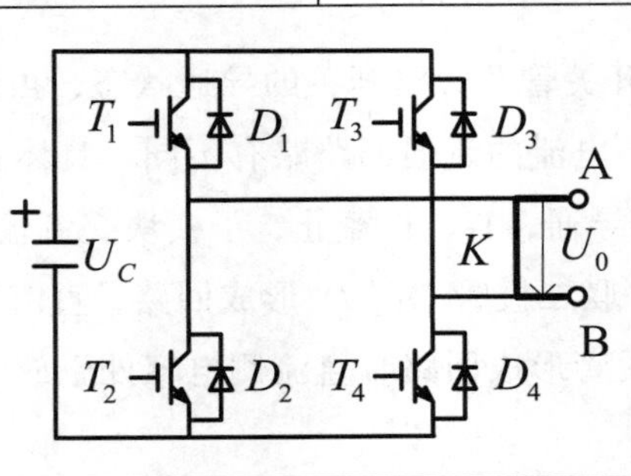 T_1 D_1 T_3 D_3 A U_C K U_0 B T_2 D_2 T_4 D_4	

状态 2：T_1、T_4截止，T_2、T_3导通，子模块交流输出端口电压为 $-U_C$，当电流方向为 A 流向 B，T_2、T_3开关管形成回路，直流侧电容处于放电状态；当电流方向为 B 流向 A，T_2、T_3的反并联二极管形 D_2、D_3成回路，直流侧电容处于充电状态。

状态 3：T_1、T_3导通，T_2、T_4截止，子模块交流输出端口电压为 0，当电流方向为 A 流向 B，D_1、T_3形成回路，直流侧电容处于旁路状态；当电流方向为 B 流向 A，T_1、D_3形成回路，直流侧电容处于旁路状态。

状态 4：T_1、T_3截止，T_2、T_4导通，子模块交流输出端口电压为 0，当电流方向为 A 流向 B，T_2、D_4形成回路，直流侧电容处于旁路状态；当电流方向为 B 流向 A，D_2、T_4形成回路，直流侧电容处于旁路状态。

状态 5：H 桥子模块旁路断路器闭合，子模块交流输出端口电压为 0，电流只能通过旁路断路器，旁路断路器合上以后，电容器两端并联的放电回路会快速消耗掉直流电容器上储存的电荷，电容电压为 0，子模块控制板掉电，无法在通过阀控与主控制器通信，H 桥子模块彻底停止工作。

以上的 5 种状态是 H 桥子模块在运行过程中可能出现的工作状态，当处于状态 1 或状态 2 时，H 桥的输出电压为 U_C或 $-U_C$，直流侧电容器接入主回路中，电容器充放电状态则由流入 H 桥子模块的电流方向和开关管的导通情况决定。电容器处于充电状态，电容电压会上升，电容器处于放电状态，电容器的电压会下降，因此电容器两端的电压会存在一定的波动，但由于一般 H 桥每个工作状态持续的时间较短，同时控制上还会采取相应的电容电压平衡控制算法，H 桥直流侧电容器两端的电压波动不会太大。

4.5.1.2 载波移相 PWM 调制

载波移相 PWM 调制基本思想是将各个子模块的载波互错一定的角度来实现各子模块输出电压间的一个相位差，然后使各子模块输出电压电平有序叠加得到多电平的输出电压。载波移相 PWM 调制是一种特别适合于 H 桥级联型多电平变流器的调制方法，对于由 n 个 H 桥单元组成的单相级联多电平变流器，每个 H 桥单元都采用低开关频率的 SPWM 调制方法，各单元的正弦调制波相同，但三角载波略有不同，各单元三角载波具有相同的频率和幅值，但相位依次相差固定的角度，从而使每个 H 桥单元输出的 SPWM 脉冲也错开一定的角度，将各 H 桥单元的输出波形叠加，变流器输出的波形就是一个多电平的阶梯波。同时，级联多电平结构多采用载波移相调制技术，尤其是单极倍频载波移相调制技术，使其能够有效抑制开关频次的谐波。如图 4-5-1 和图 4-5-2 所示。

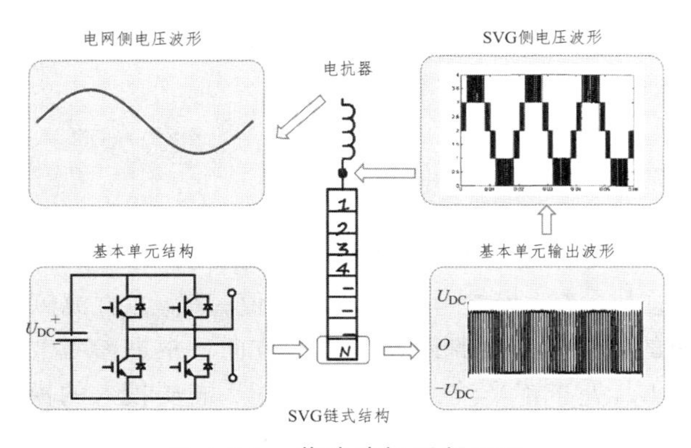

图 4-5-1 载波移相调制原理

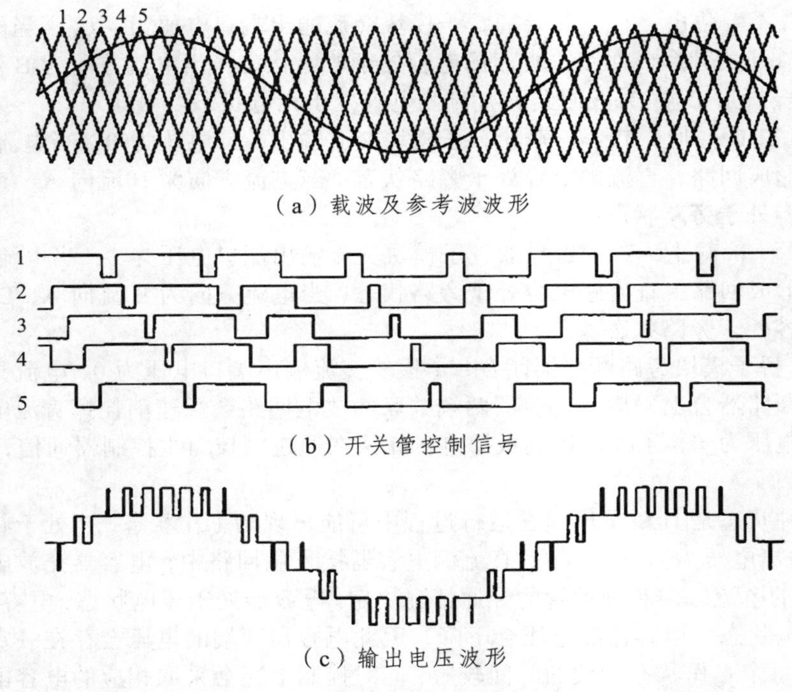

（a）载波及参考波波形

（b）开关管控制信号

（c）输出电压波形

图 4-5-2　载波移相调制波形（5 个模块）

4.5.1.3　最近电平逼近调制

最近电平逼近调制（NLM）就是用阶梯波来逼近正弦波，阶梯波的阶数越多输出波形越接近正弦波。这种调制方法实现起来较简单，通过阶梯电平来逼近正弦输出波形，开关频率可以很低，这有利于散热设计和提高效率。但当输出电压调制比较低时，阶梯波电平数减少，这会直接导致输出电压波形谐波含量的增加。

NLM 调制的基本原理为根据当前参考正弦波调制电压的瞬时值计算出需要投入的正电平（或负电平）与零电平的个数，即确定各模块的工作状态。当调制波电压位于正半波，电压增大时，阶梯电平数随着增加，输出正电平的 H 桥模块数目增加。反之，当调制波电压位于负半波，电压增大时，输出负电平的 H 桥模块数目增加，使得输出电压逼近于正弦调制波。

设各个 H 桥子模块的直流侧电压均衡，直流电容电压为 U_{dc}，子模块处于状态 1 或状态 2 工作状态为模块投入状态，模块交流侧电压分别为$\pm U_{dc}$，利用调制波计算各时刻需要投入的全桥模块的数目公式如下：

$$k = round\left(\left|\frac{U_{ref}}{U_{de}}\right|\right) \tag{4-5-1}$$

式中，$round(x)$ 函数表示取与 x 最接近的整数；k 为需要投入的全桥模块数量，且 $0 \leqslant k \leqslant n$，$n$ 为单相级联的子模块总数；U_{ref} 为参考调制波瞬时值；U_{dc} 为直流侧电容电压。

计算投入全桥模块的数量时需要判断参考波的方向，根据参考波的大小和方向来确定各个模块的工作状态。当 U_{ref} 处于正半波，即 $U_{ref} \geqslant 0$ 时，需要投入的模块处于状态 1 即正向导通状态，投入的模块输出正电平；当 U_{ref} 处于负半波，即 $U_{ref} < 0$ 时，需要投入的模块处于状

态 2 即反向导通状态，投入的模块输出负电平。单相级联的子模块总数为 n，除了根据上面公式计算需要投入的 k 个模块，其余的 $n-k$ 个模块全部处于状态 3 或状态 4 的零电平状态，这样就能在整个级联的输出端口得到逼近于正弦波的阶梯波电压波形，如图 4-5-3 和图 4-5-4 所示。

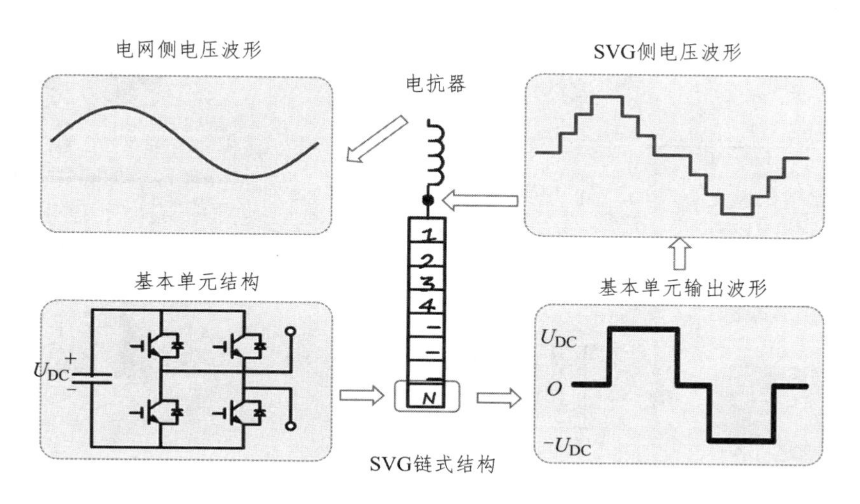

图 4-5-3　最近电平逼近调制原理

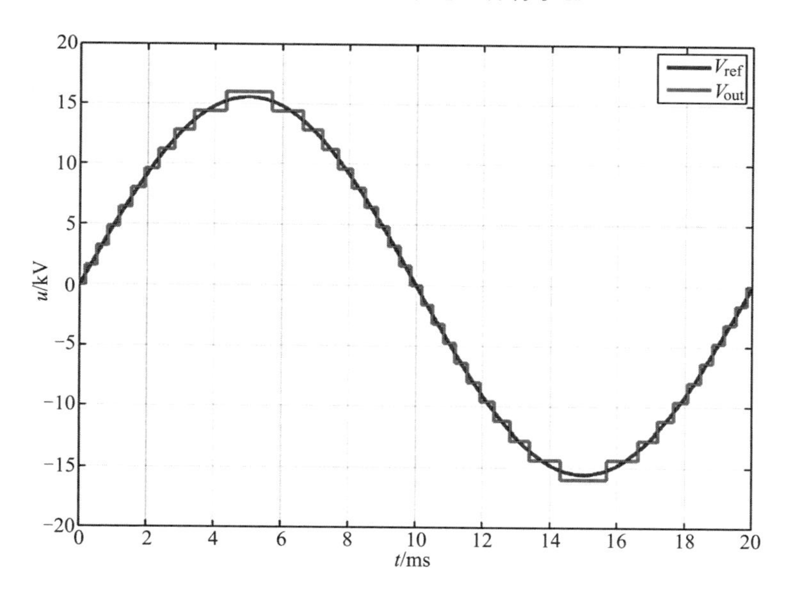

图 4-5-4　最近电平逼近调制输出电压波形

对于最近电平逼近调制，当计算得到的 k 数大于实际的模块总数时，限制 k 值等于模块总数 n，此过程称之为过调制，此时通过直流侧电压无法变换达到所需的交流电压，为非正常的工作状况。同样，对于 STATCOM 来说，根据其工作原理，其注入电网的电流大小和方向是通过调整换流器的输出电压来实现的，因此换流器的输出电压也不能太小，输出电压太小会使 STATCOM 输出较大的感性电流，容易产生过流。

4.5.2 STATCOM 的控制保护

4.5.2.1 单套 STATCOM 的控制

STATCOM 控制保护系统（见图 4-5-5）在监视到退出协调控制模式下，进入自身的控制保护策略逻辑，主要分为定无功控制策略和定电压控制策略。

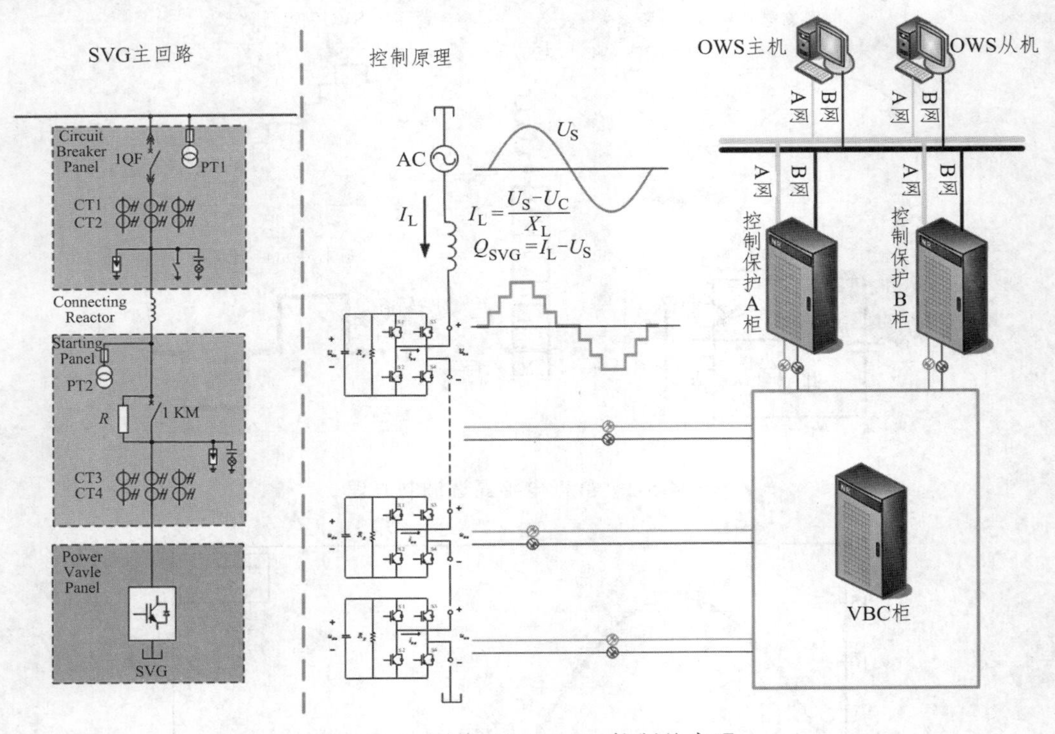

图 4-5-5 单套 STATCOM 控制的实现

1．STATCOM 的主要控制模式

1）定无功控制

操作 STATCOM 控制系统退出协调控制模式，默认自动进入定无功控制模式，通过遥调设定手动触发无功指令后，STATCOM 将依据该遥调指令以设定的无功调节速率完成无功调节控制，控制精度在 1%以内。

2）定电压控制

STATCOM 控制系统退出协调控制模式，此时系统默认自动进入定无功控制模式，通过执行“非协调控制下无功电压模式切换控制”遥控，控制 STATCOM 进入定电压模式，通过遥调设定“电压参考值”和“电压斜率参考值”指令后，STATCOM 将依据该遥调指令以设定的电压调节速率和电压斜率完成电压调节控制。

3）暂态控制方式

暂当 500 kV 电压相电压有效值超过或者低于一定的阈值，或 500 kV 母线电压 du/dt 超过一定的阈值后，控制保护系统进入暂态过程，STATCOM 主控制器控制无功指令将限幅放开，即开放至单套最大 130 MV · A 的最大限幅。

当母线电压满足进入暂态过程的暂态判据时，控制器将控制模式切换为定电压控制，进入定电压控制模式后（当满足退出暂态判据时，模式自动返回至切换前模式），无功限值放开，最大输出无功的限值提高为暂态最大输出感性无功和暂态最大输出容性无功定值（130 MVar）。当满足退出暂态判据时，STATCOM 退出暂态（见图 4-5-6）。

（a）南瑞

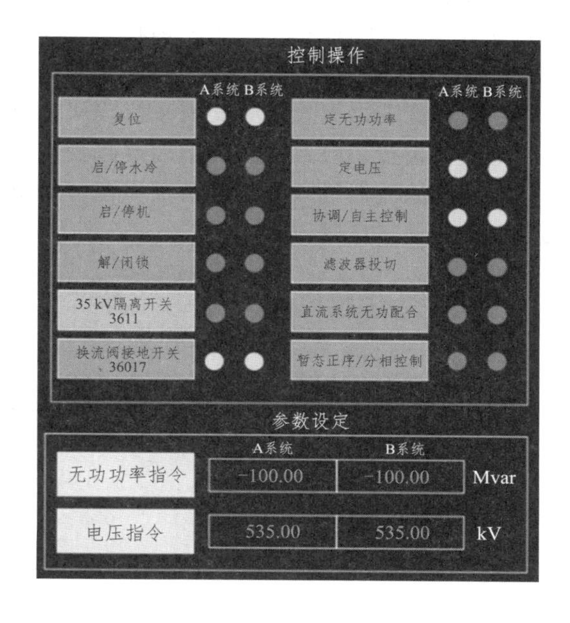

（b）许继

图 4-5-6　单套 STATCOM 控制模式选择

2．STATCOM 的其他辅助控制

1）STATCOM 的启动充电

STATCOM 功率模块（见图 4-5-7）直流侧为直流支撑电容，电容电压稳定是模块正常工作的前提条件，因此在 STATCOM 启动时，必须对功率模块进行充电。

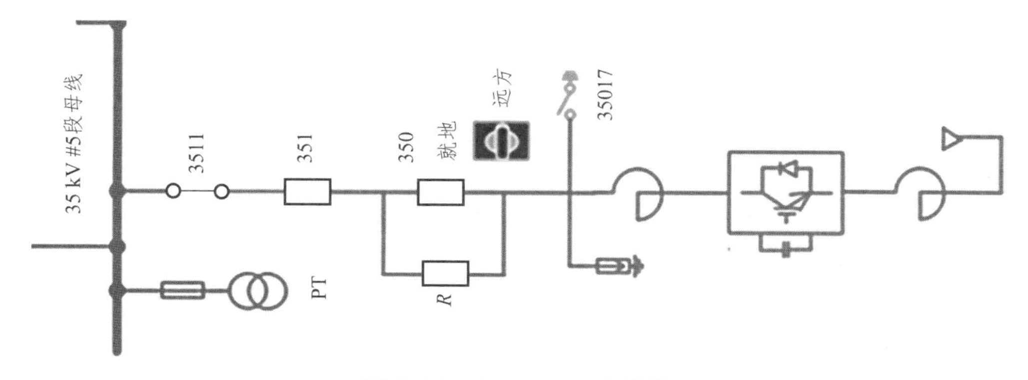

图 4-5-7　STATCOM 主回路

充电前状态：地刀（35017）分位，35 kV 隔刀（3511）合位，主断路器（351）分位，旁路断路器（350）分位。

充电过程：合上主断路器开始充电，主断路器（351）合位，旁路断路器（350）分位。35kV 侧交流电通过充电电阻 R 给功率模块充电。

充电结束：充电约持续约一段时间（南瑞：29 s，许继：23 s），合旁路断路器（350），通过“软旁路”继续对模块充电。充电结束后，三相换流链功率模块直流电容电压维持在 1700 V 左右。STATCOM 进入闭锁状态，等待解锁。

2）与交流滤波器的投切配合

当交流滤波器组投入到交流系统或从交流系统中切除，由于交流滤波器组的容量较大，交流滤波器组投切导致的无功增加或减少，将会使交流系统的稳态电压产生较大波动。因此通过在交流滤波器投入或切除前预先调节 STATCOM 无功输出，从而减小由于滤波器投切带来的电压波动（见图 4-5-8）。

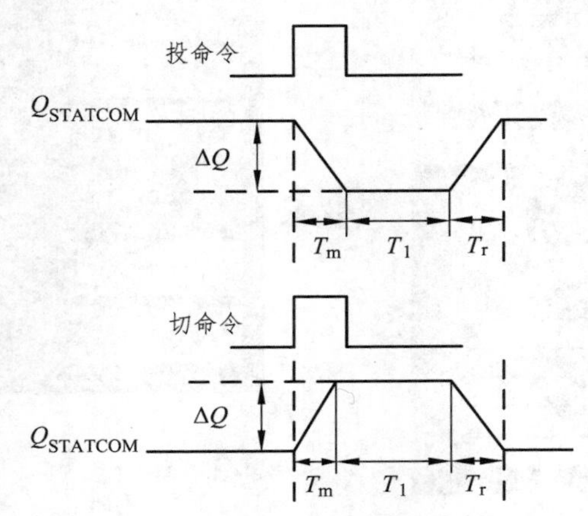

图 4-5-8　STATCOM 与交流滤波器的投切配合

当 STATCOM 接收到投切命令后，控制 STATCOM 无功根据设定的预投切调节时间（T_m）下降（上升），幅度为 ΔQ，持续一段时间后，再根据设定的斜率上升（下降），持续的时间为 T_1，恢复时间为 T_r，设置时保证滤波器组投切命令发出到开关合上（分开）无功变化的延时小于 $T_m + T_1$，即保证交流滤波器的投切动作发生在 T_1 时间段内，以保证滤波器投切后电压波动不超过 2%。

4.5.2.2　STATCOM 的协调控制

永富直流输电工程富宁换流站，配置 3 套容量为 100 MV · A 的 STATCOM，三套 STATCOM 由协调控制器完成协调控制，当 STATCOM 退出协调控制策略时，可以转入自主控制策略（见图 4-5-9）。

协调控制器对上和直流站控装置 RPC 通信，接收直流站控下发的系统运行方式、电压控制方式以及交流滤波器投切信号等。对上将协调控制器接收直流 RPC 系统通信故障信号上送，以完成数据的交互。协调控制器对下和 STATCOM 主控制器装置，下发无功指令、无功调节速率以及当前协调控制器的主备信号等。STATCOM 主控制器上送当前输出无功以及主备信号等。

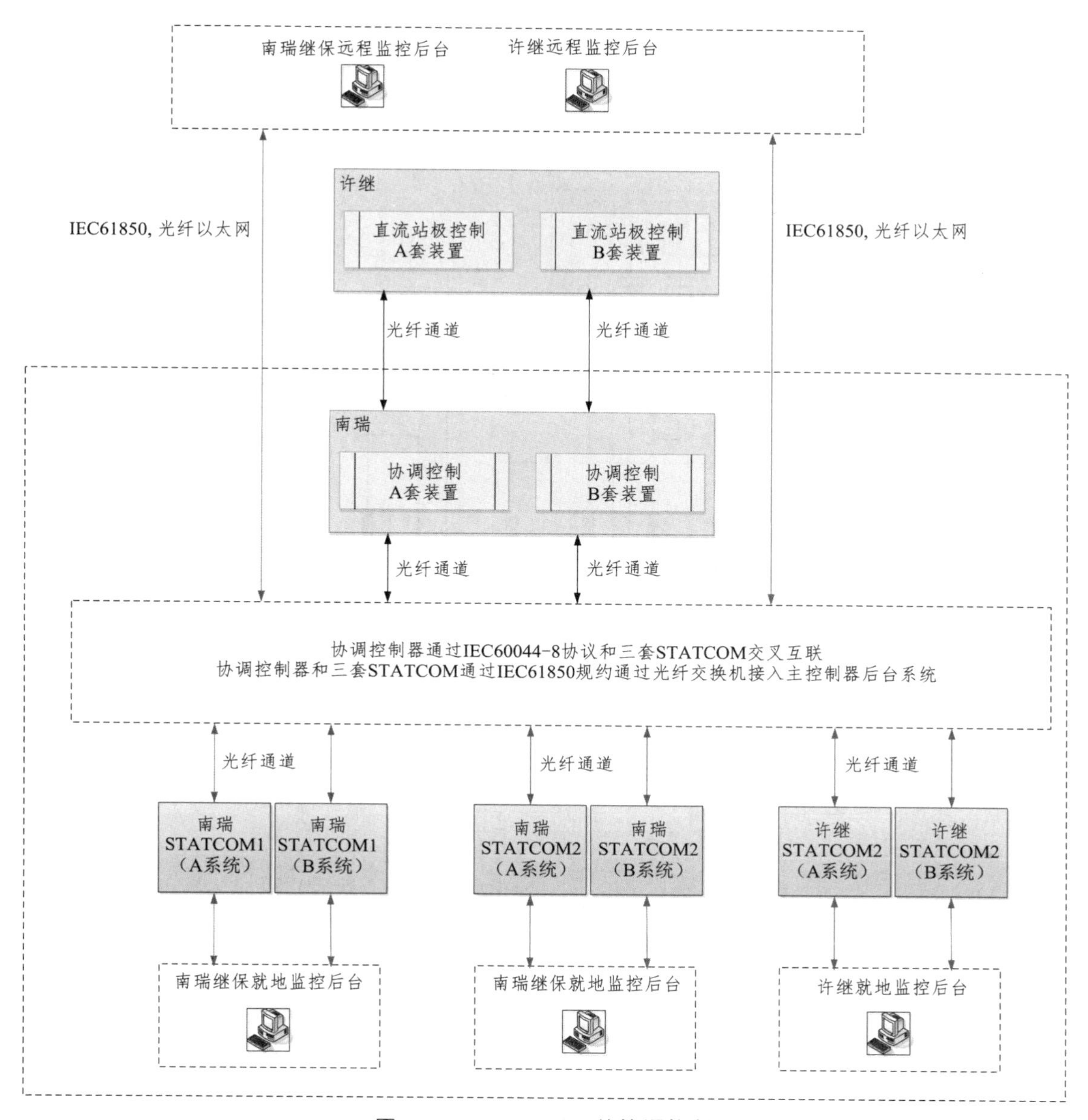

图 4-5-9　STATCOM 的协调控制

1．全送运行方式下的控制策略

全送运行方式分为全送云南和全送广西两种方式。由直流站控将运行模式下发至协调控制器。协调控制器根据当前运行模式采取不同的控制策略。

以这种运行方式控制同一个母线电压，协调控制器完成稳态电压闭环调节策略以及暂态控制策略，根据三套 STATCOM 运行状态完成无功均分控制；对直流换流站中交流滤波器投切进行预调节控制，抑制交流滤波器投切产生的电压扰动；辅助策略有无功储备逻辑、慢速无功调节、电压偏差调节控制以及二次电压过压防误等逻辑。

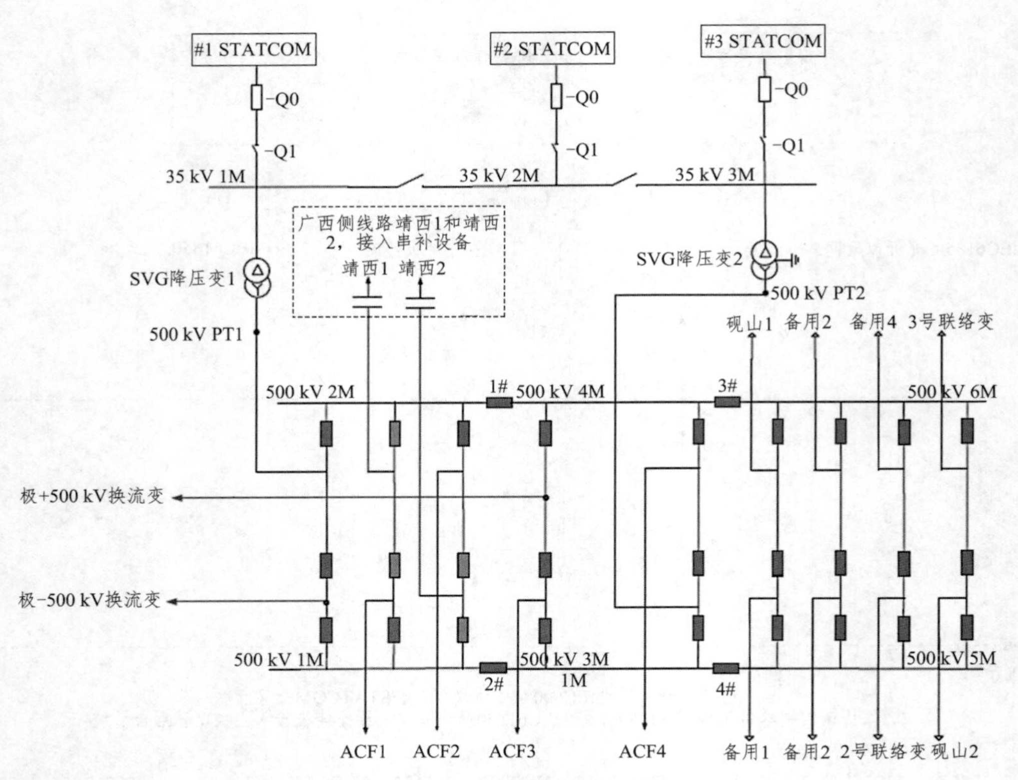

图 4-5-10 全送云南方式示意图

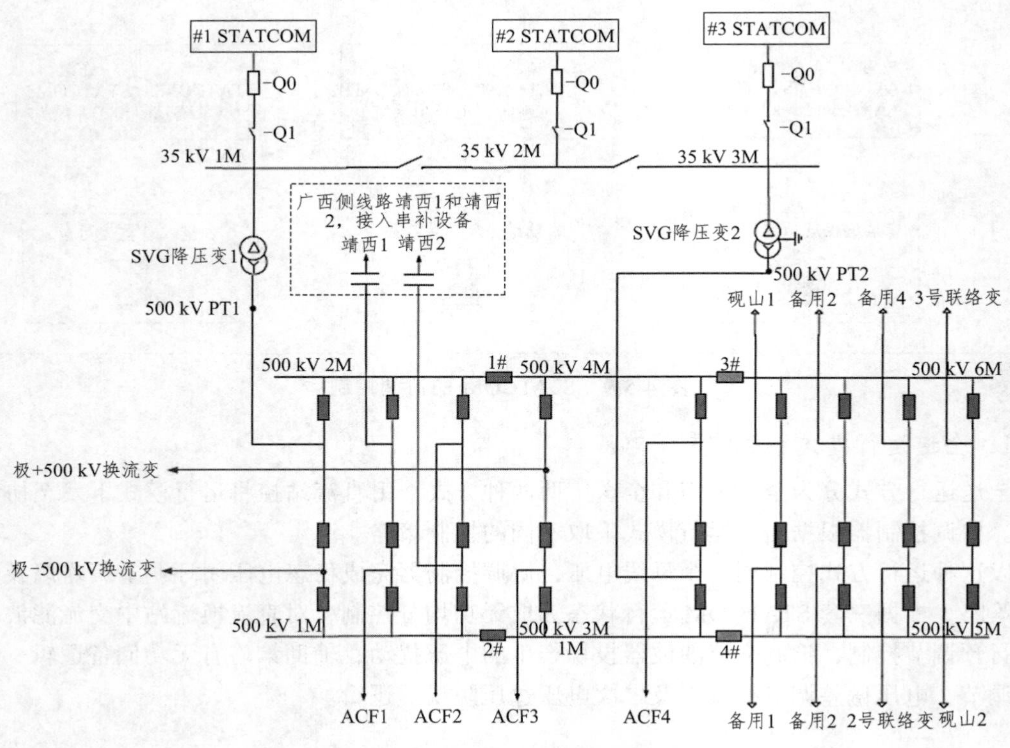

图 4-5-11 全送广西方式示意图

2．分送运行方式下的控制策略

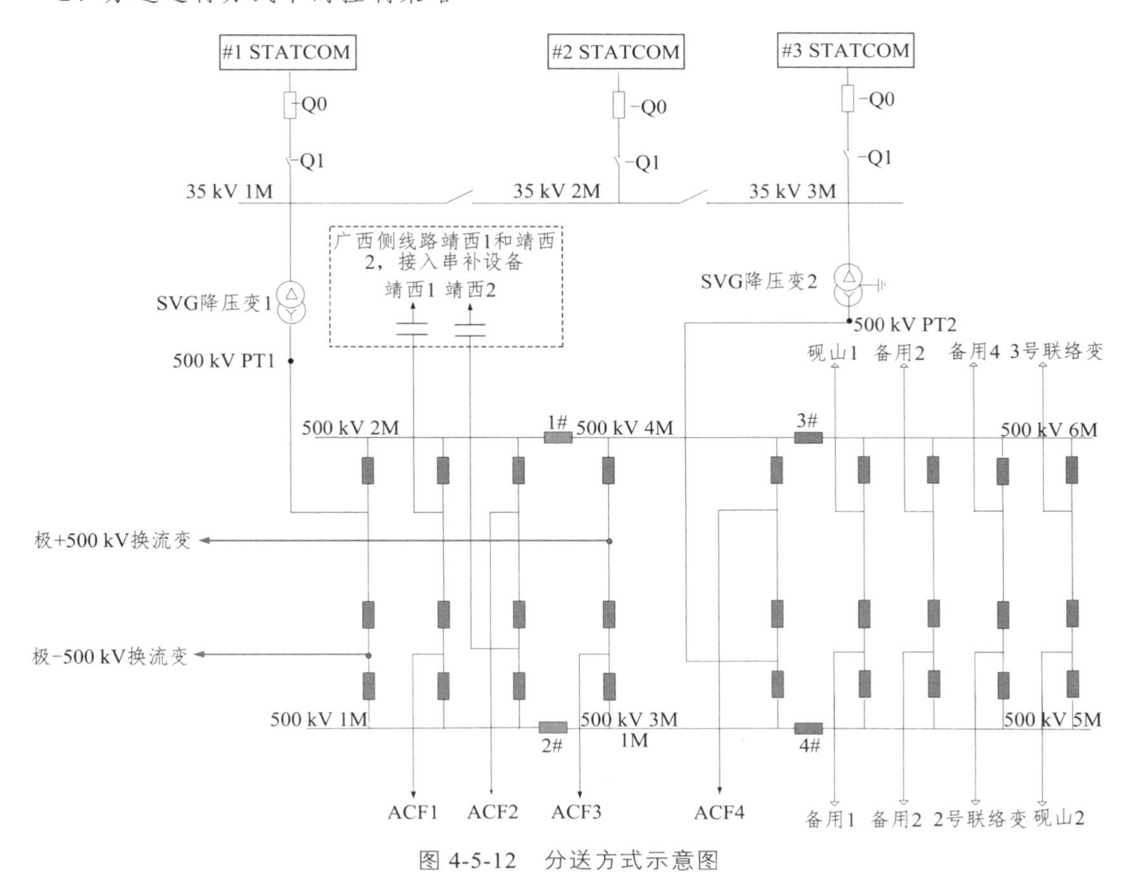

图 4-5-12　分送方式示意图

控制两个母线电压，协调控制器根据各段 500 kV 母线下接入 STATCOM 的解闭锁情况完成稳态闭环调节策略以及暂态控制策略，根据三套 STATCOM 运行状态完成无功控制，实现对各控制对象母线电压的调节。

4.5.2.3　STATCOM 的保护配置

控制系统设置了三级保护，主要针对阀组和系统故障提供有效的保护功能，分别为器件级保护、阀组级保护和系统级保护。

1．器件级保护

器件级保护会检测阀组内部器件级的故障，如驱动板对 IGBT 的有源箝位保护和退饱和保护，为保护器件不被损坏，出口为旁路故障模块，一般通过控制驱动板的硬件保护电路实现。

IGBT 过压和过流保护：IGBT 过压和过流保护通过采用驱动板自带的硬件保护电路实现。驱动板具备退饱和电路实现 IGBT 短路保护。

2．阀组级保护

1）阀组直流侧过/欠压保护

阀组内部的控制板卡具备电容直流电压采样电路并将采样值上送，当阀组内部控制板卡检测直流侧电容电压超过或低于预先设定的定值时，将过欠压保护的信息上送至阀组触发控制单元，由阀控装置向核心主控装置发送保护信息。该保护可以有效防止预充电和运行过程中故障导致的各功率单元的直流侧过欠电压，保护阀组内部器件。

2）阀组过温保护

阀组内部的控制板卡通过 PT100 实现温度保护电路，当阀组内部控制板卡检测阀组温度超过预先设定的定值时，将过温保护的信息上送至阀控装置，由阀控向主控装置发送保护信息。该保护可以有效防止运行过程中阀组过热导致的元器件损坏。

3）阀组驱动异常保护

阀组内部的控制板卡具备驱动逻辑产生电路和校验电路，当阀组内部控制板卡检测到驱动信号或者驱动板卡发生异常时，将驱动异常的信息上送至阀控装置，由阀控向主控装置发送保护信息。该保护可以有效防止运行过程中阀组驱动异常导致的元器件损坏。

4）阀组电源故障保护

阀组内部的控制板卡具备电源监视电路，当阀组内部控制板卡检测到电源发生故障时，将电源故障的信息上送至阀控装置，由阀控装置向主控装置发送保护信息。该保护可以有效防止运行过程中阀组电源故障导致的元器件损坏。

3．系统级保护

1）STATCOM 系统角外过流速断保护

STATCOM 系统阀侧发生接地故障或相间短路故障时，角外电流很大，但角内电流较小不足以使过流保护动作，故设置角外过流速断保护功能。当系统发生角外过流速断保护时，STATCOM 系统保护逻辑动作于跳闸，同时装置和监控后台显示相应的动作信息（见表 4-5-2 和表 4-5-3）。

表 4-5-2　南瑞 STATCOM 系统角外过流速断保护

定值项名称	定值	延时	备注
角外过流速断保护	2.0 A（1.8 pu）	10 ms	有效值

表 4-5-3　许继 STATCOM 系统角外过流速断保护

定值项名称	定值	延时	备注
35 kV 过流速断保护	2.0 pu	100 ms	有效值
35 kV 过流Ⅰ段保护	1.3 pu	5.5 s	35 kV 线电压有效值为 0.6 ~ 1.15 pu 时检测
35 kV 过流Ⅱ段保护	1.1 pu	121 min	

2）STATCOM 系统过流保护

为防止 STATCOM 阀侧角内电流过大造成功率器件损坏等故障，需要对 STATCOM 系统设定过流保护。STATCOM 系统有两段过流保护，过流Ⅰ段动作于跳闸，过流Ⅱ段动作于闭锁（见表 4-5-4 和表 4-5-5）。

表 4-5-4　南瑞 STATCOM 系统过流保护

定值项名称	定值	延时	备注
角内过流 I 段保护	1.21 A	1 ms	峰值
角内过流 II 段保护	0.72 A	100 ms	有效值，暂时闭锁

表 4-5-5　许继 STATCOM 系统过流保护

定值项名称	定值	延时	备注
角内过流闭锁保护	1.70 pu		峰值，暂时闭锁
角内过流速断保护	1.78 pu	1 ms	峰值，跳闸

3）STATCOM 系统过负荷报警

为防止 STATCOM 长期运行在过载状态，增设角内电流过负荷报警功能。

表 4-5-6　南瑞 STATCOM 系统过负荷报警

定值项名称	定值	延时	备注
过负荷报警	1.21 A	1 ms	报警

表 4-5-7　许继 STATCOM 系统过负荷报警

定值项名称	定值	延时	备注
过负荷保护	1.0 pu	31 s	跳闸，35 kV 线电压有效值为 0.2～0.6 pu 时检测

4）系统过/欠压保护

当系统电压过高或发生严重故障时，为防止电压过高造成换阀组元器件过压损坏，需要对 STATCOM 进行保护处理。本工程设置两段过压保护，过压 I 段动作于跳闸，过压 II 段动作于闭锁。

当系统出现轻微低电压时，STATCOM 系统能够快速输出容性无功以提高系统电压。当系统出现严重故障电网电压过低时，需要进行闭锁操作。

表 4-5-8　南瑞系统过/欠压保护

定值项名称	定值	延时	备注
交流过压 I 段保护	143 V	40 ms	跳闸
交流过压 II 段保护	133 V	1 ms	暂时闭锁
交流过压瞬时值闭锁	153 V		
交流过压瞬时值闭锁返回	135 V		
交流欠压保护	18 V	5 ms	

表 4-5-9　许继系统过/欠压保护

定值项名称	定值	延时	备注
35 kV 过压速断保护	2.18 pu	2 ms	峰值
35 kV 过压Ⅰ段保护	1.43 pu	40 ms	
35 kV 有效值过压闭锁保护触发值	1.33 pu	0 ms	暂时闭锁
35 kV 有效值过压闭锁保护返回值	1.2 pu	30 ms	
35 kV 瞬时值过压闭锁保护触发值	1.53 pu	1 ms	暂时闭锁
35 kV 瞬时值过压闭锁保护返回值	1.35 pu	50 ms	
500 kV 欠压闭锁保护触发值	0.6 pu	1 ms	暂时闭锁
500 kV 欠压闭锁保护返回值	0.8 pu	50 ms	
35 kV 欠压Ⅱ段保护	0.2 pu	5.1 s	跳闸
定值项名称	定值	延时	备注
子模块平均电压过压保护	2200 V	1 ms	跳闸，闭锁状态下使能

5）系统过/欠频保护

STATCOM 设置过/欠频保护，并将设备过欠频保护默认定值设定为：过频保护定值 52 Hz，延时 1 s；设定欠频保护定值 48 Hz，延时 1 s。当系统发生系统过/欠频故障时，STATCOM 系统保护逻辑动作于跳闸（见表 4-5-10 和表 4-5-11）。

表 4-5-10　南瑞系统过/欠频保护

定值项名称	定值	延时	备注
系统欠频保护	48 Hz	1 s	
系统过频保护	52 Hz	1 s	

表 4-5-11　许继系统过/欠频保护

定值项名称	定值	延时	备注
系统欠频保护	48 Hz	1 s	单位为 0.01 Hz，输入值：4800
系统过频保护	52 Hz	1 s	单位为 0.01 Hz，输入值：5200

6）进线开关失灵保护

未避免 35 kV STATCOM 进线开关失灵，引起 STATCOM 无法隔离故障，损坏阀组，增加进线开关失灵保护。当 35 kV STATCOM 进线开关失灵后，STATCOM 给出跳闸节点去跳上一级开关，以隔离故障。

7）子模块冗余保护

每相的功率模块都设有冗余，个别功率模块故障旁路以后，装置仍然能够正常运行。每相冗余数为 4，即单相功率模块故障数量小于等于 4，装置能够正常运行，当第 5 个功率故障旁路，STATCOM 功率模块冗余用尽，装置跳闸。

8）其他保护

STATCOM 还配有运行中误分旁路开关保护、控制装置闭锁（掉电）跳断路器以及零序过压报警功能（见表 4-5-12 和表 4-5-13）。

表 4-5-12　南瑞其他保护

定值项名称	定值	延时	备注
零序电压告警	15 V	15 s	

表 4-5-13　许继其他保护

定值项名称	定值	延时	备注
35 kV 零序电压告警	0.55 pu	1 s	

9）外部信号开入跳闸

外部信号开入跳闸包括水冷故障跳闸信号、35 kV 母差保护动作开出信号、支路断路器失灵保护动作开出信号。

10）水冷控制保护

（1）南瑞。

系统为了保证阀能够正常工作，在出现恶劣情况下会发出跳闸信号请求阀组停运，系统在跳闸前会先切换控制系统，当两套装置都监视到跳闸信号时发系统跳闸命令，系统在以下情况下会发出系统跳闸信号：

- 主泵 1 与主泵 2 同时故障且流量偏低；
- 进阀温度超高；
- 出阀温度超高；
- 主循环流量超低且进阀压力偏低；
- 主循环流量超低且进阀压力偏高；
- 主循环流量偏低且进阀压力超低；
- 缓冲罐/高位水箱液位超低；
- 水冷系统泄漏；
- 纯水温度计（进阀）和纯水温度计（出阀）均故障；
- 直流信号电源失电；
- 系统供电电源故障。

（2）许继。

水冷系统保护配置有温度保护、流量压力保护、液位保护、电导率保护等。具体跳闸逻辑有（延时 10 s）：

- 冷却水流量超低且进阀压力低跳闸；
- 流量超低且进阀压力传感器故障跳闸；
- 流量传感器均故障且进阀压力超低跳闸；
- 冷却水流量超高且进阀压力高跳闸；
- 冷却水流量超高且进阀压力传感器故障跳闸；

- 进阀压力超高且冷却水流量传感器故障跳闸；
- 两台主泵均故障且进阀压力低跳闸；
- 进阀温度超低跳闸；
- 进阀温度超高跳闸；
- 出阀温度超高跳闸；
- 膨胀罐液位超低跳闸；
- 电导率超高跳闸；
- 紧急停机跳闸；
- 远程停止跳闸。

4.5.3 STATCOM 的运维要点

4.5.3.1 运行关注要点

1．STATCOM 装置启动（以#1STATCOM 为例）

（1）检查开关刀闸位置，确认 STATCOM 处于热备用状态（3511 合位，351 分位，350 分位，35017 分位）。

（2）确认水冷系统运行正常。水冷系统启动，就地检查水冷运行正常。

（3）确认控制模式、控制参数设置是否正确，是否参与协调控制、定电压/定无功控制，电压/无功指令设置合理（独立控制时，无功指令不应设置过大，电压指令不应偏离正常电压过多）。

（4）启动前检查确认无误后，在监控后台点击“启机”，STATCOM 进入充电过程。首先，主断路器（351）闭合，旁路断路器（350）断开，35 kV 侧交流电通过充电电阻 R 给功率模块充电。充电持续一段时间后，旁路断路器（350）闭合，充电电阻被旁路，继续对模块进行充电。充电结束，三相换流链功率模块直流电容电压维持在 1700 V 左右，STATCOM 进入闭锁状态，等待解锁。

启动过程中主要观察 STATCOM 子模块充电状态，注意观察现场户外设备有无异常（见图 4-5-13）。

（5）设定好控制方式，点击主控制界面“解锁”按钮（见图 4-5-14），STATCOM 解锁，开始输出无功功率。注意观察 STATCOM 实时监测无功功率与无功指令，无功功率控制偏差精度在 1% 以内（见图 4-5-15 ~ 图 4-5-17）。

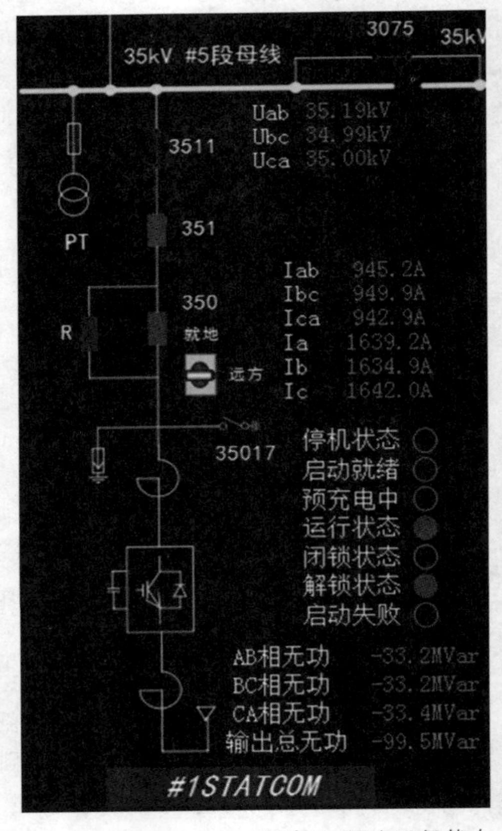

图 4-5-13　#1STATCOM 监控界面（运行状态）

图 4-5-14　STATCOM 解锁控制界面（南瑞）

非协调控制下无功电压模式切换控制	
手动触发无功指令	100.00MVar
电压参考值	525.00kV
电压斜率参考值	0.02

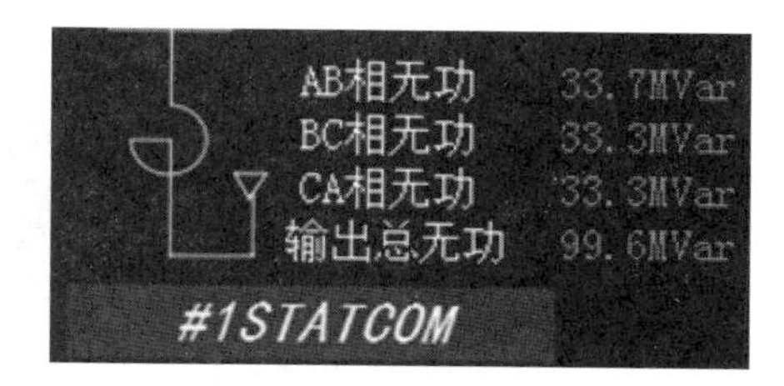

图 4-5-15　STATCOM 无功输出指令与实时无功（南瑞）

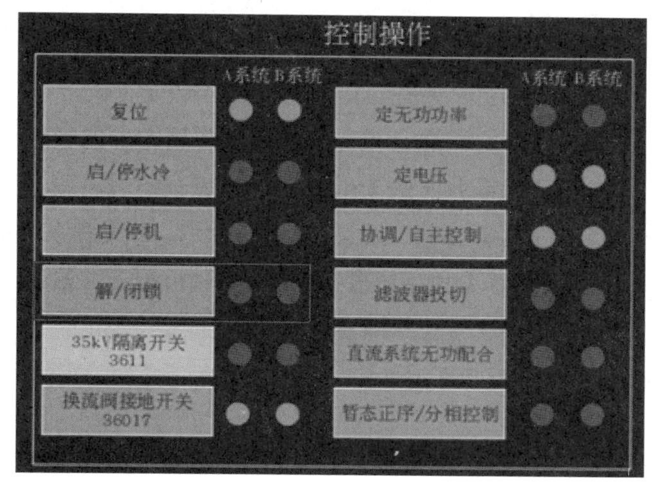

图 4-5-16　STATCOM 解锁控制界面（许继）

参数设定	A系统	B系统	
无功功率指令	-100.00	-100.00	Mvar
电压指令	535.00	535.00	kV

35kV侧A相电流	1747.60	1761.60	A
35kV侧B相电流	1753.90	1755.20	A
35kV侧C相电流	1752.50	1754.20	A
电网频率	50.00	50.00	Hz
无功功率	-94.70	-95.10	Mvar

控制操作

图 4-5-17　STATCOM 无功输出指令与实时无功（许继）

2．STATCOM 运行中关注要点

1）监控后台

（1）关注子模块状态（见图 4-5-18 ~ 图 4-5-20）。STATCOM 每相冗余数为 4，即单相功率模块故障数量≤4 时装置能够正常运行，当第 5 个功率故障，STATCOM 功率模块冗余用尽，装置跳闸。

图 4-5-18　许继 STATCOM 子模块监视界面

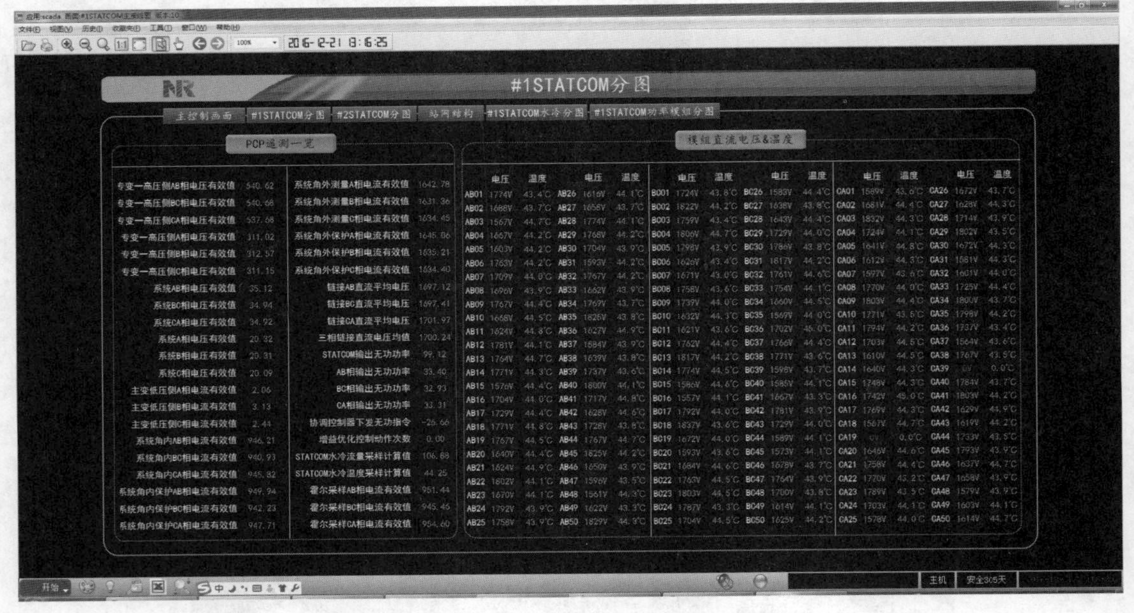

图 4-5-19　南瑞 STATCOM 子模块监视界面 1

图 4-5-20 南瑞 STATCOM 子模块监视界面 2

（2）关注水冷系统监控状态（见图 4-5-21、图 4-5-22），如进、出阀温度（参考值：额定功率运行 2 h，南瑞进阀水温 40.24 °C，出阀水温 46.99 °C，许继进阀水温 37.80 °C，出阀水温 44.30 °C），进、出阀压力，缓冲罐压力，缓冲罐液位，电导率，空冷器风机状态，等。

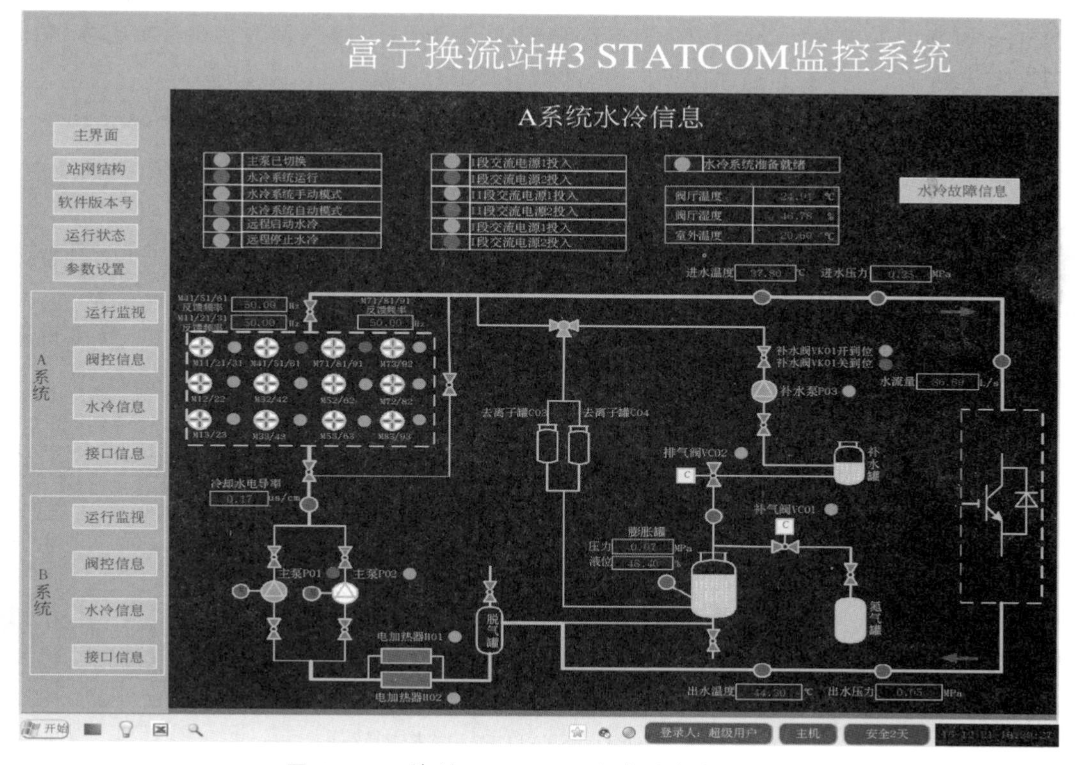

图 4-5-21 许继 STATCOM 水冷系统监视界面

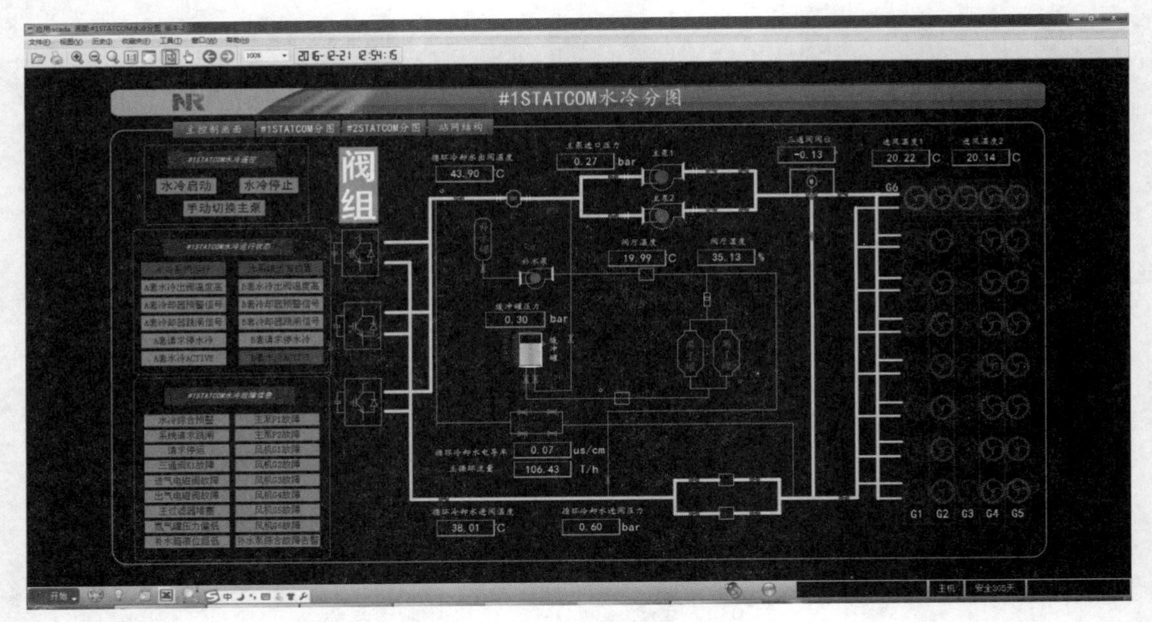

图 4-5-22　南瑞 STATCOM 水冷系统监视界面

（3）控制方式选择及控制指令的输入。协调控制操作界面在南瑞 STATCOM 监控后台，#1，#2 及协调控制在同一界面，注意区分。3#STATCOM 为单独监控后台（见图 4-5-23、图 4-5-24），协调控制指令平均分配。例如，在 3 套 STATCOM 协调控制下，输出容性无功为 90 MVar，每套处理 30 MVar，当有一套 STATCOM 退出运行时，剩余两套每套出力 45 MVar。若 STATCOM 与协调控制器通信中断，则该套输出固定无功，默认为 20 MVar。

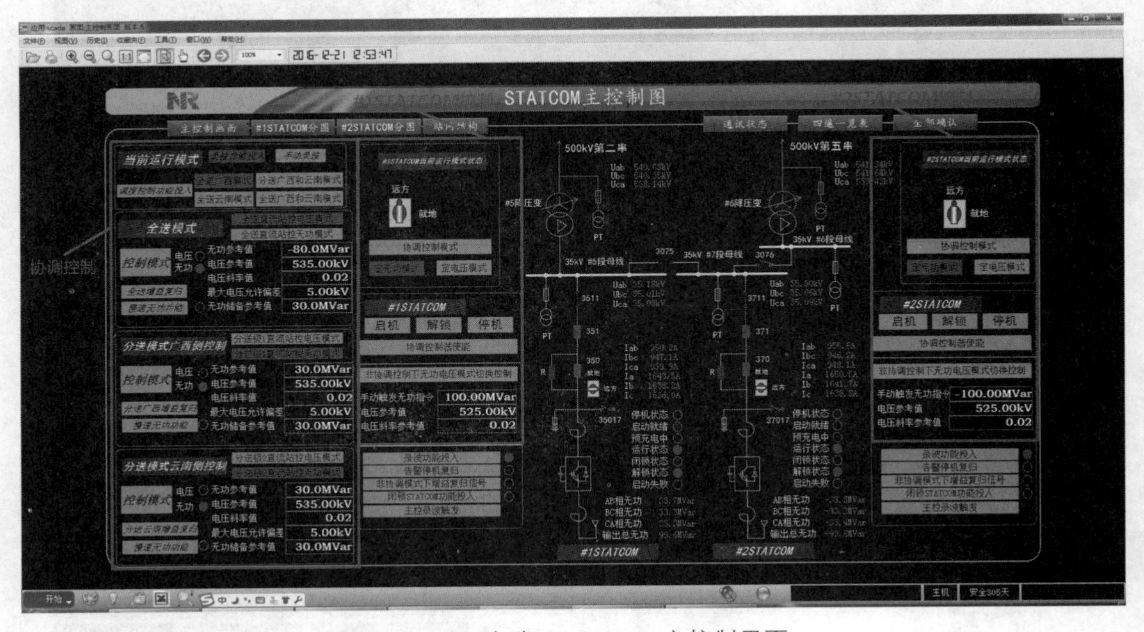

图 4-5-23　南瑞 STATCOM 主控制界面

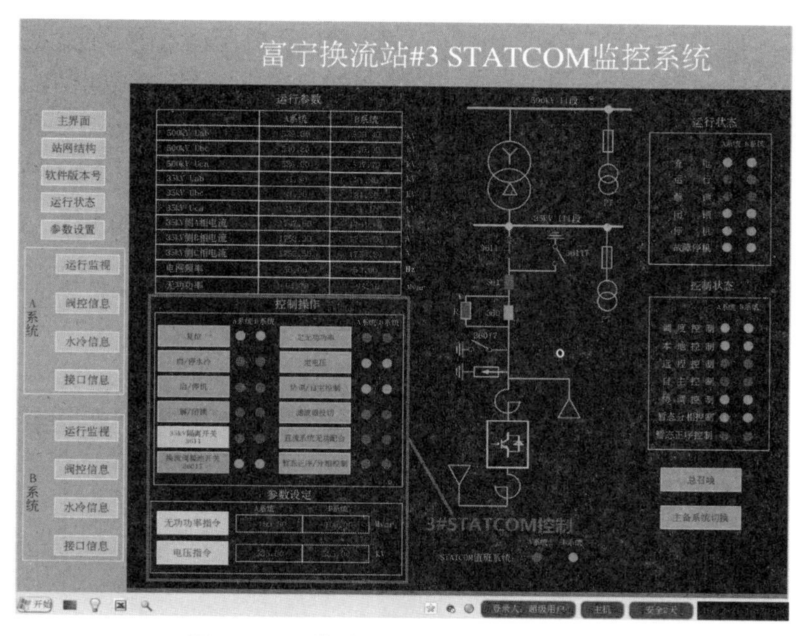

图 4-5-24　许继 STATCOM 主控制界面

2）日常巡视

（1）户外一次设备。

设备无变形，无破损，无异响，红外测温在正常范围内，重点关注一次设备连接处的温度（见图 4-5-25）。

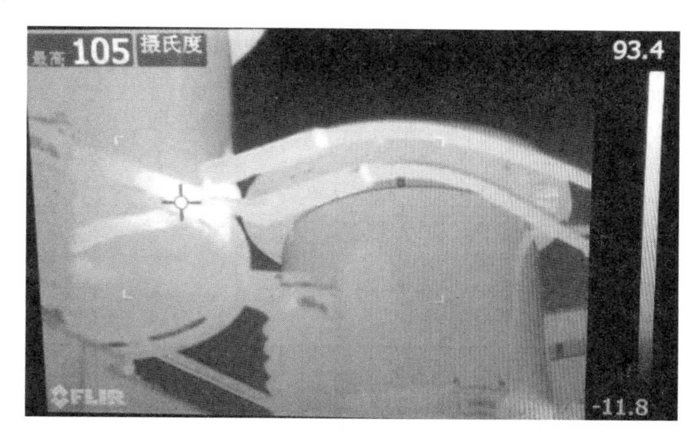

图 4-5-25　调试期间#3STATCOM 充电电阻接头处发热

（2）水冷室。

温度、湿度在正常范围内；照明、空调运转正常；水冷设备无漏水迹象；氮气瓶压力高于告警值（氮气量）；运行主泵无异响；水冷系统表计正常。

（3）水冷户外空冷器。

风机运转正常，无明显震动或异响，冷却水管道无漏水、渗水痕迹。

（4）控保小室。

温度、湿度在正常范围内；照明、空调运转正常；无异味；STATCOM、水冷等设备无告警；控保装置指示灯正常。

4.5.3.2　故障查找思路

1．发生故障跳闸后的故障查找思路

（1）通过后台监控，查看故障时刻报文，初步判断由哪个保护导致装置跳闸（见表 4-5-14）。

表 4-5-14　南瑞 STATCOM 保护矩阵

	暂时性闭锁	永久性闭锁	STATCOM 支路跳闸	报警	上一级断路器跳闸	双系统切换
交流欠压	√					
交流过压Ⅰ段		√	√			
交流过压Ⅱ段	√					
零序电压				√		
交流频率		√	√			
角内过流Ⅰ段		√	√			
角内过流Ⅱ段	√					
角外过流		√	√			
过负荷				√		
水冷系统过温		√	√	√		
水冷系统流量低				√		
水冷系统告警				√		
水冷系统故障		√	√			
其他保护装置联跳		√	√			
VBC 软硬件异常		√	√	√		√
子模块故障		√	√	√		
旁路开关 1KM 误跳		√	√			
进线开关 1QF 失灵		√			√	
阀组长时间带电未解锁		√	√	√		
PCP 软硬件异常						√
系统切换后值班机故障		√	√			

（2）现场及控制保护装置检查，重点查看现场装置有无异常，二次回路空开，控制保护装置指示灯及控保装置动作报文，控保装置供电电源等。

（3）通过故障录波数据综合分析。

2．故障录波数据导出

1）南瑞 STATCOM

可以从监控后台导出故障录波数据，位于监控后台计算机的“.../Wave”文件夹中，装置标识如下：

（1）协调控制器（A、B 两套）：CCU。

（2）STATCOM 主控制器（A、B 两套）：SVG，#1“P1”文件夹；#2“P2”文件夹。

（3）水冷控制器（A、B 两套）：CCP，#1“--”文件夹；#2“P1”文件夹。

（4）STATCOM 阀控装置（A、B 两套）：VBC。

也可以根据数据组态工具中查看装置表示，如图 4-5-26 所示。

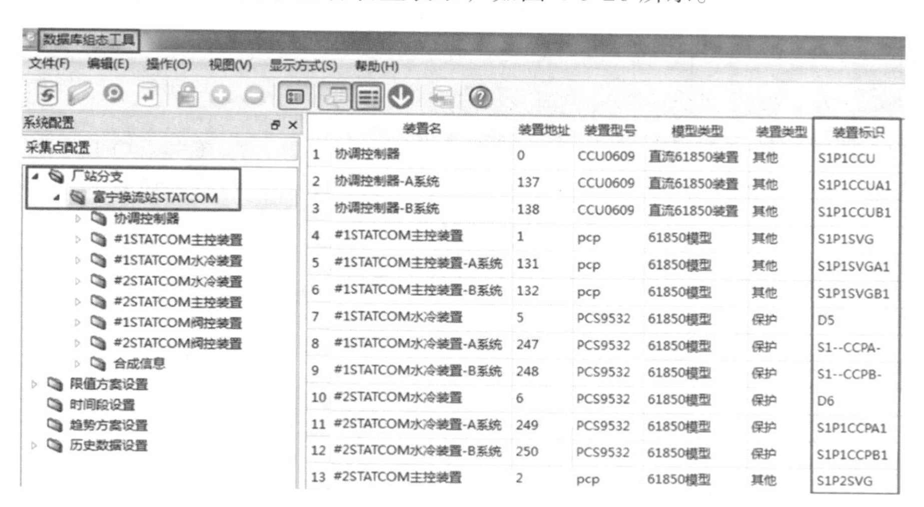

图 4-5-26　南瑞 STATCOM 查看录波装置标识

2）许继 STATCOM

许继#3STATCOM 故障录波为山大电力故障录波，故障录波位于#3STATCOM 控制保护室，可从录波装置导出故障录波数据。

4.6　串补控制保护

4.6.1　串补的运行原理

长距离交流输电线路的传输容量受稳定极限的限制，其中感抗对传输能力起决定性作用，计算公式为 $P = EU/X\sin\delta$。在输电线路中加入串联补偿电容，利用串联补偿电容的容抗补偿部分感抗，减小线路两端的相角差，达到提高系统稳定极限和输电能力的目的，串补输电原理如图 4-6-1、图 4-6-2 所示。

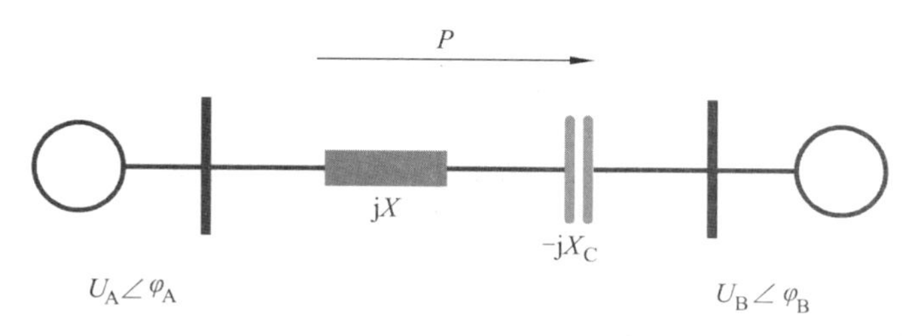

图 4-6-1　高压线路串补原理图

串联电容前，传输功率为 P_1

$$P_1 = \frac{U_A U_B \sin(\varphi_A - \varphi_B)}{X}$$

串联电容后，传输功率为 P

$$P_2 = \frac{U_A U_B \sin(\varphi_A - \varphi_B)}{X - X_C}$$

系统静态稳定功角曲线如图 4-6-2 所示，对比系统静态稳定条件：

$$\mathrm{d}p / \mathrm{d}\delta > 0$$

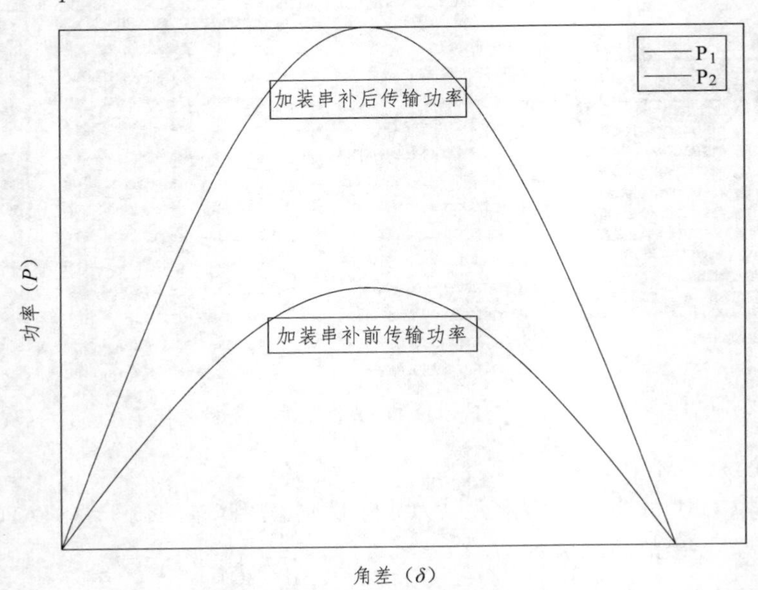

图 4-6-2　加装串补后的功角曲线对比

即在曲线左侧都属于静态稳定范围内，同时由图 4-6-2 可知，对于给定恒定的电压 U_A、U_B，有 $P_2 > P_1$，即串补的存在提高了系统的输送容量，也提高了系统稳定极限。

总的来说，超高压/高压线路加装串补最重要的原因是为了利用串联补偿电容的容抗补偿部分感抗，减小线路两端的相角差，达到提高系统稳定极限和输电能力的目的，以提高电力系统稳定性，增加系统传输能力。

除此之外，串补的加装还能发挥其他的作用，主要有以下几点：

（1）MOV 的应用更进一步提高了电力系统运行的可靠性。

串补 MOV 是不需要二次设备控制的一次保护设备，当电容器电压升高到一定程度时，达到 MOV 拐点附近，MOV 导通分流，将电容器电压拉下来，起到保护电容器的目的。整个过程无保护等二次设备作用，安全可靠，无延迟。从这个角度来说，提高了系统的可靠性。

（2）在平行线或环网中采用串联补偿可使功率分配更加合理。

串补电容相当于缩短了线路的电气距离，可使潮流分布更合理，同时减小了线路的损耗，提高了电力系统运行的经济性。具体如图 4-6-3 所示。

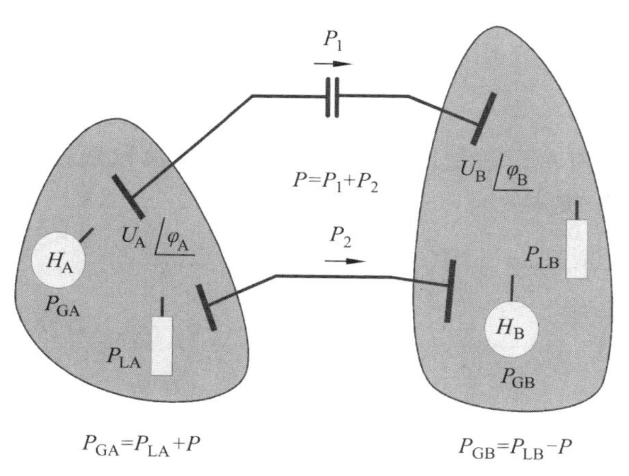

图 4-6-3　串补改变潮流分布图

（3）改善系统的运行电压和无功平衡条件，在配电网中用于补偿线路感性压降，改善电压质量。

（4）串联电容器产生的无功与通过电容器的电流平方成正比，也就是说串联电容器对于改善系统的运行电压和无功平衡条件具有一定的作用（见图 4-6-4、图 4-6-5）。

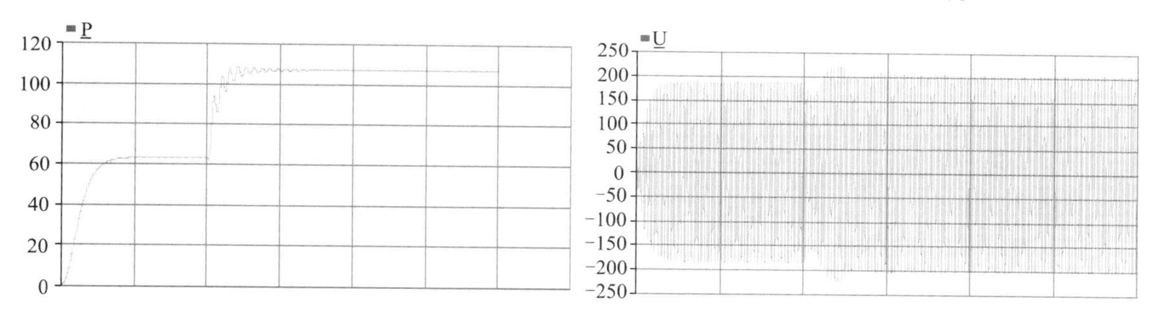

图 4-6-4　串补对线路电压分布和传输功率的影响

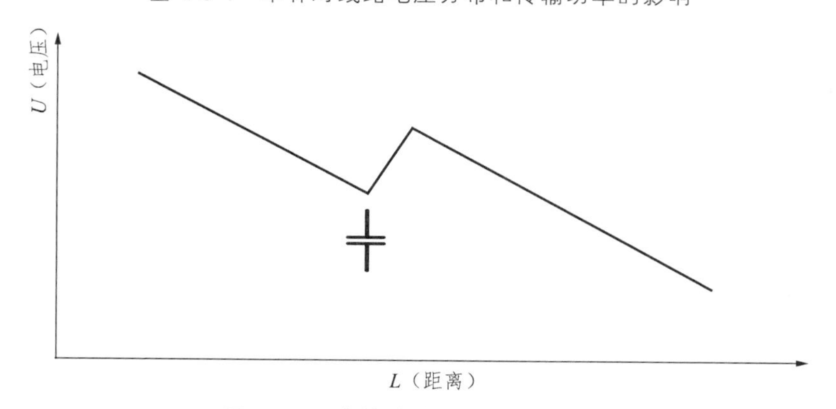

图 4-6-5　串补线路沿线电压分布图

总之，串补技术性能优越，投资省，见效快，所以在电力系统，特别是远距离大容量输电系统中得到了广泛的应用。

4.6.2　串补控制保护

4.6.2.1　保护配置情况

如图 4-6-6 所示，串补成套装置的保护主要是基于电流量来进行计算的，按照设备从上到下安装的顺序，串补保护主要有以下部分。

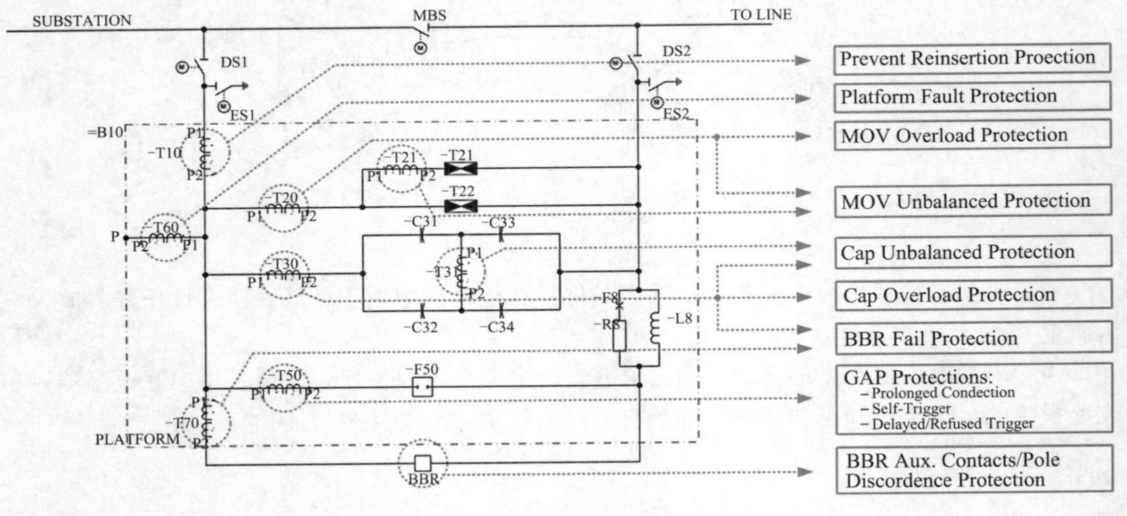

图 4-6-6　富宁换流站串补控制保护配置图

1．电容器保护

电容器保护包括：

（1）电容器不平衡报警/保护 ——电容器电流配合电流器不平衡电流。

（2）电容器过负荷保护（反时限）——电容器电流。

2．MOV 保护

MOV 保护包括：

（1）高电流保护 ——MOV 总电流。

（2）过温保护 ——MOV 总电流累计计算成温度。

（3）温度梯度低定值 ——MOV 温度变化率。

（4）温度梯度高定制 ——MOV 温度变化率。

（5）MOV 不平衡保护 ——两分支路电流差。

3．间隙保护

（1）间隙自触发 ——间隙电流和触发信号。

（2）间隙延迟/拒绝触发 ——间隙电流和触发。

（3）间隙延长导通 ——间隙电流。

4．断路器保护

（1）三相不一致 ——断路器位置。

（2）辅助触点不一致 ——断路器位置节点。

（3）合闸失灵 ——合闸令、断路器电流、电容器或间隙电流。
（4）分闸失灵 ——分闸令（重投令）、断路器位置。

5．平台保护

（1）平台保护低定值 ——平台闪络电流。
（2）平台保护高定值 ——平台闪络电流。

6．其他保护功能

重投/阻止重投 ——线路电流。

表 4-6-1 为串补 CT 配置情况，除了电容器不平衡电流 CT，其他 CT 变比都是一样的，都是通过 1 Ω 的采样电流完成采样。不平衡 CT 变比较小，一次侧通流采样时，注意电流不要加太大。

表 4-6-1　串补 CT 配置情况

型号：变比	线　圈	用　途	并联电阻/Ω	二次电压/V	等级（IEC）
CT：4000A/1A/1A	1，2	保护 1，2	1	±10	5P20，ext.200%
CT：4000A/1A/1A	1，2	保护 1，2	1	±10	5PR20，ext.200%
CT：4000A/1A/1A	1，2	保护 1，2	1	±10	5PR20，ext.200%
CT：4000A/1A/1A	1，2	保护 1，2	1	±10	5P20，ext.200%
CT：10A/0.05A/0.05A	1，2	保护 1，2	100	±10	Class0.2
CT：4000A/1A/1A	1，2	保护 1，2	1	±10	5P20，ext.200%
CT：4000A/1A/1A	1，2	保护 1，2	1	±10	5P20，ext.200%
CT：4000A/1A/1A	1，2	保护 1，2	1	±10	5P20，ext.200%

4.6.2.2　保护动作情况及逻辑

1．保护矩阵（见表 4-6-2）

表 4-6-2　保护功能矩阵

保护功能	报警	间隙触发	临时旁路	永久旁路	重投	线路跳闸
阻止重投	√					
间隙延长导通	√			√		
间隙拒绝触发	√			√		
间隙延迟触发	√			√		
间隙自触发	√		√	√[1]	√	
平台故障	√			√		
MOV 过温	√	√	√[2]			
MOV 温度梯度	√	√	√[3]		√	
MOV 高电流	√	√	√[4]		√	

续表

保护功能	报警	间隙触发	临时旁路	永久旁路	重投	线路跳闸
MOV 故障/不平衡	√	√		√		
电容器不平衡报警	√					
电容器不平衡旁路	√				√	
电容器过载	√		√	√[5]		
旁路断路器三相不一致	√			√		
旁路断路器辅助触点不一致	√			√		
旁路断路器合闸失败	√			√		√
自监控	√			√[6]		

备注说明：

1——自触发本身只是暂时旁路，重复间隙自触发时，永久旁路串补；

2——温度下降时，三相临时旁路会复位；

3——高梯度时单相临时旁路和低梯度三相临时旁路复位；

4——单相临时旁路复位，重投；

5——电容器重复过载；

6——保护双套故障或失电，自监控系统通过一个单独的继电器发出“监控闭锁”永久旁路命令。

2．状态名词释义

根据对应的功能与事件，保护系统将会产生以下命令。

旁路。来自保护系统的旁路命令发送到以下保护装置：火花间隙、旁路断路器、线路跳闸继电器。

报警。报警信号指示重要事件与被触发的功能。

状态。状态信号在人机界面上提供更多信息，如受动作相。

投入。自动重投。

1）永久旁路（永久闭锁）

电容器组被永久旁路后将无法自动重投。重投需要在保护屏将继电器复位或通过人机界面复位。永久旁路总是三相旁路。

2）临时旁路

临时旁路后，如果重投条件满足，电容器组将在一定延时后自动重投。临时旁路可以是单相或是三相，类型由操作员在人机界面上设定。

3）外部合闸命令

外部合闸命令提供了使旁路断路器合闸的外部开关量输入。

4）自动重投

自动重投在临时旁路操作后启动旁路断路器分闸动作。自动重投可以由操作员在人机界面上启用或禁止。重投失败是由于没有满足重投条件，并会导致三相临时旁路而不会产生更多的重投尝试。

5）火花间隙触发

如需快速保护动作，保护系统将会发出火花间隙触发信号使平台上的火花间隙燃弧，从而旁路电容器组直至旁路断路器合闸。火花间隙触发信号通过光纤传输到火花间隙触发电子装置（GTE）。

6）线路跳闸

如果旁路断路器合闸失败将会发生跳线路（或远跳）命令。提供干触点连接到串补线路的线路保护系统用于跳线路。

7）监控闭锁

串补永久闭锁并且不能自动重投。投入需要在就地的对应保护柜或控制室内进行重置操作。永久闭锁通常是三相的。

4.6.2.3 保护定值计算原则

1．MOV 保护电压计算

串补在短路故障时过电压保护目标为 2.37 pu（富宁—靖西Ⅰ线）、2.34 pu（富宁—靖西Ⅰ线）。则 MOV 与电容器最大耐压要求为

$$13.49\times3400\times1.414\times2.37=153.8$$
$$12.77\times3400\times1.414\times2.34=143.7$$

计算 MOV 动作电压分别为

$$13.49\times3400\times1.414\times2.3=149.1$$
$$12.77\times3400\times1.414\times2.3=141.2$$

MOV 过电流动作定值分别为 20 800 A（peak）、20 800 A（peak）。

2．电容器不平衡定值计算

表 4-6-3 电容器故障计算表

	正常	4 元件断路	5 元件断路	6 元件断路	7 元件断路	8 元件断路
串联电容电阻率/Ω						
单元电阻率/Ω						
单元#1 电流/A						
单元#1 电压/V						
G1 电流/A						
G1 电压/V						
G1 电压应力/pu	1.000	1.248	1.331	1.425	1.534	1.661
单元#2 电流/A						
不平衡电流/A	0.31	0.975	1.300	1.670	2.098	2.595
不平衡比率/%	0.009	0.029	0.038	0.049	0.062	0.076
斜率/%			0.0335	0.0435	0.0555	0.069
阈值 25%			0.285	0.370	0.471	0.587
			不平衡报警		低设定旁路	高设定旁路

不平衡报警计算：

斜率 = $(0.029 + 0.038)/2/100 = 3.35 \times 10^{-4}$

报警：$I_{unb} = I_{cap} \times 3.35 \times 10^{-4}$ A

报警阈值：$I_{unb} = 0.285$ A　at 25% $I_{rated} = 3400$ A/4

低设定 旁路 计算：

斜率 = $(0.049 + 0.062)/2/100 = 5.55 \times 10^{-4}$

报警：$I_{unb} = I_{cap} \times 5.55 \times 10^{-4}$ A

报警阈值：$I_{unb} = 0.471$ A　at 25% $I_{rated} = 3400$ A/4

高设定 旁路 计算：

斜率 = $(0.062 + 0.076)/2/100 = 6.90 \times 10^{-4}$

报警：$I_{unb} = I_{cap} \times 6.90 \times 10^{-4}$ A

报警阈值：$I_{unb} = 0.587$ A　at 25% $I_{rated} = 3400$ A/4

4.6.2.4　串补保护逻辑

1．阻止重投

仅当线路电流的基波分量处在高定值和低定值之间时，串补才可能重投。否则电容器组将被阻止投入（见图 4-6-7）。

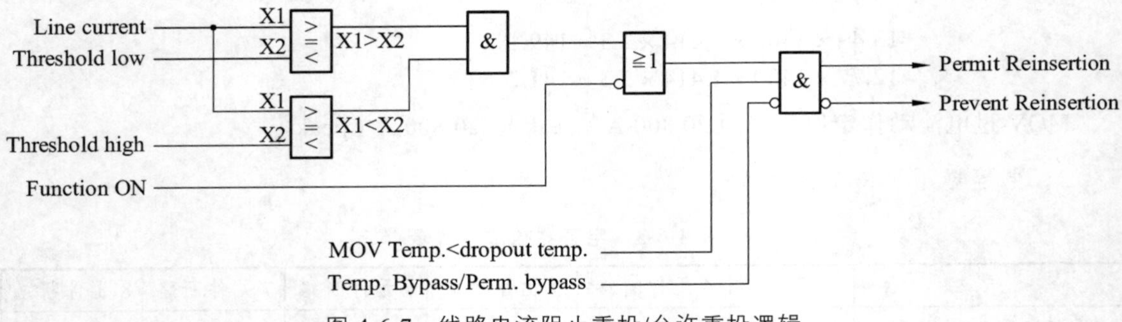

图 4-6-7　线路电流阻止重投/允许重投逻辑

“允许重投”为其他保护重投前对线路的判定条件，只有在“允许重投”情况下允许重投，对于要求线路重合闸之前投串补的场合，线路电流值下限值可设为 0。当线路电流高于上限值时则闭锁重投。

2．间隙持续导通

如果超过一定时限间隙电流仍然存在，则发生了火花间隙持续导通。这说明旁路断路器未能成功合闸，保护系统将发出永久旁路命令。保护设定须考虑到间隙的设计和旁路断路器的合闸时间（见图 4-6-8）。

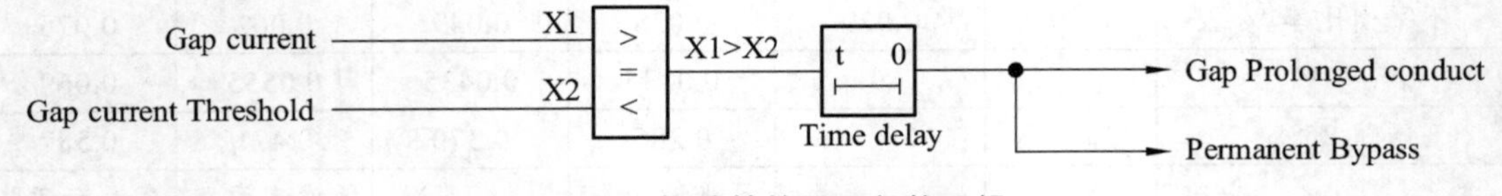

图 4-6-8　间隙持续导通保护逻辑

3．间隙拒绝/延时触发

如果间隙收到触发信号后触发失败，“间隙拒绝触发”条件将满足，且保护会产生永久旁路。如果收到触发信号后间隙电流延时消失，“间隙延迟触发”会被指示而且会产生永久旁路。

阈值设置须考虑测量系统的准确性。延时触发的延迟时间须考虑间隙触发后两端半个周波的电压。拒绝触发的延迟时间须考虑旁路断路器操作时间（见图 4-6-9、图 4-6-10）。

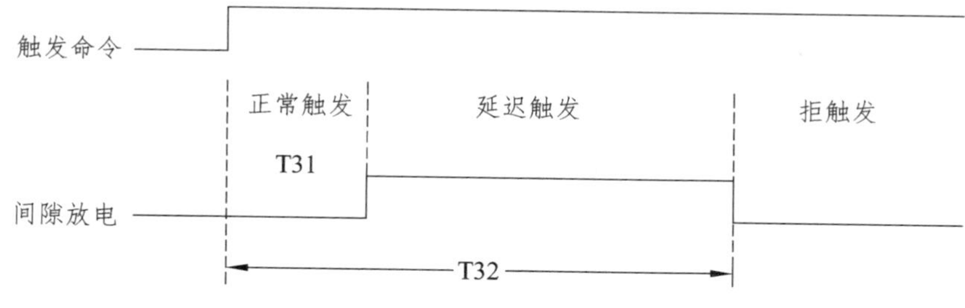

图 4-6-9　间隙拒绝/延时导通时序

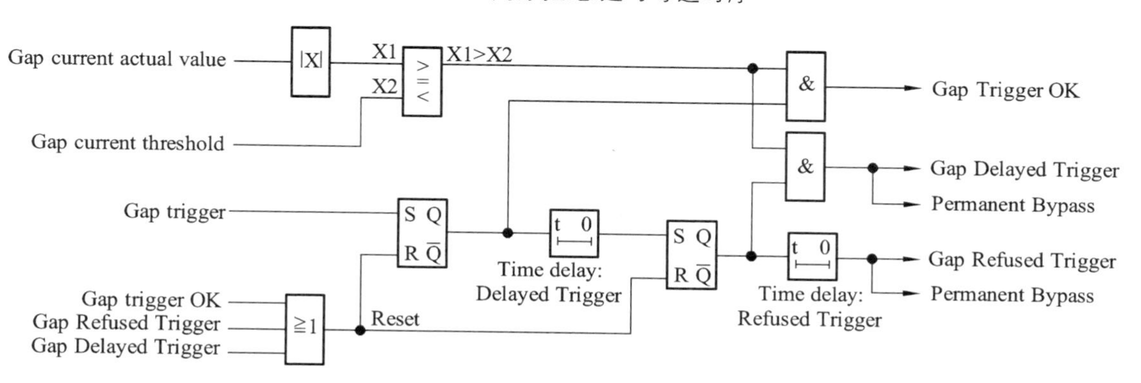

图 4-6-10　间隙拒绝/延时导通保护逻辑

4．间隙自触发/间隙重复自触发

间隙没有收到触发信号，出现间隙电流，属于间隙自触发，间隙自触发保护动作，这时会产生临时旁路。如果重投条件满足，自动重投在延时后被激活。

如果自触发重复后，自触发事件次数会被计算直到永久旁路。保护设定须确保故障被可靠地检测（见图 4-6-11）。

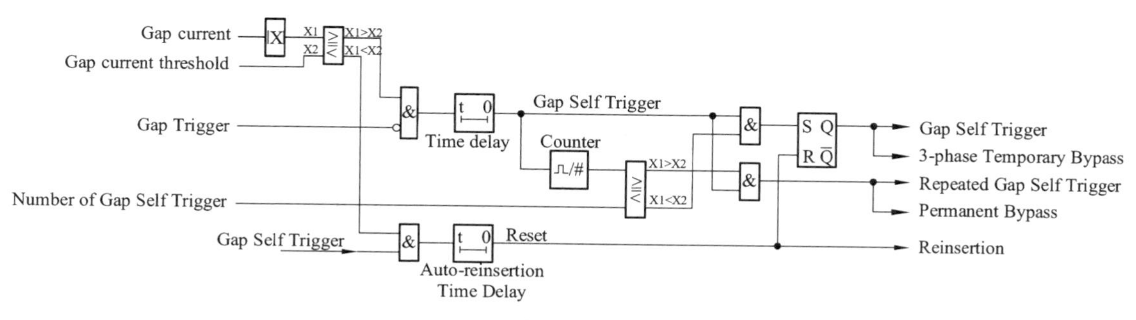

图 4-6-11　间隙自触发保护逻辑

5．MOV 温度过载

MOV 温度通过测量外部实际环境温度在 MOV 热模型中不断计算环境温度，在正常情况下 MOV 温度与环境温度基本一致，当 MOV 有电流流过注入能量，当注入能量高于 MOV 自身散发的能量时 MOV 温度逐渐升高，注入能量越大升温越快。

保护会比较 MOV 温度和设定值，如果越限，间隙触发信号在≤4 ms 延迟时间内输出到各自相，同时产生三相临时旁路，并闭锁重投。旁路开关合上后 MOV 电流消失，温度逐渐下降，当温度低于低温度值时暂时闭锁返回，但自身不会自动重投（见图 4-6-12）。

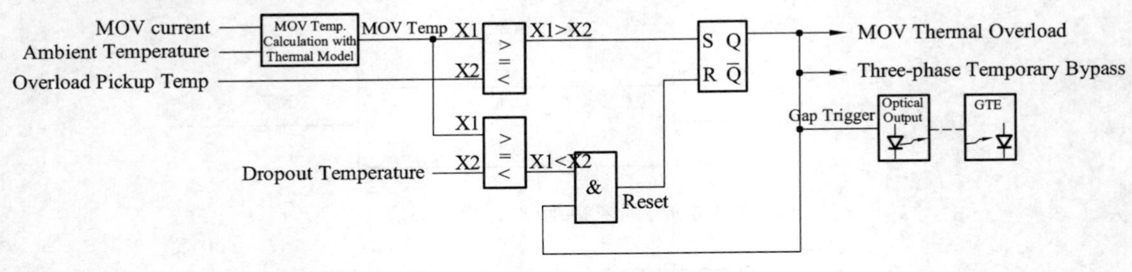

图 4-6-12　MOV 过温保护逻辑

6．MOV 温度梯度（低定值）

如果 MOV 60 s 内的温升超过一定数值，MOV 就需要被旁路至少 60 s 散热以平衡积聚的能量。如果 MOV 的电流超过阈值，温度值就会被存储用于温度的时间积累（默认 60 s）。如果 MOV 电流值超过阈值一定次数，时间延迟将再次开始（见图 4-6-13）。

在时间延时过程中，存储值会与实际温度值不断比较。如果两个值的差超过启动阈值，受影响相的火花间隙将会被启动，并且将会输出三相临时旁路。在自动重投时间延时（默认 60 s）后，自动重投信号将输出。

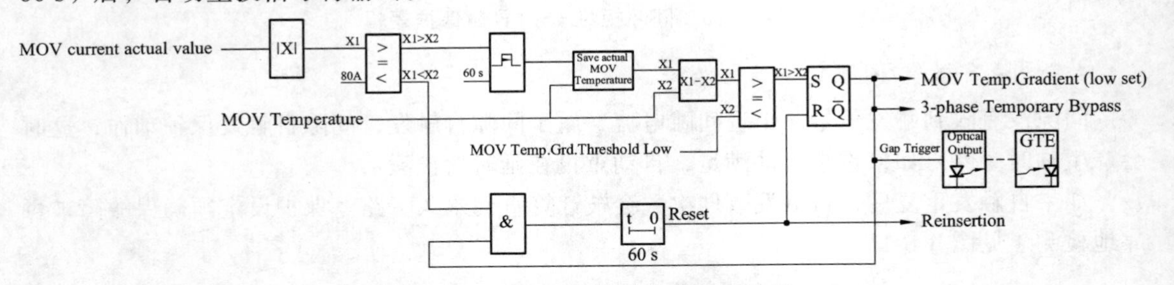

图 4-6-13　MOV 温度低梯度保护逻辑

7．MOV 温度梯度（高设置）（见图 4-6-14）

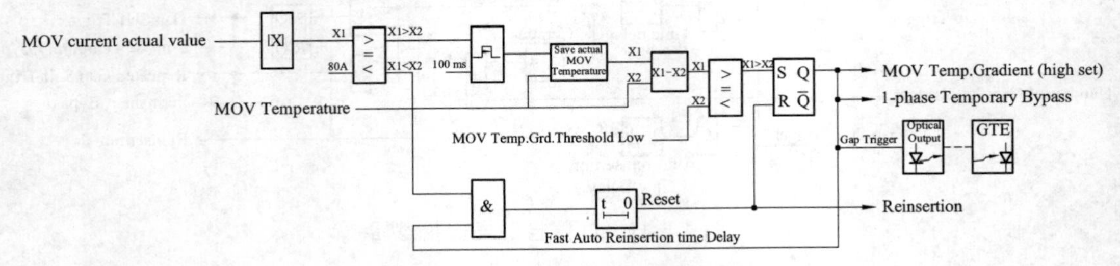

图 4-6-14　MOV 温度低梯度保护逻辑

8．电容器不平衡保护（见图 4-6-15）

保护原理：电容器不平衡保护是通过测量电容器不平衡电流来监视电容器的状态。由于电容器熔丝熔合或电容套管闪络引起的电容器电容值的改变均会导致被监视的各支路电流大小不相同，从而造成不平衡测量 CT 有差流流过。保护采用电容器差动电流有效值进行判断。采用高灵敏度电流互感器来反映不平衡电流，且保护定值连续可调。

电容器不平衡保护采用三段式整定方法：

第一段：告警。在这种情况下，保护只发出告警信号。

第二段：低值旁路，永久闭锁。当保护检测到电容器不平衡电流与电容器电流的比值超过整定值，则经过一个延时（时间可设定），发合旁路断路器命令，并永久闭锁。

第三段：高值旁路，永久闭锁。当保护检测到电容器不平衡电流超过整定值，经短延时发合旁路断路器命令，并永久闭锁。高值旁路定值的选择会避免电容元件雪崩损坏。

告警与低定值旁路体现了不平衡电流与电容器电流之间的比值关系，而高定值旁路只与不平衡电流有关。

当电容器电流小于定值时（可设定），告警和低值旁路功能被自动闭锁。

电容器不平衡保护动作后，手动解除闭锁，串补才能重新投入。

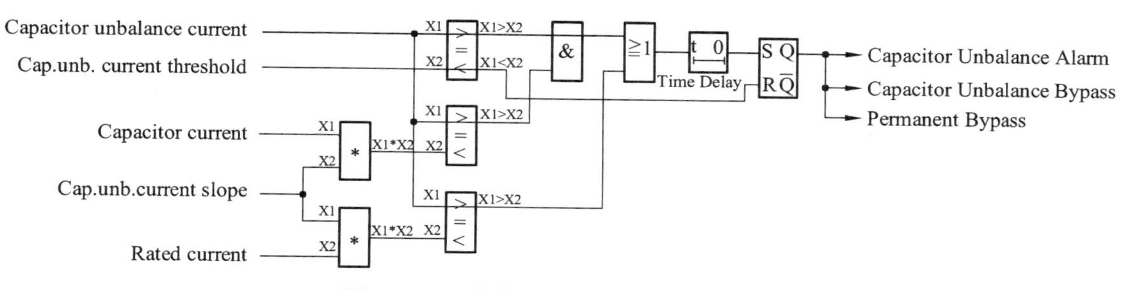

图 4-6-15　电容器不平衡保护保护逻辑

9．电容器过载保护（见图 4-6-16）

当电容器电流大于 1.1 倍额定电流时，启动电容器过负荷保护。根据 IEC 标准要求，采用反时限原理。

电容器保护启动后，经过一个短延时发出过负荷报警信息，保护动作后，闭合旁路断路器并进入暂时闭锁状态，经过延时后重投。如果在一定时间内重投超过一定次数（可整定），则过负荷保护动作后进入永久闭锁状态。只有手动解除闭锁串补才能重新投入。

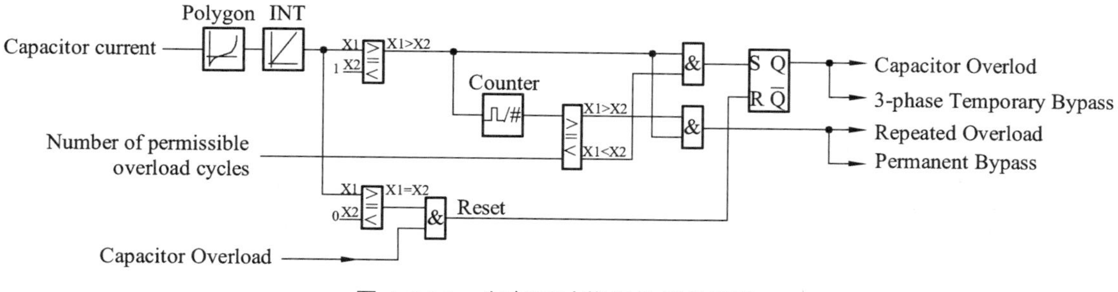

图 4-6-16　电容器过载保护保护逻辑

10．平台保护（见图 4-6-17）

平台闪络保护主要是为防止平台元件对串补的电容器平台闪络而设置的。西门子串补平台保护分为 2 断保护，即高定值保护和低定值保护。正常情况下平台元件与平台之间的电流极小，如果发生元件对平台的闪络，平台电流测量 CT 中就会有电流，在电流有效值达到定值后经过延时平台闪络保护动作。动作的出口为低定值合三相断路器永久闭锁并上报 SOE 事件，高定值动作除了旁路串补外还会控制刀闸和接地刀动作，自动将串补调整到接地状态。

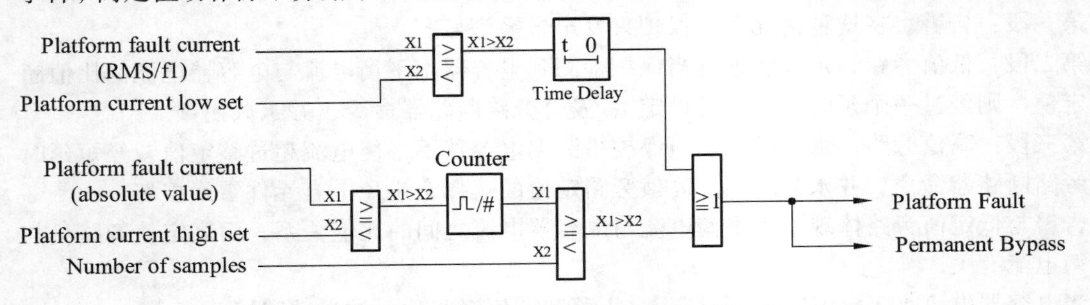

图 4-6-17　电容器过载保护保护逻辑

4.6.2.5　直流低功率运行快速旁路串补

由直流站控 A、B 套开出旁路串补信号，分别接入甲、乙串补保护 A、B 套，传输介质采用光纤信号；现场实施联跳串补利用串补保护屏中交流线路旁路串补出口。需将直流站控开出的旁路串补信号由光信号转换为电信号，与串补保护屏中交流线路旁路串补出口合并开出（见图 4-6-18）。

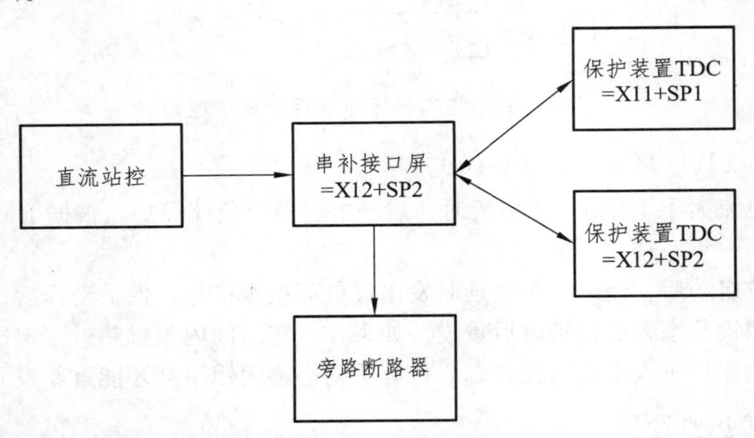

图 4-6-18　直流降功率旁路串补二次系统连接图

串补快速旁路策略如下：

（1）双极运行，且处于全送广西模式，若直流运行功率（实际传输功率）低于整定的下限值 P_{set1}，且持续时间超过 T_1，自动旁路串补。

（2）双极运行，且处于全送广西模式，当站间通信正常时，若直流运行功率指令 P_{ref1} 低于整定的下限值 P_{set2}，且发生换相失败，立即快速旁路串补；功率指令变化过程中，P_{ref1} 应取缓慢爬坡变化的值，而不是最终的功率目标值。

（3）双极运行，且处于全送广西模式，当站间通信异常时，发生换相失败后，若直流运行功率低于 P_{set3} 持续 T_2，则自动旁路串补。

（4）直流控制保护系统中换相失败功能的判据提供如下三种判据：① 采用实测换相失败信号；② 采用直流保护判据判断换相失败信号；③ 实测换相失败 AND 保护判断换相失败；分别设置控制字可投退。

（5）旁路串补信号可分别选择联跳甲、乙线两套串补，分别设置控制字选择。

上述功能分别可投退，上述三条快速旁路策略应分别设置控制字。P_{set1}、P_{set2}、P_{set3}、T_1、T_2 可整定。初步建议 P_{set} 设置为 2200 MW，T_1 设置为 5 s（默认），T_2 设置为 2 s（默认）。

4.6.2.6　控制保护硬件

1．控制保护主机 TDC

保护装置硬件前面板如图 4-6-19 所示。表 4-6-4 列出了控制保护系统的机架结构。

图 4-6-19　保护装置硬件前面板

表 4-6-4　控制保护系统机架结构

槽号	板卡名称	板卡种类	说　明
S01	CPU551	CPU	平台开环控制 I/O 口
S02	SM500	16BI，16BO	平台设备控制信号 I/O
S03	SM500	16BI，16BO	设备控制和保护系统信号 I/O
S04	—	—	—
S05 - S06 - S07-	LO6-M	Optical communication board 光通信板，6 个光通道	本板子带有 6 个光通道并控制平台上的光电模块 通道 1～3：电流测量的 OPTO68 光转换器 通道 4～6：火花塞出发的 GTE
S08 -	LO6-D	数字信号处理器	来自 OPTO68 模块测量值的预处理，TFR 接口
S09-	LO6A	16BI，9AI，40BO，24AO	I 保护系统的双模拟信号 I/O
S10-	CPU551	CPU	保护系统

2．接口屏

1)（6MD）现场接口

用于从现场装置读取状态信息给设备控制和从设备控制输出命令控制这些装置。I/O 单元安装在设备接口柜中。

很多的 6MD 控制单元用于收集现场层设备数据。现场数据经过 1 ms 处理时间采样并存储。然后信息通过现场总线连接传输到控制系统。而且 6MD 单元与控现场设备通过干接点连接实现对设备的控制。

6MD 接口提供：

- BI、BO 接口；
- 模拟量采样；
- PROFIBUS 通信；
- 接收、转换并输出控制系统指令；
- 自检功能。

2）Line protection interface 线路保护接口

线路保护接口是指串补开出线路跳闸命令到线路保护，该信号是通过 2 个两个冗余系统干接点实现。

3）External bypass interface 外部旁路接口

用于线路保护旁路串补， 由线路保护开入 3 个节点到串补保护（可以是干接点）。

外部旁路命令要求串补临时旁路，并触发间隙。并根据 MOV 高电流保护功能的定值来判断是否重投。

4）SSR protection interface/SSR 保护接口

3．操作站

串补控制和保护系统提供以下操作控制方法。

（1）继电保护小室就地 HMI 操作和监控

（2）变电站主控制室 HMI（OWS）的远程操作和监控。

（3）RCI 的远程操作。

1）本地 HMI

HMI 系统是基于 Windows XP 操作系统的工业计算机系统。HMI 操作系统是基于 SIMATIC WinCC 软件。HMI 主机连接到站内的以太局域网通过控制系统来转换数据。本地 HMI 计算机是直接集成到控制保护系统硬件上的，安装在 HMI 柜里。其界面如图 4-6-20 所示。

2）Remote HMI（OWS）/远程 HMI（OWS）

远程 HMI(OWS1 and OWS2)是基于 Windows XP 的标准台式机位于变电站主控制室里。HMI 操作系统也是基于 SIMATIC WinCC 软件的。PC 由光纤连接到站内的以太局域网，通过控制系统来转换数据。

3）Remote control interface 远程控制接口

远程控制接口包括 2 个根据 CSG 标准提供 IEC870-5-101/103/ 104 协议的门径 PC，通过以太网实现远程控制。

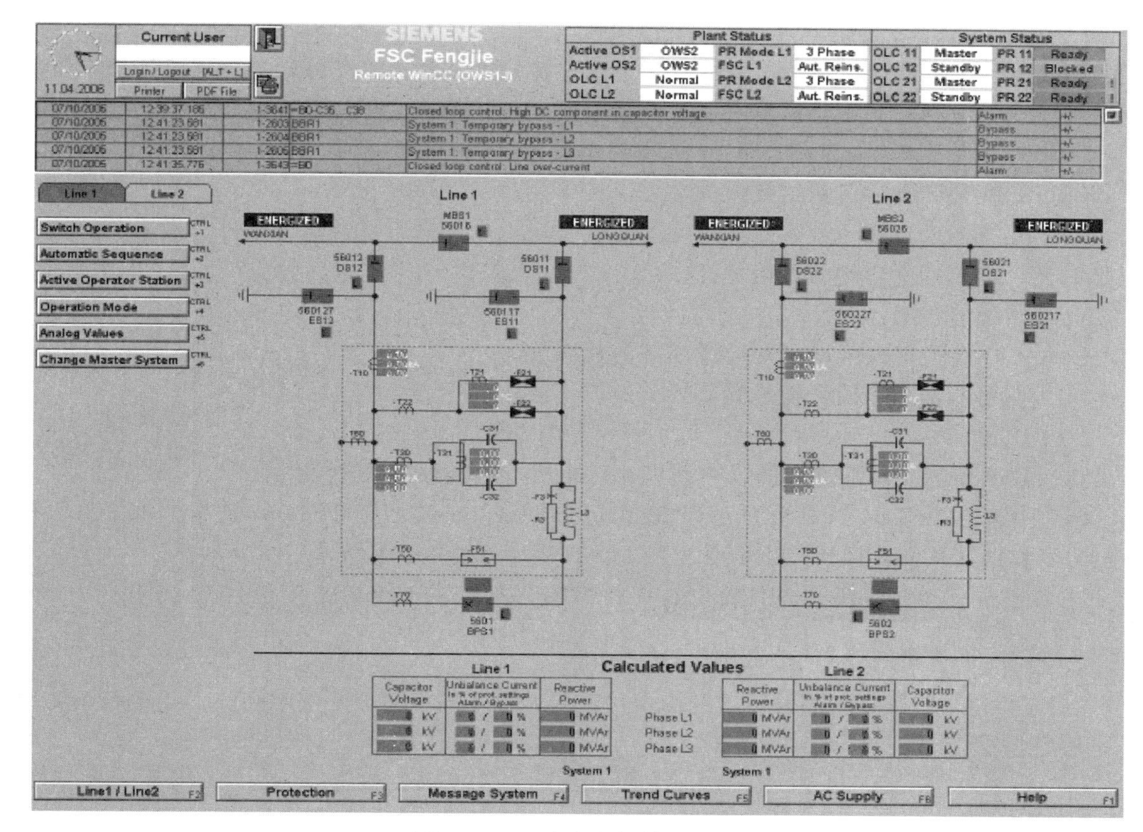

图 4-6-20　串补人机接口界面

4.6.2.7　测量系统

系统所需的电流值从平台上直接测量。所有电流被常规的电流互感器转变为低压信号，电流互感器的二次侧与并联的 1 Ω 电阻（不平衡电流是 100 Ω）连接。然后把电压信号转换成光信号并通过光纤连接传给处理系统（见表 4-6-5）。每个保护系统的冗余使用各自相互独立的混合光测量电路。

表 4-6-5　测量系统参数

名称	-T10	-T20	-T21	-T30	-T31	-T50	-T60	-T70
用处	线路电流	MOV 电流	MOV 支路电流	电容器电流	电容器不平衡电流	间隙电流	平台故障电流	旁路电路器电流
变比	3000 A/0.75 A	3000 A/0.75 A	3000 A/0.75 A	3000 A/0.75 A	10 A/0.05 A	3000 A/0.75 A	3000 A/0.75 A	3000 A/0.75 A
并联	1.0 Ω	1.0 Ω	1.0 Ω	1.0 Ω	100.0 Ω	1.0 Ω	1.0 Ω	1.0 Ω
s 等级	5P20ext. 150%	5P20ext. 150%	5P20ext. 150%	5P20ext. 150%	Class 0.2 ext. 200%	5P20ext. 150%	5P20ext. 150%	5P20ext. 150%
比例	40 kA，10 V	40 kA，10 V	40 kA，10 V	40 kA，10 V	20 A，10 V	40 kA，10 V	40 kA，10 V	40 kA，10 V

平台电位上所有的电流通过常规的低电压电流互感器转换。光纤转换器通过连接在电流互感器二次侧线圈的测量分流器电压来测量电压。每相的光信号传输系统和保护系统包括：

（1）1 个采用率为 128/cycle 的 8 通道的电流采样光信号转换器（OPTO68）。

（2）光缆把光脉冲传输给接地的数字保护单元。

（3）光缆把来自接地数字保护单元的光能（激光）传输给平台电子器件，从平台到接地电位的光纤嵌入到复合绝缘子信号柱中。

光纤转换器包括：

（1）A/D 转换把输入电压转换成相等的数字值。

（2）发射器把数字值转换成光信号。

（3）电源。

OPTO68 安装在串补平台的采样箱里。每相所有电流采样都要接入其中。

控制保护主机 TDC 上的光纤通信板 LO6M（slots 05-07）与 OPTO68 连接，把来自所有 3 相的光数据输入并转换成数字信号，在 LO6D 板（slot 08）中做进一步处理。

平台上所有光纤转换器 OPTO68 由一个 TDC 主机上的 LO6M 办卡进行激光供电。

4.6.2.8　间隙触发系统

如图 4-6-21 所示，间隙触发系统由保护装置、GTE、小间隙（密闭间隙）和主间隙和均压电容等组成。

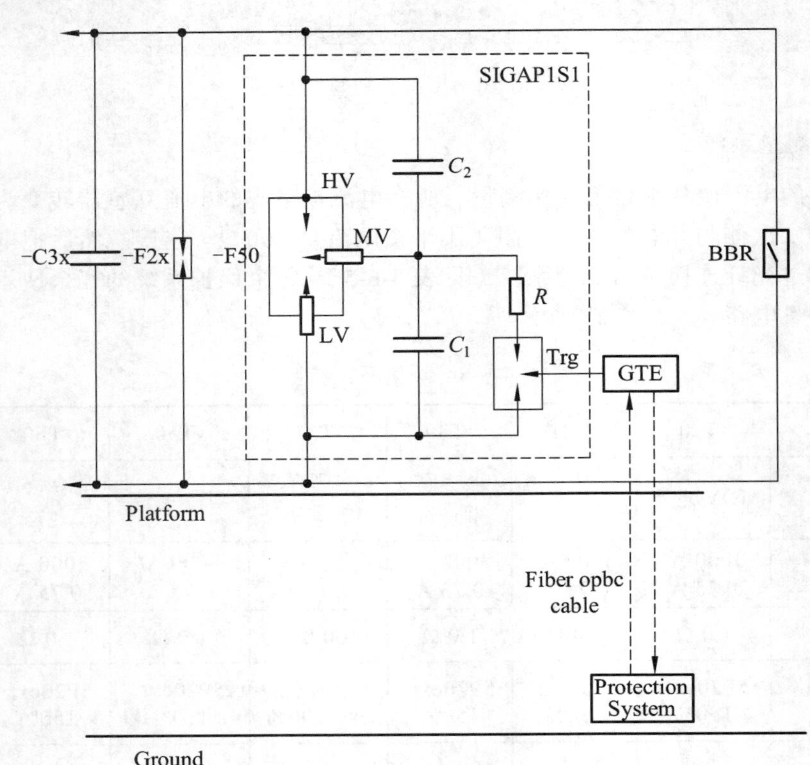

图 4-6-21　串补间隙结构图

GTE 用来点燃密闭间隙，当 GTE 收到保护装置发触发间隙命令后，保护会发脉冲到 GTE，GTE 内脉冲变压器有瞬时升压，将小间隙点燃，从而是主间隙击穿。

GTE 安装在直接固定在触发间隙下方的盒子里。每个保护系统控制 1 个 GTE。

GTE 通过 TDC 主机上的 LO6M 进行触发和功能，还均有自检功能，将自身状态和故障信息给保护系统。以防在 HMI 上显示的报警信息出现故障。

4.6.3 串补运维要点

4.6.3.1 平台操作

串补操作流程如图 4-6-22 所示，状态说明如下。

接地态：旁路开关 BBR 合位，DS1、DS2 分位，ES1、ES2 合位。

隔离态：旁路开关 BBR 合位，DS1、DS2 分位，ES1、ES2 分位。

旁路状态：旁路开关 BBR 合位，DS1、DS2 合位，ES1、ES2 分位，MBS 分位。

投入状态：旁路开关 BBR 分位，DS1、DS2 合位，ES1、ES2 分位，MBS 分位。

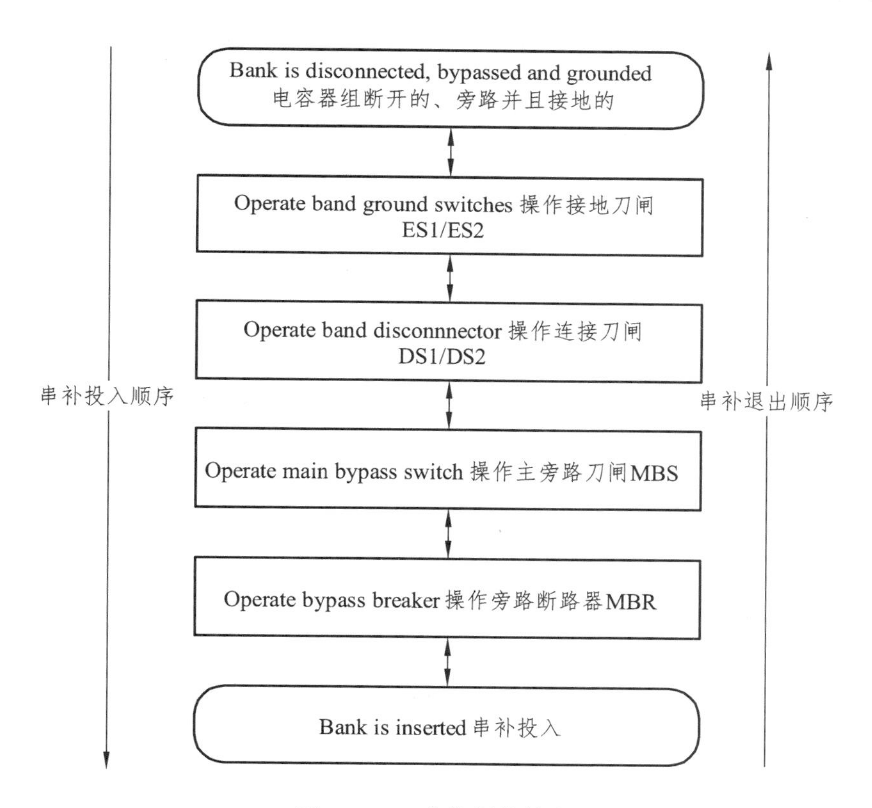

图 4-6-22　串补操作流程

在保护系统发现平台故障后，设备控制开始根据图 4-6-23 自动隔离序列。

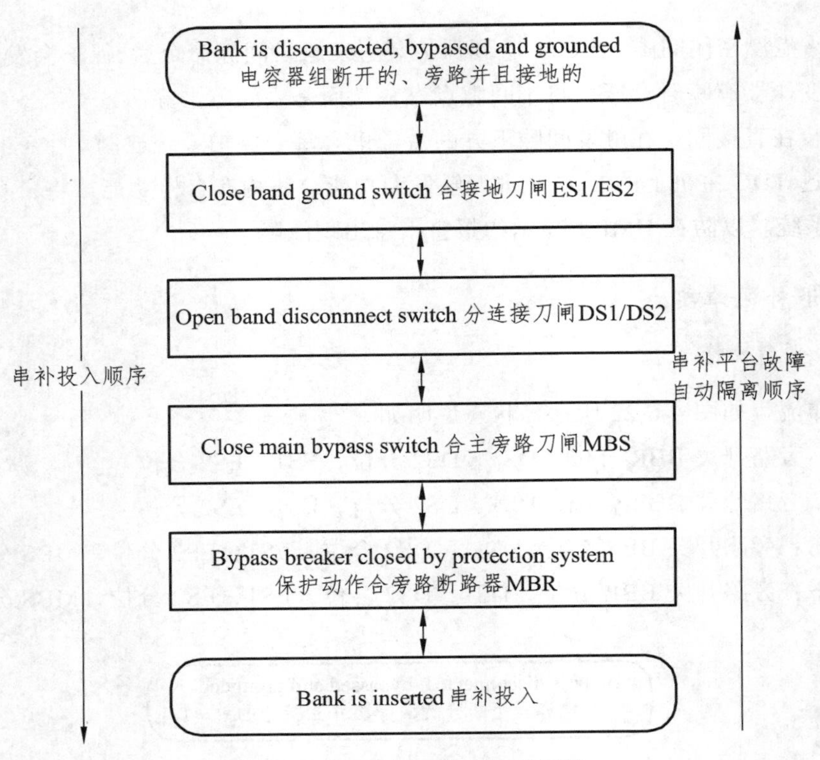

图 4-6-23　平台故障后自动隔绝

4.6.3.2　TDC 运行说明（见表 4-6-6）

表 4-6-6　TDC 运行说明

Display（显示）	State（状态）	Description（说明）
“B”	Blocked（锁定）	The protection system is blocked. E.g. during initialization or the self-supervision has blocked the system（保护系统锁定。例如在初始化或自监督时锁定系统）
“R”	Ready（就绪）	Initialization is finished and the protection system is ready.（初始化完成保护系统就绪）
“I”	Temporary bypass with auto-reinsertion（自动重投临时旁路）	The protection system is generating a temporary bypass and is waiting for insertion.（保护系统产生临时旁路并等待投入）
“T”	Temporary bypass without auto-reinsertion（不自动重投入临时旁路）	The protection system is generating a temporary bypass without auto-reinsertion.（保护系统产生没有自动重投的临时旁路）
“P”	Permanent bypass（永久旁路）	The protection system is generating a permanent bypass.（保护系统产生永久旁路）
“L”	Line trip（线路跳闸）	The protection is generating a line trip.（保护产生线路跳闸）

4.6.3.3 **联锁说明**

固定串补开关和刀闸等开关设备一共有 6 个，开关设备之间存在相互闭锁状态。单个设备的状态可以从 HMI 人机接口屏上查看（说明见表 4-6-7）。

表 4-6-7 串补开关设备状态

BBR symbols	Disconnector symbols	Color codes	Status
		Red	Switch is closed
		Green	Switch is open
		Flashing background	Switch position is undefined
		Green border	Switch is not interlocked
L	L	Yellow	Switch is set to local (field) operation
	n.a.	—	Bypass breaker is locked out

4.6.3.4 **日常运维查看要点**

（1）保护屏是否有告警信号；光纤通信是否正常。

（2）对照故障录波和 HMI，查看测量系统 1 和测量系统 2 各模拟值是否正常、后台激光电流（功能、数据）数据是否正常。

（3）电容器三相不平衡电流。

（4）MOV 不平衡电流。

（5）保护装置 TDC 状态信号、故障录波是否有异常启动，HMI 有无未复归告警信号。

（6）保护动作后，注意观察间隙电流情况，对比招标规范分析放电电流频率与放电速度，核实串补阻尼回路是否故障。

（7）交、直流屏开关位置是否正确。

4.6.4 控保常见故障处理操作

4.6.4.1 **一般规定**

（1）当串补系统发生异常告警或保护动作后，运行值班人员应向总调值班调度员及部门领导汇报。

（2）当串补线路故障跳闸后，应检查工作站显示的火花放电间隙的触发次数并与初始值进行比较，将串补动作信号打印并传真至总调，值班负责人应组织值班员分析串补的动作信号是否正确。

（3）当本线路无故障而串补保护动作旁路时，应派人抄录串补保护的动作信号、查看HMI上的告警信息，同时了解系统其他线路是否有故障，对所收集的数据进行综合分析。如保护动作是正确的，应向总调及部门领导汇报；如经分析认为串补保护动作属误动，则申请将误动的保护退出，由总调决定是否恢复串补设备运行。

（4）当本线路无故障而串补保护动作跳线路时，应派人抄录串补保护的动作信号、查看HMI上的告警信息，打印串补保护的故障录波图，进行综合分析，如判断为本线路确无故障，跳闸是由串补保护引起的，则立即向总调申请将串补平台转为接地状态。

（5）串补设备运行时，如出现保护动作将串补永久闭锁，应立即向调度部门汇报并申请将串补转为接地状态，同时汇报部门领导，以便安排维护人员进行检查处理。保护动作原因未查明前，不得将串补恢复运行。

（6）当发生危及串补设备安全的事件，而保护控制装置未动作时，立即向总调和部门领导汇报，同时将串补紧急旁路运行。

4.6.4.2 串补保护异常处理

1．串补保护异常处理规定

（1）将异常简要情况汇报部门领导。

（2）检查操作员站HMI告警信息和事件信息（SOE），并打印送资料室存档。

（3）查看录波波形并送资料室存档。

（4）抄录保护系统及屏柜各指示灯信号。

（5）在HMI上复归保护信号并解除串补永久闭锁。

2．保护动作后处理

串补故障分析一般程序：

（1）检查操作员站上的所有告警信息，并打印。

（2）如果故障录波触发并记录了数据，则打印故障录波的波形。

（3）抄录并分析保护柜上的信息指示灯。

（4）按时间顺序分析所有告警信息及故障录波曲线。

（5）在排除故障或进行维修之后，应通过操作员站对系统进行复位，并重新投入串补。如果故障重复发生，专业人员需跟厂家联系。

3．保护系统故障处理指导（见表4-6-8）

表4-6-8　保护系统故障处理指导

告警信息	原因/事件	检查处理指导
MOV温度高旁路	线路发生严重或多重故障	等待MOV温度降下，确认告警恢复后即可再投入串补
MOV过电流旁路	线路区内故障	等待告警消失后，一般即可自动重投串补（在开启了自动重投功能后）
MOV高能量I旁路	可能是1 min内出现多次线路故障	等待暂时旁路闭锁告警消失后，一般即可自动重投串补（在开启了自动重投功能后）
GAP自触发保护	保护无GAP触发命令发出而检测到GAP有电流	一般经很短的时间后会自动重投（在开启了自动重投功能后）

续表

告警信息	原因/事件	检查处理指导
GAP 拒触发保护	触发命令发出后在拒触发时限内 GAP 无电流	串补将永久闭锁，在未查明原因并消除之前不得投入串补； 检查系统故障与告警是否相符； 检查故障录波以确认点火是否正确； 如果核实确为拒动，应该隔离平台并接地后检查间隙及间隙房间是否有异常，包括间隙间是否有杂物、是否有损坏、是否有电线松落等。必要时可更换备品备件。如果还不能解决，应通知厂家协助解决
GAP 延时触发保护	触发命令发出后在正常触发时限内 GAP 无电流，而在拒触发时限内 GAP 有电流	串补将永久闭锁，在未查明原因并消除之前不得投入串补； 检查故障录波和事件记录，以核实告警时的系统情况和其他平台异常信号； 如果核实确为延时，应该隔离平台并接地后检查间隙及间隙房间是否有异常，包括间隙间是否有杂物、是否有损坏、是否有电线松落等。必要时可更换备品备件。如果还不能解决，应通知厂家协助解决
MOV 不平衡保护	MOV 的制造缺陷或控制系统故障或系统异常	串补将永久闭锁，在未查明原因并消除之前不得投入串补； 检查故障录波和事件记录，以核实告警时的系统情况和其他平台异常信号。隔离平台并接地后检查故障相 MOV，更换损坏 MOV
电容器不平衡告警	电容器单元损坏	如无其他告警，可继续运行，待方便时再退出串补，对电容器组检查，更换损坏电容器
电容器不平衡旁路	电容器单元损坏或电容器闪络或短路	在未查明原因并消除之前不得投入串补； 检查故障录波和事件记录，以核实告警时的系统情况和其他平台异常信号。隔离平台并接地后检查故障相电容器，更换损坏电容器
电容器过负荷告警	线路过负荷	必须调整线路负荷或暂时退出串补，以避免保护旁路后串补被迫停运
电容器过负荷旁路	线路过负荷达到旁路定值	旁路并暂时闭锁投入，闭锁投入告警消失，即可再投入串补
激光驱动板故障	激光送能板中其中一个激光驱动板出现异常	到现场检查指示灯，如果每相只有一个激光驱动板指示灯不亮，保护和串补可继续运行。待方便时再隔离并接地串补，检查故障相光纤系统，更换故障光纤或配件
激光驱动板过流	激光送能强度超过额定强度	对故障激光送能板进行检查
断路器合闸失灵	合闸命令不能到达断路器或断路器本体故障	在未查明原因并消除之前不得投入串补。隔离串补，检查保护功能投退及电源状况→检查保护→对应的合闸出口继电器→合闸控制回路→合闸线圈→检查开关本体，寻找松脱电线及端子或损坏部件

续表

告警信息	原因/事件	检查处理指导
断路器分闸失灵	分闸命令不能到达断路器或断路器本体故障	在未查明原因并消除之前不得投入串补。隔离串补，检查保护功能投退及电源状况→检查保护→对应的分闸出口继电器→分闸控制回路→分闸线圈→检查开关本体，寻找松脱电线及端子或损坏部件
断路器不一致	开关的一相或多相处在不正确的位置且相与相电流幅值差异很大	在未查明原因并消除之前不得投入串补。隔离串补，检查保护功能投退及电源状况→检查保护→对应的分/合闸出口继电器→分/合闸控制回路→分/合闸线圈→检查开关本体，寻找松脱电线及端子或损坏部件
暂时闭锁重投	MOV 温度高旁路； 电容器过负荷旁路； MOV 高能量 I 旁路	等待告警消失后即可再投入串补
保护永久闭锁	间隙自触发； 间隙拒绝触发； 间隙延时触发； MOV 不平衡故障； 电容器不平衡旁路； 平台闪络旁路； 开关不一致旁路； 开关 SF_6 闭锁； 开关储能弹簧故障； 开关直流控制电源消失； 开关辅助接点矛盾； 开关本体不一致	按告警信号查找原因并处理
保护退出	光纤通信故障； 激光源故障； 保护单元故障； 保护装置失压； 手动退出	按告警信号查找原因并处理
跳线路	断路器失灵（合不上）	故障消除后信号自动复归
刀闸/地刀位置异常	刀闸/地刀，相与相的分位/合位位置不相同或辅助接点异常	检查对应的刀闸/地刀是否是其本体位置不一致，根据需要可以手动操作刀闸/地刀。退出串补，如果是主旁路刀闸必须停线路。检查刀闸/地刀机构和控制回路；如果刀闸/地刀机械位置正常，故障有可能是位置接点异常，检查刀闸/地刀相关位置接点及其到保护开关量开入的回路
开关 SF_6 极低闭锁	开关 SF_6 极低达到闭锁分合闸气压值	隔离平台并接地后检查处理开关； 在未查明原因并消除之前不得投入串补
开关 SF_6 低（告警）	开关 SF_6 低	查明原因，必要时隔离平台并接地后检查处理开关
开关马达电源故障	马达电源消失或不足，告警	检查交流系统电源，检查开关马达回路电源电缆及接线端子
环境温度传感器故障	测量到的温度不在设定范围内，则认为是故障	不影响串补继续运行。如果是环境温度确实是不在设定范围内，则联系厂家更改定值；如果实际环境温度正常，则检查温度采集回路及相关模块，紧固松脱电线及端子或更换损坏部件

续表

告警信息	原因/事件	检查处理指导
自动投入进程中止	被操作设备异常或故障，或系统不能正确接收到设备的位置状态	根据操作进程检查不能操作的设备，如果是刀闸/地刀各相不一致，根据需要可以手动操作刀闸/地刀。退出串补，如果是主旁路刀闸必须停线路。刀闸/地刀操作是三相进行的，如果是相不一致，那就是刀闸/地刀的本身的控制或本体问题。如果刀闸/地刀或开关机械位置正常，故障有可能是位置接点异常，检查相关设备位置接点及其到保护开关量开入的回路
自动隔离中止	同上	同上
自动隔离完成	系统自动隔离完成	现场检查设备位置
自动投入完成	系统自动投入完成	现场检查设备位置，保护运行状态，HMI 各个量
自动重投时间过长，不一致旁路	在单相旁路模式下，某相旁路后由于其他条件不满足使得自动重投不能在 2 s 内实现，保护发出三相旁路命令，以避免过长时间的三相不平衡	查找单相旁路后 2 s 内不能自动重投的原因
线路保护旁路	收到线路保护旁路命令	检查动作是否正确
故障录波告警	故障录波单元故障	按照用户手册检查录波

本章知识点

1．直流控制保护简介

控制保护系统组成、总体设计、分系统介绍，控制系统冗余设计切换、通信、测量接口。

2．直流控制功能

直流系统功率控制、极间功率转移、直流电流控制、直流电压控制、熄弧角控制、换流器层控制器选择、触发角限制、极控保护性监视功能、空载加压试验、系统的起停顺序控制、换流器层顺序过程、功率反转、分接头控制、开关控制与监视、孤岛功能、子系统监视、直流运行方式配置顺序控制、无功控制、交流场控制。

3．直流保护功能

保护系统的组成、换流器保护、母线差动保护、双极中性线及接地极故障、直流线路保护、直流开关保护、直流滤波器保护、极控系统的后备保护功能、阀的保护功能、最后断路器保护功能。

4．直流系统调试与运维

直流系统调试介绍、直流控制保护系统定检、直流控保仿真系统介绍。

5．STATCOM 的控制与保护

STATCOM 的运行原理、控制保护、运维要点。

6．串补控制保护

串补的运行原理、控制保护、运维要点。

课后测试

1．单选题

（1）永富直流输电工程的额定直流电压为（　　），额度输送容量为（　　）。

A. ±800 kV，5000 MW　　B. ±800 kV，3000 MW

C. ±500 kV，3000 MW　　D. ±500 kV，5000 MW

（2）对于永富直流输电工程，12 脉动换流变压器绕组的接线型式为（　　）。

A. Yy，Yd　　B. YNyn，YNd11　　C. Yy，Yd11　　D. YNy，Yd11

（3）永富直流的极保护系统论述正确的是（　　）。

A. 按照双重化配置

B. 配置三套保护装置，按照“三取二”逻辑出口

C. 直流输电线路保护设置在极控制系统中

D. 直流输电线路的主保护是纵差保护

（4）永富直流输电工程以双极大地运行方式运行，输送功率为 600 MW，当富宁侧极母线上发生故障后，故障点位于平波电抗器换流阀之间，下列说法正确的是（　　）。

A. 永仁侧 WFPDL 动作　　B. 富宁侧 WFPDL 动作

C. 两侧 WFPDL 都动作　　D. 以上都不对

（5）直流输电换流站站间通信中断后，下列哪一项是直流保护的正确响应？（　　）

A. 直流线路纵差保护自动退出　　B. 直流线路横差保护自动退出

C. 直流线路行波保护自动退出　　D. 站间通信中断对直流保护各项功能没有影响

（6）除变压器内部的多相短路、匝间短路、绕组与铁心或与外壳间的短路外，本体瓦斯保护的保护范围还包括（　　）。

A. 变压器高压侧出口处三相短路　　B. 油面下降或漏油

C. 变低母线桥对地单相接地　　D. 差动保护 CT 断线

（7）在小电流接地系统中，某处发生单相接地时，母线电压互感器开口三角的电压为（　　）。

A. 故障点距母线越近，电压越高

B. 故障点距母线越近，电压越低

C. 故障点距母线远或近，基本上电压一样高

D. 不定

（8）12 脉动换流器在直流侧分别产生（　　）次的特征谐波。

A. $6k \pm 1$　　B. $6k$　　C. $12k \pm 1$　　D. $12k$

（9）当站间通信故障并且逆变侧因某种原因投旁通对时，直流低电压保护将如何动作？（　　）

A. 闭锁逆变器　　B. 闭锁整流器　　C. 闭锁两侧换流器　　D. 不动作

（10）永富直流保护系统采用（　　）配置，保证保护系统可靠出口。

A. 高可靠性的单套配置　　B. 主从双重冗余配置

C.“三取二”配置　　D.“四取二”配置

（11）直流输电工程双极运行时，由于线路较长，遭受雷击的概率较大，其中正极线路和负极线路遭受累计的概率（　　）。

A. 正极线路大　　B. 负极线路大

C. 一般同时遭受雷击　　D. 同时遭受雷击可能性极小

（12）为了满足直流工程运行方式的转换和安全运行，永仁换流站安装了一些直流断路器，安装的数目为（　　）。

A. 3　　B. 4　　C. 5　　D. 6

（13）12 脉动换流器在交流侧产生（　　）次特征谐波。

A. $12k \pm 1$　　B. $12k$　　C. $6k \pm 1$　　D. $6k$

（14）直流系统中整流器会（　　）无功功率，逆变器会（　　）无功功率。

A. 吸收、产生　　B. 吸收、吸收　　C. 产生、吸收　　D. 产生、产生

（15）VDCOL 控制是指（　　）。

A. 低压限流控制　　B. 电流误差控制

C. 电流裕度补偿控制　　D. 定直流电流控制

（16）最小触发角 $\alpha_{\min}$ 控制的目的是什么？（　　）

A. 减缓阀阻尼电路的压力　　B. 减小换流器产生的谐波

C. 提高直流电压水平　　D. 提高直流传输功率

（17）12 脉动换流阀的直流侧电压在一个周期中的脉动数为（　　）。

A. 3　　B. 24　　C. 12　　D. 6

（18）背靠背直流输电的主要用途是（　　）。

A. 非同步联网　　B. 调峰　　C. 调频　　D. 调压

（19）直流工程的 2 h 短时过负荷允许电流一般为额定直流电流的（　　）。

A. 1.2 倍　　B. 2.0 倍　　C. 1.5 倍　　D. 1.1 倍

（20）直流输电工程在降压运行方式下，直流电压通常为额定直流电压的（　　）。

A. 10% 以下　　B. 70% ~ 80%　　C. 10% ~ 50%　　D. 50% ~ 60%

（21）与普通变压器相比，以下哪一项不属于换流变压器的特点？（　　）

A. 短路阻抗（或漏抗）大　　B. 绝缘要求高

C. 直流偏磁弱　　D. 试验复杂

（22）配置换流阀避雷器的目的是什么？（　　）

A. 避免换流阀遭受外部过电压的侵害

B. 避免换流阀内部短路

C. 防止换流阀关断时产生过电压

D. 避免晶闸管过热

（23）ETT 阀指什么？（　　）

A. 电触发晶闸管阀　　B. 光触发晶闸管阀

C. 阀基电子设备　　D. 晶闸管电子板

（24）MSC 指什么？（　）

A. 多模星形耦合器　　B. 反向恢复期保护单元

C. 晶闸管正向过电压保护　　D. 换流变压器绝缘保护

（25）STATCOM 每相的功率模块都设有冗余，个别功率模块故障旁路以后，装置仍然能够正常运行，每相冗余数为（　　），单相功率模块故障数量小于等于冗余数，装置能够正常运行。

A. 3 个　　B. 4 个　　C. 5 个　　D. 6 个

（26）富宁换流站 3 套 STATCOM 在协调控制下总共输出感性无功 60 MVar，由于检修需要，手动停运#1STATCOM，协调控制器及其他两套 STATCOM 控制参数不变，运行进入稳态后，#2、#3STATCOM 的无功分别为（　　）。

A. #2 感性 90 MVar，#3 感性 90 MVar

B. #2 感性 20 MVar，#3 感性 20 MVar

C. #2 感性 30 MVar，#3 感性 30 MVar

D. #2 感性 20 MVar，#3 感性 40 MVar

（27）富宁换流站 STATCOM 启动时需要通过充电电阻对模块进行充电，充电电阻的主要作用是（　　）。

A. 降低模块充电时的冲击电流

B. 回路中增加阻尼，阻尼充电过程中的振荡

C. 减小断路器合闸时产生的过电压

D. 防止模块过充电，释放模块多余的能量

（28）下列选项不是串补保护动作结果的有（　　）。

A. 永久旁路　　B. 临时旁路　　C. 触发间隙　　D. 触发 MOV

（29）串补保护启远跳（即串补保护跳线路两侧交流线路断路器的）的保护是（　　）。

A. 旁路断路器三相不一致保护　　B. 旁路断路器失灵保护

C. 间隙自触发保护　　D. MOV 高电流保护

（30）富宁串补的阻尼装置结构是（　　）。

A. 电抗器+阻尼电阻　　B. 电抗器+阻尼电阻串间隙

C. MOV+ 阻尼电阻　　D. 电抗器+阻尼电阻串 MOV

2. 多选题

（1）换相失败的特征有（　　）。

A. 关断角小于换流阀恢复阻断能力的时间

B. 6 脉动逆变器的直流电压在一定时间下降到 0

C. 直流电流短时增大，交流侧短时开路，电流减小

D. 基波分量进入直流系统

E. 输送功率下降

（2）交直流并联运行系统有哪几种运行方式？（　　）

A. 交直流并联运行方式　　B. 交直流分裂运行方式

C. 直流系统孤岛运行方式　　D. 纯直流运行方式

（3）在永富直流输电工程中，假如整流侧的换流器高压阀臂出现短路故障，根据现在配

置的保护，下列哪些保护会动作？（　　）

A. 87CSY　　B. 87CSD　　C. 50/51C

D. 对站的 WFPDL　　E. 87DCM

（4）单极双端直流输电系统包括哪几种接线方式？（　　）

A. 多端直流输电系统　　B. 单极大地回线方式

C. 单极金属回线方式　　D. 单极双导线并联大地回线方式

（5）与普通变压器相比，换流变压器的特点包括以下哪几项？（　　）

A. 损耗低　　B. 有载调压范围宽

C. 直流偏磁严重　　D. 噪声小

（6）平波电抗器的作用包括以下哪几项？（　　）

A. 改变交流电压

B. 减小直流电流纹波

C. 减小换流器产生的注入交流系统的谐波

D. 防止直流线路或直流开关站产生的陡波

E. 冲击波进入阀厅，从而使换流阀免遭过电压应力而损坏

（7）富宁换流站装设 STATCOM 的主要目的在于（　　）。

A. 通过功率变化阻尼系统振荡

B. 参与换流站交流母线的电压和无功调节，提高电压稳定性

C. 补偿谐波，提高电能质量

D. 交流系统暂态情况下，提供动态无功支撑，减少换相失败发生及连续发生

（8）以下选项中，会导致运行中的 STATCOM 闭锁跳闸的有（　　）。

A. 水冷进阀温度超高　　B. 水冷主循环流量超低

C. 35 kV 角外过流速断保护动作　　D. 系统电压欠频保护动作

（9）串补旁路断路器保护主要有（　　）。

A. 分闸失灵　　B. 合闸失灵

C. 三相不一致　　D. 辅助接点位置不一致

（10）高压、超高压输电线路加装串补作用描述正确的是（　　）。

A. 提高远距离输电系统的传输容量　　B. 提高系统的暂态稳定能力

C. 大幅度提高系统电压　　D. 具有系统滤波功能

3. 判断题

（1）极保护接口屏主要配置了一些非电量保护。（　　）

（2）直流滤波器发生接地故障，保护可以直接出口拉开直流滤波器高压侧隔离刀闸进行故障隔离。（　　）

（3）直流输电线路与交流线路保护不同，线路纵差保护不是线路的主保护。（　　）

（4）每个四重阀塔有 4 个换流阀避雷器。（　　）

（5）LTT 阀的检修周期长于 ETT 阀的检修周期。（　　）

（6）由于直流线路的输电距离更远，使直流输电线路的外绝缘特性比交流输电线路的更复杂。（　　）

（7）协调控制模式下，若单套 STATCOM 与协调控制器通信中断，则该套输出固定无功

功率，默认为 30 Mvar。 (　　)

(8) STATCOM 控制保护系统判断进入暂态过程，STATCOM 主控制器控制无功指令将限幅放开，即开放至单套最大 110 MV·A 的最大限幅。 (　　)

(9) 串补保护需要旁路断路器快速合闸，根据南方电网《串联电容补偿装置保护技术规范》要求旁路断路器合闸时间要求不大于 50 ms，且应配置双合闸双分闸线圈。 (　　)

(10) 串补 MOV 主要作用是：串联容器的主保护，并联在电容器两端，将电容器两端的过电压限制在保护水平以内。 (　　)

4. 简答题

(1) 简单说明换相失败的过程。

(2) 换流变压器直流偏磁产生的原意是什么？在换流站中是如何检测直流偏磁的？

(3) 直流系统最大过负荷能力由哪些因素综合决定？

(4) 简述直流线路故障再启动的过程。

(5) 简述 STATCOM 的工作原理，并画出 STATCOM 等效原理图、容性运行及感性运行时的矢量图（忽略电抗器电阻及 STATCOM 损耗）。

(6) 简述串补控制保护系统等二次设备日常巡视和特殊巡维主要包含的项目。

5. 计算题/识绘图题

(1) 某 ±500 kV 直流输电工程输送功率 2500 MW 运行期间，换流站极 1 的平波电抗器套管发生闪络，套管损伤如图 4-6-24 所示，造成极 1 闭锁，故障录波曲线如图 4-6-25 所示。请分析：

图 4-6-24

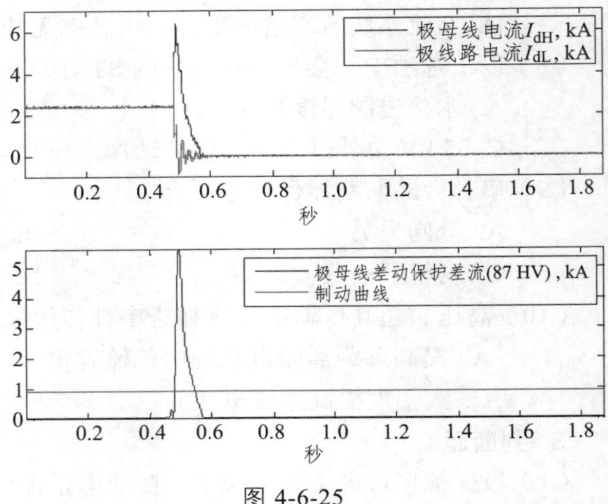

图 4-6-25

① 该故障发生后应该是哪套保护应该动作，写出动作方程和出口方式，如果该主保护不动作，其后备保护是什么？

② 平波电抗器的电感参数选择考虑哪些因素？

(2) 直流输电系统双极 ±500 kV 额定运行，双极功率控制模式，输送功率为 1800 MW，现调度要求将极 1 降压为 400 kV 运行，计算极 1 降压为 400 kV 后，极 1、极 2 的输送功率分别为多少？（设 P_1、P_2 分别为极 1、极 2 的直流输送功率，I_{d1}、I_{d2} 为极 1、极 2 直流线路电流，U_1、U_2 分别为极 1、极 2 的直流电压。）

第5章 计量技术

5.1 直流电压互感器、直流电流互感器工作原理和现场检测

5.1.1 直流电压互感器原理及结构

5.1.1.1 直流电压互感器工作原理及分类

1．工作原理

直流电压互感器主要应用于高压直流换流站，其作用在于将一次侧高压信号转换成直流控制、保护设备所需要的低压信号，其工作原理如图 5-1-1 所示。

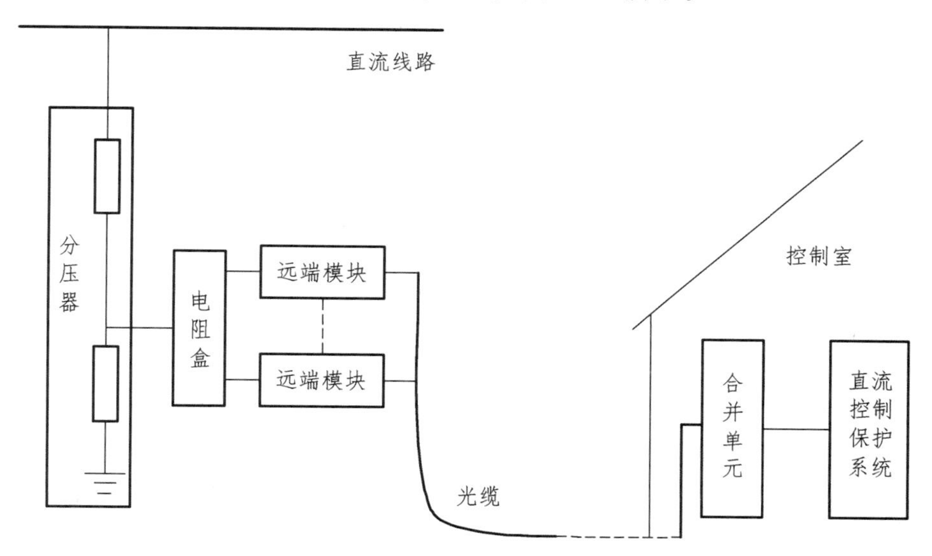

图 5-1-1 直流电压互感器工作原理示意图

直流电子式电压互感器主要由直流分压器、电阻盒（低压分压板）、远端模块及合并单元组成，其中合并单元放置在控制室内，采用光纤和远端模块相连接，直流电子式电压互感器合并单元信号传递至二次控制保护设备。

2．直流电压互感器分类

直流电压互感器依据不同变换原理主要有以下三种。

（1）基于光学原理。

（2）基于电容/电阻分压原理。

（3）基于串联感应分压原理。

按照内部绝缘介质类型分为：SF_6绝缘型、油绝缘型。

由于光学式及串联感应式存在诸多不稳定性因素，目前在投运的换流站中多使用基于电容/电阻分压原理的互感器。

5.1.1.2 直流电压互感器基本结构

直流电压互感器的核心组成部分为直流分压器，由多级的电阻和电容进行串并联组成，这些电阻由环氧树脂密封处于真空的状态下，通过内部冲绝缘油或者 SF_6 气体来绝缘，在其顶部安装有均压环以保障互感器顶部电压均匀。其基本结构及组成如图 5-1-2 所示。

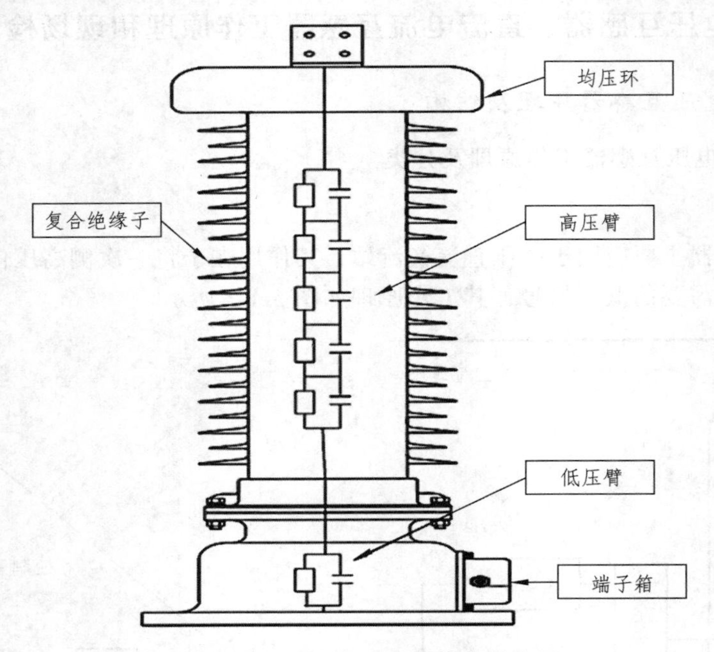

图 5-1-2 直流分压器基本结构图

分压器由高压臂和低压臂两部分组成，其二次额定输出一般为 50 V 左右。高压臂由多节模块化的阻容单元串联而成，根据互感器的电压等级设计串联级数。高压电阻为特殊设计的大功率精密金属膜高值电阻，具有较低的温度系数。高压电容采用耐高温设计，长期工作时性能稳定。图 5-1-2 所示为直流分压器的结构图，直流分压器高压臂由多节阻容单元串联而成，单节阻容单元由若干高压电阻及单节电容器并联组成，低压臂置于高压臂底座内，方便更换。

直流分压器测量的核心元件为高压电阻，一般采用高压电阻为精密金属膜电阻，误差范围内具有较好的温度稳定性及耐高压性能。为了减小电晕放电及漏电流的影响，电阻大多采用等电位屏蔽设计。

直流电压互感器利用基于等电位屏蔽技术的精密电阻分压器传感直流电压，利用并联电容分压器均压并保证频率特性，利用复合绝缘子保证绝缘。直流电子式电压互感器绝缘结构简单可靠、线性度好，动态范围大，可实现对高压直流电压的可靠监测，是保证高压直流输电系统可靠运行的关键设备之一。其现场安装结构如图 5-1-3 所示。

图 5-1-3 500 kV 现场极线直流电子式电压互感器安装

5.1.2 直流电压互感器现场检测

5.1.2.1 引用规程

（1）《高压直流输电系统直流电压测量装置》（GB/T 26217—2010）。
（2）《±800 kV 特高压直流预防性试验规程》（DL/T 273—2012）。

5.1.2.2 工作准备

1．工作人员准备

检测人员需持有互感器检定项目的计量检定员证且经安规考试合格才能执行此项工作，能熟练掌握所从事检测项目的操作技能，校验工作至少 4 人，工作负责人应由有经验的人员担任。

2．资料准备

（1）试验规程：《高压直流输电系统直流电压测量装置》（GB/T 26217—2010）、《±800 kV 特高压直流预防性试验规程》（DL/T 273—2012）。
（2）直流场主接线图纸、直流电压互感器说明书，以及配套合并单元信号接线图。
（3）作业指导书。
（4）试验记录。

3．仪器及工具准备（见表 5-1-1）

表 5-1-1 仪器及工具准备

序号	名 称	数量	规格	备 注
1	±500 kV 标准直流高压分压器	1 台	±500 kV/50 V	具有有效的校准证书
2	±500 kV 高稳定度直流电压源	1 台	±500 kV	—
3	直流互感器数字校验仪及操作电脑	1 套	−5 V～+5 V	具有有效的校准证书
4	电源接线盘	1 个	—	线径至少 6 mm^2，接口至少 4 个
5	测试光纤	1 卷	—	至少 200 m

5.1.2.3　**检测原理及方法**

1．检测原理

直流电压互感器检测采用闭环比较法进行，可避免无线对时等带来的数据传输延时误差，实现直流互感器本体+合并单元整体校验，直流电压互感器现场闭环比较法检测接线如图5-1-4所示。

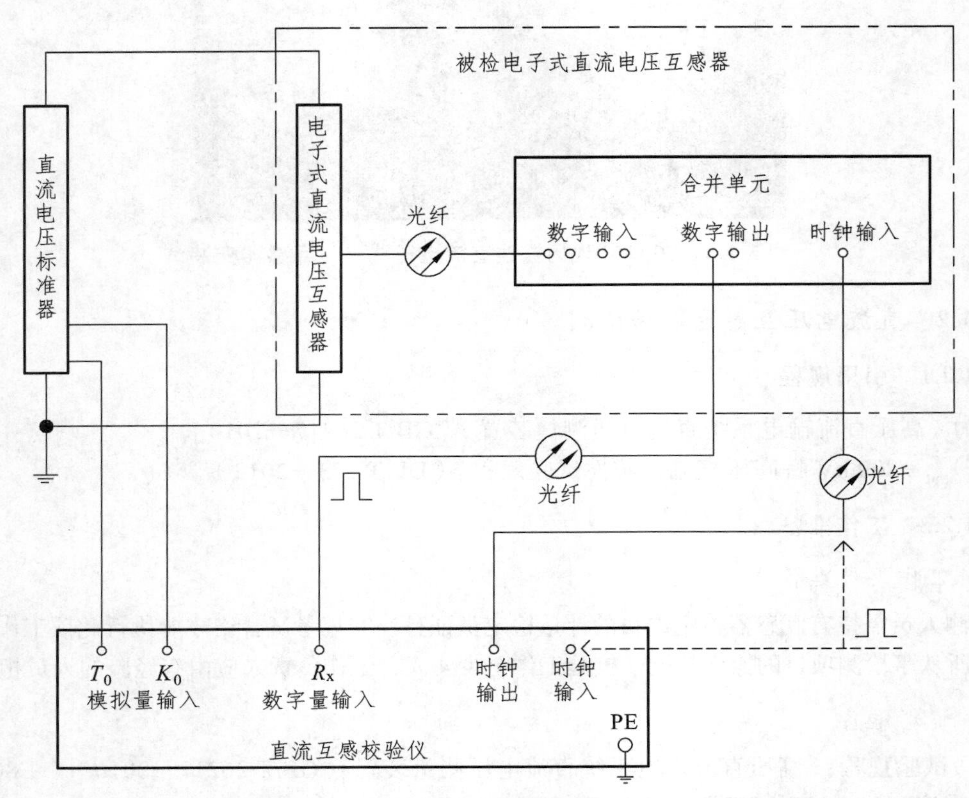

图5-1-4　直流电压互感器现场闭环比较法检测技术原理图

在一次侧，通过高稳定直流电压源向被测试直流电压互感器和直流电压标准器施加一次电压，直流电压互感器二次信号经远端模块传输到控制保护室的合并单元。控制保护室内合并单元输出 FT3 协议信号，现场试验时通过光纤连接到换流站直流场的直流互感器校验仪。

直流互感器校验仪采集直流电压标准器二次信号，同时数字量接口进行同步采样解析合并单元输出的数字信号，最后经过数据处理分析计算出直流电压互感器误差。直流电压互感器比值误差计算为：

$$\gamma=\frac{U_B-K_P\cdot U_P}{K_P\cdot U_P}\times 100\% \qquad (5\text{-}1\text{-}1)$$

其中，K_P为标准直流分压器的额定变比，U_P为被校直流电压互感器直流数字量二次电压值，U_B为被校直流电压互感器直流数字量一次电压测量值。

2．检测方法

在直流电压测量装置安装后进行现场误差试验，且在全电压下用比较法直接进行误差测量，试验接线按照图 5-1-4 所示进行。

（1）试验前的检查：检查设备状态并确认现场布局、设备摆放、线路走向。

（2）一次回路连接：用波纹管连接升压设备，避免在试验升压过程中出现放电闪落。

（3）二次回路连接：被试分压器的二次信号从控制室通过光纤取样。

（4）试验电源接线：试验前，将试验电源电缆通过开关（开关处于分闸状态）引至试验设备，并连接升压及标准分压器的电缆。为确保安全，试验电源接线工作应由两人配合完成。

（5）预通电测量：电源合闸后，平稳地调节一次电压至额定值的（1 ~ 5）%，观察电源设备的电压电流是否正常，被试电压测量装置极性是否正常，误差是否满足限值要求。

（6）误差测量：依次按照表 5-1-2 从低至高进行误差点测量，如果现场条件或被试品厂家特别要求时，可适当增加或减少测量点，误差应满足表 5-1-2 所示限值范围。

表 5-1-2　直流电压互感器误差限值

准确级	在下列测量范围时，电压误差（±%）
	0.1 pu ~ 1.0 pu
0.1	0.1
0.2	0.2
0.5	0.5
1.0	1.0

（6）测量完毕后，更改二次接线，对其他变比进行试验，测量全部变比后，拆除一、二次试验接线，恢复运行接线。

5.1.2.4　现场检测注意事项

（1）现场检测需要工作负责人提前进行现场勘查，了解现场直流电压互感器的安装情况并及时与运维单位联系进行一次导线拆除。

（2）由于高电压等级的直流电压互感器离地距离较长，在使用特种车辆进行一次试验线搭接时，要加强对试验人员及车辆的安全措施管控。

（3）在安装及拆除合并单元与校验仪之间的光纤时，尽量避免沿车辆和人员行进路线铺设，切勿进行拉拽、弯折。

（4）检测工作在环境温度 – 25 °C ~ 55 °C、相对湿度不大于 95%（无凝露）的条件下开展。

（5）试验过程中，需做好防雨措施。

5.1.3　直流电流互感器工作原理及结构

5.1.3.1　直流电流互感器工作原理及分类

1．工作原理

直流电流互感器是高压直流输电的关键设备，其作用与直流电压互感器类似，将一次侧的大电流转换成直流控制与保护系统需要的小电流信号，具有绝缘可靠、准确度高、动态范围大、阶跃响应快等特点，其工作原理如图 5-1-5 所示。

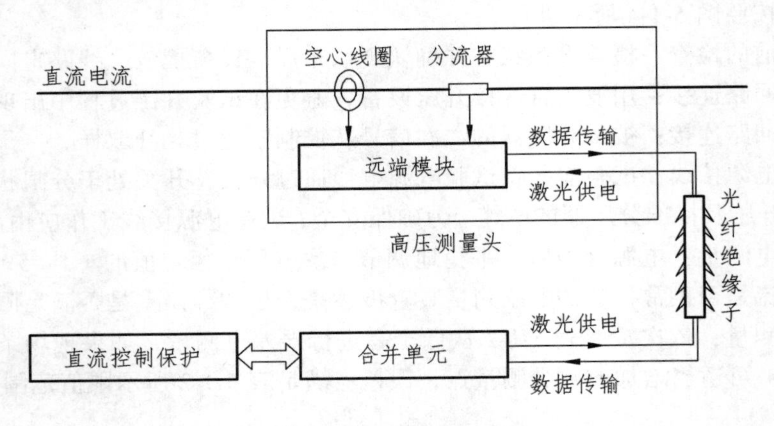

图 5-1-5　直流电流互感器工作原理图

分流器将被测一次直流电流转换为电压信号，空芯线圈将一次直流电流携带的谐波电流转换为电压信号，远端模块就地采集分流器或空芯线圈的输出信号并将其转换为数字信号通过光纤输出至低压合并单元，合并单元接收远端模块下发的数据并将其转换为符合标准规约的数据发送给直流控制保护装置。高压测量头内远端模块的工作电源由低压合并单元内的激光器提供，激光器发送的激光通过光纤送至远端模块，远端模块内的光电转换器将激光能量转换为电能给远端模块提供工作电源。光纤绝缘子为内嵌光纤的复合绝缘子，保证高压绝缘并保护光纤不受损伤。

2．直流电流互感器分类

（1）基于法拉第磁光效应：磁光玻璃式（OCT）、全光纤式（FOCT）。

（2）基于法拉第电磁感应：罗氏线圈式（RCT）、低功率线圈式（LPCT）。

（3）零磁通直流电流互感器。

目前换流站应用的直流互感器主要是基于分流器和罗氏线圈原理的混合光学电流互感器与基于零磁通直流比较仪原理的零磁通直流电流互感器。混合光学直流电流互感器的一次传感器采用分流器测量直流稳态电流，采用罗氏线圈测量高频谐波电流。零磁通式直流电流互感器是一个用于测量中性线上直流电流和谐波电流的宽频带电流测量装置，以磁势自平衡比较仪为基本原理，通过磁调制器与电子反馈构成的闭环系统将一次电流转化为成比例的二次电流。基于分流器和罗氏线圈原理的混合光学电流互感器易于解决绝缘的问题，主要应用于直流阀厅内极线、直流场极线以及直流滤波器高压侧回路的电流测量；零磁通直流电流互感器的准确度比较高，因而用于阀厅内直流中性线、直流场中性线以及直流场 NBGS 开关的电流测量。典型换流站直流互感器的配置如图 5-1-6 所示。

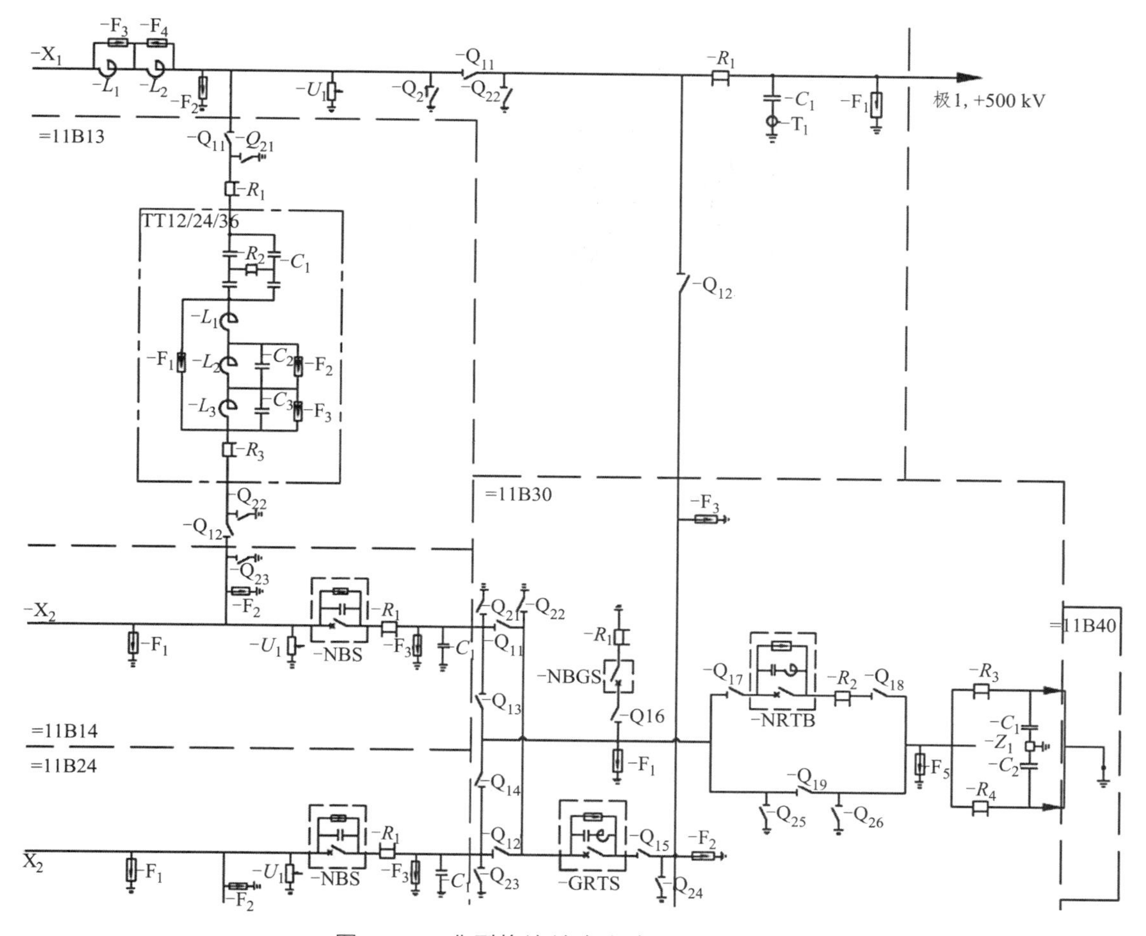

图 5-1-6　典型换流站内直流互感器配置图

5.1.3.2　直流电流互感器基本结构

± 500 kV 直流电流互感器设计为悬挂式结构，其现场安装及内部结构如图 5-1-7、图 5-1-8 所示。

图 5-1-7　直流电流互感器现场安装图

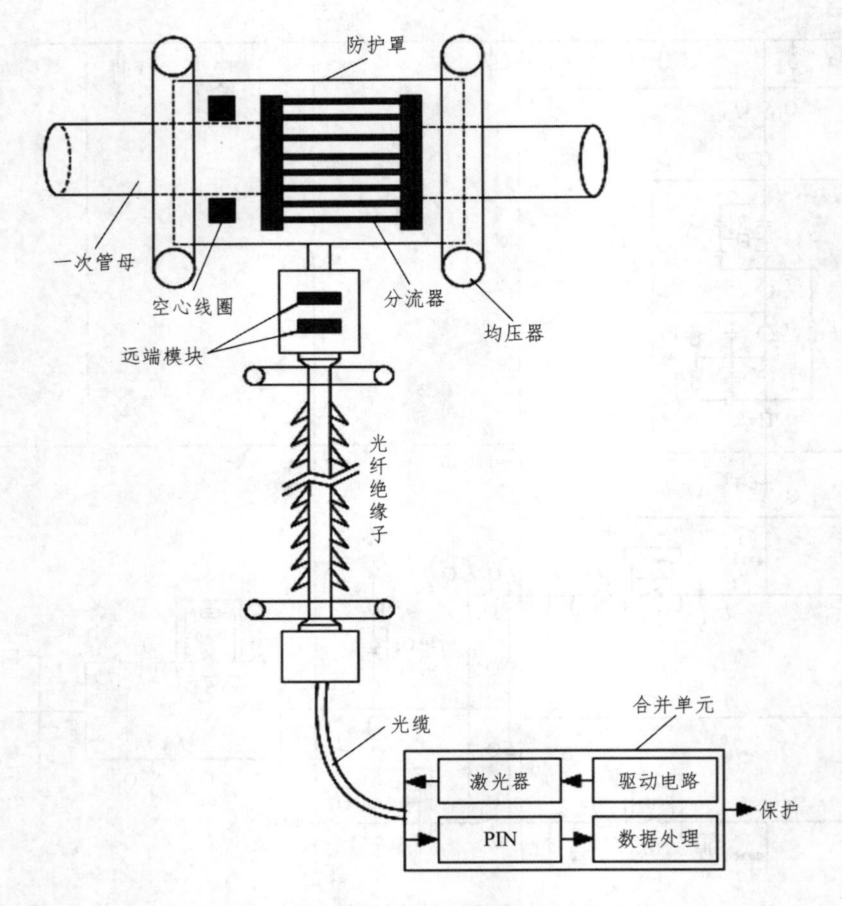

图 5-1-8　直流电流互感器结构示意图

分流器串接于两根一次管母之间，Rogowski 线圈套在一次管母上，防护罩用于防止分流器及 Rogowski 线圈受雨水及异物损伤，防护罩为非密封结构，对分流器的发热有较好的散热效果，防护罩两端设计有均压环，远端模块布置于独立的密封箱体内，光纤绝缘子悬挂于测量头下端，光纤绝缘子两端均设计有均压环。

5.1.4　直流电流互感器现场检测

5.1.4.1　引用规程

（1）《高压直流输电系统直流电流测量装置》（GB/T 26216.1—2010）第 1 部分：电子式直流电流测量装置。

（2）《±800 kV 高压直流设备交接试验》（DL/T 274—2012）。

5.1.4.2　工作准备

1．工作人员准备

检测人员需持有互感器检定项目的计量检定员证，且经安规考试合格才能执行此项工作，能熟练掌握所从事检测项目的操作技能。校验工作至少 4 人，工作负责人应由有经验的人员担任。

2. 资料准备

（1）《高压直流输电系统直流电流测量装置》（GB/T 26216.1—2010）第 1 部分：电子式直流电流测量装置、《±800 kV 高压直流设备交接试验》（DL/T 274—2012）。

（2）直流场主接线图纸、直流电流互感器说明书以及配套合并单元信号接线图。

（3）作业指导书。

（4）试验记录。

3. 仪器及工具准备

表 5-1-3　仪器及工具准备

序号	名　称	数量	规　格	备　注
1	直流电流比例标准	1 台	准确级：0.05 级以上 一次电流范围：（0～5000）A	具有满足要求的校准证书
2	高稳定度直流大电流源	1 台	输出电流稳定度：0.05% 最大输出直流电压：12 V 最大输出直流电流：5000 A	—
3	直流测量装置数字校验仪	1 台	（0～6）A、（0～120）V	具有满足要求的校准证书
4	电流导线	8 根	单根长度 20 m、额定电流 1000 A	—
5	电源接线盘	1 个	—	线径至少 6 mm^2，接口至少 4 个
6	测试光纤	1 卷	—	至少 200 m

5.1.4.3　检测原理及方法

1. 检测原理

在一次侧，通过操作高稳定直流大电流源向被校准直流电流互感器和直流电流比例标准注入一次电流。被试直流电流互感器二次信号经远端模块传输到控制保护室的合并单元，控制保护室内合并单元输出的 FT3 格式信号，通过光纤连接到直流场互感器校验仪，或使用 GPS 通信（距离较远的情况下，通信效果不太好）传输至直流场互感器校验仪。在直流场，直流互感器校验仪采样直流比例标准的二次电信号以及被试直流电流互感器合并单元信号，由 GPS 装置进行同步，经过数据处理和比对测出直流互感器误差。直流电流互感器现场检测接线如图 5-1-9 所示。

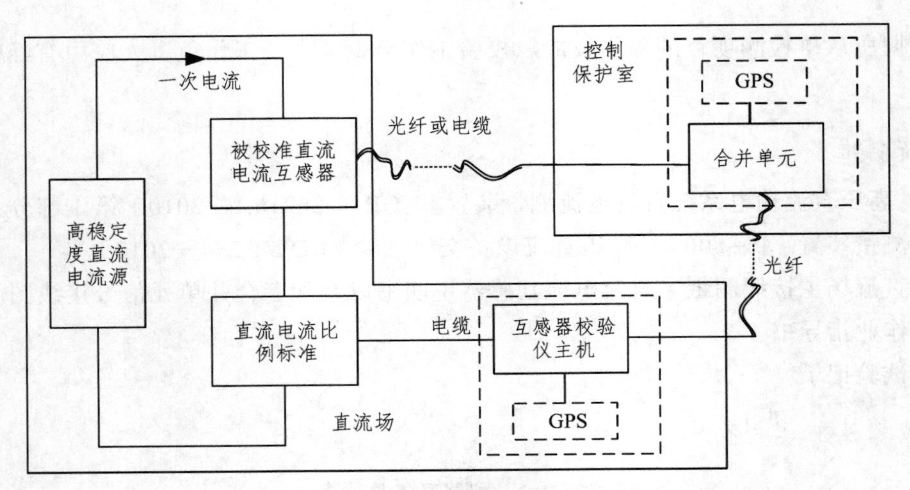

图 5-1-9　直流电流互感器现场检测接线图

2．检测方法

（1）试验前的检查：检查设备状态并确认现场布局、设备摆放、线路走向。

（2）系统接线：将直流电流源移至被检测量装置的近端，从电源正极引出电流导线，穿过直流电流比例标准，连接至被检测量装置在一次极线上极性端，从电源负极引出电流导线，接至被检测量装置在一次极上的负端。直流校验仪连接标准器和被试直流电流互感器的二次信号。

（3）升流误差测试：测量点选为 5 个点：10%、20%、50%、80%、100%。每个测试点上升和下降各做一次。数据采集速率均为 1 次/s，采集时间为 10 s，测量结果取 10 次测量的平均值。

电流比值误差表达按下式计算：

$$\varepsilon = \frac{I_s - I_p}{I_p} \times 100\% \tag{5-1-2}$$

式中　I_p——一次电流标准值；

I_s——被校测量装置一次电流值；

I_p 和 I_s 为二次输出经变比折算值。

直流电流互感器现场误差检测数据应满足误差限值要求，如表 5-1-4 所示。

表 5-1-4　直流电流互感器误差限值

准确度等级	0.1	0.2	0.5	1	2
允许误差	±0.1%	±0.2%	±0.5%	±1.0%	±2.0%

（4）测量完毕后，更改二次接线，对其他变比进行试验，测量全部变比后，拆除一、二次试验接线，恢复运行接线。

5.1.4.4　现场检测注意事项

（1）现场检测需要工作负责人提前进行现场勘查，了解现场直流电流互感器的安装情况并及时与运维单位联系进行一次导线拆除。

（2）由于高电压等级的直流电流互感器离地距离较长，在使用特种车辆进行一次试验线搭接时，要加强对试验人员及车辆的安全措施管控。

（3）由于一次试验导线较长较重，在搭接和拆除过程中要做好防护，避免损坏直流电流互感器外壳。

（4）在安装及拆除合并单元与校验仪之间的光纤时，尽量避免沿车辆和人员行进路线铺设，切勿进行拉拽、弯折。

（5）检测工作在环境温度 – 25 °C ~ 55 °C、相对湿度不大于 95%（无凝露）的条件下开展。

（6）试验过程中，需做好防雨措施。

5.2 交流采样测控装置工作原理和现场校验

5.2.1 交流采样测控装置工作原理

5.2.1.1 A/D 转换原理

电力系统的交流采样就是将运行电网系统中各种模拟电参量转化为多种计算机可以识别、传输、处理的数字量，满足对电网运行状态的监测、控制等功能。其过程就是把模拟信号转换成数字信号，即 A/D 转换。

模拟量是在时间上或数值上都是连续的物理量。经 PT、CT 等传送过来的电压、电流、频率等电参量信号都是模拟量。压力传感器经压力变送器、液位传感器经液位变送器、流量传感器经流量变送器、热电偶或热电偶经温度变送器等传送过来的 4 ~ 20 mA（电Ⅲ型仪表）信号等也是模拟量。

数字量是在时间上和数量上都离散的物理量。数字量由多个开关量组成。如三个开关量可以组成表示 8 个状态的数字量。最基本的数字量就是 0 和 1，反映到开关上就是指一个开关的打开（0）或闭合（1）状态。

A/D 转换通过一定的电路将模拟量转变为数字量，一个完整的 A/D 转换包含采样、保持、量化及编码 4 个步骤。

1．采　样

采样也称取样或抽样，是利用采样脉冲序列 $p(t)$，从连续时间信号 $x(t)$ 中抽取一系列离散样值，使之成为采样信号 $x(nT_s)$ 的过程。$n = 0$，1…。T_s 称为采样间隔，或采样周期，$1/T_s = f_s$ 称为采样频率。采样把时间域或空间域的连续量转化成离散量，把一个连续波形变成阶梯状的波形。采样必须遵循奈奎斯特采样定理，也称为采样定理。

在数字信号处理领域中，采样定理是连续时间信号（模拟信号）和离散时间信号（数字信号）之间的基本桥梁。该定理说明采样频率与信号频谱之间的关系，是连续信号离散化的基本依据，如图 5-2-1 所示。它为采样率建立了一个足够的条件，该采样率允许离散采样序列从有限带宽的连续时间信号中捕获所有信息。

在进行模拟/数字信号的转换过程中，当采样频率 f_s 高于信号中最高频率 f_{max} 的 2 倍时

（$f_s > 2f_{max}$），采样之后的数字信号完整地保留了原始信号中的信息，这是一个临界条件，实用上采用的抽样频率必须大于 $2f_{max}$，实际应用中一般要求采样频率为信号最高频率的 2.56～4 倍。

从理论上分析，采样频率愈高，测量的准确度愈高，数字化后的信号波形就越接近于原来的波形，保真度越高。但带来的代价是量化后信息的存储量变大，处理时间也越久。

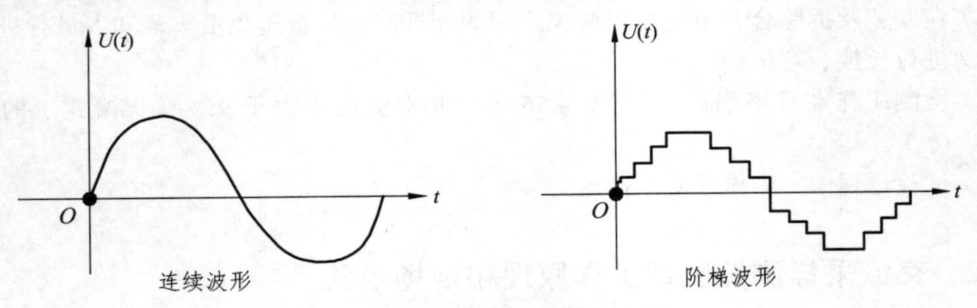

图 5-2-1　采样前后波形的变化

2．保　持

采样完成后，由于后续的量化过程需要一定的时间 τ，对于随时间变化的模拟输入信号，要求瞬时采样值在时间 τ 内保持不变，这样才能保证转换的正确性和转换精度，这个过程就是采样保持。正是有了采样保持，使得采样后的信号成为阶梯形的连续函数。在完成量化之前，信号依然还是模拟信号。

3．量　化

量化即幅值量化，把采样信号 $x(nT_s)$ 经过舍入或截尾的方法变为只有有限个有效数字的数，这一过程称为量化。

若取信号 $x(t)$ 可能出现的最大值 A，令其分为 D 个间隔，则每个间隔长度为 $R = A/D$，R 称为量化增量或量化步长。当采样信号 $x(nT_s)$ 落在某一小间隔内，经过舍入或截尾方法而变为有限值 $x(NT_s)$ 时，则产生量化误差，如图 5-2-2 所示。

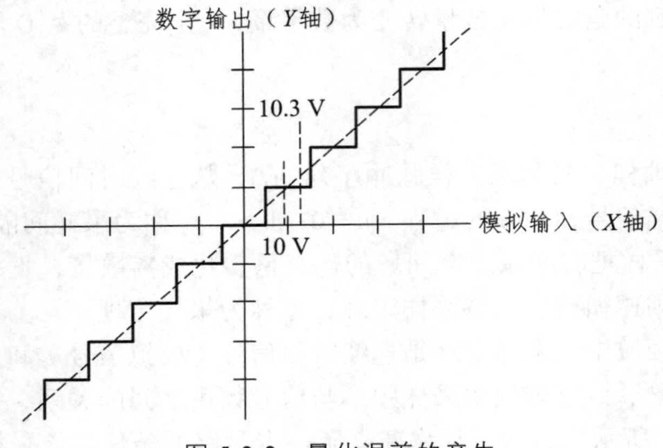

图 5-2-2　量化误差的产生

一般又把量化误差看成是模拟信号作数字处理时的可加噪声，故而又称之为舍入噪声或截尾噪声。量化增量 D 愈大，则量化误差愈大，量化增量大小，一般取决于计算机 A/D 卡的位数。例如，8 位二进制为 D 等于 256，即量化电平 R 为所测信号最大电压幅值的 1/256。

4．编　码

编码是将离散幅值经过量化以后变为二进制数字的过程。编码方式有很多种，按一定格式记录采样和量化后的数字数据，解码是编码的逆过程，他们都遵循着固定的编解码方法。最简单的编码方式是二进制编码，具体说来，就是用 n 比特二进制码来表示已经量化了的样值，每个二进制数对应一个量化值，然后将它们进行排列，得到由二值脉冲组成的数字信息流。编码过程在接收端，可以按所收到的信息重新组成原来的样值，再经过低通滤波器恢复原信号。用这样方式组成的脉冲串的频率等于抽样频率与量化比特数的积，称为所传输数字信号的数码率。显然，抽样频率越高，量化比特数越大，数码率就越高，所需要的传输带宽就越宽。

连续时间信号 $x(t)$ 经过上述 4 个步骤的变换以后，即变成了时间上离散、幅值上量化的数字信号 $x(NT_s)$。

5.2.1.2　A/D 转换的技术指标

1．分辨率

分辨率又称精度，指数字量变化一个最小量时模拟信号的变化量，定义为满刻度与 2^n 的比值，通常以数字信号输出二进制数码的位数来表示。位数越多，则量化增量越小，量化误差越小，分辨率也就越高。常用的有 8 位、10 位、12 位、16 位、24 位、32 位等。

如某 A/D 转换器输入模拟电压的变化范围为 $-10 \sim +10$ V，转换器为 8 位，若第一位用来表示正、负符号，其余 7 位表示信号幅值，则最末一位数字可代表 80 mV 模拟电压，即转换器可以分辨的最小模拟电压为 80 mV。而同样情况，用一个 10 位转换器能分辨的最小模拟电压为 20 mV。

2．转换速度

转换速率是指完成一次从模拟转换到数字的 A/D 转换所需的时间的倒数。积分型 A/D 的转换时间是毫秒级，属低速 AD。逐次比较型 AD 是微秒级，属中速 AD。全并行/串并行型 A/D 可达到纳秒级。为了保证转换的正确完成，采样速率必须小于或等于转换速率。

3．量化误差

量化误差是由于 A/D 的有限分辨率而引起的误差，即有限分辨率 A/D 的阶梯状转移特性曲线与无限分辨率 A/D（理想 AD）的转移特性曲线（直线）之间的最大偏差。通常是 1 个或半个最小数字量的模拟变化量。

4．偏移误差

偏移误差指输入信号为零时输出信号不为零的值。

5．满度误差

满刻度误差指满度输出时对应的输入信号与理想输入信号值之差。

5.2.1.3 A/D 转换的转换类型

A/D 转换主要包括积分型、逐次逼近型、并行比较型/串并行型、Σ-Δ调制型、电容阵列逐次比较型及压频变换型等。

1．积分型

积分型 A/D 工作原理是将输入电压转换成时间或频率，然后由定时器/计数器获得数字值。其优点是用简单电路就能获得高分辨率，但缺点是由于转换精度依赖于积分时间，因此转换速率极低。

2．逐次比较型

逐次比较型 A/D 由一个比较器和 D/A 转换器通过逐次比较逻辑构成，从 MSB 开始，顺序地对每一位将输入电压与内置 D/A 转换器输出进行比较，经 n 次比较而输出数字值。其电路规模中等。优点是速度较高、功耗低，在低分辨率时价格便宜，但高精度时价格很高。

3．并行比较型/串并行比较型

并行比较型 A/D 采用多个比较器，仅做一次比较而实行转换，又称 FLash 型。由于转换速率极高，n 位的转换需要 $2n-1$ 个比较器，因此电路规模也极大，价格也高，只适用于视频 A/D 转换器等速度特别高的领域。

串并行比较型 A/D 结构上介于并行型和逐次比较型之间，最典型的是由 2 个 $n/2$ 位的并行型 A/D 转换器配合 D/A 转换器组成，用两次比较实行转换，所以称为 Half flash（半快速）型。这类 A/D 速度比逐次比较型高，电路规模比并行型小。

4．Σ-Δ（Sigma-delta）调制型

Σ-Δ型 A/D 由积分器、比较器、1 位 D/A 转换器和数字滤波器等组成。原理上近似于积分型，将输入电压转换成时间信号，用数字滤波器处理后得到数字值。电路的数字部分基本上容易单片化，因此容易做到高分辨率。该类型主要用于音频和测量。

5．电容阵列逐次比较型

电容阵列逐次比较型 A/D 在内置 D/A 转换器中采用电容矩阵方式，也可称为电荷再分配型。一般的电阻阵列 D/A 转换器中多数电阻的值必须一致，在单芯片上生成高精度的电阻并不容易。如果用电容阵列取代电阻阵列，可以用较低的成本制成高精度单片 A/D 转换器。最近的逐次比较型 A/D 转换器大多为电容阵列式的。

6．压频变换型

压频变换型是通过间接转换方式实现模数转换的。其原理是首先将输入的模拟信号转换成频率，然后用计数器将频率转换成数字量。从理论上讲这种 A/D 的分辨率几乎可以无限增加，只要采样的时间能够满足输出频率分辨率要求的累积脉冲个数的宽度。其优点是分辨率高、功耗低、价格低，但是需要外部计数电路共同完成 A/D 转换。

5.2.1.4 交流采样的算法和实现

电力系统中使用计算机监测的交流电量一般包括电压 U、电流 I、有功功率 P、无功功率

Q、功率因数 $\cos\varphi$、频率 f、有功电能、无功电能。经过 A/D 转换后的被测量需要通过特定的算法推算才能获得精确的被测电量数值。交流采样的算法有很多种，每种算法都有其各自的特点，需要根据采集的量值选取合适的算法，才能在满足测量精度和速度等的需求中，获得投入和收益间的平衡。

5.2.1.5 交流采样测控装置的构架

在电力系统或某些工业控制中，一些需要转换的电参量，如交流电压、交流电流等信号来自互感器的转换，均属于强电信号。这些互感器可认为是广义上的传感器。同时，在这些大型系统中，有大量的电压、电流、功率等参量的变送器。这些变送器可以将来自电压互感器、电流互感器输出的交流电压、电流等强电信号预先转换成具有线性关系的 0 ~ ±5 V 的直流电压信号，输出的直流信号直接与 A/D 转换器对接。对于非电量（温度、压力、流量）转换为电量的传感器，因转换结果大多数为弱电信号，通常采用传感器将输出的微弱电信号、电阻等非电量转换成统一的（4 ~ 20）mA 直流电流信号或（0 ~ 5）V 直流电压信号，再将转换后的电流、电压信号与 A/D 转换器对接。

对于来自互感器的二次电压、电流强信号，一个在变电站中运用的典型交流采样测控装置如图 5-2-3 所示。

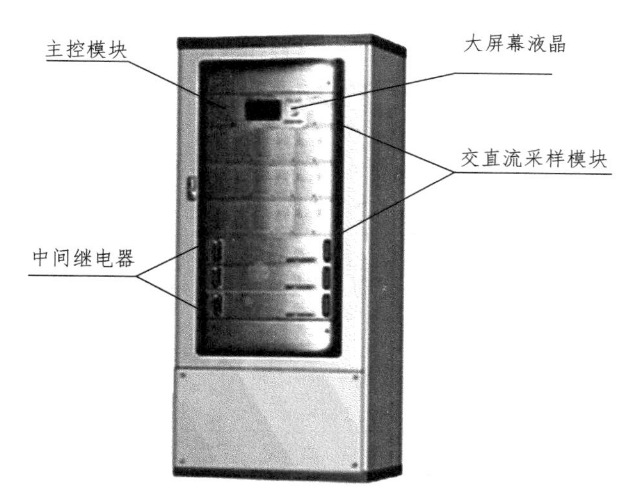

图 5-2-3 交流采样测控装置结构

通常情况下，交流采样测控装置屏都是由数字量采集、数字量输出、交流采样、直流采样、线路保护、通信处理等多种功能几十种模块构成的一个整体。其中，主控模块一般是双机热备份，具有多个通信口，支持多种物理通信介质（如光纤、电缆、无线、电力载波、拨号等），支持多种通信协议[如 DL/T6 34—1997（neq IEC60870-5-101）、部颁 CDT、DNP3.0、1801、MODBUS、IEC60870-5-104、TCP/IP 等]，通信速率为 300 b/s ~ 10 Mb/s。可以根据要求灵活组屏、配置模块，可以配置多个同类型模块，可扩展，维护方便。电源支持双机冗余，互为备用。接线端子全部集中在背面机柜两侧的端子排上，各模块的输出线通过走线槽接到端子排上，再由端子排引出，同外部设备连接。

1. 交流采样测控装置的内部结构

一般的交流采样测控装置由若干个测控单元和一个通信转发模块组成一个屏，一个测控单元完成一组三相电量采集、计算和发送，其中 A/D 一般选用 12 位高速 A/D 转换器，CPU 一般选用 16 位单片机或 DSP 数字信号处理器。典型硬件实现如图 5-2-4 所示。

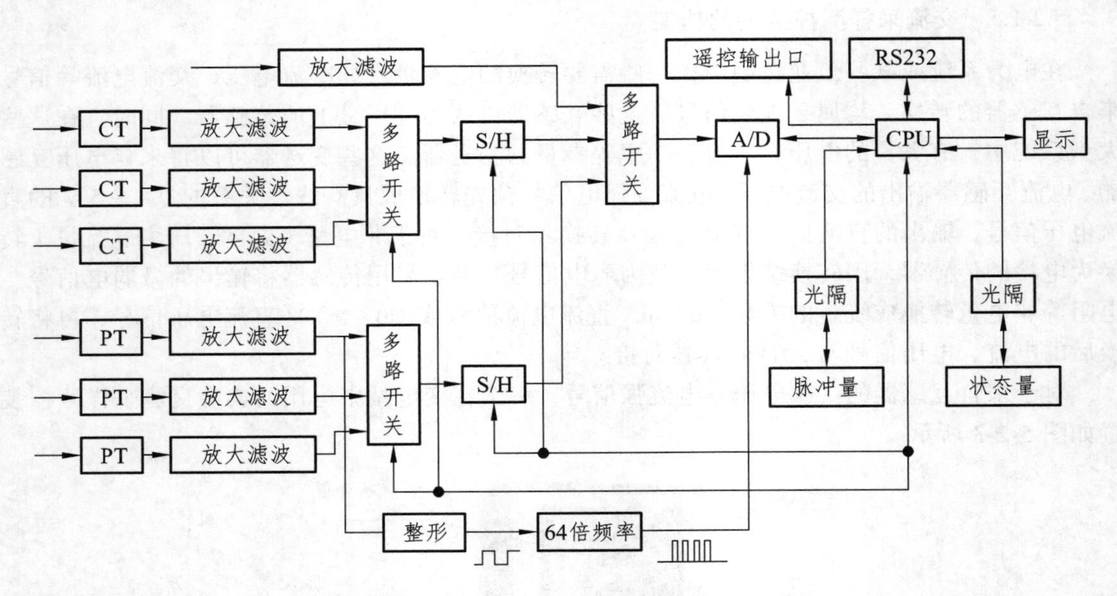

图 5-2-4 交流采样测控装置内部结构

2. 交流采样测控装置的输入逻辑

交流电压输入、交流电流输入、交流保护电流输入、直流量输入、开关量输入、脉冲量输入、控制输出的内部逻辑如图 5-2-5 ~ 图 5-2-7 所示。

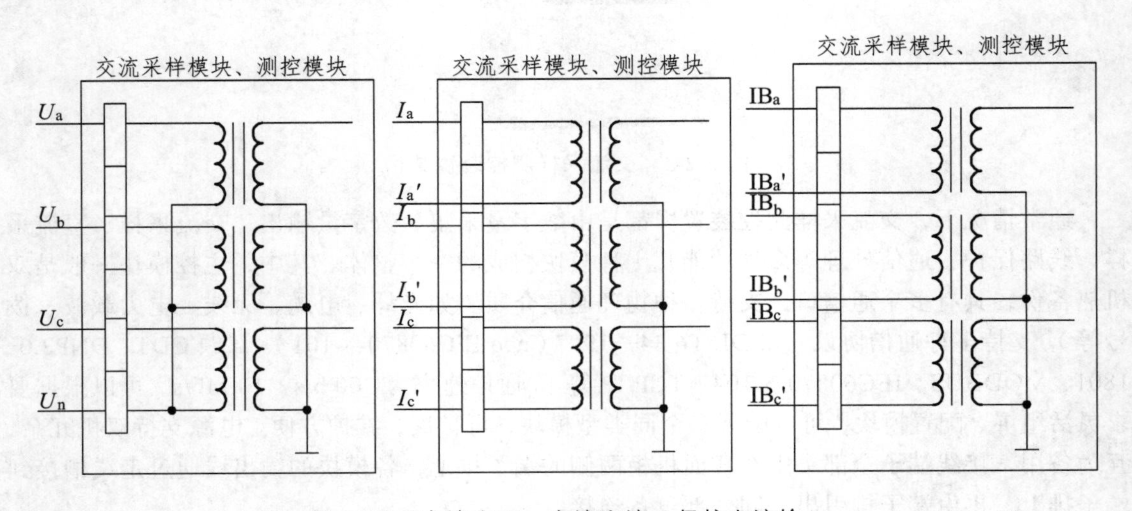

图 5-2-5 交流电压、交流电流、保护电流输入

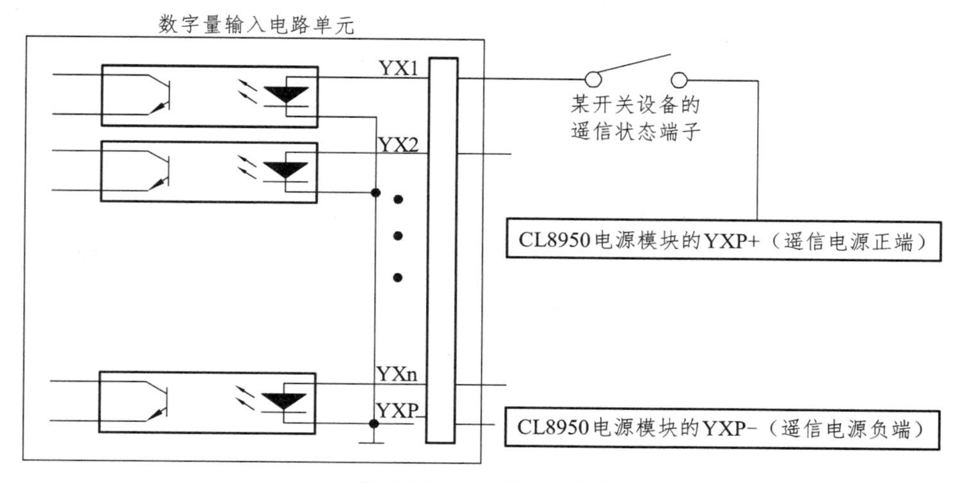

图 5-2-6　数字量（开关量、脉冲量）输入

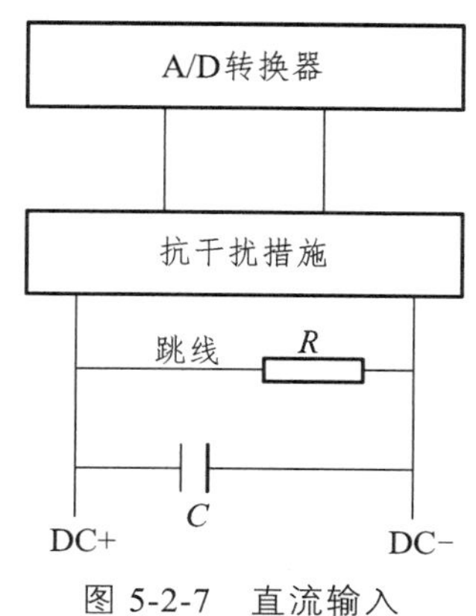

图 5-2-7　直流输入

当输入量为直流电流时，将跳线短接，转换为电压进行量测；当输入为电压时，跳线天开。示例如图 5-2-8 所示。

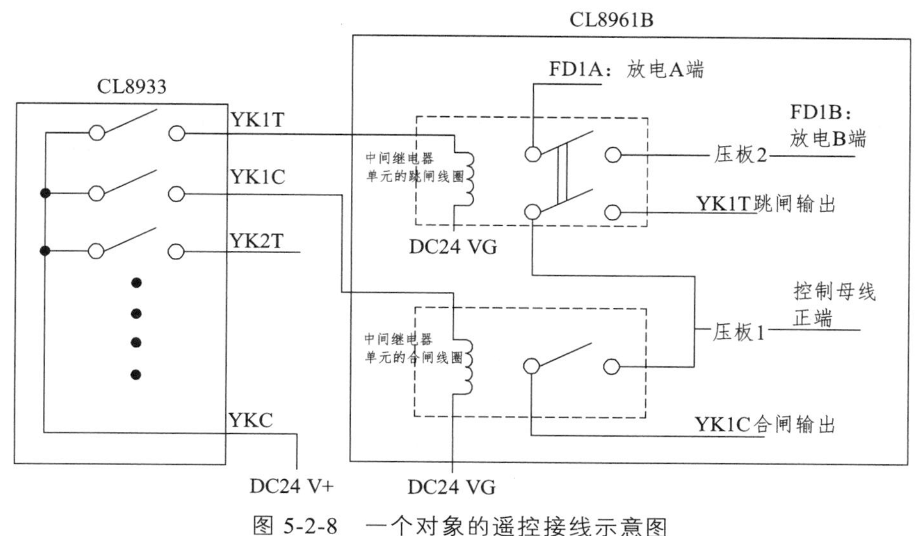

图 5-2-8　一个对象的遥控接线示意图

3．交流采样测控装置的交流电压、电流、保护电流输入接线

使用三相四线制时，分别将 A、B、C 三相电压接至交流采样模块的 U_a、U_b、U_c 端，公共端接至 U_n 端即可。如果使用三相三线制时，将 AB 线电压接至 U_a 端、CB 线电压接至 U_c 端，公共端接至 U_n 端即可；此时，如果有零序电压信号，则接至 U_b 和 U_n 之间。

分别将 A、B、C 三相电流接入交流采样模块的 I_a 和 I_{an}、I_b 和 I_{bN}、I_c 和 I_{cN} 之间（注意下标有 N 的表示电流流出端）。使用三相三线制时，只需分别将 A、C 相电流接入 I_a 和 I_{aN}、I_c 和 I_{cN} 之间，此时，如果有零序电流信号，则将此信号接至 I_b 和 I_{bN} 上。

为了能识别故障电流或者使用 RTU 的保护功能，分别将 A、B、C 三相保护电流接入测控保护模块 IBa 和 IBaN、IBb 和 IBbN、IBc 和 IBcN 之间，如果没有 B 相保护电流，不接亦可。

4．交流采样测控装置的直流量、开关量、脉冲量输入接线

直流量测量包括对直流电压和电流的测量，广泛采用 5 V/20 mA 的直流量借助相应的变送器或传感器单元进行监测。

遥信量的遥信电源正端 YXP+接至开关量节点一端，另一端接到开关量输入节点上。如果遥信量为 DC 220 V，一般需使用遥信转接模块对遥信量进行直流转换。

脉冲量类似。

5.2.2 交流采样测控装置现场校验

5.2.2.1 引用标准及规程

（1）《交流采样远动终端技术条件》（DL/T 630—1997）。

（2）《±800 kV 特高压直流设备预防性试验规程》（DL/T 273—2012）。

（3）《电力设备检修试验规程》（Q/CSG1206007—2017）。

5.2.2.2 工作准备

1．工作人员的准备

校验人员需经过计量考核合格，持有交流采样测控装置检定项目的计量检定员证且经安规考试合格才能执行校验，能熟练掌握所从事校验项目的操作技能，校验工作至少 2 人，工作负责人应由有经验的人员担任。

2．资料准备

（1）试验规程：《交流采样远动终端技术条件》（DL/T 630—1997）、《±800 kV 特高压直流设备预防性试验规程》（DL/T 273—2012）、《电力设备检修试验规程》（Q/CSG1206007—2017）。

（2）交流采样测控装置说明书以及电压、电流回路接线图。

（3）作业指导书。

（4）现场校验记录。

3．仪器及工具准备（见表 5-2-1）

表 5-2-1　仪器及工具准备

设备名称	数量	规　格	备　注
三相交直流携式检定装置	1 台	ACV:（0～380）V，ACI:（0～10）A，0.05 级	经计量检定合格，具有有效的合格证书
三相电压、电流测试专用导线	1 套	—	要求绝缘包层良好，触头光滑
通信线及信号转接头	1 套	RJ45、RS232、RS485	—
通信软件及测试专用计算机	1 套	—	—
对讲机	2 台	—	要求经校准合格
数字多用表	1 台	ACV:（0～500）V，ACI:（0～5）A，DCV:（0～500）V，DCI:（0～5）A，1.5 级	要求计量检定合格，具有有效的合格证书
工具	1 套	—	—

5.2.2.3　**校验方法**

交流采样测控装置的现场校验项目包括：外观检查、零漂校验、本体示值误差校验、通道示值误差校验。

1．交流采样测控装置信号通道封堵

开展校验前，必须将被测交流采样测控装置在信号传输通道进行封堵，防止校验过程中因加量操作造成信号误传至各级调度中心，进而带来潜在运行风险。

2．设备预热及校验通信连接

（1）使用专用测试导线将交流采样测控装置和标准设备的电压回路、电流回路进行连接。使用匹配的数据线建立起被测交流采样测控装置、标准设备与校验操控计算机之间的指令和数据传输通道。

（2）安全连接被校设备和标准装置，将三相二次电压回路进行并联，将三相二次电流回路进行串联，如图 5-1-18 所示。

（3）通过 RJ45 端口、RS232 串口或 RS485 端口，确定正确的通信协议，将被测的交流采样测控装置与标准装置进行有效的通信连接，使校验操控计算机界面显示“连接成功”。

（4）将被校设备和标准装置进行开机预热 30 min，使设备各部件进入平稳运行状态，标准装置能够稳定输出标准电参量。

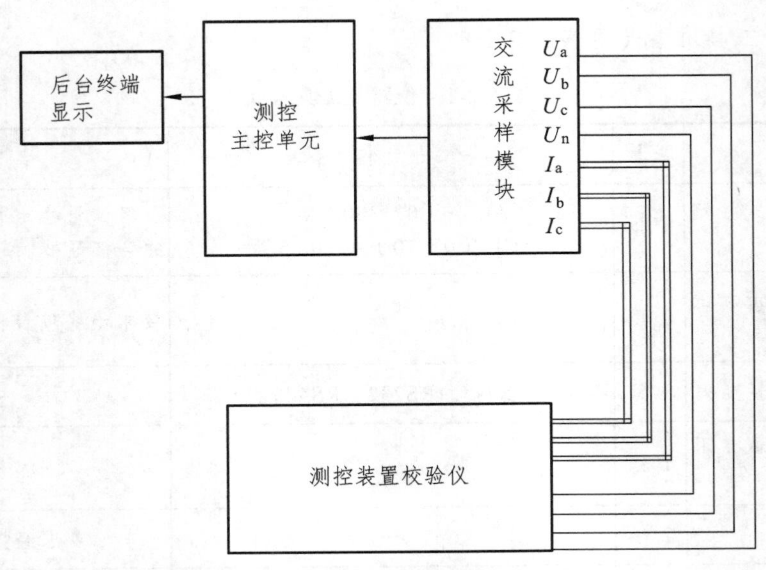

图 5-2-9　交流数采装置的典型接线图

3．外观检查

交流采样测控装置应标注产品名称、型号规格、制造厂、出厂编号等关键信息。各采样板卡及连接线应完整无缺、紧固件不得有松动现象，通信端口应可靠连接。结合设计图，核对被校交流采样测控装置的参数设置，重点确认电压互感器、电流互感器的变比设置是否正确，确认运行变比、设备地址、模块通道等信息是否正确。

4．零漂校验

在保证交流采样测控装置与标准装置三相电压回路、电流回路的完好连接的前提下，使标准装置的电压输出、电流输出均为 0，记录此时交流采样测控装置本体上显示的三相电压、三相电流、有功功率、无功功率、相角、频率、功率因数参量值。

5．本体示值误差校验

（1）对交流采样测控装置对应的二次回路电端子进行逐个验电。使用合格的万用表交流电压挡逐个测量二次回路的电压对地的电压示值，或者查看交流采样测控装置主显示屏幕上的电压示值大小。注意，一般电压回路中存在同期电压且带电运行。若有同期电压，必须先使用绝缘胶带包裹带电端子，然后逐个拆除二次电压接线头，使用绝缘胶带包裹线头并做好记录，防止线头之间短路。

（2）对交流采样测控装置对应的二次回路电流端子逐个进行验电。用合格的钳形电流表测量二次电流回路电流的示值，或者查看交流采样测控装置主显示屏幕上电流示值的大小。根据二次回路接线图及现场布线情况，使用短接线短接屏柜内端子排进线端的二次电流回路，确定出需要划开的电流连接片，操作并做好记录。注意，对于二分之三接线方式线路交流采样测控装置的二次电流回路，其电流回路是合电流。拆接前做好编号登记，作为恢复接线的依据。

（3）移除交流采样测控装置的初始 A、B 网络连接线，根据现场检验的实际情况对被测交流测验测量装置进行参数设置，记录参数更改前后的信息，以备还原参数之用。

（4）根据被测交流采样测控装置的互感器二次回路接线及采样板卡参数，确定标准装置在校验三相电压、三相电流时在量程输出，并确认各参量的校验选点。

（5）根据被检交流采样测控装置的模块配置，进行校验方案配置，对校验的电压、电流、功率、频率、相位等参量和校验的点值进行配置。

（6）按照配置好的校验方案，依次对被测交流采样测控装置的电压、电流、功率、相位、频率各参量的校验点进行校验，获取误差数据。

（7）根据现场要求对其他影响量（如频率影响改变量、波形畸变改变量、三相不平衡改变量等）进行测试。

6．通道示值误差校验

（1）与运行单位技术人员现场核实，对被测的交流采样测控装置的后台通道已经进行了数据封锁。

（2）依据二次回路接线图纸和主控室后台设置情况，确认连接被测交流采样测控装置的PT、CT 变比并做记录。

（3）依据记录信息，恢复被测交流采样测控装置的原始网络通信连接线，恢复原始设置参数。

（4）对交流采样测控装置后台通道的电压、电流、功率、相位、频率示值进行误差数据测试，并做详细记录。

（5）与运行单位技术人员现场核实，解除被测的交流采样测控装置的后台通道的数据封锁。

7．校验结束和数据处理

（1）根据二次回路拆除等记录信息，逐个恢复拆除的电压接线头。根据二次回路连接片滑动记录信息，逐个恢复划开的电流连接片，拆除交流采样测控装置屏柜内端子排进线端短接线。使用万用表测量交流采样测控装置屏柜内端子排进线端与交流采样测控装置背面进线端之间的通断，确保电流连接片连接可靠。

（2）根据现场的记录，断开被测交流采样测控装置与标准设备的连接，恢复被测交流采样测控装置的原始参数，恢复其网络接线和参数设置。与运行单位技术人员对上述信息进行确认。

（3）检查测试出的所有数据，依据规程判断被测交流采样测控装置的各模块功能合格与否，并给出现场处理意见。本体示值误差和通道示值误差校验应符合表 5-2-2 的要求。

表 5-2-2　交流数采装置的误差限值

等　级	0.1	0.2	0.5	1
误差极限	±0.1%	±0.2%	±0.5%	±0.1%

5.2.2.4　现场校验注意事项

（1）在对交流采样测控装置进行变电站现场校验时，除了评判被测交流采样测控装置电压、电流、功率、频率、相位的测量功能外，还须对其数据接口（如 RS232、RS485、RJ45

等）的通信功能进行验证。

（2）对交流采样测控装置的通信规约版本要做核实，否则可能会出现因通信地址、波特率等参数配置不正确，从而导致校验控制计算机不能有效与被测装置进行通信，无法下发控制指令并获得有效数据，而使校验过程失败。

（3）校验过程中，在选择校验的参量（如电压、电流、功率、频率、相位、功率因数）时，需要准确地输入通信代码和转换系数，才能保证编制正确的校验方案并在后台通道获得正确的数据。

（4）校验完成后必须及时保存校验数据，进行数据处理（若计算机配置有校验功能则可由其相关数据处理模块进行数据处理），及时出具校验报告。

（5）若被测的交流采样测控装置自带显示模块，还需要对显示模块进行校验，将校验结果与其本体的校验结果进行比对，保证二者的校验结果一致性。倘若二者校验结果存在差异，必须通知相关技术人员对交流采样测控装置进行技术处理后，方可投入运行。

5.3 SF_6 气体密度继电器工作原理和现场校验

5.3.1 SF_6 气体密度继电器工作原理及应用

5.3.1.1 SF_6 气体密度继电器的用途

SF_6 气体因具有优异的绝缘、灭弧特性和稳定的化学性能，被广泛应用于高压、超高压电气设备中，作为绝缘和灭弧介质。而电气设备的绝缘强度和灭弧能力取决于 SF_6 气体的密度。SF_6 气体密度的降低将会带来两方面的危害：一是造成电气设备的耐压强度降低；二是导致断路器开断容量的下降。此外，SF_6 气体密度的降低通常是由泄漏引起，而泄漏则往往伴随着大气中的水分向设备内渗透，导致 SF_6 气体含水量上升，致使电气设备的绝缘性能进一步下降。因此，为了保证电气设备的安全可靠运行，必须监测 SF_6 气体的密度。SF_6 气体密度继电器就是装设在 SF_6 电气设备上用于反映设备内气体密度变化的装置（亦有称密度监视器、密度控制器、密度表等）。密度继电器实质上是通过检验被测设备内气体压力的变化，显示其密度变化的仪表。SF_6 气体密度继电器能够在设备内气体密度下降到规定的报警值时，发出报警信号，当因设备发生气体泄漏故障，使 SF_6 气体密度继续下降到达规定的闭锁压力值时，密度继电器能闭锁断路器的分、合闸操作。SF_6 气体密度继电器的性能的好坏，直接影响电气设备的安全运行。因而，检验其工作的可靠性和准确性是十分必要的。

5.3.1.2 SF_6 气体密度的温度补偿

所谓密度，是指某一特定物质在某一特定条件下单位体积的质量。SF_6 电器中的 SF_6 气体是密封在一个固定不变的容器内的。在 20 °C 时的额定压力下，它具有一定的密度值，在电器运行的各种允许条件范围内，尽管 SF_6 气体的压力随着温度的变化而变化，但是，SF_6 气体的密度值始终不变。密度的符号用 ρ 表示，单位符号为 kg/m^3 或 g/L。按照密度的定义，SF_6 气体密度表的指示值应该是密度的单位。但是，目前国内外生产和使用的密度表的指示值都是借用压力的单位 MPa。

根据 SF_6 气体的物理特性，在密闭的容器中，一定温度下的 SF_6 气体密度实际上就是代表压力。根据气体压力-密度-温度（P-γ-T）三个状态参数关系式（$P=\gamma RT$，R 为常数）可知：当环境温度不变时，气体的密度随着压力成正比变化；当环境温度变化、密度不变时，压力随着温度的变化而变化（见图 5-3-1），因此，要保持密闭容器中的 SF_6 气体压力不变，只有对变化的温度进行补偿。

SF_6 密度继电器实际上是一种带温度测量补偿和带压力测量的压力仪表，它由压力测量部分和温度测量部分构成，它通过实时测量 SF_6 气体的温度和压力，再通过自带的温度补偿装置补偿成 20 °C 时的压力值（P_{20} 值），当 SF_6 气体的密度一定时，其测量 SF_6 气体的压力 P_{20} 值不随温度的变化而变化（见图 5-3-2）。

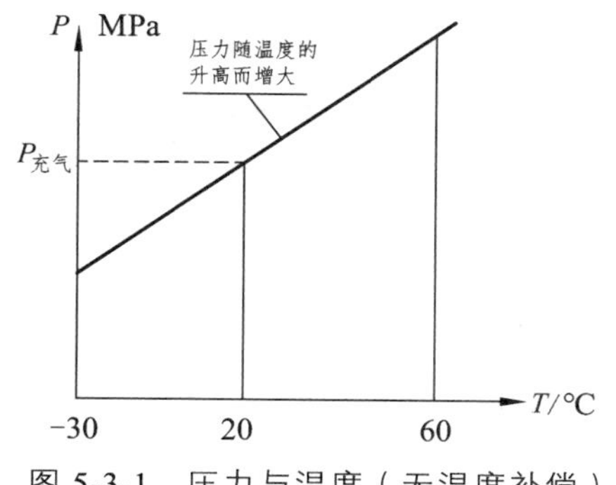

图 5-3-1　压力与温度（无温度补偿）的等容曲线

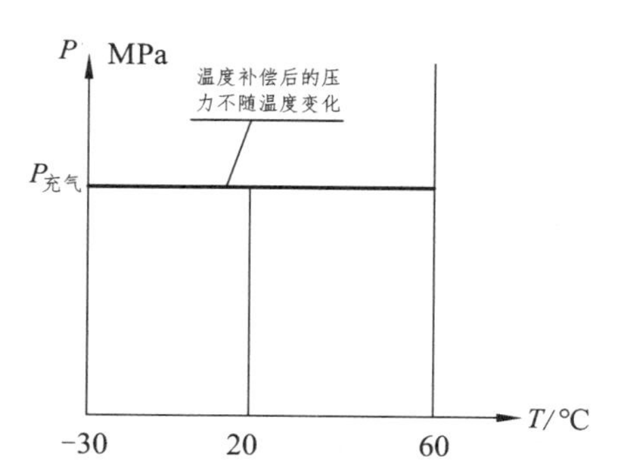

图 5-3-2　压力与温度（有温度补偿）的等容曲线

SF_6 气体密度继电器是对运行中的 SF_6 充气类电气设备内 SF_6 气体密度（指 20 °C 时的压力值）变化进行实时在线显示、指示和监控的装置。当充气类电气设备发生泄漏或异常时，监控装置的接点接通会发出低气压、过气压报警信号和对 SF_6 气体断路器发出闭锁信号，可以及时地对充气类电气设备采取有效的措施。

5.3.1.3　SF_6 气体密度继电器工作原理

目前，高压电器中使用的 SF_6 气体密度继电器按传感器种类常用的有二类：一类使用金属波纹管，主要用于无指针式密度控制器；另一类使用弹簧管，主要用于带指针式密度控制器。

按温度补偿形式分为二种：一种是用密封的标准气体补偿温度变化，如金属波纹管式结构；另一种是热双金属片结构。二种结构在使用过程中均能进行温度补偿。

1．金属波纹管密度继电器的原理

图 5-3-3 为金属波纹管结构的 SF_6 气体密度继电器工作原理。

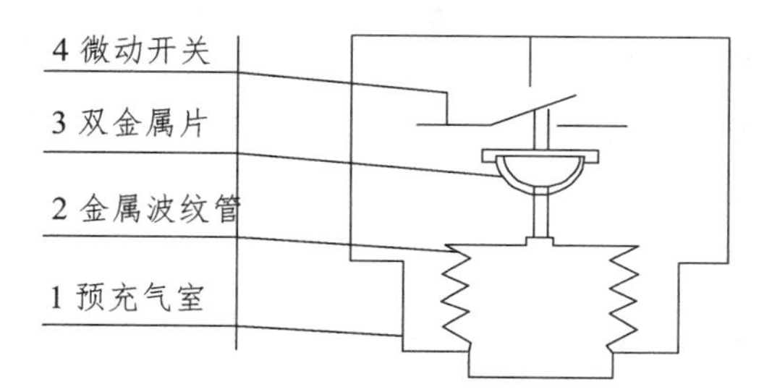

图 5-3-3　波纹管式气体密度继电器工作原理

预充气室内充有 SF_6 气体，气体的压力与被监测的气室工作压力相同，金属波纹管与被监测的气室相通。当气室发生气体泄漏时，金属波纹管中的气体压力就会下降。因此，在内外压力差的作用下金属波纹管即被压缩，并通过带有双金属片的传动机构带动微动开关使其触点接通，信号继电器即被启动，发出报警（补气）或闭锁信号。密度继电器在结构设计上使整个预充气室置于被监测的 SF_6 气体中，因而温度对预充气室和被监测气室中 SF_6 气体压力的影响是一样的，从而温度的变化不会在金属波纹管内外侧产生压力差，即密度继电器具有温度自动补偿作用。

2．弹簧管式密度继电器的原理

弹簧管式密度继电器的结构如图 5-3-4 所示，主要由弹性金属曲管、齿轮机构和指针、双层金属带等零部件组成，空心的弹性金属曲管 1 与断路器相连接，其内部空间与断路器中的 SF_6 气体相通，弹性金属曲管（1）的端部与起温度补偿作用的双层金属带（3）铰链连接，双层金属带（3）与齿轮机构和指针机构（2）铰链连接。

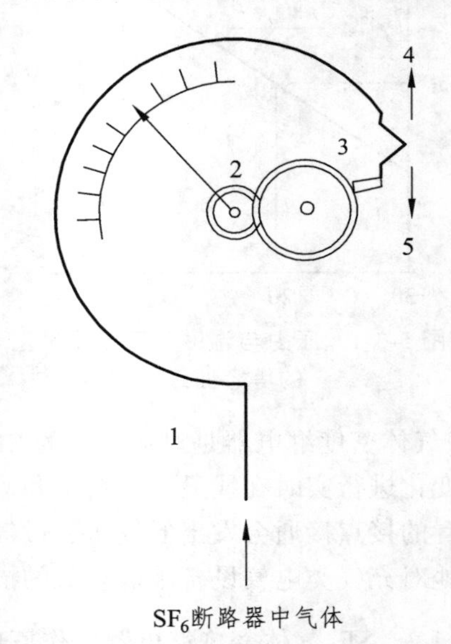

1—弹性金属曲管；2—齿轮机构和指针；3—双层金属带；4—压力增大时的运动方向；5—压力减小时的运动方向。

图 5-3-4　弹簧管式密度继电器工作原理

弹簧管式密度继电器没有安装使用时，如果环境温度是 20 °C，指针 2 指向 0 MPa。但如果环境温度不是 20 °C 时，由于双层金属带（3）是按环境温度与 20 °C 的差进行补偿的，当环境温度高于 20 °C 时，双层金属带（3）伸长，其下端将向（5）的方向发生位移，带动齿轮机构和指针（2）向密度（或压力）指示值减小的方向移动，指针（2）的读数小于 0 MPa；否则，当环境温度低于 20 °C 时，齿轮机构和指针（2）将向密度（或压力）指示值增大的方向移动，指针（2）的读数大于 0 MPa。就是说，这种 SF_6 气体密度表还没有使用时，就已经由环境温度的变化带来一定的误差，误差的大小取决于环境温度与 20 °C 之间的差值。

由弹簧管式密度继电器的工作原理可以得出以下结论：根据密度表配置在断路器上的位置不同，其读数也有偏差。所谓环境温度，一般是指没有阳光照射下的空气温度，如果密度表安装在断路器的背阳光侧，密度读数就会大些；如果密度表安装在断路器的朝阳光侧，经阳光照射后温度就会高些，密度读数就会小些。其偏差的大小取决于温差的大小。

3．石英晶体密度变送器的原理

石英晶体密度变送器有三个微动开关，对应不同的密度变化发出动作信号，外形和结构如图 5-3-5 所示。

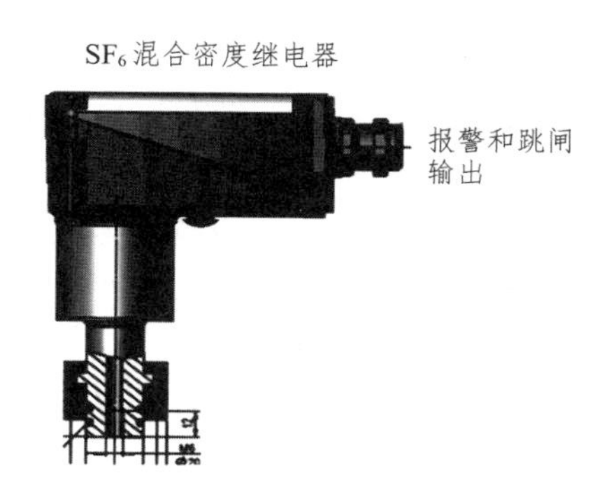

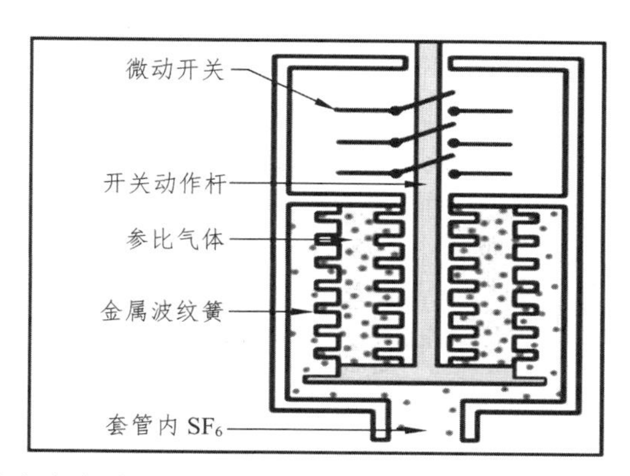

图 5-3-5　石英晶体密度变送器外形和结构

密度继电器的监测气室通过接口与被监测的套管相连接。监测气室内的金属波纹簧腔气室内充有一定压力的参比气体，作为一个密封的参比气室。如被监测气室发生气体泄漏的情况，金属波纹簧在内外压力差的作用下，直接带动开关动作杆上三个独立的微动开关运动。当被监测气室气体泄漏到设定值时，使相应的微动开关触点接通，发出三个阶段的报警（补气）或闭锁信号。密度继电器在结构设计以及安装上，使整个参比气室紧临被监测的 SF_6 气室。因而认为，温度变化对参比气室和被监测气室中 SF_6 气体压力的影响相同，金属波纹簧会抵消被监测气室内因温度变化而导致的 SF_6 气体绝对压力变化的影响，即密度监测计具有温度自动补偿功能。

石英晶体密度变送器除具备密度继电器的所有结构和功能外，还有模拟输出的功能。该石英晶体密度变送器的测量原理如图 5-3-6 所示。

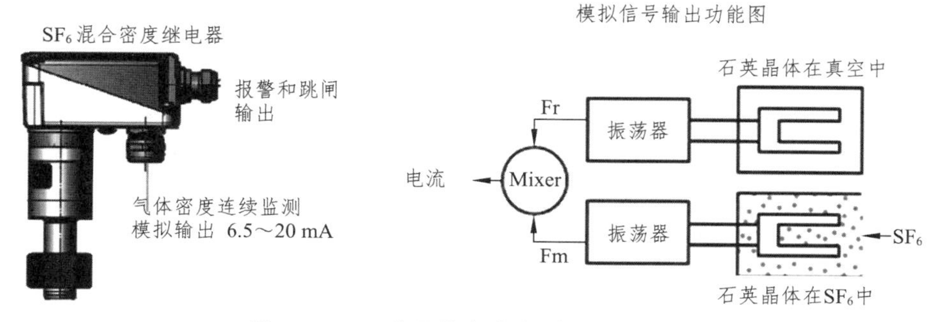

图 5-3-6　石英晶体密度变送器测量原理

模拟输出采用的是石英晶体振荡频率比较方式。一个晶振腔与监测气室相通，得到的是套管中 SF_6 气体的共振频率；另一个晶振腔在一个密封的真空腔中，得到的是真空中的共振频率。因为共振频率的差异与气体的密度是成正比的，所以通过比较就能获得监测气室内 SF_6 气体的密度。

5.3.1.4　气体密度继电器与设备本体的连接方式

气体密度继电器与设备本体的连接形式有多种，主要有以下几种类型：

（1）密度继电器与设备本体之间由三通阀门隔开。与设备本体之间由阀门隔开的密度继电器，检验时只要将该阀门关闭，将检验测试接头连接好，打开校验阀门，就可进行密度继电器的检验。

（2）密度继电器与设备本体之间连接有逆止阀。与设备本体之间连接有逆止阀的密度继电器，拆下密度继电器后，设备本体与外界大气由逆止阀自动密封隔离，将拆下密度继电器和检验测试接头连接好，就可以进行检验。

（3）密度继电器与设备本体之间有逆止阀，逆止阀上有顶针螺栓。与设备本体之间有逆止阀，逆止阀上有顶针螺栓的密度继电器，如图 5-3-7 所示。在检验此种结构的密度继电器时也比较方便，检验时不需要将密度继电器拆下，只要将 W2 处的逆止阀顶针螺栓拧下，逆止阀 F1 将密度继电器与设备本体之间的气路隔离，再将检验测试接头连接好，就可进行密度继电器检验了。

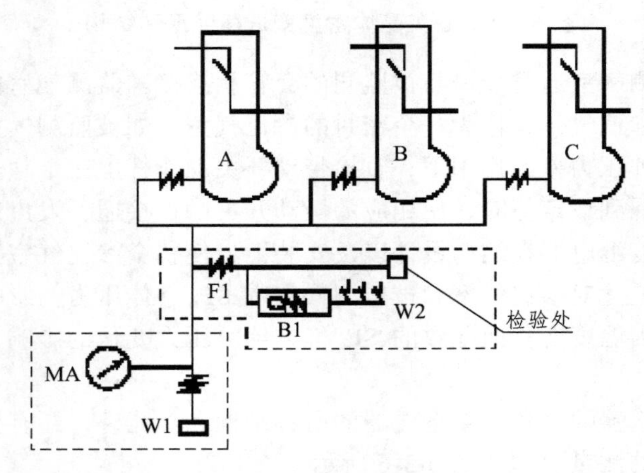

Bl—密度继电器；W1—充气接头；W2—检验接头；
MA—压力表；F1—逆止阀。

图 5-3-7　逆止阀有顶针螺栓的连接图

（4）另外，也有密度继电器与设备本体之间直接连通，没有阀门隔离开。这是一种不合理的设计，因为运行中如果密度继电器和压力表损坏，只能在设备解体大修时进行密度继电器的检验和更换。因此，这种连接方式应在设备解体大修时，在密度继电器与设备本体之间加装隔离阀门，以便密度继电器的检验和更换。

前三种连接形式的密度继电器一般都可以在现场进行检验。

5.3.1.5　SF_6 气体密度继电器动作原因及处理方法

1．SF_6 气体密度继电器动作的原因

（1）动作值出现失误，造成误发信号。

（2）因漏气造成发出信号。

（3）二次电气接线出现故障。

（4）温度补偿特性失效，压力差太大，即断路器与波纹管内的 SF_6 气体因不同的温度变化造成压差增大而误发信号。

2．处理方法

当运行中的充气设备出现 SF_6 气体密度继电器动作的情况时，要正确判明情况并及时采

取相应措施。

（1）检查充气设备压力的整定值，测量实际温度并对照给出的温度压力曲线与压力表读数进行比较，判定是否真正漏气。

（2）如果未漏气，则应检查二次电气接线是否出现故障。

（3）测试 SF_6 气体密度继电器的动作值，如确认是 SF_6 气体密度继电器本身出现问题，应更换 SF_6 气体密度继电器后，再校验温度变化时的补偿特性。

5.3.1.6 SF_6 密度继电器运行维护建议

（1）弹簧管式密度继电器起温度补偿作用的双层金属带只能够补偿由于环境温度变化引起密度（或压力）值的变化，而不能够补偿由于设备内部温升引起的密度（或压力）值的变化。

（2）密度继电器的主要作用是监视 SF_6 气体是否漏气，在设备内外温度达到平衡后，才能更好地根据密度（压力）读数的变化，判断是否漏气。

（3）当断路器投入运行后，由于断路器的负荷电流通过导电回路的导体电阻和接触电阻使消耗的电功率将全部转化为热能，加热 SF_6 气体而产生温升，进而产生压力增量，密度（或压力）表的读数就会偏大，这属于正常现象。

（4）使用 SF_6 密度继电器要根据其结构、原理、使用条件等进行具体分析，由于西南地区是典型的温带大陆性气候，冬夏两季的日温差平均在（10 ~ 15）°C 左右，不能因为 SF_6 气体实际密度不随温度变化而变化，就认为密度（压力）表的读数也不随温度变化而变化。目前运行人员在日常巡视中必须有对 SF_6 电气设备中气体的密度巡视一项。建议在巡视时间上应大致统一，如同一季节应在同一时间段内巡视，同时应记录下巡视时的环境温度值。在同一时间段内巡视，可以尽量避免每天巡视时环境温度变化太大，尽量使每天巡视时环境温度相差不太大。密度继电器虽然采取了温度补偿原理，但是从实际运行经验看，在同一天，环境温度变化时，密度继电器的指示值随着环境温度变化而变化，补偿效果并不如想象中那么好，可以 100% 地补偿。尤其在夏季，有时候上下波动范围可以达 0.02 MPa，假如气体的实际密度为 0.58 MPa，在一天中温度较高或较低时巡视可能从密度继电器上反映只有 0.56 MPa 或者更低。

（5）巡视时，看密度继电器时一定要从垂直于密度继电器表面的角度去看，避免人为读数误差。现在大多数 SF_6 密度继电器里面充满减震油，而密度继电器在现场安装时多数高于人体高度。从下面看时，由于光的折射原理，读出的密度值多数会与 SF_6 密度继电器的实际示值有所偏差，且每个人读出的数值都不相同。从正面垂直读数，会减小这种人为读数误差。

（6）当在日常巡视发现密度继电器上所显 SF_6 气体的密度较小时，首先应排除读数引起的误差，确认无误后，建议进行纵向和横向比较，如：将现在的月份与去年月份的数据比较，或者同一组开关不同相的压力比较，或者同一温度下不同日期的压力比较。总之，不要轻易下结论，上报缺陷，务必确认无误后再上报。安装于现场的 SF_6 密度继电器由于长时间不动作，经过一段时期后常出现动作不灵活或触点接触不良的现象，有时还会出现温度补偿性能变差，在温度变化时造成指示偏差或误动作。有时候我们敲敲密度继电器，会出现 SF_6 密度继电器的指针动作，示值也会发生变化。

5.3.2 SF_6气体密度继电器现场校验

5.3.2.1 引用标准及规程

（1）《压力式六氟化硫气体密度控制器检定规程》（JJG 1073—2011）。
（2）《±800 kV 特高压直流设备预防性试验规程》（DL/T 273—2012）。
（3）《电力设备检修试验规程》（Q/CSG1206007—2017）。

5.3.2.2 工作准备

1．工作人员的准备

校验人员需经过计量考核合格，持有 SF_6气体密度继电器检定项目的计量检定员证且经安规考试合格才能执行校验，能熟练掌握所从事校验项目的操作技能，校验工作至少2人，工作负责人应由有经验的人员担任。

2．资料准备

（1）试验规程：《压力式六氟化硫气体密度控制器检定规程》（JJG 1073—2011）、《±800 kV 特高压直流设备预防性试验规程》（DL/T 273—2012）、《电力设备检修试验规程》（Q/CSG1206007—2017）。
（2）SF_6气体密度继电器说明书以及 SF_6气体密度继电器的保护定值和信号回路接线图。
（3）作业指导书。
（4）现场校验记录。

3．仪器及工具准备（见表5-3-1）

表5-3-1 仪器及工具准备

设备名称	数量	规 格	备 注
SF_6密度继电器校验仪	1套	量程：（0～1.0）MPa；压力测量准确度0.2级，装置准确度优于0.2级；带（0～20）mA电流或DC（0～5）V测量；带接点动作，标准值闭锁功能；可用工业氮气或 SF_6作气体介质	带内部测温，外部测温切换测量功能。要求计量检定合格，具有有效的合格证书
SF_6气体检漏仪	1台		要求计量检定合格，具有有效的合格证书
专用校验软管	1套		
专用接头	1套	根据供电局 SF_6密度测量装置接头规格配置	
橡胶防护手套	2双		
防毒面具	2套		封闭 SF_6电气设备室中使用
数字绝缘电阻表	1台	电压 DC 500 V	要求计量检定合格，具有有效的合格证书
活动扳手及工具	2套		

5.3.2.3　**校验方法**

机械指示 SF_6 气体密度继电器的现场校验项目包括：外观检查、示值误差、设定点误差校验、回程误差校验、切换差校验、额定压力值校验、指针偏转平稳性检查、绝缘电阻检查。

1．SF_6 气体密度继电器拆卸与检漏

（1）对于气路具有隔离阀门的压力式 SF_6 气体密度控制，校验时需关闭隔离阀门。用专用校验软管连接校验装置至 SF_6 电气设备补气口或测微水处并进行加压，在确认校验装置与 SF_6 电气设备连接无泄漏时，再打开仪表阀门进行校验。该类情况不需要拆卸 SF_6 气体密度继电器，但也可以拆卸 SF_6 气体密度继电器进行校验。

（2）对于气路具有自逆阀的压力式 SF_6 气体密度控制，直接卸下压力式 SF_6 气体密度控制，SF_6 电气设备自逆阀自动封闭接头，不会漏气。该类情况必须拆卸下 SF_6 气体密度继电器进行校验。

（3）对于气路既没有隔离阀门，又没有自逆阀的压力式 SF_6 气体密度控制。该类情况 SF_6 气体密度继电器不能进行校验。

（4）SF_6 气体检漏：对于进行拆卸校验的 SF_6 气体密度继电器，将 SF_6 气体密度继电器拆卸后，应在拆卸口处进行 SF_6 气体检漏，将检漏仪沿各连接口、密封面表面缓慢移动。

2．外观检查

SF_6 气体密度继电器应标注产品名称、型号规格、制造厂、出厂编号等。SF_6 气体密度继电器应完整无缺、紧固件不得有松动现象，可动部分应灵活可靠，内部不得有切削残渣等杂物。

3．示值误差校验

SF_6 气体密度继电器校验的校验点不得少于 5 点，按标有数字的分度线（不含零点）选取。在读被校 SF_6 气体密度继电器示值时，视线应垂直于表盘。读数应估计到最小刻度值的 1/5。

将 SF_6 气体密度继电器校验仪放在检验现场静置 10 min 以上，使 SF_6 气体密度继电器校验仪与被检 SF_6 气体密度继电器的温度相一致，并让 SF_6 气体密度继电器校验仪通电预热 10 min。按电气设备技术说明书中 SF_6 气体密度继电器的操作规定，将 SF_6 气体密度继电器气路与电气开关 SF_6 气室隔离，切断 SF_6 气体密度继电器的控制电源，通过专用的导压管接头使 SF_6 气体密度继电器校验仪与 SF_6 气体密度继电器的气路连通。按照图 5-3-8 将 SF_6 气体密度继电器接入 SF_6 密度继电器校验仪。

按 SF_6 气体密度继电器校验仪使用步骤，使 SF_6 气体压力从零点缓慢上升进行各校验点示值误差校验。校验时采用 SF_6 气体作为校验介质。校验过程中，加强 SF_6 气体泄漏监测。如发生 SF_6 气体泄漏，及时停止校验，检查泄漏点并处理。示值误差校验应符合表 5-3-2 的要求。

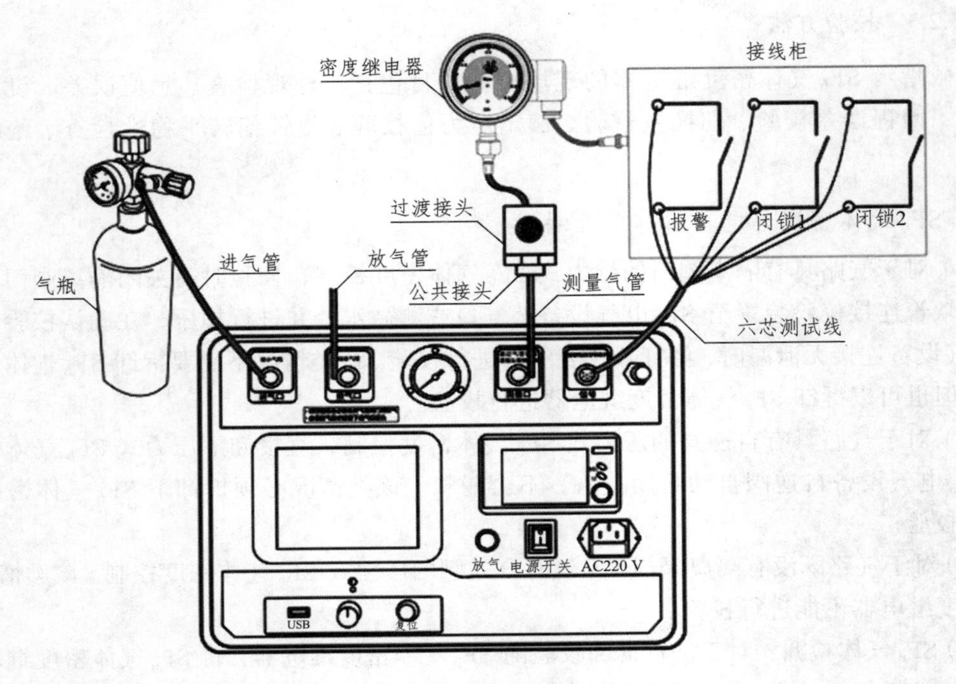

图 5-3-8　SF_6气体密度继电器校验接线图

表 5-3-2　最大允许误差

准确度等级	最大允许误差（按量程的百分数表示）	最大允许误差（带变送输出）（输出信号范围的百分数）
1.0	±1.0	±1.0
1.6	±1.6	±1.6
2.5	±2.5	±2.5

4．设定点误差校验

假设被检 SF_6气体密度继电器的触点为两个，按 SF_6气体密度继电器校验仪使用步骤，使 SF_6气体压力从零点缓慢升至第一个触点动作，此时标准器上读出的压力值为第一触点的上切换值。继续缓慢升压，相继读取第二触点的上切换值。缓慢减压至第二触点动作，读出标准器上压力值为第二触点的下切换值，接着继续缓慢减压、读取第一触点的下切换值；读出触点动作压力值应取到小数点后第三位。应注意，均匀缓慢地升压或降压时，当指示指针接近设定值时升压或降压的速度应不大 0.001 MPa/s。当 SF_6气体密度继电器某触点设定值控制的是上切换值时，则实测的上切换值与设定值之差为设定点误差。

当触点设定值控制的是下切换值时，则实测的下切换值与设定值之差为设定点误差。SF_6气体密度继电器设定点误差应符合表 5-3-3 的要求。

表 5-3-3　设定点偏差允许值

准确度等级	升压设定点偏差允许值（按量程的百分数表示）	降压设定点偏差允许值（按量程的百分数表示）	切换差允许值（按量程的百分数表示）
1.0	±1.6	±1.0	≤3.0
1.6	±2.5	±1.6	≤3.0
2.5	±4.0	±2.5	≤4.0

5．回程误差校验

在校验设定点误差时，取同一检定点升压、降压示值之差的绝对值作为 SF_6 气体密度继电器的回程误差。SF_6 气体密度继电器回程误差应不大于最大允许误差的绝对值。

6．切换差校验

在校验设定点误差时，同一设定点的上、下切换值之间的差值为 SF_6 气体密度继电器的切换差。SF_6 气体密度继电器切换差应符合表 5-3-3 的要求。

7．额定压力值校验

在校验设定点误差时，均匀缓慢地加压或降压至额定压力点后，轻敲仪表外壳，此时额定压力值与标准器的示值之差即为 SF_6 气体密度继电器的额定压力值误差。额定压力值误差不大于最大允许误差。

8．指针偏转平稳性检查

在示值误差校验的过程中，目力观测指针的偏转应平稳，无跳动和卡针现象。

9．绝缘电阻检查

将 SF_6 气体密度继电器电源断开，用额定直流电压为 500 V 的绝缘电阻表测量，稳定 10 s 后读数，绝缘电阻应符合要求。绝缘电阻要求：SF_6 气体密度继电器各接线端子与外壳之间，互不相连的接线端子之间，触头断开时连接触头的两接线端子之间的绝缘电阻应不小于 100 MΩ。

10．SF_6 气体密度继电器的恢复与检漏

（1）气路具有隔离阀门的 SF_6 气体密度继电器，校验后关闭 SF_6 电气设备补气口或测微水接口，打开隔离阀门。应在 SF_6 电气设备补气口或测微水接口处进行 SF_6 气体检漏，检漏时沿各连接口、密封面表面缓慢移动。

（2）对于进行拆卸校验的 SF_6 气体密度继电器，将 SF_6 气体密度继电器安装后，应在安装接口处进行 SF_6 气体定性检漏，检漏时沿各连接口、密封面表面缓慢移动。

（3）安装过程中，加强 SF_6 气体泄漏监测。

（4）保证 SF_6 气体密度继电器接通 SF_6 电气设备的气室，SF_6 气体无泄漏。

5.3.2.4　现场校验注意事项

（1）对于通风环境不好的场所或 GIS 设备，在封闭的 SF_6 电气设备室中进行校验时，应先通风 15 min，并使用防护面具进行防护。

（2）校验工作一般应在设备停电后进行，校验前必须切断与密度继电器连接的控制电源，并将报警和闭锁接点的对应连线从端子排上断开，防止其与二次回路和采样信号线构成回路影响检验。

（3）由于 SF_6 电气设备的型号和种类较多，不同的设备密度继电器与设备本体的连接方式不同，在拆卸螺栓进行现场密度继电器检验时，一定要确认密度继电器与设备本体的连接结构。防止误拆，造成 SF_6 气体泄漏。

（4）设备本体与密度继电器气路的隔离阀门，校验后必须恢复，并检查确认。

（5）进行校验前、后管道接头的清洁工作的，避免杂质和不合格气体进入本体。必要时用少量的 SF_6 气体进行冲洗。

（6）保护好管道接头的密封面，密封垫圈校验后应更换，并进行漏气校验。

（7）SF_6 气体密度继电器校验仪显示的压力值为相对压力值，当被检验的密度继电器用绝对压力值表示时，应换算到相对压力值。如 ABB 公司 LTB145D 断路器的密度继电器，其报警及闭锁压力值就是以绝对压力值表示的。

（8）为了检验密度继电器的动作特性，还需有气体阀门将密度继电器与本体气室隔离，而有些厂家在断路器出厂时未装设好阀门及管路，以致在现场难以对密度继电器进行校验，所以运行单位在选用断路器时对此应加以注意，在订货时应明确要求气体能隔离。

5.4　变压器温度测量装置工作原理和现场校验

5.4.1　变压器温度测量装置工作原理及应用

5.4.1.1　变压器温度测量装置的用途

压力式温度计测温是变压器测温中被普遍采用的方法。利用压力式温度计的温包做探头，将探头伸入到变压器油箱中，再通过压力式温度计表头显示温度值和输出远传信号进行后台显示。压力式温度计根据测量方式的不同，可分为油面温度指示控制器和绕组温度指示控制器，油面温度指示控制器主要用于测量变压器顶层油温，绕组温度指示控制器主要用于模拟测量变压器绕组温度。目前这种变压器测温方法被广泛采用，成为变压器测温方案中的主流。

5.4.1.2　油面温度指示控制器工作原理

油面温度指示控制器（压力式温度计）主要由测量部分、远传部分、驱动机构和显示系统四部分组成。在由弹性元件（弹性元件为波纹管）、毛细管和温包这三个部分组成（见图 5-4-1）的密闭系统内充满了感温液体，当被测变压器油温变化时，由于密闭系统内感温液体的“热胀冷缩”效应，使温包内的液体的体积也随之呈线性变化，这一感温液体体积的变化量通过毛细管传递到温度指示装置内的弹性元件中，使该弹性元件也随之发生一个相应的位移量，这个位移量经机构放大后便可指示被测变压器油油温并驱动微动开关输出电信号，从而驱动冷却系统按规定的温度范围投入或退出，达到对变压器温升的控制。当变压器油温达到设定值时，图 5-4-2 中的 K1 闭合起动冷却系统；当油温达到设定值时，K2 闭合超温报警。压力式温度计属于自力式仪表的一种，其特点是不需要配备工作电源，利用工作介质热胀冷缩的原理进行工作。

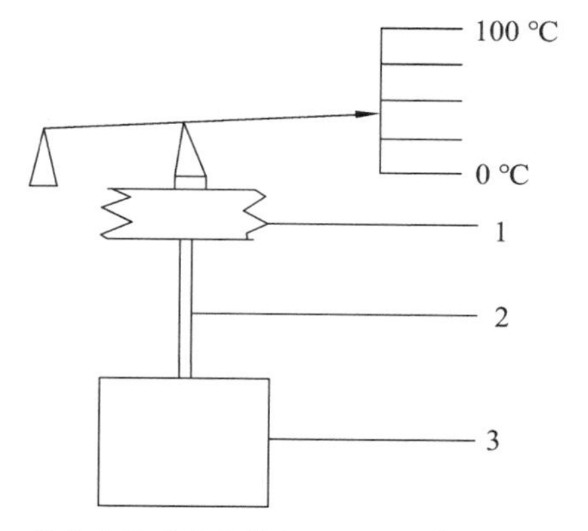

1—弹性元件（波纹管）；2—毛细管；3—温包。

图 5-4-1　油面温度指示控制器原理图

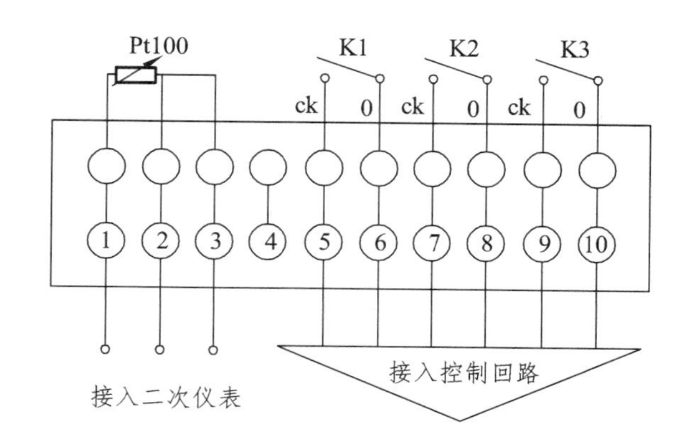

图 5-4-2　温度控制器接线图

由于自力式仪表不适宜信号远传，所以需另配一只远传温度计，以便将变压器的温度信息输送到中央控制室，从而实现双重保护和温度信号的远传。远传部分主要有热电阻远传输出和（4～20）mA 电信号远传输出两种。

压力式温度计通过电信号进行数据远传的测温，是通过电阻来实现的，变压器端的压力式温度计提供电阻，控制室内的数显仪或温度变送器提供（0～24）V 电源。以（4～20）mA 输出为例（见图 5-4-3），变压器端的温度计表头内部有两个可调电阻，利用电位器设定零位，使指针在刻度始端的输出电流为 4 mA，利用电位器设定全量程的最大输出电流为 20 mA。一般压力式温度计出厂时，该两个电位器均已设定完毕，并用火漆封止，防止误转动。如果测量的是变压器油面温度，则（4～20）mA 对应的是（－20～140）°C，而如果是变压器绕组温度，则（4～20）mA 对应的是（0～160）°C。

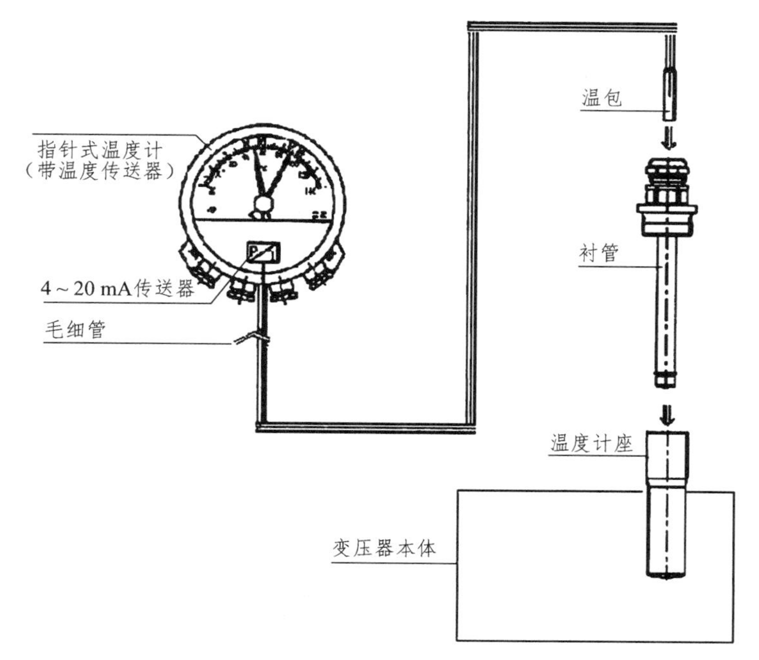

图 5-4-3　压力式温度计测量装置工作原理图

5.4.1.3　绕组温度指示控制器工作原理

从技术上来讲，因为直接测量电力变压器绕组温度存在一个高电压隔离问题，所以目前国内外采用“热模拟”技术间接测量变压器绕组温度。

$$T_C = T_0 + H\Delta T_{W0} \quad (5\text{-}4\text{-}1)$$

式中　T_C——绕组热点温度，°C；

T_0——顶层油温，°C；

ΔT_{W0}——铜温温差，°C；

H——热点系数。

其中 T_0 可由绕组测温装置在变压器顶层直接测得；热点系数可以从国家标准中查到。因此只需测知 ΔT_{W0} 就可得到 T_C。而所谓的“热模拟”正是从变压器套管型电流互感器取得的与负载电流成正比的附加电流 I_W，流经复合变送器内附设的电热元件，利用附加电流在电热元件上所产生的附加温升，迭加到变压器顶层油温上，从而获得变压器的绕组热点温度。其中附加电流 I_W 与铜油温差 ΔT_{W0} 之间的关系在《变压器绕组温度计》（JB/T 845）中已有明确规定，如图 5-4-4 所示。

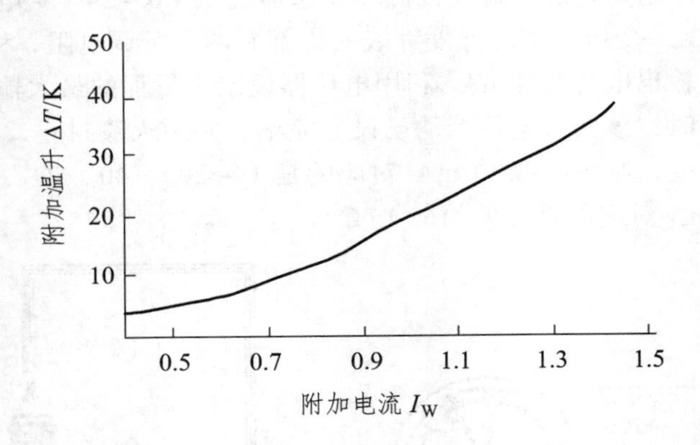

图 5-4-4　附加电流和附加温升关系曲线

如图 5-4-5 所示，绕组温度测量装置只是在油面温度测量装置的基础上增加了一只电流匹配器和一个电热元件。温度计的传感器——温包插在变压器油箱顶部的温度计座内，当变压器负载为零时，绕组温度指示控制器的读数为变压器油箱顶层油面的温度。当变压器带上负载后，通过电流互感器取出的与负荷成正比的电流，经电流匹配器调整后流经嵌装在弹性元件（布登管）内的电热元件。电热元件产生热量，使弹性元件（布登管）内的液体进一步膨胀，表计弹性元件的位移量增加。因此，变压器带上负荷后，弹性元件（布登管）元件的位移量是由变压器油面温度和变压器的负荷电流两者共同决定的。变压器绕组温度指示控制器指示的温度是变压器油面温度与绕组线圈对油的温升之和。

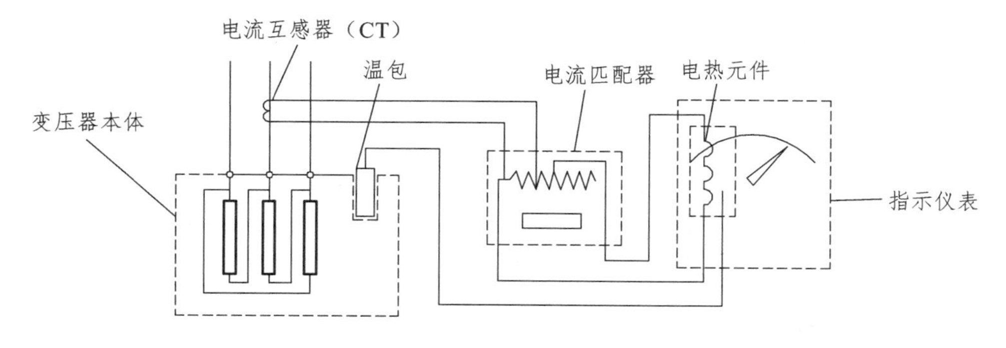

图 5-4-5　绕组温度测量装置工作原理图

5.4.1.4　压力式温度计远传监测连接方式

变电站采用变压器温度采用本体监控及远方监控的方式，变压器本体温度监控用油温指示控制器和绕组温度指示控制器，远方温度监控由远方温度表或后台机显示屏实现。图 5-4-6、图 5-4-7 是压力式温度计远传监测的两种连接方式。

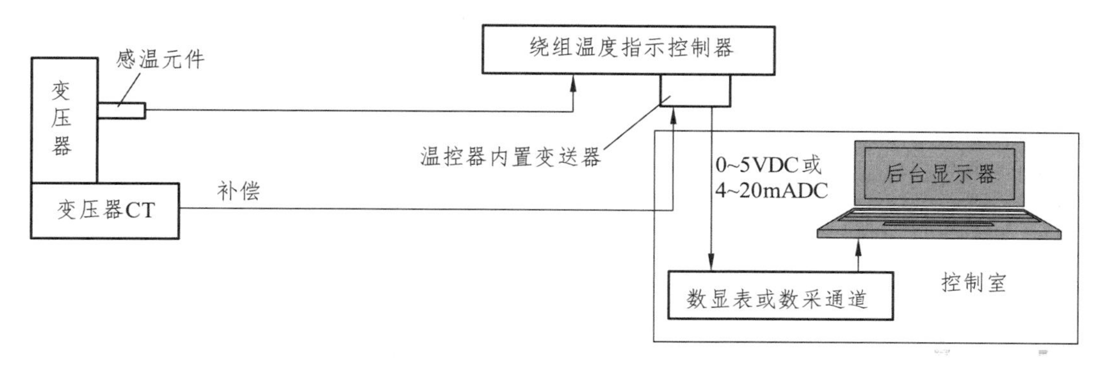

图 5-4-6　绕组温控器远传监测连接方式

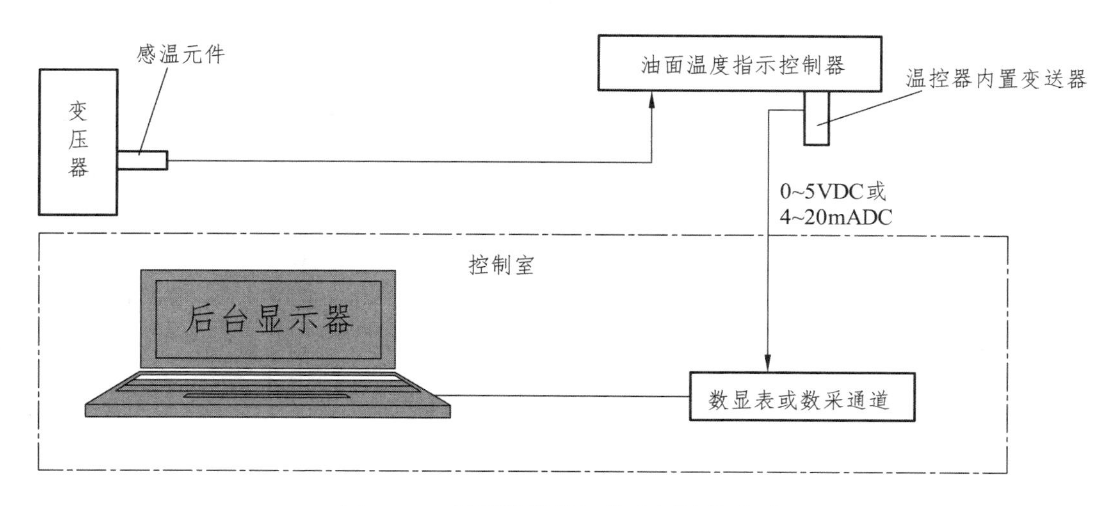

图 5-4-7　油面温控器远传监测连接方式

5.4.2 变压器温度测量装置现场校验

5.4.2.1 引用标准及规程

1)《压力式温度计检定规程》(JJG310—2002)。

2)《油浸式变压器测温装置现场校准规范》(DL/T 1400—2015)。

3)《±800 kV 特高压直流设备预防性试验规程》(DL/T 273—2012)。

4)《电力设备检修试验规程》(Q/CSG1206007—2017)。

5.4.2.2 工作准备

1. 工作人员的准备

校验人员需经过计量考核合格，持有温度检定项目的计量检定证件且经安规考试合格才能执行校验，能熟练地掌握所从事检定项目的操作技能。变压器测温装置校验工作人员至少2人，工作负责人应由有经验的人员担任。

2. 资料准备

(1)试验规程:《压力式温度计检定规程》(JJG310—2002)、《油浸式变压器测温装置现场校准规范》(DL/T 1400—2015)、《±800 kV 特高压直流设备预防性试验规程》(DL/T 273—2012)、《电力设备检修试验规程》(Q/CSG1206007—2017)。

(2)变压器测温装置的保护定值、信号回路接线图、变压器说明书和被校温度计说明书。

(3)作业指导书。

(4)现场校验记录。

3. 仪器及工具准备

表 5-4-1 仪器及工具准备

设备名称	数量	规格	备注
便携式恒温液体槽	1台	室温至160 °C，介质为水或食用油（花生油）或变压器油 控温精度±0.5 °C	带搅拌功能，并搅拌转速可调
二等标准铂电阻温度计 或标准水银温度计	1只 1套	0~200 °C	要求计量检定合格，具有有效的合格证书
数字万用表	1块	准确度等级0.5级	
热工综合校验仪	1台	准确度优于0.05级，带电阻及温度测量	要求计量检定合格，具有有效的合格证书
取针器	1套		
活动扳手	2套		
工频电流发生器	1台	准确度优于0.5级， 500~5000 mA，最大输出功率不小于60 V·A	要求计量检定合格，具有有效的合格证书
安全带	2套		

5.4.2.3　**校验方法**

机械指示 SF_6气体密度继电器的现场校验项目包括：外观检查、绝缘电阻、压力式温度计示值校验、远方显示示值校验、两表偏差、压力式温度计接点设定点误差、绕组温度计的热模拟试验。

1．外观检查

指针温度计表盖不得有妨碍正确读数的缺陷。指针温度计的各部件应装配牢固，不得松动，其调零机构应稳定可靠。指针温度计铭牌及度盘上的刻度、数字应完整、清晰。指针应能平稳移动，不得有显见跳动和停滞现象，不得有卡针现象；最高温度指示针应能移动正常且无松动现象。毛细管不得有压扁或急剧扭曲，其弯曲半径不得小于 50 mm。

2．绝缘电阻

将指针温度计的电源断开，用额定直流电压为 500 V 的绝缘电阻表分别测量指针温度计电接点端子之间、电接点端子与接地端子之间的绝缘电阻，稳定 10 s 后读数，绝缘电阻应符合要求。绝缘电阻应满足：指针温度计的输出端子之间及输出端子与接地端子之间的绝缘电阻不小于 20 MΩ。

3．压力式温度计示值校验

压力式温度计的校验点不得少于三点，校验点分布在平时运行的常用范围。在读被校指针式温度计示值时，视线应垂直于表盘。读数应估计到最小刻度值的 1/10。

将指针温度计的温包或者复合传感器和标准水银温度计放入便携式恒温槽的液体中，然后根据校验点升温进行校验。控制恒温槽温度在偏离校验点 ± 0.5 °C（以标准温度计为准）以内。被校指针式温度计示值稳定后进行读数，记下标准温度计和被校指针式温度计的示值。对于有热电阻输出的指针式温度计，应进行热电阻输出校验，用热工多功能校验仪测量该热电阻温度值，并记下该值。对于有电流（4 ~ 20）mA 或者电压（0 ~ 5）V 输出的指针式温度计，应进行电流或者电压输出校验，用热工多功能校验仪测量该电流或者电压值，并记下该值。

指针温度计示值误差的计算：

$$y_1 = t_1 - (t_1' + t_d) \tag{5-4-2}$$

式中　y_1——被检指针温度计示值误差，°C；

t_1——被检指针温度计示值，°C；

t_1'——标准器示值，°C；

t_d——标准温度计示值修正值，°C。

示值误差校验应符合表 5-4-2 的要求。

表 5-4-2　示值最大允许误差

准确度等级	最大允许误差（测量范围的百分数）	热电阻最大允许误差（带热电阻输出）（测量范围的百分数）	电流（4 ~ 20）mA 或电压（0 ~ 5）V 最大允许误差（测量范围的百分数）
1.0	± 1.0	± 1.0	± 1.0
1.5	± 1.5	± 1.5	± 1.5
2.5	± 2.5	± 2.5	± 2.5

4．远方显示示值校验

远方显示示值误差与指针温度计示值误差校验同时进行。校验方法同示值校验的方法，读数时，读取指针式温度计的示值时，到主控室读取远方显示示值。

远方显示示值误差的计算：

$$y_2 = t_2 - (t_1' + t_d) \tag{5-4-3}$$

式中 y_2——被检指针温度计示值误差，°C；

t_2——被检指针温度计示值，°C；

T_1'——标准器示值，°C；

t_d——标准温度计示值修正值，°C。

5．两表偏差

两表偏差按下式计算：

$$y_3 = y_2 - y_1 \tag{5-4-4}$$

式中 y_3——两表偏差，°C；

y_2——被检远方显示示值误差，°C；

y_1——被检指针温度计示值误差，°C。

现场校验后的指针温度计，在校验点的两表偏差不大于 ± 5 °C。若两表偏差不满足要求时，在校验示值误差校验点时，对于具有可调温度变送器的指针式温度计，调整温度变送输出部分使远方显示示值与指针温度计刻度示值差值满足小于 ± 5 °C。对于没有温度变送器的或者具有温度不可调的温度变送器的指针温度计，调整主控室后台机的组态使其满足要求。

6．压力式温度计接点设定点误差

将恒温槽的温度调到比保护定值高的温度，调整接点到设定的保护定值处。如果是温度上升接点动作，则将压力式温度计放入恒温槽，让该表指针缓慢上升，用万用表的电阻挡测量该接点是否接通，在该接点接通瞬间读取该表指示值。如果接点动作误差应不大于示值最大允许误差的 1.5 倍，则接点动作误差合格。如果接点动作误差大于示值最大允许误差的 1.5 倍，则应该重新调整该接点，重复以上过程直到接点动作误差合格为止。

7．绕组温度计的热模拟试验

查阅变压器说明书，查得变压器电流互感器二次额定电流 I_p 和变压器绕组对油平均温升规定值 ΔT（也可向厂家索取该值），查变压器温升特性曲线可得到电源适配器相对应额定电流 I_p 的输出电流 I_s。根据绕组温度计说明书调整电源适配器内部设置选项到规定位置，按图 5-4-8 进行热模拟试验接线。

将便携式恒温槽的温度恒定在 80 °C 温度值处，温度恒定后记下绕组温度计示值 T_0。用工频电流发生器输出电流 I_p 到电源适配器的输入端，绕组温度计的示值开始上升，等到绕组温度计的示值不变化后，记下绕组温度计示值 T_1，计算电流温升实际值与规定值的差值Δ（$\Delta = (T_1 - T_0) - \Delta T$），电流温升实际值与规定值的差值 Δ 应不大于 ± 3.2 °C。当绕组温度计的热模拟试验的差值大于 ± 3.2 °C 要求时，需要调节电源适配器进行校准。

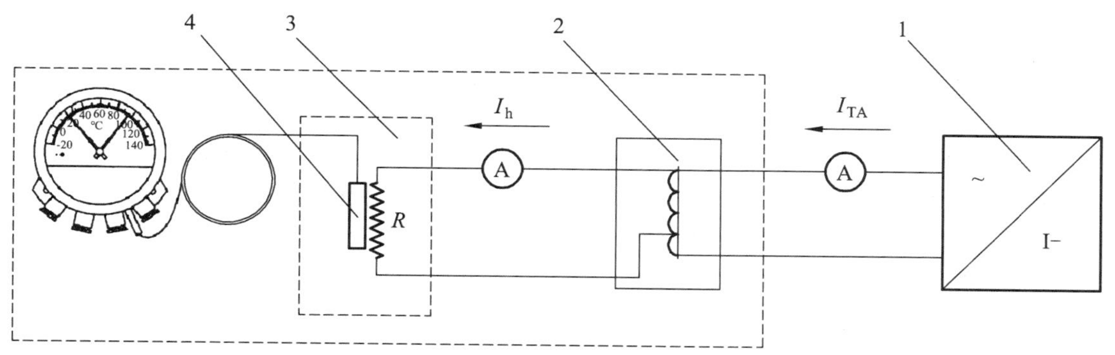

1—工频电流发生器；2—可输入 0.5～5 A 的电源适配器；3—便携式恒温槽；4—绕组温度计温包。

图 5-4-8　热模拟试验接线图

5.4.2.4　现场校验注意事项

1．拆取指针温度计的温包

在变压器顶上或者电抗器顶上拆取指针温度计温包时，应确认温包和保护套管后，将温包从保护套管中取出，不要误拆保护套管，防止变压器油外漏。拆取指针温度计的温包时，应保护好温度计的毛细管，防止毛细管折断损坏表计。

2．安装指针温度计的温包

安装前应对保护套管进行清洗，清洗完后应在保护套管内注入变压器油。安装指针温度计的温包时，保护好毛细管，以防毛细管折断，损坏表计。根据温包接口大小选择相应的拆卸工具进行安装工作。安装时，指针温度计应做防水密封，用密封胶带或密封垫进行密封。

本章知识点

了解：SF_6 气体密度继电器的用途，变压器温度测量装置的用途，交流采样测量装置的总体构架、各模块功能及其采样原理，直流电压互感器、直流电流互感器相关试验设备的使用方法。

理解：SF_6 气体密度的温度补偿原理、工作原理、运行维护，变压器温度测量装置的工作原理，至少一种交流采样算法，直流电压互感器、直流电流互感器的基本结构、分类及工作原理。

掌握：SF_6 气体密度继电器现场校验，变压器温度测量装置现场校验，交流采样测量装置现场校验，直流互感器现场检测。

测试题目

1．单选题

（1）SF_6 密度继电器实际上是一种带（　　）的压力仪表。

A．密度补偿　　B．温度补偿　　C．压力补偿　　D．湿度补偿

（2）SF_6气体密度继电器的指示值的单位是（　　）。

A. kg/m^3　　B. g/L　　C. MPa　　D. kPa

（3）校验 SF_6气体密度继电器的 SF_6密度继电器校验仪准确度应优于（　　）。

A. 0.5 级　　B. 0.2 级　　C. 0.1 级　　D. 0.05 级

（4）在通风环境不好的场所或 GIS 设备，在封闭的 SF_6电气设备室中进行校验时，应先通风（　　），并使用防护面具进行防护。

A. 30 min　　B. 20 min　　C. 15 min　　D. 10 min

（5）SF_6气体密度继电器校验点不得少于（　　），按标有数字的分度线（不含零点）选取。

A. 5 点　　B. 3 点　　C. 7 点　　D. 10 点

（6）在读被校 SF_6气体密度继电器示值时，视线应垂直于表盘。读数应估计到最小刻度值的（　　）。

A. 1/2　　B. 1/5　　C. 1/10　　D. 1/20

（7）SF_6气体密度继电器校验规定，在设定点偏差检定时当指针接近设定值时的上升或下降速率应不大于（　　）MPa。

A. 0.1　　B. 0.01　　C. 0.001　　D. 0.0001

（8）SF_6气体密度继电器各接线端子与外壳之间，互不相连的接线端子之间，触头断开时连接触头的两接线端子之间的绝缘电阻应不小于（　　）。

A. 20 MΩ　　B. 50 MΩ　　C. 100 MΩ　　D. 200 MΩ

（9）现场校验 SF_6气体密度继电器应将 SF_6密度继电器校验仪放在检验现场静置（　　）以上。

A. 5 min　　B. 10 min　　C. 15 min　　D. 20 min

（10）进行压力式温度计示值检定时，控制恒温槽温度在偏离检定点（　　）°C（以标准温度计为准）以内。

A. ±2　　B. ±1　　C. ±0.5　　D. ±0.1

（11）在安装压力式温度计时，如需将毛细管弯曲安装，其弯曲半径不得小于（　　）mm。

A. 100　　B. 80　　C. 50　　D. 30

（12）变压器油面温度（4～20）mA 对应的是（−20～140）°C，12 mA 对应的是（　　）°C。

A. 50　　B. 60　　C. 70　　D. 80

（13）压力式温度计的输出端子之间及输出端子与接地端子之间的绝缘电阻不小于（　　）MΩ。

A. 20　　B. 50　　C. 100　　D. 200

（14）变压器温度测量装置的温度变送输出远方显示示值与压力式温度计就地刻度示值的差值应满足小于（　　）。

A. ±1 °C　　B. ±2 °C　　C. ±5 °C　　D. ±10 °C

（15）压力式温度计的接点动作误差应不大于示值最大允许误差的（　　）。

A. 1 倍　　B. 1.5 倍　　C. 2 倍　　D. 2.5 倍

（16）交流采样的 A/D 转换过程包含以下步骤除了（　　）。

A. 量化　　B. 封装　　C. 采样　　D. 编码

（17）若对某 500 kV 变电站运行中的电压互感器二次回路电压值进行采样测量，采样装置理论上使用下述（　　）的采样频率是合适的。

A. 10 Hz　　B. 50 Hz　　C. 90 Hz　　D. 150 Hz

（18）对交流模拟量的采样，下述（　　）影响量不是采样过程中引入测量误差的主要因素。

A. 量化舍入　　B. 时钟频率　　C. 电压波动　　D. 算法选择

（19）安装在现场的交流采样测控装置可以用作下列电测表计，除了（　　）。

A. 电能表　　B. 电压表　　C. 电流表　　D. 频率计

（20）某变电站安装有一批次的某型号交流采样测控装置，测量等级为电压、电流 0.2 级，若要对其进行现场校验，至少需要使用下述的（　　）标准设备。

A. 0.5 级　　B. 0.2 级　　C. 0.05 级　　D. 0.02 级

（21）直流电压互感器主要由以下（　　）组成。

A. 直流分压器、远端模块、合并单元

B. 直流分压器、电阻盒、合并单元

C. 电阻盒、远端模块、合并单元

D. 直流分压器、电阻盒、远端模块、合并单元

（22）直流电压互感器的核心组成部分为（　　）。

A. 高压臂　　B. 端子箱　　C. 互感器　　D. 分压器

（23）下列规程适用于直流电压互感器检测的是（　　）。

A.《高压直流输电系统直流电压测量装置》（GB/T 26217—2010）

B.《高压直流输电系统直流电压测量装置》（GB/T 26271—2010）

C.《 ± 800 kV 特高压直流预防性试验规程电力行业标准》（DL/T 277—2012）

D.《 ± 500 kV 特高压直流预防性试验规程电力行业标准》（DL/T 237—2012）

（24）进行直流电压互感器检测的测试点一般为额定电压的（　　）

A. 10%、50%、100%　　B. 1%、10%、30%

C. 5%、20%、50%　　D. 10%、20%、50%

（25）进行直流电压互感器现场检测的工作条件是（　　）

A. 环境温度：－25 ~ 50 °C；相对湿度：不大于 80%（无凝露）

B. 环境温度：－25 ~ 55 °C；相对湿度：不大于 95%（无凝露）

C. 环境温度：－20 ~ 60 °C；相对湿度：不大于 65%（无凝露）

D. 环境温度：－25 ~ 45 °C；相对湿度：不大于 85%（无凝露）

（26）直流电流互感器除需要具备绝缘可靠、准确度高、动态范围大等特点外，还需（　　）。

A. 精度高　　B. 质量小　　C. 阶跃响应快　　D. 体积小

（27）目前在换流站常用的直流电流互感器主要有（　　）。

A. 混合光学电流互感器（OCT）与零磁通直流电流互感器

B. 全光纤式电流互感器与零磁通直流电流互感器

C. 混合光学电流互感器（OCT）与磁光玻璃式直流电流互感器

D. 罗氏线圈式电流互感器与磁光玻璃式直流电流互感器

（28）准确度为 0.2 级的直流电力互感器的允许误差为（　　）

A. ± 0.1%　　B. ± 0.2%　　C. ± 0.3%　　D. ± 0.5%

（29）换流站中的直流电压、电流互感器在信号传送的过程中都需要经过（　　）后，才能被控制与保护装置所用。

A. 光纤　　B. 测量模块　　C. 端子箱　　D. 合并单元

（30）远端模块中的光电转换器的作用在于（　　）。

A. 为远端模块提供工作电源　　B. 进行信号转换

C. 进行数据发送　　D. 进行数据存储

（31）零磁通直流电流互感器的原理为（　　）。

A. 基于法拉第电磁感应原理

B. 基于零磁通直流比较仪原理

C. 基于磁光变换仪原理

D. 基于磁势自平衡比较仪原理

（32）换流站直流电流互感器常见安装结构为（　　）。

A. 倒立式　　B. 组合式　　C. 敞开式　　D. 悬挂式

（33）进行直流电流互感器现场检测时，合并单元输出的信号格式为（　　）。

A. GPS　　B. IEEE　　C. B 码　　D. FT3

2. 多选题

（1）SF_6密度继电器校验规定校验用的工作介质可以为洁净、干燥的（　　）。

A. 空气　　B. 氮气　　C. 氢气　　D. SF_6

（2）断路器上SF_6密度继电器基本接点功能有（　　）。

A. 闭锁跳闸　　B. 补气告警　　C. 闭锁合闸　　D. 储能控制

（3）关于压力式温度计的检定下列描述正确的是（　　）。

A. 温度计示值的最大允许误差为量程×准确度等级

B. 电接点温度计其设定点误差不超过示值误差的 1.5 倍

C. 电接点温度计切换差应不大于示值最大允许绝对值的 2 倍

D. 温度计的回差应不大于示值最大允许误差的绝对值

（4）下面属于机械非指示密度继电器校验项目的是（　　）。

A. 外观检查　　B. 设定点误差　　C. 切换差

D. 指针偏转平稳性检查　　E. 绝缘电阻检查

（5）以下（　　）A/D 转换器可以成功实现对交流电压的采样。

A. 逐次逼近式　　B. 积分式　　C. 串并比较式　　D. 电容阵列比较式

（6）在变电站作业现场，交采装置可以对下列（　　）量值进行采集。

A. 电压互感器二次电压　　B. 变压器油温

C. 电流互感器二次电流　　D. 母线电压频率

（7）直流电压互感器为以下（　　）设备提供信号。

A. 换流变　　B. 直流控制装置　　C. 直流保护装置　　D. UPS

（8）直流电压互感器按照绝缘介质分为（　　）。

A. SF_6绝缘型　　B. 油绝缘型　　C. 气体绝缘型　　D. 真空绝缘型

（9）直流电流互感器基于不同的原理分为（　　）。

A. 磁光玻璃式（OCT）　　B. 全光纤式（FOCT）

C. 罗氏线圈式（RCT）　　　　D. 低功率线圈式（LPCT）

3. 判断题

（1）当环境温度变化、密度不变时，压力不随着温度的变化而变化。（　　）

（2）弹簧管式密度继电器起温度补偿作用的双层金属带，只能够补偿由于环境温度变化引起压力值的变化，而不能够补偿由于设备内部温升引起的压力值的变化。（　　）

（3）油面温度指示控制器（压力式温度计）主要由测量部分、远传部分、驱动机构、电子机构和显示系统五部分组成。（　　）

（4）对交流电压进行采样，采样过程中产生的量化误差主要源于 A/D 转换器的位数，位数越多则量化误差越小。（　　）

（5）提高系统采样频率可以有效地提高测量精度，并加快测量速度。（　　）

（6）交流采样测控装置可以同时接收多路交直流模拟量输入，并将采样、计算的结果上传至主站。（　　）

（7）直流分压器测量的核心元件为高压电容。（　　）

（8）目前我国已经颁布了直流互感器检定、校准或检测技术规范。（　　）

（9）进行直流互感器现场检测时可以带电操作。（　　）

4. 简答题

（1）SF_6气体密度继电器按传感器种类分为几类？

（2）简述压力式温度计示值校验方法。

（3）请简述 A/D 转换过程的关键步骤，以及如何利用积分算法对变电站内运行设备二次电参量进行采样的实现方法。

（4）对使用中的交流采样测控装置的工频模拟量输入进行定期校验，应包含哪些校验项目？

（5）请简要叙述直流电压互感器现场检测的步骤及注意事项。

（6）请简要叙述直流电流互感器的结构及工作原理。

第 6 章　金属检测技术

6.1　金属部件运维项目及要求

6.1.1　换流站需开展金属监督的设备及部件

（1）电气类设备金属部件，主要指换流变压器、变压器、电抗器、断路器、隔离开关、气体绝缘金属封闭开关设备（以下简称 GIS）、开关柜、接地装置等设备的金属部件。

（2）结构支撑类设备，包括换流站构架、设备支架、避雷针、支柱绝缘子等及其附属结构件。

（3）连接类设备，包括架空导地线、电缆、母线、悬垂线夹、耐张线夹、设备线夹、T 型线夹、接续金具、连接金具和接触金具、保护金具、母线金具、悬式绝缘子等及其附属件。

（4）内冷水系统容器和管道，包括换流站阀冷系统中内冷水管道、弯头、管道焊缝、各种储罐。

6.1.2　换流站设备运维金属监督的工作内容及质量要求

6.1.2.1　运行检查及预试

金属专业运行检查及预试工作按表 6-1-1《电气类设备金属部件运维项目及要求》、表 6-1-2《连接类设备金属部件运维项目及要求》、表 6-1-3《结构支撑类设备金属部件运维项目及要求》、表 6-1-4《内冷水系统容器和管道运维项目及要求》中运行检查及预试的具体要求进行。运行检查周期为每月，预试周期为 A、B 修。

6.1.2.2　检　修

检修前应对更换用设备及部件进行检测，检测项目及质量要求参照表 6-1-1《电气类设备金属部件运维项目及要求》、表 6-1-2《连接类设备金属部件运维项目及要求》、表 6-1-3《结构支撑类设备金属部件运维项目及要求》、表 6-1-4《内冷水系统容器和管道运维项目及要求》中的检修项目。

A 级检修应对耐张线夹引流板、变电导流部件的连接螺栓进行力矩复核。

新更换螺栓在 M16 以下规格时宜采用不锈钢件，M16 及以上规格宜采用热浸镀锌螺栓，安装时宜在螺栓表面涂抹防锈润滑脂。

设备及部件的防腐涂装、液压压接、焊接应分别符合《电网金属技术监督规程》（DL/T 1424—2015）5.3、5.4、5.5 的要求。

检修检测周期为 A、B 修。

6.1.2.3 特殊检测与评价

对重腐蚀环境或运行 20 年及以上的输电线路杆塔及拉线、地线、变电站构架、避雷针、连接金具等应结合停电检修开展腐蚀检测，评价损伤状况并提出整治措施。

A 级检修对拉线拉棒、接地装置引出线等穿过地表上下 300 mm 的部位进行腐蚀检测。

对运行 20 年及以上换流站构架、杆塔等应进行安全检测，开展变形测量、无损检测和结构动力性能检测等，评价其安全性能。

A 级检修对支柱绝缘子进行无损检测,对运行 10 年及以上的支柱绝缘子应取样进行机械负荷试验，评估其老化程度。

A 级检修检查母线（排）、连接部位，发现变形超标应处理。

应建立钢结构件覆盖层的腐蚀图谱，比照图谱开展钢结构件覆盖层的腐蚀评价。钢结构件厚度（直径）腐蚀减薄至原规格 80% 及以下，或部件表面腐蚀坑深度超过 2 mm 或者出现锈蚀穿孔、边缘缺口，金具厚度腐蚀减薄至原规格 90%及以下均应更换或加固处理。

钢绞线外观出现毛刺或直径测量变化值（相对初始值）超过 8%或强度小于原破坏值的 80% 时均应更换。

6.1.2.4 失效分析

设备及部件存在材质和结构类缺陷时应进行失效分析。

同一供应商不同型号、不同规格设备及部件，在运行中出现了同一类缺陷应定为家族性缺陷，并开展缺陷的排查与治理。

对于不能及时处理的设备及部件缺陷应制订有效的监督措施。

6.1.2.5 报废鉴定

应对结构支撑类设备和连接类设备开展报废鉴定。

报废鉴定主要对设备外观质量、机械性能、防腐性能进行检测评价，其中有一项不合格则应予以报废，必要时还应进行电气性能试验。

6.1.2.6 换流站电气类设备金属部件运维项目及要求

换流站电气类设备金属部件服役后需定期进行运行检查、检修、预试等运维工作，运行检查、检修、预试项目及质量要求见表 6-1-1。

表 6-1-1 电气类设备金属部件运行检查、检修、预试项目及要求

序号	设备名称	金属部件	检测项目	技术要求	运行检查	检修（整体更换或部件更换）	预试
1	换流变压器、变压器	绕组、引线	外观和规格	外表面光洁、平整，边角处不应有飞边、毛刺及裂口，规格符合设计要求	—	√	—
			引线焊（压）接装配	无焊（压）接不良缺陷，无断股缺陷	—	√	—
			机械性能	符合相对应的 GB/T 3953、GB/T 5584.2 要求	—	√	—
			弯曲		—	√	—
			电导率		—	√	—

续表

序号	设备名称	金属部件	检测项目	技术要求	运行检查	检修（整体更换或部件更换）	预　试
1	换流变压器、变压器	套管及接线端子	外观和规格	符合 GB 5273 要求	—	√	√*必要时UT、PT 抽检
			化学成分		—	√	—
		分接开关传动机构部件	外观和规格	表面无划痕、变形、裂纹等缺陷，规格符合设计要求	—	√	—
			化学成分	符合设计要求	—	√	—
			布氏硬度		—	√	—
		油箱、油枕、散热器	覆盖层	表面无漏涂、起泡、裂纹、返锈等现象，涂层厚度≥120 μm，附着力≥5 MPa	√	√	√*
			焊接质量	无焊接、砂点不良造成漏油缺陷	—	√	√*
2	电抗器	本体	覆盖层	表面涂层应无龟裂、脱落、变色现象	√	√	—
			焊接质量	无变形、裂纹	—	√	—
		支柱绝缘子	外观和规格	釉质均匀，无划痕、磕碰、破损、裂纹等缺陷，规格符合设计要求	√	√	√*必要时UT、PT 抽检
3	断路器	主触头	外观和规格	符合设计及相关标准要求	—	√	—
			化学成分		—	√	—
			布氏硬度		—	√	—
			弯曲		—	√	—
			电导率		—	√	—
			镀银层	表面无裂纹、起泡、毛刺、色斑、划伤等缺陷；厚度符合设计要求，硬度≥120 HV	—	√	—
		铜钨弧触头	外观和规格	表面无裂纹、凹陷、鼓泡、缺边、掉角、毛刺、腐蚀锈斑等缺陷，规格符合设计要求	—	√	—
			化学成分	符合设计及 GB/T 8320 要求	—	√	—
			布氏硬度		—	√	—
			抗拉强度		—	√	—
			金相组织		—	√	—
			电导率		—	√	—

续表

序号	设备名称	金属部件	检测项目	技术要求	运行检查	检修（整体更换或部件更换）	预　试
3	断路器	分合闸弹簧	外观和规格	表面不允许有划痕、碰磨、裂纹等缺陷；内外径、自由高度、垂直度、直线度、总圈数、节距均匀度等符合设计及GB/T 23934要求	√*	√*	√*
			永久变形	符合设计及GB/T 23934要求	√*	√	—
			弹簧特性		—	√	—
			表面硬度		—	√	√*
			覆盖层	宜采用磷化电泳工艺防腐处理，涂层厚度≥90 μm，附着力≥5 MPa	—	√	√*
		操作机构拐臂、连杆、传动轴、凸轮	外观和规格	表面不应有划痕、锈蚀、变形等缺陷，规格符合设计要求	√	√	√*
			化学成分	符合设计及相关标准要求	—	√	—
			布氏硬度		—	√	—
			镀锌层	符合DL/T 14245.2.3要求	—	√	—
		操作机构箱体	外观和规格	符合设计要求	√	√	√*
			覆盖层	涂层厚度≥120 μm，附着力≥5 MPa	—	√	√*
		支座	外观和规格	无局部变形、破损、裂纹等缺陷，规格符合设计要求且厚度≥8 mm	√	√	√*
			镀锌层	符合DL/T 14245.2.3要求	—	√	√*
4	隔离开关	导电部件触头	外观和规格	符合设计及相关标准要求	√	√	√*
			化学成分		—	√	√*
			布氏硬度		—	√	—
			弯曲		—	√	—
			电导率		—	√	—
			镀银层	DL/T 1424—2015《电网金属技术监督规程》符合DL/T 1424 5.2.1 b)、6.1.3 a)要求	—	√	√*
		导电部件导电杆、接线盒	外观和规格	无变形、破损、裂纹等缺陷，规格符合设计要求	—	√	—
			化学成分	符合设计及相关标准要求	—	√	√*
			电导率		—	√	—

续表

序号	设备名称	金属部件	检测项目	技术要求	运行检查	检修（整体更换或部件更换）	预　试
4	隔离开关	夹紧、复位弹簧	外观和规格	表面不允许有划痕、碰磨、裂纹等缺陷；内外径、自由高度、垂直度、直线度、总圈数、节距均匀度等符合设计及 GB/T 23934 要求	√	√	—
			弹簧特性	符合设计及 GB/T 23934 要求	—	√	—
			表面硬度		—	√	—
			覆盖层	宜采用磷化电泳工艺防腐处理，涂层厚度≥90 μm，附着力≥5 MPa	—	√	—
		操作机构拐臂、连杆、传动轴、凸轮	外观和规格	表面不应有划痕、锈蚀、变形等缺陷，规格符合设计要求	√	√	√
			化学成分	符合设计及相关标准要求	—	√	√*
			布氏硬度		—	√	√*
			镀锌层	符合 DL/T 1424 标准 5.2.3 要求	—	√	√*
		传动机构拐臂、连杆、轴齿	外观和规格	表面不应有划痕、锈蚀、变形等缺陷，规格符合设计要求	√	√	√*
			化学成分	符合设计及相关标准要求	—	√	—
			硬度		—	√	—
			镀锌层	符合 DL/T 1424 标准 5.2.3 要求	—	√	—
		支座	外观和规格	无局部变形、破损、裂纹等缺陷，规格符合设计要求且厚度≥8 mm	√	√	√*
			镀锌层	符合本规程 5.2.3 要求	—	√	√*
5	接地装置	接地体、接地线	外观和规格	外观完好，无锈蚀、破损等缺陷，规格符合设计要求	√	√	√*
			铜覆钢质量	符合 DL/T 1312 要求	—	√	—
			焊接质量	符合 DL/T 1424 6.1.6 c 要求	—	√	√*
6	电气类设备附属件	机构箱及其他户外密闭箱体	外观和规格	外观完好，无锈蚀、变形等缺陷，规格符合设计要求，且厚度≥2 mm	√	√	√*
			化学成分	符合设计及相关标准要求	—	√	√*
			覆盖层	涂层厚度≥120 μm，附着力≥5 MPa	—	√	√*

注：1. √* 表示选做项目。

2. 电气类设备中部件为铜、铝及其合金、不锈钢时，更换前应检测（抽检或全检）化学成分。

3. 重腐蚀环境中操作机构和传动机构中的不锈钢、铝合金部件等应在更换前进行成品腐蚀试验。

4. 非重腐蚀环境中的不锈钢或铝合金可无覆盖层。

6.1.2.7 结构支撑类设备金属部件运维项目及要求

结构支撑类设备金属部件服役后需定期进行运行检查、检修、预试等运维工作，运行检查、检修、预试项目及质量要求见表 6-1-2。

表 6-1-2 结构支撑类设备金属部件运行检查、检修、预试项目及要求

序号	设备名称	金属部件	检测项目	技术要求	运行检查	检修（整体更换或部件更换）	预试
1	环形混凝土电杆	纵向受力钢筋、架立圈筋、螺旋筋、钢箍	外观和规格	符合 GB/T 4623 要求	√	√	—
			机械性能		—	√	—
		电杆	外观和规格		√	√	√*
			机械性能		—	√	—
			埋深标识		√	√	—
2	变电站构架、设备支架、避雷针	杆件	外观和规格	外观完好，无锈蚀、变形等缺陷，规格符合设计要求，建立腐蚀图谱	√	√	√*
			化学成分	角钢符合 GB/T 2694 要求 管件与法兰符合 DL/T 646 要求	—	√	—
			机械性能		—	√	—
			焊接质量		—	√	√*
			镀锌层		—	√	√*
		螺栓、螺母	外观和规格	外观完好，无锈蚀、变形等缺陷，规格、强度等级符合设计要求	√	√	√*
			机械性能	符合 DL/T 284 要求	—	√	—
			镀锌层		—	√	√*
		地脚螺栓、螺母	外观和规格	外观完好，无锈蚀、变形等缺陷，规格、强度等级符合设计要求	√	√	√*
			机械性能	符合 DL/T 1236 要求	—	√	—
3	支柱绝缘子	绝缘子	外观和规格	釉质均匀，无划痕、磕碰、破损、裂纹等缺陷，规格符合设计要求	√	√	√*必要时 UT、PT 抽检
			机械性能	符合设计与 GB /T 8287.1 要求	—	√	—
			瓷件质量	超声波检测，按照 JB/T 9674 执行	—	√	—
		法兰	镀锌层	符合 JB/T 8177 的要求	—	√	√*
4	极线套管	绝缘子	外观和规格	釉质均匀，无划痕、磕碰、破损、裂纹等缺陷，规格符合设计要求	√	√	√必要时 PT 抽检
		法兰	外观和规格	无磕碰、破损、裂纹等缺陷，规格符合设计要求	√	√	√必要时 PT 抽检
5	中性线套管	绝缘子	外观和规格	釉质均匀，无划痕、磕碰、破损、裂纹等缺陷，规格符合设计要求	√	√	√必要时 PT 抽检
		法兰	外观和规格	无磕碰、破损、裂纹等缺陷，规格符合设计要求	√	√	√必要时 PT 抽检

注：1. √* 表示选做项目。

2. 结构支撑类设备更换前宜对钢材原材料进行，如有火曲制件则入厂抽检时应至少检测一个。

6.1.2.8　连接类设备金属部件运维项目及要求

连接类设备金属部件服役后需定期进行运行检查、检修、预试等运维工作，运行检查、检修、预试项目及质量要求见表 6-1-3。

表 6-1-3　连接类设备金属部件运行检查、检修、预试项目及要求

序号	设备名称	金属部件	检测项目	技术要求	运行检查	检修（整体更换或部件更换）	预　试
1	导地线	圆线同心绞架空导线	单线直径	符合 GB/T 1179 要求	—	√	—
			单线抗拉强度		—	√	—
			单线卷绕或扭转性能		—	√	—
			单线伸长率（仅对铝合金单线）		—	√	—
			单线电阻率		—	√	—
			绞线外观质量检查		√	√	异常时抽检
			绞线额定抗拉力		—	√	—
			绞线直径		—	√	—
			绞线单位长度质量		—	√	—
			绞线直流电阻		—	√	—
			绞向及节径比		—	√	—
		镀锌钢绞线	单线直径	符合 YB/T 5004 要求	—	√	—
			单线抗拉强度		—	√	—
			单线伸长率		—	√	—
			单线扭转（缠绕）试验		—	√	—
			镀锌层		—	√	—
			绞线外观质量检查		√	√	异常时抽检
			绞线拉断力		—	√	—
			绞线直径		—	√	—
			绞线单位长度质量		—	√	—
			绞向及节径比		—	√	—
2	电缆及附件	电缆	外观和规格	符合 GB/T 3956 要求	√	√	异常时抽检
			单线电阻率		—	√	—
			单线抗张强度		—	√	—
			单线伸长率		—	√	—
			铜屏蔽带电阻率	符合设计及相关标准要求	—	√	—
			铜屏蔽带厚度		—	√	—
			电缆结构和尺寸		—	√	—
			电缆直流电阻		—	√	—

续表

<table>
<tr><th>序号</th><th>设备名称</th><th>金属部件</th><th>检测项目</th><th>技术要求</th><th>运行检查</th><th>检修（整体更换或部件更换）</th><th>预试</th></tr>
<tr><td rowspan="4">2</td><td rowspan="4">电缆及附件</td><td rowspan="4">电缆导体用压接型接线端子和连接管</td><td>外观和规格</td><td rowspan="4">符合 GB/T 14315 要求</td><td>—</td><td>√</td><td>—</td></tr>
<tr><td>化学成分</td><td>—</td><td>√</td><td>—</td></tr>
<tr><td>硬度</td><td>—</td><td>√</td><td>—</td></tr>
<tr><td>接头机械性能</td><td>—</td><td>√</td><td>—</td></tr>
<tr><td rowspan="5">3</td><td rowspan="5"></td><td rowspan="5">铝及铝合金母线</td><td>外观和规格</td><td rowspan="5">符合 GB/T 5585.2 要求</td><td>√</td><td>√</td><td>异常时抽检</td></tr>
<tr><td>化学成分</td><td>—</td><td>√</td><td>—</td></tr>
<tr><td>机械性能</td><td>—</td><td>√</td><td>—</td></tr>
<tr><td>弯曲</td><td>—</td><td>√</td><td>—</td></tr>
<tr><td>导电率</td><td>—</td><td>√</td><td>—</td></tr>
<tr><td rowspan="8">4</td><td rowspan="8">金具</td><td rowspan="4">悬垂线夹、耐张线夹、设备线夹、T 型线夹、接续金具、连接金具、均压环、屏蔽环和均压屏蔽环、预绞式金具、间隔棒、防振锤、设备线夹、母线固定金具等</td><td>外观和规格</td><td rowspan="4">符合相对应的 GB/T 2314、DL/T 768.1～7、DL/T 756、DL/T 757、DL/T 346、DL/T 347、DL/T 758、DL/T 759、DL/T 760.3、DL/T 763、DL/T 766、DL/T 1098、DL/T 1099、DL/T 346、DL/T 696、DL/T 697 要求</td><td>√</td><td>√</td><td>异常时抽检</td></tr>
<tr><td>材质质量</td><td>—</td><td>√</td><td>—</td></tr>
<tr><td>破坏载荷、握力</td><td>—</td><td>√</td><td>—</td></tr>
<tr><td>镀锌层</td><td>—</td><td>√</td><td>—</td></tr>
<tr><td rowspan="4">螺栓、螺母、闭口销</td><td>外观和规格</td><td rowspan="4">符合 DL/T 284、DL/T 764.1～2 要求</td><td>√</td><td>√</td><td>异常时抽检</td></tr>
<tr><td>化学成分</td><td>—</td><td>√</td><td>—</td></tr>
<tr><td>机械性能</td><td>—</td><td>√</td><td>—</td></tr>
<tr><td>镀锌层</td><td>—</td><td>√</td><td>—</td></tr>
<tr><td rowspan="8">5</td><td rowspan="8">悬式绝缘子</td><td rowspan="5">铁帽</td><td>外观和规格</td><td rowspan="5">符合 JB/T 8178 要求</td><td>√</td><td>√</td><td>异常时抽检</td></tr>
<tr><td>材质质量</td><td>—</td><td>√</td><td>—</td></tr>
<tr><td>铸造质量</td><td>—</td><td>√</td><td>—</td></tr>
<tr><td>机械性能</td><td>—</td><td>√</td><td>—</td></tr>
<tr><td>镀锌层</td><td>—</td><td>√</td><td>—</td></tr>
<tr><td rowspan="3">钢脚</td><td>外观和规格</td><td rowspan="3">符合 JB/T 9677 要求</td><td>√</td><td>√</td><td>异常时抽检</td></tr>
<tr><td>机械性能</td><td>—</td><td>√</td><td>—</td></tr>
<tr><td>镀锌层</td><td>—</td><td>√</td><td>—</td></tr>
</table>

注：连接类设备中部件为铜、铝及其合金、不锈钢时，更换前应检测（抽检或全检）化学成分。

6.1.2.9 内冷水系统容器和管道运维项目及要求

内冷水系统容器和管道服役后需定期进行运行检查、检修、预试等运维工作，运行检查、检修、预试项目及质量要求见表 6-1-4。

表 6-1-4 内冷水系统容器和管道运行检查、检修、预试项目及要求

序号	设备名称	金属部件	检测项目	技术要求	运行检查	检修（整体更换或部件更换）	预试
1	容器	筒体	外观和规格	无变形、裂纹，规格符合设计要求	√	√	√*必要时PT抽检
			化学成分	符合设计要求	—	√	√*
		封头	外观和规格	无变形、裂纹，规格符合设计要求	√	√	√*必要时PT抽检
			化学成分	符合设计要求	—	√	√*
		焊缝	焊接质量	符合设计要求	—	√	√*
2	管道	管道母材	外观和规格	无变形、裂纹，规格符合设计要求	√	√	√*必要时PT抽检
			化学成分	符合设计要求	—	—	√*
		弯头	外观和规格	无变形、裂纹，规格符合设计要求	√	√	√*必要时PT抽检
			化学成分	符合设计要求	—	√	√*
		焊缝	焊接质量	符合设计要求	—	√	√*
		支吊架	外观和规格	无变形、裂纹，规格符合设计要求	√	√	√*

注：1. √* 表示选做项目。
2. 换流站内冷水系统容器和管道为铜、铝及其合金、不锈钢时应检测化学成分。

6.1.3 建立和健全技术档案

6.1.3.1 原始技术资料档案

（1）设备及部件的设计、制造、安装的原始资料。
（2）重要部件的留样档案。
（3）质量抽检报告、设计校核报告、出厂验收报告、竣工验收报告等档案。

6.1.3.2 在役金属技术监督档案

（1）设备及部件的状态检测与评价报告。
（2）设备及部件缺陷检查、处理及改造记录。
（3）防腐涂装、焊接、液压压接技术方案及检测记录。
（4）失效分析报告。

6.1.3.3 管理档案

（1）金属技术监督组织机构和职责分工文件。
（2）金属技术监督规程、程序、实施细则。
（3）金属技术监督工作计划、总结等档案。
（4）压力容器操作人员、焊工、起重机械操作人员等特种作业人员技术管理档案。
（5）金属检测仪器设备档案。

6.2 金属部件理化检测

6.2.1 硬度检测

6.2.1.1 硬度检测分类

金属材料的硬度通常是指材料表面抵抗更硬物体压入时所引起局部塑性变形的能力。

硬度测定方法很多，主要有压入法、回跳法和刻划法三大类。硬度值的具体意义随试验方法的不同其含义也不同。例如：压入法的硬度值是材料表面抵抗另一物体压入时所引起的塑性变形的能力；刻划法硬度值表示金属抵抗表面局部破裂的能力；回跳法硬度值代表金属弹性变形功的大小。常见的硬度指标有布氏硬度（HB）、洛氏硬度（HR）、维氏硬度（HV）和里氏硬度（HL）等。硬度值的表示例如下。300HBW5/750：表示用直径 5 mm 的合金球在 7.355 kN（750 kgf）的条件下保持 10 ~ 15 s，测定的布氏硬度值为 300；60HRC：表示用 C 标尺测得的洛氏硬度值为 60；500HVHLD：表示用 D 型冲击装置测得的里氏硬度值换算成的维氏硬度值为 500。

各种硬度值因其试验条件的不同而不能直接换算，需要查阅专门的表格进行换算比较。

6.2.1.2 硬度检测设备

由于硬度检测检测的相似性，通常把布氏硬度（HB）、洛氏硬度（HR）、维氏硬度（HV）复合在一台设备内，简称布洛维多功能硬度仪；里氏硬度仪由于原理的不同，通常为独立的成套仪器，如图 6-1-1 所示。

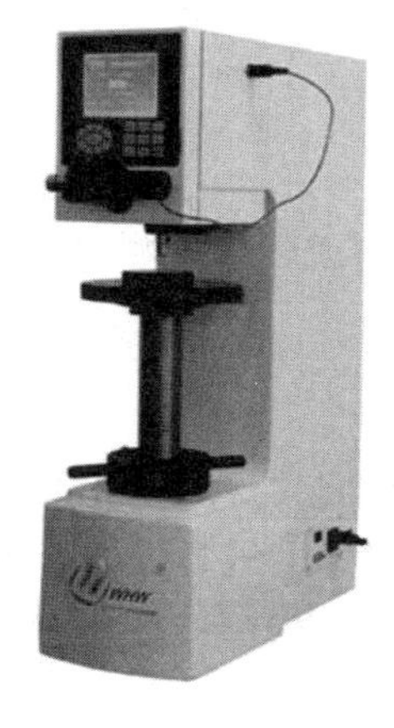

（a）布洛维多功能硬度仪

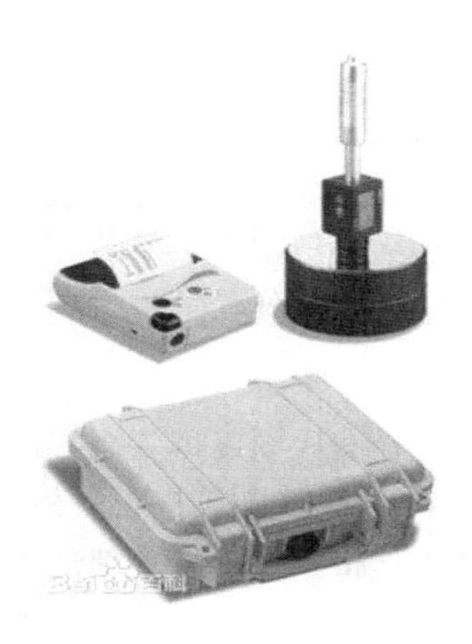

（b）里式硬度仪

图 6-2-1　硬度仪宏观照片

6.2.1.3　**布氏硬度检测**

1．原　理

布氏硬度的测定是用一定压力将硬质合金球压头压入试样表面，保持规定时间后卸除试验力，在试样表面留下压痕，检测压痕直接，得出布氏硬度值。布氏硬度试验原理图（如图6-2-2 所示）。单位压痕表面积上所承受的压力即定义为布氏硬度值（用 HB 表示）。

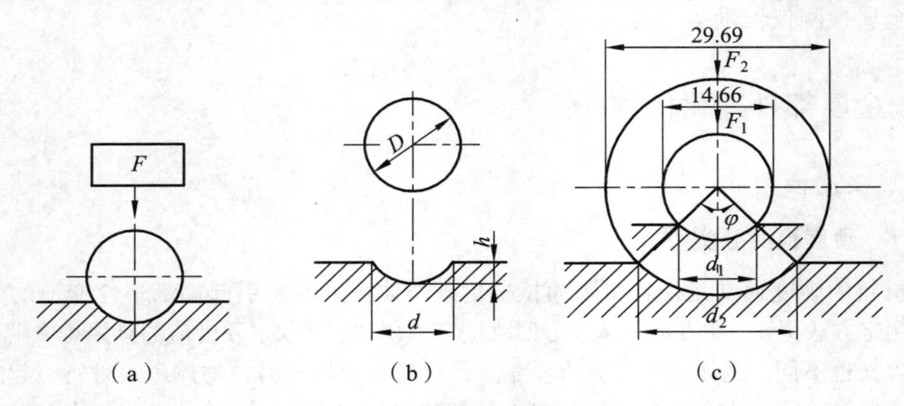

图 6-2-2　布氏硬度试验原理图

2．技术特点

压头的材质有淬火钢球或硬质合金两种，当压头材质为淬火钢球时，布氏硬度用 HBS 表示，适用于测量布氏硬度≤450 的材料；当压头材质为硬质合金时，布氏硬度用 HBW 表示，适用于测量布氏硬度为 450 ~ 650 范围内的材料。

布氏硬度值的表示方法为：硬度值+硬度符号+球体直径/+载荷/+载荷保持时间（10 ~ 15 秒不标注）。例如，180HBS10/1000/30，表示直径 10 mm 的钢球在 1000 kgf 作用下，保持 30 秒测得的布氏硬度值为 180。

优点：由于布氏硬度试验时采用较大直径球体压头，所得压痕面积较大，因而测得的硬度值反映金属在较大范围内的平均性能。由于压痕较大，所测数据稳定，重复性强。

缺点：对不同的材料需要更换压头和改变试验力，压痕直径测量也比较麻烦。同时，由于压痕较大，对成品件不宜采用。

3．检测流程

试样准备→施加预载荷→保持载荷→卸除主载荷→卸除预载荷→测定压痕直径 d→查表得出布氏硬度值（或者内部计算机自动查出硬度值）。

4．检测方法及检测结果的判定

布氏硬度的试验在布氏硬度试验机上进行。检测方法按《金属布氏硬度试验》(第 1 部分：试验方法）（GB/T 231-1—2009）进行。检测结果按表 6-1-1《电气类设备金属部件运维项目及要求》、表 6-1-2《连接类设备金属部件运维项目及要求》、表 6-1-3《结构支撑类设备金属部件运维项目及要求》、表 6-1-4《内冷水系统容器和管道运维项目及要求》的质量标准进行质量判别。

5．应　用

一般在试验室内对设备、部件的样品进行硬度检测。如对变电站构支架和输电线路铁塔用的连接螺栓、地脚螺栓进行到货抽检；失效分析工作中对失效部件取样进行布氏硬度试验，验证该部件使用前的热处理状态。部分进口设备可用于现场检测设备、部件、材料的布氏硬度。

6.2.1.4　洛氏硬度检测

1．原　理

洛氏硬度是以直接测量压痕深度，并以压痕深度大小表示材料的硬度。洛氏硬度试验原理图如图 6-2-3 所示。

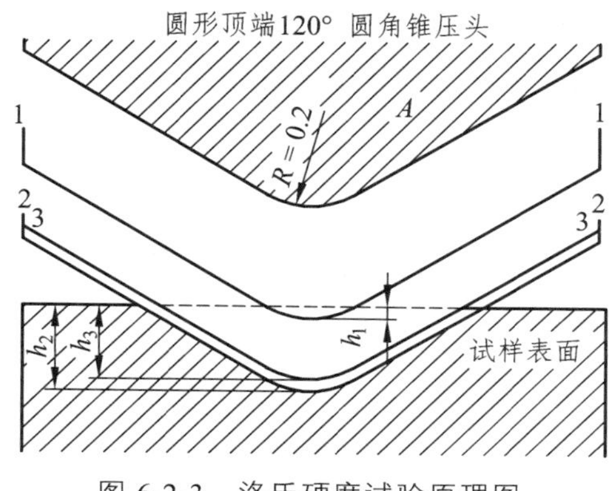

图 6-2-3　洛氏硬度试验原理图

2．技术特点

洛氏硬度的压头有两种：即顶角为 120° 的金刚石圆锥体压头和直径为 1/16″（1.5875 mm）或 1/8″（3.175 mm）硬质合金压头。前者适应于测定淬火钢材等较硬的金属材料，后者适应于测定退火钢、有色金属等较软材料。洛氏硬度测定时先加 98.1 N（10 kgf）预载荷，然后加主载荷。采用压头不同，则施加载荷不同。不同的压头和载荷就组合成不同的洛氏硬度标尺。我国规定的洛氏硬度标尺有 9 种，其中常用的有 3 种。在洛氏硬度采用的 3 种硬度标尺中，以 C 标尺用得最普遍。

优点：洛氏硬度试验避免了布氏硬度试验的缺点。它的优点是操作简便迅速，效率高，直接从表盘读出硬度值，且压痕小，故可直接测量成品或较薄工件的硬度。对于 HRA 和 HRC 采用金刚石压头，故可测量高硬度的材料。

缺点：是由于压痕小，测得的数据重复性差。

3．检测流程

试样准备→施加预载荷→保持载荷→卸除主载荷→从表盘上读取硬度值→卸除预载荷。

4．检测方法及检测结果的判断

洛氏硬度试验在洛氏硬度试验机上进行。检测方法按《金属材料洛氏硬度试验》（GB/T 230.1—2009）（第 1 部分：试验方法）进行。检测结果按表 6-1-1《电气类设备金属部件运维项目及要求》、表 6-1-2《连接类设备金属部件运维项目及要求》、表 6-1-3《结构支撑类设备金属部件运维项目及要求》、表 6-1-4《内冷水系统容器和管道运维项目及要求》的质量标准进行质量判别。

5．应 用

一般在试验室内对设备、部件的样品进行硬度检测。如对变电站构支架和输电线路铁塔用的连接螺栓、地脚螺栓进行到货抽检；失效分析工作中对失效部件取样进行洛氏硬度试验，验证该部件使用前的热处理状态。

6.2.1.5 **里氏硬度检测**

1．原 理

里氏硬度用规定质量的冲击体在弹力作用下以一定的速度冲击试样表面，用冲头在距试样表面 1 mm 处的回弹速度与冲击速度的比值计算硬度值。

2．技术特点

里氏硬度用规定质量的冲击体在弹力作用下以一定的速度冲击试样表面，用冲头在距试样表面 1 mm 处的回弹速度与冲击速度的比值计算硬度值。

$$HL = 1000\frac{\upsilon_R}{\upsilon_A}$$

式中 υ_R——冲击体回弹速度；

υ_A——冲击体冲击速度。

根据冲击体质量和冲击能量的不同，里氏硬度分 HLD，HLDC，HLG 和 HLC。表示方法为：硬度值+冲击装置类型。例如：700HLD 表示用 D 型冲击装置测定的里氏硬度值为 700。

优点：里氏硬度操作简单，便携性好，广泛用于现场硬度测量。

缺点：所测硬度值的离散性较大。

3．检测流程

被试件准备→开机→选择被试件材料→选择硬度方式→选择冲击方向→检测→读数→关机。

4．检测方法及检测结果判断

里氏硬度试验用里氏硬度仪在现场进行检测。检测方法按《金属材料里氏硬度试验》（GB/T 17394.4—2014）进行。检测结果按表 6-1-1《电气类设备金属部件运维项目及要求》、表 6-1-2《连接类设备金属部件运维项目及要求》、表 6-1-3《结构支撑类设备金属部件运维项目及要求》、表 6-1-4《内冷水系统容器和管道运维项目及要求》的质量标准进行质量判别。

5．应 用

在试验室内对设备、部件的样品进行硬度检测。在安装现场进行设备、部件、材料里氏硬度进行检测。例如，在安装现场对变电站构架杆、构架梁、设备支架、变压器壳体、电抗器壳体、断路器触头、隔离开关、GIS 壳体、HGIS 壳体、输电线路塔材、输电线路连接件、输电线路地脚螺栓等进行质量抽检。

6.2.2 拉力试验

6.2.2.1 检测原理

将材料制作成标准试样或比例试样，在万能材料实验机上沿试样轴向缓慢地施加拉力，试样随拉力的增加而变形，直至断裂。测得材料的弹性极限、屈服极限、强度极限及塑性等主要力学性能指标。

6.2.2.2 拉力试验机设备

拉力试验机设备主要由加载机构、试样夹持机构、记录机构和测力机构四部分组成。图6-2-4 所示为拉力试验机实物照片。拉力试验机设备分为机械式、液压式、电子万能以及电液式几类。无论试验机是哪一种类型，拉伸试验应满足以下要求：达到试验机检定的 1 级精度；有加载调速装置；有数据记录或显示装置；由计量部门定期进行检定。

图 6-2-4　拉力试验机实物

6.2.2.3 技术特点

拉伸试验是材料力学性能测试中最常见的试验方法之一。试验中的弹性变形、塑性变形、断裂等阶段真实地反映了材料抵抗外力作用的全过程。拉伸试验是在应力状态为单向、温度恒定，以及应变速率为每秒 0.0001 ~ 0.01 的条件下进行的。通过拉伸试验可以得到材料的基本力学性能指标，如弹性模量、泊松比、屈服强度、抗拉强度、断后伸长率、断面收缩率等力学性能指标。

优点：简单易行、试样便于制备等特点。

缺点：只能在试验室内进行破坏性检测，才能获得试验结果。

6.2.2.4 检测流程

试样制作→试样尺寸检测→拉力试验机准备→试样尺寸录入计算机→试样夹持→加载→保存数据。

6.2.2.5 检测方法及检测结果判定

检测方法按《金属材料拉伸试验》（GB/T 228.1—2010）（第 1 部分：室温试验方法）进

行。检测结果按表 6-1-1《电气类设备金属部件运维项目及要求》、表 6-1-2《连接类设备金属部件运维项目及要求》、表 6-1-3《结构支撑类设备金属部件运维项目及要求》、表 6-1-4《内冷水系统容器和管道运维项目及要求》的质量标准进行质量判别。

6.2.2.6 应 用

在试验室内对设备、部件、材料的弹性模量、泊松比、屈服强度、抗拉强度、断后伸长率、断面收缩率基本力学性能指标等进行测定。如输电线路塔材、连接件、地脚螺栓的质量抽检，电网各类失效事件中的力学性能指标检测等。

6.2.3 冲击试验

6.2.3.1 原 理

冲击韧性是衡量材料抵抗冲击载荷能力大小的指标，常用冲击试验测定。冲击韧性是试样缺口处截面上单位面积所消耗的冲击功。图 6-2-5 为冲击实验原理示意图。冲击韧性用 α_k 表示，计算公式如下：

$$\alpha_k = \frac{A_k}{S}\ (\mathrm{J/cm^2})$$

式中 α_k——试样冲断时所消耗的冲击功（J）；

S——试样缺口处截面面积（$\mathrm{cm^2}$）。

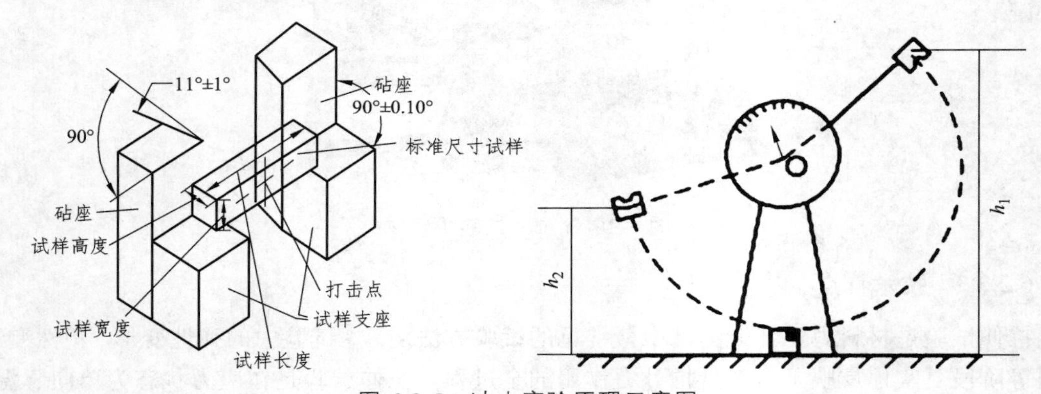

图 6-2-5 冲击实验原理示意图

6.2.3.2 冲击试验设备

冲击试验机由机座、摆锤、表盘、电源控制按钮、锁摆装置等组成，如图 6-2-6 所示。

6.2.3.3 技术特点

金属材料的强度、塑性、硬度、韧性四者中真正独立的是强度和塑性，硬度与强度有极为密切的关系，韧性易受强度和塑性的综合影响。因此，在鉴别金属材料的力学性能时，常常是以强度和塑性为主要指标。影响冲击韧性值大小的因素有材料的化学成分、冶金质量、

图 6-2-6 冲击试验机

组织状态、表面质量和内部缺陷等。

优点：简单易行、试样便于制备。

缺点：

（1）只能在试验室内进行破坏性检测，才能获得试验结果。

（2）不同类型和尺寸的冲击试样其试验结果不能直接对比和换算。

（3）冲击试验对温度控制有较高要求。

6.2.3.4 检测流程

试样准备→开机→举摆→放置试样→冲击→读数。

6.2.3.5 检测方法

检测方法按《金属材料 夏比摆锤冲击试验方法》（GB/T 229—2007）的规定进行，试验前，检查试验设备和仪器，检查摆锤空打时指针是否指零，其偏离不应超过最小分值的 1/4。加热或冷却试样达到规定温度并保温（高低温冲击试验），试样对中定位，偏差不大于 0.5 mm。试样应紧贴支座放置，并使摆锤刀刃打击在背向缺口的一面，释放摆锤一次打击试样，记录吸收能量，每种条件下的冲击试验应不小于 3 个试样。检测结果按表 6-1-1《电气类设备金属部件运维项目及要求》、表 6-1-2《连接类设备金属部件运维项目及要求》、表 6-1-3《结构支撑类设备金属部件运维项目及要求》、表 6-1-4《内冷水系统容器和管道运维项目及要求》的质量标准进行质量判别。

6.2.3.6 应　用

在试验室内对设备、部件、材料的冲击韧性进行测定。例如：输电线路塔材、连接件、地脚螺栓的质量抽检，电网各类失效事件中的冲击韧性指标检测等。

6.2.4 涂层测厚检测

6.2.4.1 原　理

1. 磁吸力测量原理

永久磁铁（测头）与导磁钢材之间的吸力大小与处于这两者之间的距离成一定比例关系，这个距离就是覆层的厚度。利用这一原理制成测厚仪，只要覆层与基材的磁导率之差足够大，就可进行测量。鉴于大多数工业品采用结构钢和热轧冷轧钢板冲压成型，所以磁性测厚仪应用最广。

2. 磁感应测量原理

采用磁感应原理时，利用从探头经过非铁磁覆层而流入铁磁基体的磁通的大小，来测定覆层厚度。也可以测定与之对应的磁阻的大小，来表示其覆层厚度。覆层越厚，则磁阻越大，磁通越小。

6.2.4.2 涂层测厚设备

涂层测厚设备由主机、测头、连接线、试片等组成，仪器组成如图 6-2-7 所示。

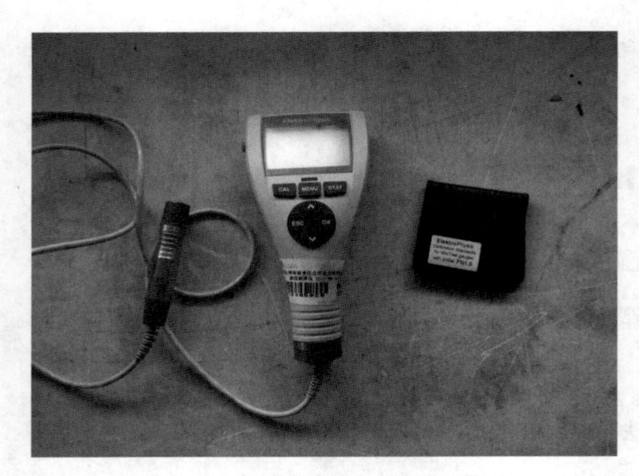

图 6-2-7 涂层测厚设备宏观照片

6.2.4.3 技术特点

涂层测厚仪操作简便、坚固耐用、不用电源，测量前无须校准或简单校准，价格低，适合车间、安装现场质量控制。分辨率高达 0.1 um，允许误差达 1%。现代的涂层测厚仪量程可达 10 mm。

磁性原理测厚仪可应用于精确测量钢铁表面的油漆层，瓷、锌、搪瓷防护层，塑料、橡胶覆层，包括镍铬在内的各种有色金属电镀层，以及化工石油行业的各种防腐涂层。

6.2.4.4 检测流程

仪器准备→开机→仪器校准→检测→记录。

6.2.4.5 检测方法及检测结果的判定

检测方法依据国家标准《磁性基体上非磁性覆盖层 覆盖层厚度测量磁性法》(GB/T 4956—2003)、《金属覆盖层 钢铁制件热浸镀锌层技术要求及试验方法》(GB/T 13912—2002)进行检测，用金属涂层测厚仪测试试样镀锌层厚度时，角钢试样应每面 3 处各 1 点，4 面共 12 点；钢板试样每面 6 处各 1 点，2 面共 12 点。检测结果按表 6-1-1《电气类设备金属部件运维项目及要求》、表 6-1-2《连接类设备金属部件运维项目及要求》、表 6-1-3《结构支撑类设备金属部件运维项目及要求》、表 6-1-4《内冷水系统容器和管道运维项目及要求》的质量标准进行质量判别。

6.2.4.6 应 用

应用范围：在试验室内对设备、部件的样品进行涂层厚度检测；在输变电设备到货抽检工作中，对镀锌层厚度等金属镀层进行镀层厚度抽检；在输变电设备检修工作中，对带镀层的设备、部件、材料进行镀层厚度抽检；在输变电设备预试工作中，对带镀层的设备、部件、材料进行镀层厚度抽检。

下面以某输电线路工程铁塔塔材镀锌层脱落调查分析为例进行说明。

根据公司安排，电力科学研究院金属化学研究所技术人员于 2017 年 11 月 21 日—23 日对施工人员反映的某输电线路工程部分铁塔塔材镀锌层脱落和色差明显的问题进行调查分析，经对 1 标 AN1018 号塔（常熟）、2 标 AN2002 号塔（常熟）、3 标 BN2025 号塔（广送）、3 标 AN2031 号塔（常熟）、4 标 BN3003 号塔（广送）、5 标 AN3044 号塔（广送）按中国南方电网有限责任公司角钢塔到货抽检标准（2014 版）的要求抽样进行锌层表面质量、锌层厚度、锌层附着性三个项目检测，结果发现上述 5 基塔部分塔材确实存在镀锌层色差问题，但无明显的镀锌层脱落问题（局部因装运造成的锌层损坏除外）。经检测，6 基塔锌层厚度、锌层附着性检验结果均合格，但部分抽检塔材锌层表面存在色差、部分抽检塔材锌层表面存在麻点。施工人员反映的锌层脱落问题实际为角钢原材料表面存在缺陷，导致镀锌后在锌层表面形成麻点，且部分塔材麻点缺陷深度超过《输电线路铁塔制造条件》（GB/T 2694—2010）第 5.1.4 条的要求，检测结果不合格。结果如下：

> $h<8$ mm 时，随机抽检 180 件塔材镀锌层质量抽检，每件塔材涂层厚度检测 12 点。除部分塔材表面残留钝化液痕（黄绿色）迹外，其余锌层表面质量良好；镀锌层厚度最小值>GB/T 2694—2010 规定的 55 μm，平均值 > GB/T 2694—2010 规定的 65 μm；随机抽取 18 件进行落锤试验，镀锌层未凸起、未剥离，符合 GB/T 2694 标准的规定。
>
> $h\geqslant 8$ mm 时，随机抽检 60 件，部分塔材锌层存在色差，有修补痕迹，部分塔材表面存在麻点，6 件塔材麻点深度超过《输电线路铁塔制造条件》（GB/T 2694—2010）第 5.1.4 条（表面有锈蚀、划痕时，其深度不应大于该钢材厚度负允许偏差值的 1/2 的规定）；镀锌层厚度最小值>GB/T 2694—2010 规定的 70 μm，平均值>GB/T 2694—2010 规定的 86 μm；随机抽取 6 件进行落锤试验，镀锌层未凸起、未剥离，符合 GB/T 2694 标准的规定。质量良好；镀锌层厚度最小值>GB/T 2694—2010 规定的 70 μm，平均值>GB/T 2694—2010 规定的 86 μm；随机抽取 1 件进行落锤试验，镀锌层未凸起、未剥离，符合 GB/T 2694 标准的规定。

6.2.5 X 射线荧光光谱分析

6.2.5.1 X 射线荧光光谱分析原理

当能量高于原子内层电子结合能的高能 X 射线与原子发生碰撞时，驱逐一个内层电子而出现一个空穴，使整个原子体系处于不稳定的激发态，激发态原子寿命约为 10 ~ 12 s、10 ~ 14 s，然后自发地由能量高的状态跃迁到能量低的状态。这个过程称为驰豫过程。驰豫过程既可以是非辐射跃迁，也可以是辐射跃迁。当较外层的电子跃迁到空穴时，所释放的能量随即在原子内部被吸收而逐出较外层的另一个次级光电子，此称为俄歇效应，亦称次级光电效应或无辐射效应，所逐出的次级光电子称为俄歇电子。它的能量是特定的，与入射辐射的能量无关。当较外层的电子跃入内层空穴所释放的能量不在原子内被吸收，而是以辐射形式放出，便产生 X 射线荧光，其能量等于两能级之间的能量差。因此，X 射线荧光的能量或波长是特征性的，与元素有一一对应的关系。即：元素的荧光 X 射线强度 I_i 与试样中该元素的含量 C_i 成正比：$I_i = I_s \times C_i$。式中，I_s 为 $C_i = 100\%$ 时，该元素的荧光 X 射线的强度。检测荧光 X 射线强度就可以测定元素的含量。

6.2.5.2　X 射线荧光光谱分析仪结构及组成

X 射线荧光光谱分析仪由主机、充电器、电池、数据线、仪器箱等组成。主机的结构如图 6-2-8 所示。

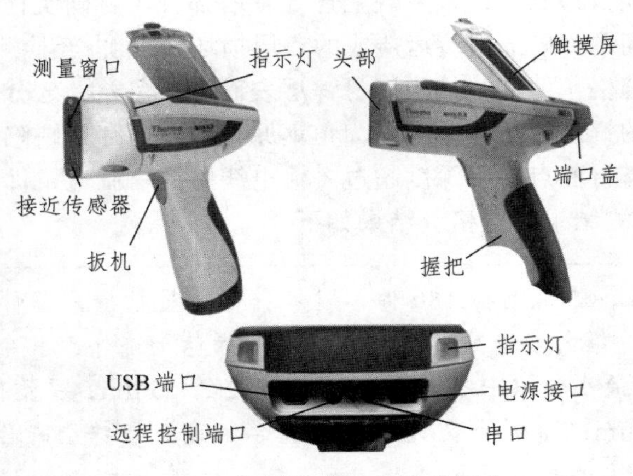

图 6-2-8　X 射线荧光光谱分析仪

6.2.5.3　技术特点

优点：分析的元素范围广，从 Na11 到 U92 均可测定；荧光 X 射线谱线简单，相互干扰少，样品不必分离，分析方法比较简便；分析浓度范围较宽，从常量到微量都可分析。重元素的检测限可高达 1 ppm，轻元素稍差；分析样品不被破坏，分析快速，准确，便于自动化。

缺点：分析结果不能作为仲裁试验结果。

6.2.5.4　检测流程

仪器准备→开机→仪器校准→检测→记录。

6.2.5.5　检测方法及检测结果的判定

检测方法按《冶金产品分析方法 X 射线荧光光谱法通则》(GB/T 16597—1996)进行。检测结果按表 6-1-1《电气类设备金属部件运维项目及要求》、表 6-1-2《连接类设备金属部件运维项目及要求》、表 6-1-3《结构支撑类设备金属部件运维项目及要求》、表 6-1-4《内冷水系统容器和管道运维项目及要求》的质量标准进行质量判别。

6.2.5.6　应　用

应用范围：在试验室内对设备、部件的样品进行材料成分检测、镀银层厚度检测；在输变电设备监造工作中，对设备、部件的进行材料成分检测、镀银层厚度检测；在输变电设备检修工作中，对设备、部件、材料进行材料成分检测、镀银层厚度检测；在输变电设备预试工作中，对设备、部件、材料进行材料成分检测、镀银层厚度抽检。

下面以某换流站首检露天箱柜板材成分检测为例进行说明。

2017 年，某换流站首检工作中，电科院金化所结合首检工作对某换流站 35 个直流场控制柜、检修电源箱等露天箱柜板材成分进行检测，结果发现其中 6 个箱柜板材化学成分不符合《电网金属技术监督规程》(DL/T 1424—2015) 的要求。

6.3 金属部件无损检测

6.3.1 数字射线检测技术

6.3.1.1 X 射线数字成像原理

X 射线数字成像原理：与医院胸透一样，X 射线数字成像系统中的 X 射线机发出波长很短（0.01 ~ 10 nm）的电磁波，即 X 射线，透过被检测的物体，物体后方的光电转换器（成像板或 IP 板）采集透视信息后处理、显示出物体内部的结构信息。

6.3.1.2 设 备

设备由 X 射线机、数字成像板（或 IP 板）、线路、数据采集和处理计算机等构成。如图 6-3-1 所示。

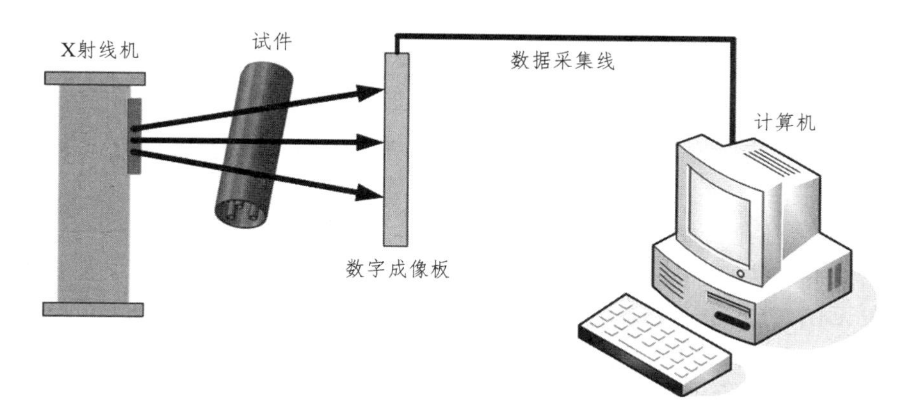

图 6-3-1 X 射线数字成像检测系统的基本组成部分

6.3.1.3 技术特点

1. 优 点

（1）分辨率高，图像清晰、细腻，可根据需要进行诸如数字减影等多种图像后处理，以期获得理想的诊断效果。

（2）数字图像显示。可根据缺陷状况进行数字摄影，然后通过一系列影像后处理（如边缘增强、放大、黑白翻转、图像平滑等）功能，从中提取出丰富可靠的诊断信息。

（3）所需剂量少。能用较低的 X 线剂量得到高清晰的图像，减少了受 X 射线辐射的时间。

2. 缺 点

（1）设备质量大，检测操作费时费力，效率低，只能用于单个问题设备定点检查，无法开展普遍检测。

（2）DR 检测设备布置空间要求大，被检测设备四周必须留有足够空间。

（3）X 射线具有危害性，安全防护要求高，开展 X 射线检测作业时，开关场内其他作业和操作必须完全停止，场内人员应完全清空。变电站电气设备 X 射线检测工作常用减少辐射时间、远离射线源、天然屏蔽层 、移动防护铅板等方法进行防护。

6.3.1.4　检测流程

准备→布置射线机→布置成像板→人员撤离→参数设置→拍摄照片→保存→切断电源。

6.3.1.5　DR 检测检测方法及检测结果的判定

检测方法按《承压设备无损检测》（NB/T 47013.11—2015）（第 11 部分：X 射线数字成像检测）进行。检测结果按表 6-1-1《电气类设备金属部件运维项目及要求》、表 6-1-2《连接类设备金属部件运维项目及要求》、表 6-1-3《结构支撑类设备金属部件运维项目及要求》、表 6-1-4《内冷水系统容器和管道运维项目及要求》的质量标准进行质量判别。

6.3.1.6　DR 应用

X 射线数字成像检测系统可检的设备主要包括：GIS（HIGIS）、罐式断路器、复合绝缘子、合闸电阻、油断路器、避雷器、干式变压器、电流互感器、电压互感器和管母线。以下列举 GIS 检测时发现的典型缺陷。

1．GIS 触头抵死的检测

2012 年 9 月，云南昭通某变电站受地震影响出现了部分 GIS 地基下沉，GIS 母线筒最大沉降约 3 cm。

DR 检测参数：管电压 200 kV，管电流 3 mA，焦距 1100 mm，采集时间：4 × 2 s。检测得到的正常触头和触头抵死的图像如图 6-3-2 所示。针对触头抵死的部位，供电部门进行了针对性的修复工作。

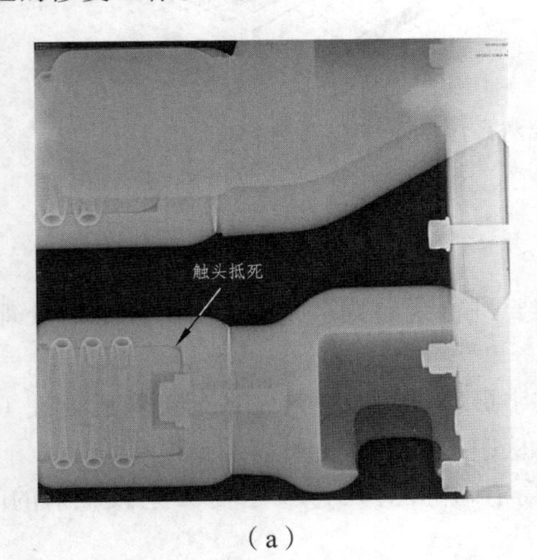

（a）

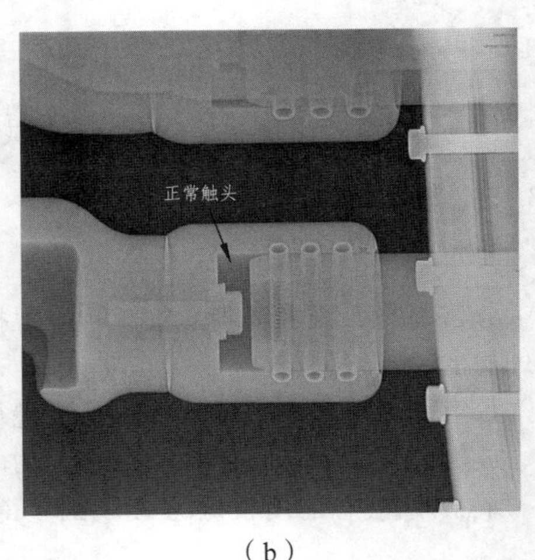

（b）

图 6-3-2　正常触头与触头抵死 X 射线图片

2．复合绝缘子击穿的检测

2012 年 10 月，昆明某基地在对 500 kV 复合绝缘子进行加压试验后，发现部分绝缘子表面出现直径约 1 mm 的小孔。对其再次加压后，绝缘子部分区域红外温度偏高。

DR 检测参数：管电压 80 kV，管电流 3 mA，焦距 700 mm，采集时间：4×2 s。DR 检测结果：加压后的复合绝缘子芯棒内部存在烧蚀通道，如图 6-3-3（a）所示。芯棒也存在裂纹，如图 6-3-3（b）所示。

（a）

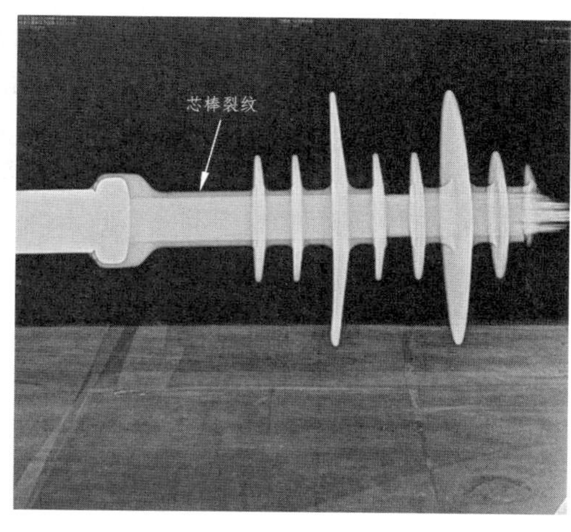

（b）

图 6-3-3　复合绝缘子芯棒内部烧蚀通道和裂纹 X 射线图片

3．绕组异常导致 35 kV 断路器跳闸的检测

绕组异常导致 35 kV 断路器跳闸：2012 年 11 月 25 日，云南红河某变电站 220 kV#1 主变压器第 I 套保护比率差动保护动作，220 kV#1 主变 220 kV 侧 201、110 kV 侧 101、35 kV 侧 301 断路器跳闸，后经过现场检查，发现#1 主变低压侧 35 kV TA C 相一次及二次绕组间绝缘击穿。

DR 检测参数：管电压 250 kV，管电流 3 mA，焦距 800 mm，采集时间：4×2 s。检测发现跳闸相（C 相）二次绕组异常如图 6-3-4 所示。设备解体后，放电通道在二次绕组附近。

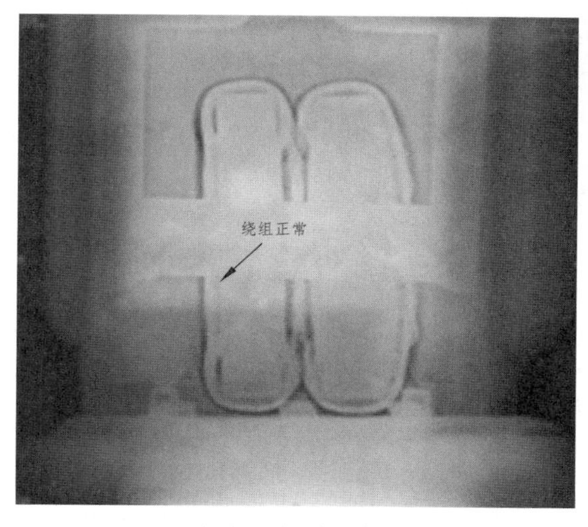

（a）B 相（正常）

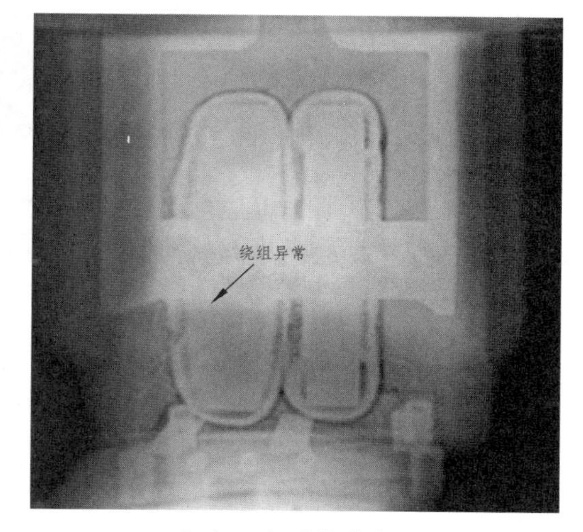

（b）C 相（异常）

图 6-3-4　正常相绕组与跳闸相异常绕组 X 射线图片

6.3.2 超声测厚检测

6.3.2.1 超声波测厚检测原理

脉冲反射法是超声波测厚检测法中最基本的一种方法，是由超声波探头在脉冲源的激励下发出间断的超声脉冲进入工件。在工件底面处或工件的不连续处的声阻抗不相同，声能在工件底面处或阻抗不连续处发生反射，其中一部分声能被反射回来，由探头（或另外一个探头）接收回波，再把它变成电信号显示出来，这种方法叫脉冲反射法超声波测厚检测法，如图 6-3-5 所示。

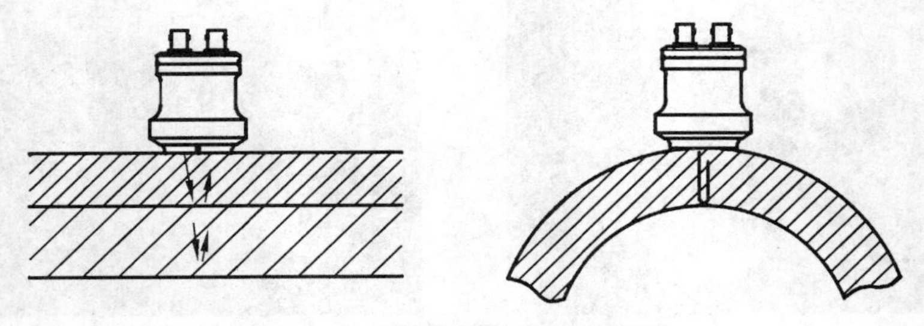

图 6-3-5 超声测厚仪工作原理

6.3.2.2 超声波测厚设备

超声波测厚设备由仪器主机、声能转换器、连接线组成，如图 6-3-6 所示。

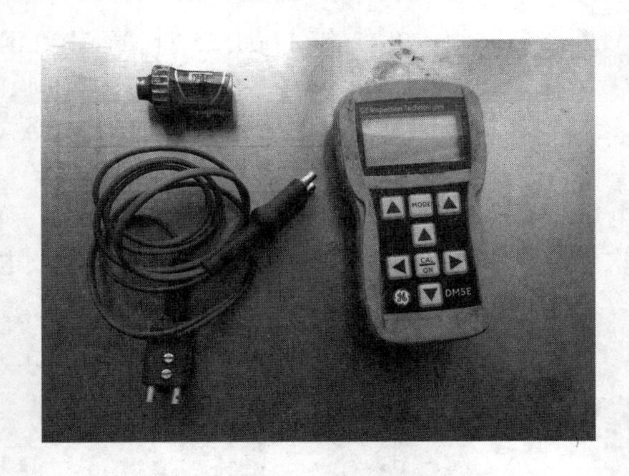

图 6-3-6 超声波测厚设备

6.3.2.3 超声测厚技术特点

1．优点

（1）检测过程不需要拆卸工件或破坏工件，适合实时监测。

（2）检测设备简单轻便，不需要专门操作培训，检测速度快。

2．缺点

（1）由于超声脉冲有时间宽度，测厚数值存在下限，一般不适于厚度低于 1 mm 的部件。

（2）检测准确性依赖于材料声速的准确测量。

6.3.2.4　**检测流程**

工件表面清理→施加耦合剂→仪器校零→测厚操作→读数→工件表面清洁。

6.3.2.5　**超声波测厚检测方法及检测结果的判定**

检测方法按《无损检测 接触式超声脉冲回波法测厚方法》（GB/T 11344—2008）进行。检测结果按设计厚度进行质量判别。

6.3.2.6　**应　用**

应用范围：在试验室内对设备、部件的样品进行厚度检测；在输变电设备监造工作中，对设备、部件的厚度进行检测，如GIS、HGIS、断路器触头各部位厚度、变压器壳体厚度；在输变电设备到货抽检工作中对变电站构支架、输电杆塔的型材、连接板进行厚度抽检。在输变电设备检修工作中，对设备、部件进行厚度检测；在输变电设备预试工作中，对设备、部件进行厚度抽检。

6.3.3　渗透检测技术

6.3.3.1　**渗透检测原理**

工件表面被涂上渗透液后，在毛细管的作用下，经过一定时间。渗透液渗进表面开口的缺陷中，经去除工件表面多余的渗透液后，再施涂显像剂，在毛细管的作用下，显像剂将吸引缺陷中保留的渗透液回到显像剂中，在一定光源下缺陷处的渗透液被显示，从而探测缺陷的形貌和分布状态。

6.3.3.2　**渗透检测设备**

渗透检测设备由清洗剂、渗透剂、显像剂成套组成，如图6-3-7所示。

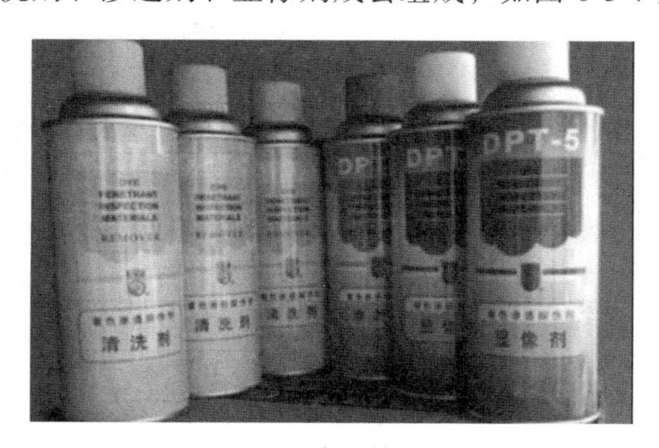

图6-3-7　渗透检测设备

6.3.3.3　**渗透检测的技术特点**

渗透检测试验的目的是将试验体的表面开了口的细微的缺陷扩大之后将其找出来。

1. 优　点

（1）可以检查非多孔性金属和非金属零件或材料的表面开口缺陷。

（2）渗透检测不受受检零件化学成分、结构、形状及大小的限制。

2．缺　点

（1）不能检测表面是吸收性的零件或材料，例如粉末冶金零件、水泥制品。

（2）不能检测因外来因素造成开口被堵塞的缺陷，例如零件经喷丸或喷砂，则可能堵塞表面缺陷的“开口”。

（3）不能检测对于会因为试验使用的各种探伤材料而受腐蚀或有其他影响的材料。

6.3.3.4　检测流程

表面准备→预清理→渗透→去除→干燥→显像→检验→后清洗。

6.3.3.5　渗透检测方法及渗透检测结果的判定

渗透检测方法按《承压设备无损检测》（NB/T47013.5）（第五部分 渗透检测）进行。检测结果按表 6-1-1《电气类设备金属部件运维项目及要求》、表 6-1-2《连接类设备金属部件运维项目及要求》、表 6-1-3《结构支撑类设备金属部件运维项目及要求》、表 6-1-4《内冷水系统容器和管道运维项目及要求》的质量标准进行质量判别。

6.3.3.6　应　用

应用范围：在试验室内对输变电设备样品进行局部检测；在输变电设备检修工作中，对设备、部件局部进行检测；在输变电设备预试工作中，对设备、部件局部进行检测。

例如：± 500 kV 某换流站线夹裂纹，裂纹长 23 mm；00221 隔离开关触头本体焊缝 9 处裂纹，裂纹最长 12 mm，如图 6-3-8 所示。检测结果不合格。

图 6-3-8　隔离开关本体焊缝裂纹

6.3.4　非接触式超声检测

6.3.4.1　非接触式超声检测原理

电弧、电痕和电晕都会导致放电点周围的空气电离，放电点附近的空气不断电离加热膨胀和冷却收缩，在这个过程中，气体分子受激励发生机械振动并以声波的形式向空间传播能量，其中处于 20 kHz 以上的超声频段由于声束方向性好，能量集中且衰减较小，适合作为检测对象。超声局放测试仪通过检测放电产生的经由空气传播的超声噪声，利用“外差法”将其编译成人耳可听的声音信号。在正常情况下，电气设备应该是静默的，虽然有时会有持续的嗡嗡声或稳定的机械噪声，但这完全不同于局放产生的超声信号。非接触超声波探测器采用定向传感器采集超声波异常信号，通过分析软件转化为可听声音信号及波形输出，帮助巡检人员提前发现线路或设备的早期局放故障，预防恶性故障的发生。

6.3.4.2 非接触式超声检测设备

非接触式超声检测设备主要由信号接收筒、数据线、信号处理器、耳机和望远镜组成，如图 6-3-9 所示。

图 6-3-9 非接触式超声检测设备宏观设备

6.3.4.3 非接触式超声检测技术特点

1．优　点

（1）信号接收装置不需要与电力设备接触，最大检测距离可达 25 m，带电检测安全性高。

（2）设备轻便，易于携带。

（3）操作简单，检测效率较高。

（4）设备定向性能好，噪声干扰小。

2．缺　点

（1）只能对缺陷进行定向，不能进行距离测定，对放电位置的定位需要在两个不同的位置进行三角测量。

（2）为了屏蔽环境噪声干扰，超声传感器选择了具有高富方向性的聚焦筒形，检测角度较窄，需要检测人员操作时仔细对准检测对象。

6.3.4.4 检测流程

确定检测范围→开机→设置检测频率→监听异常超声信号→确定声源位置→录音→记录对应设备名称和编号→用望远镜观察→关机。

6.3.4.5 非接触式超声检测方法及检测结果判定

非接触式超声检测方法及检测结果判定按云南电科院《非接触式超声检测作业指导书》进行。

6.3.4.6 应　用

应用范围：变电设备中的变压器、电抗器、断路器、隔离开关、管母线、软母线、软连接线、GIS、HGIS 等设备的巡维检测。输电线路绝缘子和导线的巡维检测。

例如：110 kV 某变电站 110 kVⅡ段母线 A 相导线位于 TV 及避雷器 1902 隔离开关与Ⅱ段母线连接线夹处散股缺陷检测，经非接触式超声波检测，此位置信号为 12 dB，散股缺陷如图 6-3-10（a）所示。

500 kV 某变电站巡维设备线夹开裂，开裂缺陷如图 6-3-10（b）所示。

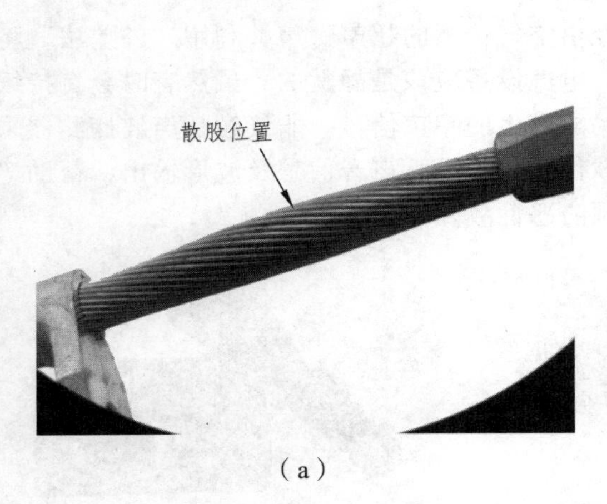

(a)

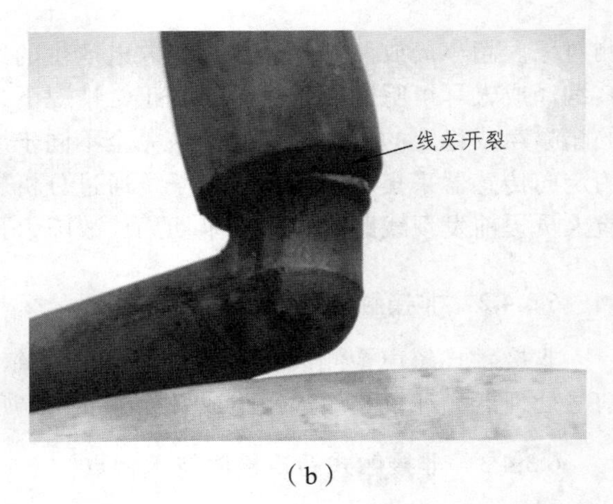

(b)

图 6-3-10　变电站导线散股缺陷

本章知识点

本章界定了变电站需开展金属监督的部件，提出换流站设备运维金属监督的工作内容及质量要求，金属监督工作中需建立的金属监督档案。简要介绍了硬度检测、拉伸试验、冲击试验、涂层测厚、X 射线荧光光谱分析等理化检测方法的原理、试验方法、优缺点及在变电站的适用范围。简要介绍了数字射线检测技术、超声测厚检测、渗透检测技术、非接触式超声检测等无损检测方法的原理、试验方法、优缺点及在变电站的适用范围。

课后测试题

1. 单选题

（1）适用于变电站变电构架等大件物品的现场硬度检测方法为（　　）。

A. 布氏硬度　　B. 洛氏硬度　　C. 维氏硬度　　D. 里氏硬度

（2）室外隔离开关触头、导电杆等导电部件接触部位应镀银，镀银层厚度不应小于（　　）μm。

A. 10　　B. 20　　C. 50

（3）检测变电站端子箱、控制箱、机构箱及其他户外密闭箱体板材厚度的有效检测方法是（　　）。

A. 涂层测厚仪检测　　B. 游标卡尺检测　　C. 超声波检测

（4）渗透探伤不能检测下列哪种部件？（　　）

A. 水泥　　B. 油箱外壳　　C. 陶瓷绝缘部件　　D. 金属拉杆

（5）压痕面积大，适于测定灰铸铁、轴承合金等具有粗大晶粒或组成相的金属材料，是哪种硬度测量方法的优点？（　　）

A. 布氏硬度　　B. 洛氏硬度　　C. 维氏硬度　　D. 里氏硬度

（6）不同类型和尺寸的冲击试样其试验结果（　　）对比和换算。

A. 不能直接　　B. 应进行尺寸　　C. 可近似

2. 多选题

（1）变电站电气设备 X 射线检测工作常用防护方法有（　　）。

A. 减少辐射时间　B. 远离射线源　C. 天然屏蔽层　D. 移动防护铅板

（2）《电网金属技术监督规程》（DL/T 1424—2015）规定，变电站应建立和健全的技术档案有（　　）。

A. 原始技术资料档案　B. 在役金属技术监督档案

C. 管理档案　D. 人事档案

（3）用于换流站现场试验的常用检测方法有以下哪几种？（　　）

A. 渗透检测　B. 拉伸试验　C. 冲击试验　D. X 射线荧光光谱分析

3. 判断题

（1）用涂层测厚仪不仅可以测定涂层的厚度，也可以测定基材的厚度。（　　）

（2）用金属涂层测厚仪测试试样镀锌层厚度时，角钢试样应每面 3 处各 1 点，4 面共 12 点；钢板试样每面 6 处各 1 点，2 面共 12 点。（　　）

（3）《电网金属技术监督规程》（DL/T 1424—2015）规定，机构箱及其他户外密闭箱体应外观完好，无锈蚀、变形等缺陷，规格符合设计要求，且厚度≥2 mm。（　　）

（4）非接触式超声波检测在设备停电状态下进行检测。（　　）

（5）断后伸长率 A 与断面收缩率 Z 之差越小，缩颈越明显。（　　）

4. 简答题

（1）简述 X 射线数字成像检测技术的优点。

（2）说明布氏、洛氏、里氏硬度测量原理，300HBW5/750、60HRC 、400HVHLD 分别表示什么含义？

第7章　化学检测技术

7.1　水质分析

7.1.1　水质分析概述

7.1.1.1　水质概述

水质分析为保护水质和工业生产提供分析手段和科学依据，在选择不同用途的用水时，应根据对水质的要求，按水质分析结果加以分析判断，以保障供水的安全性。水处理过程中和设备运行时是否到达设计指标，也必须用水质分析结果加以判断和评价。

掌握水质分析的基本原理、分析方法和实验操作技能，培养严谨的科学态度和工作作风，具有独立分析问题和解决问题能力，强化并树立准确的“量”的概念。

7.1.1.2　水质分析常用术语

（1）水质（water quality）：水体质量的简称，它标志着水体的物理、化学和生物的特性及其组成的状况。

（2）校准曲线：在规定条件下，表示被测量值与仪器仪表实际测得值之间关系的曲线，包括“标准曲线”和“工作曲线”。

（3）空白实验：在不加样品的情况下，用测定样品相同的方法、步骤进行定量分析，把所得结果作为空白值，从样品的分析结果中扣除，这样可以消除由于试剂不纯或试剂干扰等造成的系统误差。

（4）检出限：以浓度（或质量）表示，是指由特定的分析步骤能够合理地检测出的最小分析信号求得的最低浓度（或质量）。

7.1.2　水质指标

7.1.2.1　水质分析项目

（1）物理指标：电导率、温度、浑浊度、透明度、颜色等。

（2）化学指标：pH值、硬度、碱度、阴阳离子、化学耗氧量、生化耗氧量、总有机碳、二氧化碳等。

（3）生物指标：细菌总数、大肠菌群、藻类等。

（4）放射性指标：总α射线、总β射线、铀、镭、钍等。

7.1.2.2 检测周期及要求（见表 7-1-1）

表 7-1-1 水质分析检测周期及要求

	周期	检测项目	取样要求
外冷水	6 个月	电导率、pH、杂质、离子成分及含量	具有代表性
内冷水	1 年	电导率、pH、离子成分及含量	所取水样应纯净无杂质，取样时应缓慢开启阀门，防止膨胀水箱水位低跳闸

注：参照《电力设备检修试验规程》（Q/CSG1206007—2017）。

7.1.2.3 检测项目意义及标准（见表 7-1-2）

表 7-1-2 水质分析检测项目意义及标准

检测项目	检测的意义	检测标准
电导率	反映了水中含盐量的多少，是水的纯净程度的一个重要指标	《锅炉用水和冷却水分析方法 电导率的测定》（GB/T 6908）
pH	间接反映水质对金属设备和管道的腐蚀作用，水质中的 pH 值的变化预示了水污染的程度	《工业循环冷却水及锅炉用水中 pH 的测定》（GB/T 6904）
硬度（以 $CaCO_3$ 计）	水的总硬度即水中钙、镁总量，表示结垢的能力，为确定用水质量和进行水的处理提供依据	《锅炉用水和冷却水分析方法 硬度的测定》（GB/T 6909）
硫酸根离子	与钙离子形成硫酸钙的能力，硫酸钙微溶于水	《工业循环冷却水及锅炉水中氟、氯、磷酸根、亚硝酸根、硝酸根和硫酸根的测定 离子色谱法》（GB/T 14642）
氯离子	氯离子对不锈钢具有高度危害，造成腐蚀	同上
溶固（TDS）	溶解固体指水中全部溶质的总量，包括无机物和有机物两者的含量。一般可用电导率值大概了解溶液中的盐分，一般情况下，电导率越高，盐分越高，TDS 越高	《工业循环冷却水和锅炉用水中固体物质的测定》（GB/T 14415）

7.1.2.4 水质要求

1．内冷水（见表 7-1-3）

表 7-1-3 内冷水的电导率和 pH 值

类别	电导率 /（μS/cm）	pH 值
内冷却水	≤0.5	6.5 ~ 8.5
去离子装置出水	≤0.3	6.5 ~ 8.5
内冷水的补充水	≤5.0	6.5 ~ 8.5

注：参照《高压直流输电换流阀水冷却设备》（GB/T 30425—2013）。

2．外冷水

1）外冷却水的补充水（见表 7-1-4）

表 7-1-4　外冷却水的补充水

类　别	指　标
溶固	≤1000 mg/L
pH 值	6.5 ~ 8.5
硬度（以 $CaCO_3$ 计）	≤450 mg/L
氯化物	≤250 mg/L
硫酸盐	≤250 mg/L
细菌总数	≤80 CFU/mL

注：参照《高压直流输电换流阀水冷却设备》（GB/T 30425—2013）CFU（菌落形成单位）。

2）外冷却水（见表 7-1-5）

表 7-1-5　外冷却水

项　目	单位	要求或使用条件	许用值
浊度	NTU	根据生产工艺要求确定	≤20
		换热设备为板式、翅片管式、螺旋板式	≤10
pH	—		6.8 ~ 9.5
钙硬度+甲基橙碱度（以 CaCO3 计）	mg/L	碳酸钙稳定指数 RSI≥3.3	≤1100
		传热面水侧壁温大于 70 °C	钙硬度小于 200
总 Fe	mg/L	—	≤1.0
Cu^{2+}	mg/L	—	≤0.1
Cl^-	mg/L	碳钢，不锈钢换热设备，水走管程	≤1000
		不锈钢换热设备，水走壳程 传热面水侧壁温不大于 70 °C 冷却水出水温度小于 45 °C	≤700
$SO_4^{2-}+Cl^-$	mg/L	—	≤2500
硅酸（以 SiO_2 计）	mg/L	—	≤175
$Mg^{2+}\times SiO_2$（Mg^{2+} 以 $CaCO_3$ 计）	mg/L	pH≤8.5	≤50 000
游离氯	mg/L	循环回水总管处	0.2 ~ 1.0
NH_3—N	mg/L	—	≤10
石油类	mg/L	非炼油企业	≤5
		炼油企业	≤10
CODcr	mg/L	—	≤100

注：参照《工业循环冷却水处理设计规范》（GB 50050—2007）。

7.1.3 水样的采集与保存

水样是指为检验水体中各种规定的特征，不连续或连续地从特定的水体中取出的有代表性的一部分。水质分析不仅要求有灵敏度高、精密度好的分析方法，而且要根据分析目的选择合适的采集时间、方法和保存技术，以保证分析结果的真实性。

7.1.3.1 采样容器种类

（1）聚乙烯塑料瓶。

（2）硬质玻璃磨口瓶。

（3）特定水样容器。

7.1.3.2 样品容器要求

（1）材质稳定性好，各组分在贮存期不与容器发生反应。

（2）容器大小适宜，能严密封口。

（3）容易清洗，可反复使用。

（4）容器不能是新的污染源。

（5）容器壁不应吸收或吸附某些待测物质。

7.1.3.3 采样的基本要求

（1）样品要有代表性。

（2）水样在取出后不被污染。

（3）在检测前不发生变化。

7.1.3.4 取样量的要求

（1）用于全分析的水样不少于 5 L，供单项分析用的水样不少于 0.3 L。

（2）若水样浑浊时，取平行样。

7.1.3.5 影响水质变化的因素

（1）生物作用：微生物的新陈代谢会消耗水样中的某些组分，细菌可还原硝酸盐为氨，还原硫酸盐为硫化物。

（2）化学作用：待测组分发生氧化还原反应，如二价铁氧化为三价铁，导致测定结果与实际情况不符。

（3）物理作用：光照、温度、静置、振动或密封不严会影响水质的性质，如密封不严 CO_2 会溶进水样中，长期静置某些组分也会吸附在器壁上。

7.1.3.6 水样保存

水样采集后应尽快送至实验室进行分析，采样时间与测定时间相隔越短，分析的结果就越可靠，放置太久会发生变化，某些待测组分（pH、电导率、游离二氧化碳等）应在现场进行。

保存时限取决于水样的性质、测定项目的要求和保存条件，一般用于水质理化性质测定的水样保存时间越短越好，最长不应超过 72 h（参照 GB/T 6907—2005），如不能及时分析，可将水样进行冷藏或加入化学保存剂（抑制剂）。

存放和运送水样注意事项如下：

（1）水样在存放运送时，应注意检查水样是否封闭严密，水样瓶应在阴凉处存放。

（2）冬季应防止水样结冰，夏季应防止水样在烈日下暴晒。

（3）避免新的污染物污染水样或污染瓶口。

7.1.4 水质分析技能基础

7.1.4.1 水质分析结果误差

水质分析误差主要来源三要素：测定方法、被测样品和测定过程。分析过程中，仪器的可靠性、试剂的纯度、容器的清洁度、实验室环境、分析者的经验、操作技术等都会影响结果。取样方式与取样过程、样品的基体效应、干扰因素，以及被测成分在样品中的分布情况等也会影响测定结果。故必须对测量过程中始终存在的误差进行充分研究，了解误差的来源，对误差进行分类，并准确表示。

1．误差的分类

误差定是指测定结果与真实值之间的差值。根据误差的性质可分为系统误差、随机误差（偶然误差）、过失误差。

2．减小误差的方法

（1）选择合适的分析方法，严格按照试验规程中的要求执行。

（2）增加平行试验的次数，减少偶然误差。

（3）使用合格的、在有效期内的试剂。

（4）进行空白试验。

（5）试验仪器的维护、校验。

（6）采用统一的试验标准。

（7）提高人员的操作水平和责任心，避免产生过失误差。

（8）做好实验室的环境维护。

7.1.4.2 水质分析常用玻璃仪器

1．常用玻璃仪器

玻璃材质的仪器称为玻璃仪器，有很高的化学稳定性、热稳定性，有很好的透明度、一定的机械强度和良好的绝缘性能。

1）玻璃仪器分类（见表 7-1-6）

（1）容器类：包括试剂瓶、烧杯、烧瓶等。根据它们能否受热又可分为可加热的仪器和不宜加热的仪器。

（2）量器类：有量筒、移液管、滴定管、容量瓶等。量器类一律不能受热。

（3）其他仪器：包括具有特殊用途的玻璃仪器，如冷凝管、分液漏斗、干燥器、分馏柱、标准磨口玻璃仪器等。

表 7-1-6　常用玻璃仪器的主要用途、使用注意事项一览表

名　称	主要用途	使用注意事项
烧杯	配制溶液、溶解样品等	加热时应置于石棉网上，一般不可烧干
锥形瓶	加热处理试样、容量分析滴定	加热时应置于石棉网上，磨口锥形瓶加热时要打开塞
量筒、量杯	粗略地量取一定体积的液体用	不能加热，不能在其中配制溶液，不能在烘箱中烘烤，操作时要沿壁加入或倒出溶液
滴定管	容量分析滴定操作	活塞要原配；不能加热；不能长期存放碱液；碱式管不能放与橡皮作用的滴定液
移液管	准确地移取一定量的液体	不能加热；上端和尖端不可磕破
刻度吸量管	准确地移取各种不同量的液体	不能加热
试剂瓶：细口瓶、广口瓶	细口瓶用于存放液体试剂；广口瓶用于装固体试剂；棕色瓶用于存放见光易分解的试剂	不能加热；不能在瓶内配制在操作过程放出大量热量的溶液；磨口塞要保持原配；放碱液的瓶子应使用橡皮塞，以免日久打不开
滴瓶	装需逐滴滴加的试剂	磨口塞要保持原配，滴管不能倒置
漏斗	长颈漏斗用于定量分析，过滤沉淀；短颈漏斗用作一般过滤	不能在火上直接加热，过滤的液体也不能太热
试管	定性分析检验离子	硬质玻璃制的试管可直接在火焰上加热，但不能聚冷；离心管只能水浴加热
比色管	比色、比浊分析	不可直火加热；非标准磨口塞必须原配；注意保持管壁透明
表面皿	盖烧杯及漏斗等	不可直火加热，直径要略大于所盖容器
干燥器	保持烘干或灼烧过的物质的干燥；也可干燥少量制备的产品	底部放变色硅胶或其他干燥剂，盖磨口处涂凡士林；不可将红热的物体放入

2．玻璃仪器的洗涤

在分析工作中，洗涤玻璃仪器不仅是一个实验前的预备工作，也是一个技术性的工作。仪器洗涤是否符合要求，对分析结果的准确度和精确度均有影响。我们以一般定量化学分析为基础介绍玻璃仪器的洗涤方法。

（1）用水刷洗：使用用于各种外形仪器的毛刷，如试管刷、瓶刷、滴定管刷等。首先用毛刷蘸水刷洗仪器，用水冲去可溶性物质及刷去表面黏附灰尘。

（2）用洗涤水刷洗：以非离子表面活性剂为主要成分的中性洗液，可配制成 1%～2% 的水溶液，也可用 5% 的洗衣粉水溶液刷洗仪器，它们都有较强的去污能力，必要时可温热或短时间浸泡。

（3）用洗液洗：对于一些难以洗净的污垢，或一些不能用刷子刷洗的容器可用洗液洗，洗液包括铬酸洗液、醇酸洗液、高锰酸钾洗液以及有机溶剂等。

洗涤的一般程序：洗涤玻璃仪器时，通常先用自来水洗涤，不能奏效时再用肥皂液、合成洗涤剂等刷洗，仍不能除去的污物，应采用其他洗涤液洗涤。洗涤完毕后，都要用自来水冲洗干净，再用少量除盐水淋洗 2 或 3 次，此时仪器内壁应不挂水珠，这是玻璃仪器洗净的标志。

3．溶液的配制

用化学物品和溶剂（一般是水）配制成实验需要浓度的溶液的过程就叫作配制溶液。

溶液配制步骤（见图 7-1-1）：

（1）计算：需要称取的溶质质量。

（2）称量或量取：固体试剂用分析天平或电子天平（为了与容量瓶的精度相匹配）称量，液体试剂用量筒。

（3）溶解：将称好的固体放入烧杯，用适量（20 ~ 30 mL）蒸馏水溶解。

（4）复温：待溶液冷却后移入容量瓶。

（5）转移（移液）：由于容量瓶的颈较细，为了避免液体洒在外面，用玻璃棒引流，棒底应靠在容量瓶瓶壁刻度线下。

（6）洗涤：用少量蒸馏水洗涤烧杯内壁 2 或 3 次，洗涤液全部转入到容量瓶中。

（7）初混：轻轻摇动容量瓶，使溶液混合均匀。

（8）定容：向容量瓶中加入蒸馏水，液面离容量瓶颈刻度线下 1 ~ 2 cm 时，改用胶头滴管滴加蒸馏水至液面与刻度线相切。

（9）摇匀：盖好瓶塞反复上下颠倒，摇匀，如果液面下降也不可再加水定容。

（10）盛装：由于容量瓶不能长时间盛装溶液，故将配得的溶液转移至试剂瓶中，贴好标签。

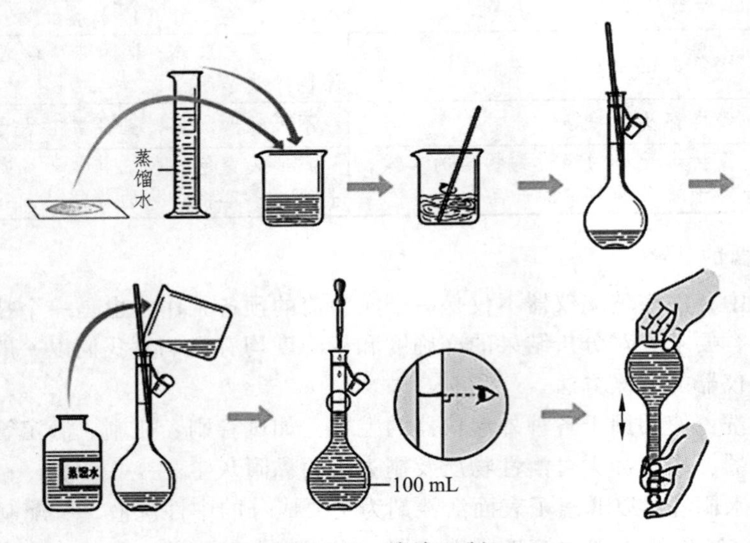

图 7-1-1　溶液配制

7.1.4.3　实验室常用仪器

1．分析天平

分析天平是定量分析操作中常用的仪器（见图 7-1-2），常规的分析操作都要使用天平，天平的称量误差直接影响分析结果。

常见的天平有普通的托盘天平、半自动电光天平和电子天平。

称量时，要根据不同的称量对象，选择合适的天平和称量方法。一般称量使用普通托盘天平即可，对于质量精度要求高的样品和基准物质应使用电子天平来称量。

1）直接称量法

（1）用于称量物体的质量，如称量某小烧杯的质量。

（2）适于称量洁净干燥的不易潮解或升华的固体试样。

（3）在天平上直接称出物体的质量（左物右码）。

2）递减称量法

递减称量法又称减量法，此法用于称量一定质量范围内的样品和试剂。称出试样的质量不要求得出固定的数值，只需要在要求的称量范围内即可。主要针对易挥发、易吸水、易氧化和易与二氧化碳反应的物质。

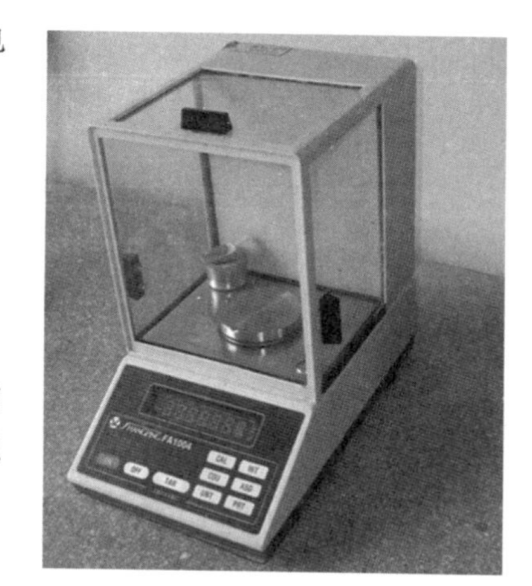

图 7-1-2　分析天平

3）滤纸的选择

定量滤纸（无灰滤纸）和定性滤纸的区别主要在于灰化后产生灰分的量。定性滤纸不超过 0.13%，定量滤纸不超过或等于 0.0009%。

2．分光光度计

分光光度计又称光谱仪（spectrometer）（见图 7-1-3），是将成分复杂的光分解为光谱线的科学仪器。测量范围一般包括波长为 380 ~ 780 nm 的可见光区。

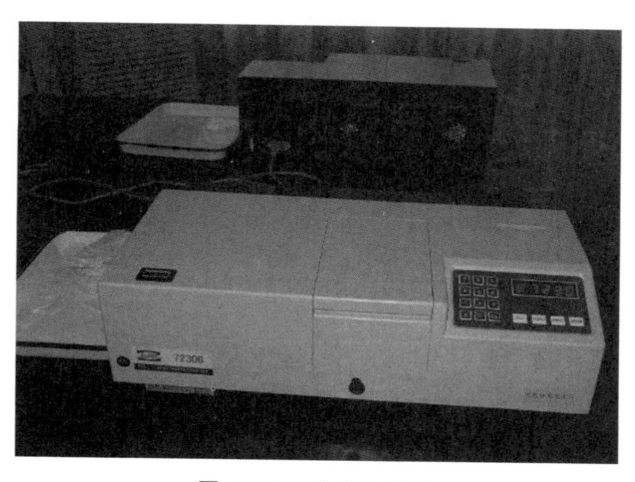

图 7-1-3　分光光度计

1）分光光度计操作方法

（1）接通电源，打开仪器开关，掀开样品室暗箱盖，预热 10 min。

（2）调节灵敏度开关。

（3）根据所需波长转动波长选择钮。

（4）将空白液及测定液分别倒入比色杯 3/4 处，用擦镜纸擦净外壁，放入样品室内，使空白管对准光路。

（5）在暗箱盖开启状态下调节零点调节器。

（6）盖上暗箱盖，调节“100”调节器，使空白管的 $t = 100$，指针稳定后逐步拉出样品滑竿，分别读出测定管的光密度值，并记录。

（7）比色完毕，关上电源，取出比色皿洗净。

2）分光光度计注意事项

（1）为了防止光电管疲劳，不测定时必须将试样室盖打开，使光路切断，以延长光电管的使用寿命。

（2）取拿比色皿时，手指只能捏住比色皿的毛玻璃面，而不能碰比色皿的光学表面。

（3）比色皿不能用碱溶液或氧化性强的洗涤液洗涤，也不能用毛刷清洗。比色皿外壁附着的水或溶液应用擦镜纸或细而软的吸水纸吸干，不要擦拭，以免损伤它的光学表面。

3．pH 计

pH 计是一种常用的仪器设备（见图 7-1-4），主要用来精密测量液体介质的酸碱度值，配上相应的离子选择电极也可以测量离子电极电位 MV 值。

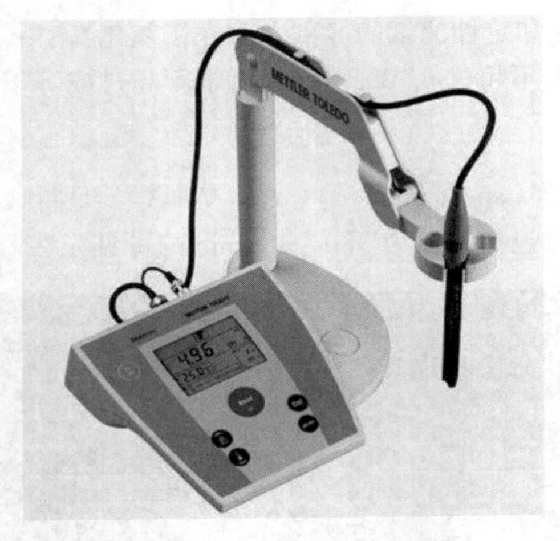

图 7-1-4　pH 计

1）pH 计使用方法

（1）“设置”开关置“测量”，“pH/mV”选择开关置“pH”。

（2）用蒸馏水清洗电极头部，再用被测溶液清洗一次。

（3）用温度计测出被测溶液的温度值。

（4）调节“温度”旋钮，使旋钮白线指向对应的溶液温度值。

（5）将电极插入被测溶液中，将溶液搅拌均匀后，读取该溶液的 pH 值。

2）pH 计注意事项

（1）仪器在进行 pH 测量之前，先要标定。一般来说，仪器在连续使用时，每天要标定一次。

（2）测量电极使用前后都要清洗干净，放回盛有饱和氯化钾溶液里面。

（3）电极头极其脆弱，应注意保护，使用前后擦拭时候用较软的纸进行擦拭。

4．电导率仪

电导率仪用于测定水的电导率，根据标准曲线推断水矿化度（见图 7-1-5）。水中含盐量愈大，水的导电性能愈强。故根据电导率的大小，可以推算水中矿化度的大小，可测量超纯水和浓盐度水。

图 7-1-5　电导率仪

1）电导率仪使用方法

（1）开机，自检。

（2）将“校正、测量”开关打到“校正”。

（3）接通电源预热 10 min 以上（待指针完全稳定为止）。

（4）测定溶剂水的电导率值：将电极浸入水样。

（5）读溶剂水的电导率值。

（6）测量完毕，将“校正、测量”开关打到“校正”。

2）电导率仪注意事项

（1）电导电极和标准液的型号会随制造商的配置而改变。

（2）电导率电极测量的工作温度范围为 0 ~ 100 °C，建议适宜温度为 0 ~ 60 °C，不适宜酮类醛类等对电极有腐蚀的有机溶液测量。

（3）电导电极与主机连接时，要注意电极接头的凸槽与主机接口的凹槽对准后才能用力将电极推入，不可拧转电极，否则会把电极的针头插坏而不能使用。

（4）电导电极与主机连接后，要注意将电极的电缆理顺不要弯折，尤其电极接头不要扭折。

（5）电导标准液数值随温度的变化，建议使用和样品电导率相近的电导标准液校正电极。

7.2　SF_6 气体分析

7.2.1　SF_6 的特性

7.2.1.1　结构特性

SF_6 的分子结构：以共价键结合，完全对称的正八面体。

7.2.1.2　物理、化学性质

稳定，无色、无味、无嗅，不可燃。分子量为 146.07。

7.2.1.3　电气性能

1．绝缘特性

绝缘强度高：为空气的 2.5～3 倍；在 294.2 kPa 压力下，与变压器油相当。

2．灭弧特性

（1）电负性强：吸收电弧中的大量电子，减小电子密度，降低电导率，促使电弧尽快熄灭。

（2）热特性和散热能力：分解温度比空气低，所需分解能量比空气高。

（3）热分解和热电离：在高温电弧作用下，分解、电离形成由 SF_6 的离子、原子和电子组成的等离子体，快速吸收电弧能量。

7.2.2　杂质与危害

7.2.2.1　来　源

生产过程中残留、充气带入或者在高能因子的作用下分解产生。

7.2.2.2　危　害

SF_6 气体杂质的危害主要表现在它的分解产物的毒性和腐蚀性。杂质及分解产物中酸性物质特别是 HF、SO_2 等可引起设备材质的腐蚀。当体系中存在水分、空气（氧）、电极材料、设备材料等，会导致分解过程的复杂化，致使分解产物的数量和种类明显增加，其危害也显著加大，甚至造成严重设备事故。固体分解产物会降低沿面闪络电压。而 SF_6 中存在的诸如 SF_4、SOF_2、SF_2、SO_2F_2、HF 等均为毒性和腐蚀性极强的化合物，对人体危害极大，并有可能危及人身安全。

7.2.3　检　测

7.2.3.1　湿　度

SF_6 气体中的湿度是 SF_6 气体质量的主要检测指标之一，气体的湿度含量直接影响设备的绝缘水平和电弧分解的数量。

1．湿度测量方法

适合于 SF_6 电气设备气体湿度测量方法有露点法、阻容法、电解法、重量法等。

1）露点法

测量原理：根据露点温度的定义，用等压冷却的方法使气体中水蒸气冷却至凝聚相出现，或通过控制冷面的温度，使气体中的水蒸气与水（或冰）的平展表面呈热力学相平衡状态。准确测量此时的温度，即为该气体的露点温度，测量气体露点温度的仪器，叫作冷镜露点仪（简称露点仪），露点仪的主要检测部件是冷凝镜。

2）阻容法

测量原理：根据水蒸气与氧化铝的电容量变化关系而设计的；氧化铝传感器由铝基体，氧化铝和金膜组成。将铝丝或铝片放在酸性水溶液中，通过交流电氧化即成具有与湿度相关的氧化铝薄膜，湿度与氧化铝的阻容量呈相关变化。通过测量阻容变化的湿度测试仪器称为阻容露点仪。

3）电解法

测量原理：采用库仑电解原理来测量气体中的微量水分，通过被测气体流经一个特殊结构的电解池，被测气体中所含的水分被池内作为吸湿剂 P_2O_5 膜层吸收，并全部被电解，当吸收和电解过程达到平衡时，电解电流正比于气体中的水含量。

4）重量法

测量原理：应用高氯酸镁吸收气体中的水分，在通过一定量的 SF_6 气体后，称量恒重后的高氯酸镁增量。计算 SF_6 气体的湿度重量比。重量法只适合于湿度仲裁。

2．湿度测量

由于不同的仪器测量同一台设备可以得到不同的数据，有时差别较大，这可能除了与仪器本身的性能有关外，与所用的气体管路和操作等因素也有关，所以必须用同一台仪器测量，以保数据的可比性，有利于水分变化的趋势分析。

气体中的水分含量与气温有关，一年之中水分随气温的升高而增加，温度对气体湿度的含量影响原因，可归纳在 SF_6 气体室中，固体及气体中的水分总量是不变的，固体绝缘材料及外壳随温度变化散发水分的大小影响气体的湿度变化。当温度升高时，气体中的水分所获得的动能与 SF_6 气体因温度升高而获得的动能增量不同。

7.2.3.2　分解物检测

SF_6 气体在放电和过热作用下存在分解现象，通过检测 SF_6 气体分解产物的含量诊断设备内部是否存在故障。应用化学分析技术开发检测 SF_6 电气设备故障的快速检测方法。主要包括色谱法、化学中和法、电化学检测、离子分析、化学显色管、色谱-质谱法。在监督中应用最多的是电化学检测、色谱法、色谱-质谱法。

1．现场检测

目前现场分解物检测仪都是电化学检测方法，主要检测 SO_2、H_2S、CO，根据检测结果对设备运行状态做初步判断。

2．试验室检测

试验室所用仪器对分解物的检测方法较多，以色谱法、色谱-质谱法较常用，可以检测的分解物成分更多、更准确，可 CF_4，SO_2，SO_2F_{10}，SOF_2，，H_2S，SO_2F_2，HF 等，对设备内部是否存在故障做出准确判断。

3．各类故障的分解物特征

1）电弧放电

分解为 SF_4、SF_2、S、F 等低氟化合物和硫、氟原子。若气体中含有水分，则马上与水蒸气形成水解物。检测结果 SOF_2 是主要分解物。

2）火花放电

在火花放电中，SOF_2 也是主要分解产物，但 SO_2F_2 的数量有所增加。整个分解产物的量比电弧放电少得多，$SOF_2/SO_2F_2>1$ 以上，还会有少量 S_2F_{10}、$S_2F_{10}O$ 成分。

3）电晕放电

形成 SF_4、SF_3 等低氟化合物，最终会与水分和空气生成 SOF_2，SO_2F_2，SOF_2/SO_2F_2 值会大于火花放电的值。

4）热分解

生成 SOF_2、SO_2F2、SO_2 等产物。

目前，还没有一个技术指导规范或标准作为判断 SF_6 电气设备故障的依据和分析方法。SF_6 故障气体分析和判断还处在探索研究阶段，但对分析 SF_6 气体分解产物还是取得了一些成果，通过分析 SF_6 气体分解产物中比较有代表性的特征气体能够分析和判断 SF_6 电气设备内部是否存在故障及故障性质。

7.2.3.3 泄漏检查

1．泄漏原因

SF_6 充气设备由于生产技术、制造工艺、检修能力和运行年限等方面的参差不齐而不断出现泄漏现象，泄漏的原因很多，从 SF_6 设备的生产、安装和使用环节来归纳，可以将产生泄漏的原因划分为设备生产材料的选择加工和装配、现场安装、设备的设计缺陷，以及密封材料的老化、破损、使用等几个方面。

2．检漏方法

定性检漏方法：紫外电离、电子捕获、真空高空电离、红外成像、起泡剂。

定量检漏方法：扣罩法、挂瓶法、局部包扎法、压力折算法、定量检漏仪。

1）电子捕获检测仪

也称卤素检漏仪，是专用于检测含有卤素（氟、氯、溴、碘）气体的检漏仪器。其基本原理是利用金属铂在高温度下的正离子发射，当遇到卤素气体时，这种发射会急剧增加，发生“卤素效应”，可以对氟利昂、氯仿、碘仿、四氯化碳、六氟化硫进行检测。

2）红外成像检测仪

红外成像技术是利用空气和 SF_6 在红外光线下的辐射强度不同，将无色的 SF_6 进行有色成像处理，实现泄漏点的可视化。

3）压力折算法

在 SF_6 设备运行中，对设备各气室的压力各温度进行记录，若干时间后，根据压力和温度用以下公式计算该气室的年泄漏率。

4）定量检漏仪

通过检测泄漏部位 SF_6 气体流量大小（mL/s），从而定量地判断泄漏严重程度，并可进行泄漏点的定位。

7.2.4 监督和管理

7.2.4.1 新气管理

到货后，应抽样检验、验收；储气瓶存放半年以上，充入设备前应复检湿度和空气含量。执行《工业六氟化硫》（GB/T 12022）标准。

7.2.4.2　**运行监督**

运行监督包括使用中 SF_6 气体的监督和管理（周期检测、异常分析）、解体时 SF_6 气体的监督（回收处理，不得直接排入大气、分解产物的处理、吸附剂的处理）、补气管理。

7.2.4.3　**安全防护**

个体防护用品的佩戴。

7.2.4.4　**回收、净化**

回收工艺、流程，净化方法及流程。

7.2.4.5　**充装工艺**

设备充入 SF_6 是检修工作的关键环节，充入后的气体质量直接关系到设备能否投运，充装后的检测工作。

7.2.5　六氟化硫的检测指标要求

《中国南方电网有限责任公司电力设备检修试验规程》（Q/CSG1206007—2017）中对 SF_6 的检测指标要求如表 7-2-1 所示。

表 7-2-1　SF_6 气体的试验项目、周期、要求

序号	项　目	周　期	要　求	备　注
1	湿度（20 °C 体积分数）/（μL/L）	1）投运前新充气 24 h 后； 2）投产及 A 修后满 1 年 1 次，如无异常，其后 3 年 1 次； 3）必要时	1）断路器灭弧室气室 A 修后≤150，运行中≤300 2）其他气室 A 修后≤250，运行中：≤1000 3）SF_6 变压器 A 修后≤250，运行中≤500	1）按《电力设备用六氟化硫气体》（DL/T1366）、《六氟化硫气体湿度测定法（电解法）》（DL/T915）和《六氟化硫电气设备中绝缘气体湿度测量方法》（DL/T506）进行； 2）必要时，如： • 新装及 A 修后 1 年内复测湿度不符合要求； • 漏气超过 SF_6 气体泄漏试验的要求； • 设备异常时
2	现场分解产物测试，μL/L	1）投运前新充气 24 h； 2）投产及 A 修后满 1 年 1 次，如无异常，其后 3 年 1 次； 3）必要时	1）断路器灭弧室气室 SO_2≤3（注意值），H_2S≤2（注意值），CO≤300（注意值） 2）其他气室 SO_2≤1，H_2S≤1，CO≤300（注意值）	1）建议结合现场湿度测试进行，参考《六氟化硫电气设备故障气体分析和判断方法》（DLT 1359），按《六氟化硫电气设备分解产物试验方法》（DL/T 1205）进行； 2）必要时，如：设备运行有异响，异常跳闸，开断短路电流异常时,局部放电监测发现异常，外壳温度异常，耐压击穿后； 3）当发生近区短路故障引起断路器跳闸时，断路器气室的检测结果应包括开断 48 h 后的检测数据； 4）GIS 气室分解产物检测异常时，应结合局部放电检测结果进行综合判断

续表

序号	项　目	周　期	要　求	备　注
3	实验室分解产物测试	必要时	检测组分：SO_2、SOF_2、SO_2F_2、CO、CO_2、CS_2、CF_4、S_2OF_{10} 等	必要时，如：现场分解产物测试超参考值或有增长，结合现场分解产物测试结果进行综合判断。参考《六氟化硫电气设备故障气体分析和判断方法》(DLT 1359)
4	毒性	必要时	无毒	按 GB 12022 工业六氟化硫进行
5	酸度，（质量分数），10^{-6}		≤0.2	按 GB 12022 工业六氟化硫进行
6	四氟化碳（质量分数）10^{-6}		1）新充气≤100 2）运行中≤400	按 GB 12022 工业六氟化硫进行
7	空气（质量分数）10^{-6}		1）新充气≤300 2）运行中≤2000	按 GB 12022 工业六氟化硫进行
8	可水解氟化物（质量分数）10^{-6}		≤1.0	按 GB 12022 工业六氟化硫进行
9	矿物油（质量分数）10^{-6}		≤10	按 GB 12022 工业六氟化硫进行
10	纯度（质量分数）10^{-2}		≥99.8	按 GB 12022 工业六氟化硫、DL/T1366 电力设备用六氟化硫气体进行
11	六氟乙烷（质量分数）10^{-6}		新充气≤200	按 GB 12022 工业六氟化硫进行
12	八氟丙烷（质量分数）10^{-6}		新充气≤50	按 GB 12022 工业六氟化硫进行

7.3　绝缘油色谱在线检测

7.3.1　概　述

绝缘油中溶解气体在线技术是通过安装在变压器、电抗器的监测装置，实现对绝缘油中溶解气体的含量变化进行连续、自动监测，对监测数据进行分析和判断，在气体继电器未动作之前预测变压器内部缺陷的存在和发展。目前，电网内运用最为广泛的是色谱检测技术。在线监测装置由油气分离单元、气体检测单元、数据采集和处理单元以及辅助单元组成。在线监测装置通过取样管路采集变压器本体的油样进入油气分离单元实现油气分离，脱出的样品气体组分进入气体检测单元检测，各组分浓度数据转化为数据信号，处理后数据传输到后台监控工作站，生成浓度变化趋势图等，并通过专家智能诊断系统进行综合分析诊断，实现变压器故障的在线监测功能，如图 7-3-1 所示。

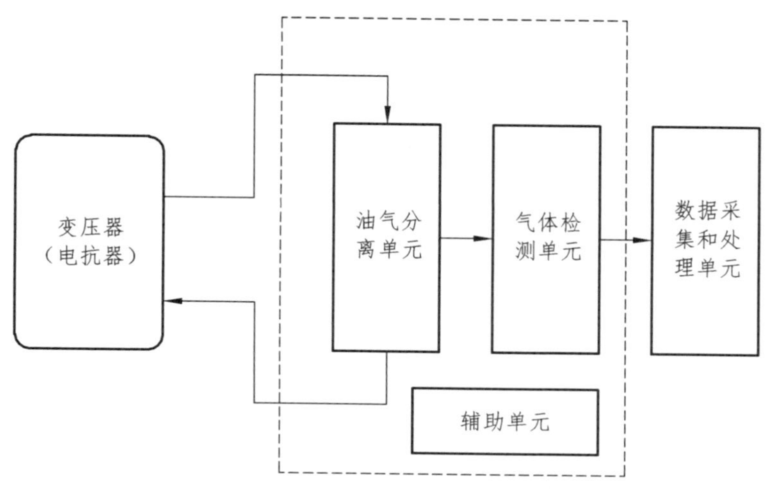

图 7-3-1　绝缘油中溶解气体在线监测装置组成

变压器油中溶解气体在线监测装置，可安装在变压器附近或直接安装在变压器上，设备于设备下部取样口取样，中部取样口回油，采用异口循环方式，取样管路应尽量短，如图 7-3-2 所示。

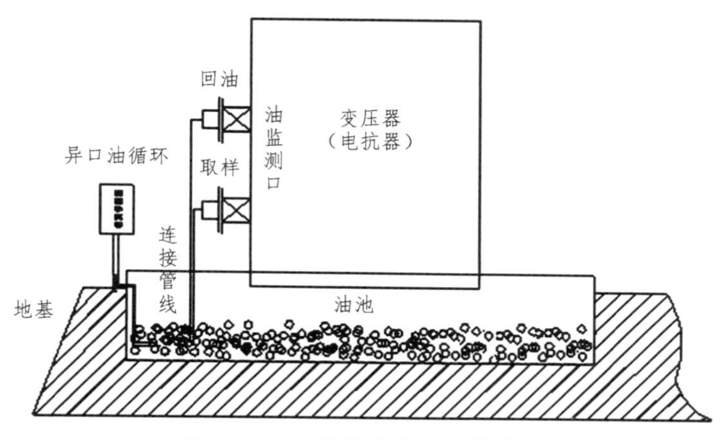

图 7-3-2　在线监测装置安装位置

7.3.2　在线色谱检测原理

在线色谱主要由油气分离单元和气体检测单元组成，了解各单元的工作原理有助于在线色谱出现异常时进行分析判断异常类型，对应进行处理。

7.3.2.1　油气分离单元工作原理

绝缘油是由许多不同分子量的碳氢化合物分子组成的混合物，分子中含有 CH_3^-、CH_2^-、CH^-化学基团并由 C—C 键键合在一起。由于电或热故障的原因，可使某些 C—H 键 C—C 键断裂，伴随生成少量活泼的氢原子和不稳定的碳氢化合物的自由基，这些氢原子或自由基通过复杂的化学反应迅速重新化合，形成氢气和低分子烃类气体，如甲烷、乙烷、乙烯、乙炔等。当故障能量较大时，也可能聚集成自由气体，碳的固体颗粒及碳氢聚合物可沉积在设备的内部。分解出的气体形成气泡在绝缘油内经对流、扩散，不断地溶解于油中。这些故障气体的组成和含量与故障的类型及其严重程度有密切关系。因此，分析溶解于油中的气体，就能尽早发现设备内部存在的潜在故障并可随时监视故障的发展情况。

溶解于油中的气体量与气体的压力成比例（Henry 法则），同时也和本生系数（Bunsen 系数）成比例。所谓本生系数是当油面上的气体压力为 105 Pa 时，对 1 mL 油中的气体饱和溶解量换算为标准状态（0 °C，105 Pa）下所用的系数。

气体在油中溶解及油中扩散溶解于油中的气体量，向着与油面上的气体压力保持平衡的方向变化，平衡条件可用下式表示。

$$P = P_{o}\frac{X}{K}$$

式中 P——油面上的气体压力分压；

P_0——大气压；

X——1 mL 油中的溶解气体量；

K——本生系数。

当 $P > P_{o}\frac{X}{K}$ 时，气体在油中溶解到平衡为止；当 $P \leqslant P_{o}\frac{X}{K}$ 时，气体从油中向空气中扩散。

利用气相色谱法分析油中溶解气体必须将溶解的气体从油中脱出来，再注入色谱仪进行组分的分离和含量的分析。应用于变压器色谱在线监测系统的油气分离装置要求能够在自动、快速、长寿命、无污染以及不消耗变压器油的条件下高效分离出溶解在变压器油中的微量故障特征气体。试验室使用的震荡脱气装置、真空脱气装置等虽能高效脱气，但要消耗变压器油，而且不能用于在线分离，而高分子渗透膜平衡时间过长，也不能满足在线实时性的需要。因此，油气分离技术就成了变压器色谱在线监测技术研发过程中的难题。

1．膜油气分离

学者们对渗透膜进行了大量研究，用高分子材料分离膜渗透出油中气体的气相色谱仪并装于变压器上进行自动分析后，相继研制成功了聚酰亚胺、聚六氟乙烯和聚四氟乙烯等各种高分子聚合物分离膜，并研制出了各种在线监测装置。由于聚酰亚胺等透气性能和耐老化能力差，而聚四氟乙烯的透气性能好，又有良好的机械性能和耐油等诸多优点，因此国内外早期产品选用聚四氟乙烯作为油中溶解气体监测仪上的分离膜。但由于膜油气分离方式平衡时间长，往往需要十几个小时甚至几十个小时方能达到平衡，严重加长了设备的最小检测周期，国内主要绝缘油在线监测装置生产厂家现已基本不使用膜油气分离方式，转而使用顶空分离方式或真空分离方式。

2．顶空式分离

根据顶空的方式不同，又可分为静态顶空式和动态顶空式。静态顶空式利用波纹管的往复运动，将绝缘油中气体快速脱出，效率高、重复性好，且采用循环取油方式，油样具有代表性。缺点是：脱出的气样中会含有少量的油蒸汽，污染色谱柱，降低色谱柱的使用寿命；同时由于波纹管的磨损，可能污染油样。动态顶空法原理是往油中通气，将油中的溶解气体置换出来，该方式脱气速度较快，但由于要不断通入载气，不能使用循环取油方式，以免载气进入变压器本体油箱，因此油样代表性差；另外，在脱气完毕后，必须把油样排放，会消耗少量的绝缘油。

3．真空分离

在恒温状态下，将油气分离装置抽为真空，然后将油样导入脱气装置，从油中析出气体在气泵的作用下对油样进行鼓泡，待液相油中气体浓度与气相浓度达到溶解平衡时，停止鼓泡。该方法的优点是脱气率高、重复性好，不消耗、不污染变压器油，油气分离速度快，可实现连续脱气，从而保证连续分析。但油气分离单位结构复杂，真空泄漏率可能影响脱气效率，对稳定性要求高。

7.3.2.2 气体检测单元工作原理

从检测机理上讲，现有绝缘油中气体检测装置大都采用以下几种原理。

1．气相色谱法

色谱是一种分离技术，分离原理是使混合物中各组分在两相间进行分配，其中一相是不动的，叫固定相；另一相则是推动混合物流过固定相的流体，叫作流动相。当流动相中所罕有的混合物经过固定相时，会与固定相发生相互作用。由于各组分在性质与化学结构上的不同，相互作用的大小强弱也有差异，因此在同一推动力的作用下不同组分在固定相中的滞留时间有长有短，从而按先后不同的次序从固定相中流出。

色谱法的优点：

（1）选择性好，分离效能高。

（2）速度快，几分钟或几十分钟可完成含有几个或几十个组分的样品分析。

（3）灵敏度高，通常样品中有十万分之几或百万分之几的杂质也能很容易地鉴别出来。

（4）适用范围广。

如果以时间和电压为坐标的曲线来表征从色谱柱流出的组分及其浓度变化的曲线，则样品中的每一个分离的组分在曲线上对应着一个峰即色谱峰。一个典型的色谱图及其参数如图 7-3-3 所示，它是类似高斯峰的对称峰形，图中横坐标为组分流程的时间，纵坐标为随时间流出组分的浓度，以检测信号的高低来表示。

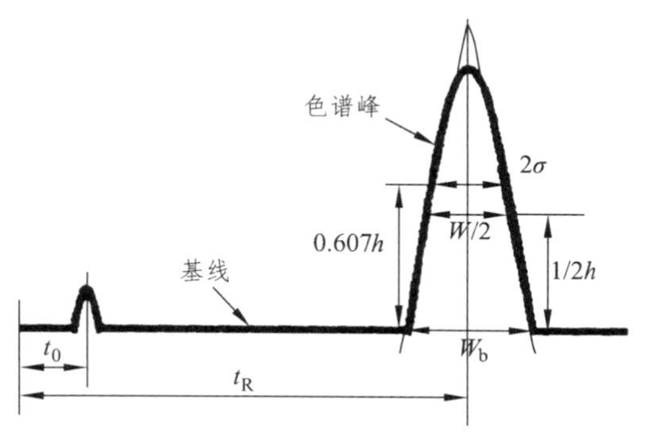

图 7-3-3　典型色谱峰参数示意图

色谱峰分析检测主要负责色谱峰原始数据向各个气体组分浓度的转换。色谱定量分析的依据是：当操作条件一致时，被测组分的质量（或浓度）与检测器给出的响应信号成正比。即 $W_i = f_i \times H_i$，其中 W_i 为被测组分 i 的质量，H_i 为被测组分 i 的峰高（或峰面积），f_i 为被测组分 i 的校正因子

大部分变压器产品的在线监测都采用气相色谱法，但这种方法具有需要消耗载气、对环境温度很敏感以及色谱柱进样周期较长的缺点。用气相色谱原理进行气体定量检测时，一般采用热导检测器（TCD）和氢离子火焰检测器（FID）进行检测。这两种检测器的特点是响应速度快，但热导检测器的灵敏度低；氢离子火焰检测器的灵敏度很高，能够满足要求，但检测过程需要氢气、空气、氮气三种气源，而且需要点火，不便于在线监测使用。为此，变

压器色谱在线监测系统中也常采用广谱型半导体气体检测器。一般广谱型半导体气体检测器的检测灵敏度也不理想，尤其是各组分的交叉干扰也会对检测精度造成影响。

2．气敏传感器法

采用由多个气敏传感器组成的阵列，由于不同传感器对不同气体的敏感度不同，而气体传感器的交叉敏感是极其复杂的非线性关系，采用神经网络结构进行反复的离线训练可以建立各气体组分浓度与传感器阵列响应的对应关系，消除交叉敏感的影响，从而不需要对混合气体进行分离，就能实现对各种气体浓度的在线监测。其主要缺点是传感器漂移的累积误差对测量结果有很大的影响；训练过程（即标定过程）复杂，一般需要几十到一百多个样本。

3．红外光谱法

红外光谱气体检测原理是基于气体分子吸收红外光的吸光度定律（比耳定律，Beer's Law），吸光度与气体浓度以及光程具有线性关系。由光谱扫描获得吸光度并通过吸光度定律计算可得到气体的浓度。这种方法具有扫描速度快、测量精度高、无须现场标定、使用寿命长等的特点。但其也有价格昂贵、精密光学器件维护量大、检测所需气样较多（至少要100 mL），以及对油蒸气和湿度敏感等缺点。

4．光声光谱法

光声光谱检测技术基于光声效应。光声效应是由于气体分子吸收电磁辐射（如红外线）而造成。气体吸收特定波长的红外线后温度升高，但随即以释放热能的方式退激，释放出的热能使气体产生成比例的压力波。压力波的频率与光源的截波频率一致，并可通过高灵敏微音器检测其强度，压力波的强度与气体的浓度成比例关系。由敏感元件（微音器或压电元件）检测，配合锁相放大等技术，就得到反映物质内部结构及成分含量的光声光谱。光声光谱方法的检测精度主要取决于气体分子特征吸收光谱的选择、窄带滤光片的性能和电容型驻极微音器的灵敏度；该分析所需样品量小（仅需 2 ~ 3 mL），不需载气。其主要缺点是检测精度不够高、高透过率的滤光片难以制造以及对油蒸气污染敏感，环境适应能力较差。

不同原理的在线监测系统各有特色，如表 7-3-1 所示，有的系统仅仅处在试用阶段，难以大面积推广。近年来，应用较成熟的在线监测系统仍是基于气相色谱原理的系统。以色谱为基础的在线监测系统，其消耗性载气通常可用一年，其色谱柱、传感器的寿命与变压器的设计寿命相比，监测系统本身所需要的维护周期还太短。另外，国内各个厂家的在线监测设备从脱气方式上分析，其脱气效率略有差别，经过技术改进差别已不明显，各有优劣。随着技术的进步，半导体传感器、气敏传感器的寿命获得了一定程度的提高，但总体效果还是不佳，而传统的 TCD 检测器虽然使用寿命较长但灵敏度不够理想，其综合监测指标与实验室气相色谱还有一定的差距。以傅里叶红外为代表的红外光学传感器由于具有寿命长、稳定性好，从原理上讲不需要现场标定，不需要消耗性载气并且不消耗所测气体等特点，有望成为在线油中溶解气体监测装置的换代产品。

表 7-3-1　不同检测原理在线监测装置比较

序号	检测原理	优　点	缺　点
1	气相色谱法	选择性好，分离效能高、速度快、灵敏度高、适用范围广	消耗载气、对环境温度敏感、色谱柱进样周期较长。FID、半导体传感器等检测器在现场运用有局限
2	气敏传感器法	不需对混合气体进行分离	传感器漂移的累积误差对测量结果有很大的影响；训练过程（即标定过程）复杂；传感器寿命短
3	红外光谱法	扫描速度快、测量精度高	价格昂贵，精密光学器件维护量大、检测所需气样较多（至少要 100 mL），对油蒸气和湿度敏感等
4	光声光谱法	分析所需样品量小（仅需 2～3 mL），不需载气	检测精度不够高、高透过率的滤光片难以制造以及对油蒸气污染敏感，环境适应能力较差

7.3.2.3　**分离、定性及定量原理**

在载气的推动下，混合样品从色谱柱入口移动到出口，在吸附剂的筛孔、吸附或固定液和载气两相分配作用下，混合样品分离成单一组分。经过色谱分析柱，吸附能力弱的组分，如 H_2 首先被载气推出，其次是 CO、CH_4 等分解结构较大的分子。将混合样品送入色谱分析柱，从进样开始应记录时间 t_1，到第一个组分峰顶为止，还应记录时间 t_2、第二个组分时间 t_3……，以此作为保留时间（见图 7-3-4、图 7-3-5）。各组分不同，其保留时间也不同。保留时间是组分分离的标志，不同组分的保留时间是固定的，可对样品进行定性。

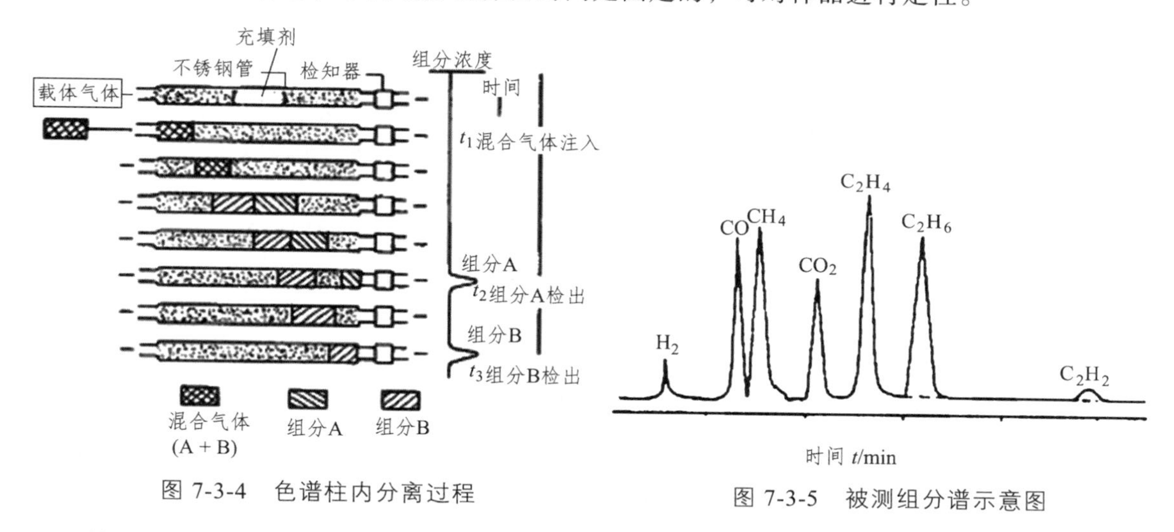

图 7-3-4　色谱柱内分离过程

图 7-3-5　被测组分谱示意图

利用检测装置检测标准样品，计算气体组分（H_2、CO、CH_4、CO_2、C_2H_4、C_2H_6、C_2H_2）峰面积或峰高，最后求试验室分析组分浓度和现场分析组分面积或峰高之比，即响应因子。求被测组分（H_2、CO、CH_4、CO_2、C_2H_4、C_2H_6、C_2H_2）浓度 C_i：

$$C_i = f_i \times H_i$$

式中　H_i——被测气体组分峰高；

C_i——被测组分浓度；

f_i——被测组分响应因子。

7.3.2.4　故障诊断技术

变压器在制造、运输、安装和运行的过程中，不可避免会混入空气，引起绝缘逐渐老化和分解。随着故障的发展，分解出的气体形成的气泡在变压器油中经对流、扩散，不断溶解在油中。当产气量大于溶解量时，还会有一部分气体进入气体继电器。由于故障气体的组成和含量与故障的类型和故障的严重性有密切关系，所以定期分析溶解于变压器油中的气体就能及早发现变压器内部存在的潜伏性故障，并随时掌握故障的发展情况。

根据实验室的热劣化和放电劣化模拟实验，以及确认有故障的变压器、电抗器内部检查结果验证，明确油中溶解气体组分与内部故障性质的对应关系，可通过检测绝缘油中溶解气体组分，确定变压器、电抗器故障类型。

导致产生各种故障的原因有：

（1）热故障原因。导线过电流、铁心局部放电短路、铁心多点接地形成环流、分接开关接触不良、电磁屏蔽不良、漏磁集中、油道堵塞影响散热等。当绝缘材料局部过热时会产生大量 CO 和 CO_2，当绝缘油局部过热时，会产生大量 C_2H_4 和 CH_4，随着温度升高，则 C_2H_6 和 H_2 增加，严重过热时将产生少量的 C_2H_2。

（2）电气故障原因。绕组匝间、层间、相间绝缘击穿，以及引线对地闪络与分接开关飞弧。电气故障产生的气体主要是 H_2 和 C_2H_2，其次是 C_2H_4 和 CH_4。

（3）高能量电弧放电原因。绕组短路和绝缘大面积击穿的严重绕组故障、严重的铁心失火和大面积铁心短路。这时产生的放电电流较大，故障能量大而且突然，气体来不及溶于油中，主要气体有 H_2 和 C_2H_2。

（4）火花放电原因。引线接触不良、不稳定的铁心接地、分接开关触头接触不良、套管导电杆与引线接触不良。这种故障能量小，总烃含量不高，气体主要有 H_2 和 C_2H_2。

（5）局部放电的原因。冲片棱角或冲片间局部放电、金属尖端之间局部放电，产生的放电电流小，这是产生的主要气体时 H_2 和 CH_4。

特征气体判断法，是根据各种故障所产生的特征气体对变压器故障的性质做出判断的一般方法，反映了故障点热源使绝缘材料分解时的事物本质。故障点产生气体的特征是随着故障类型和故障能量等级，以及其所涉及的绝缘材料的不同而不同的。根据油纸绝缘在热和电的作用下分解产生气体过程的基本理论，说明这一过程是以碳氢化合物（或纤维素）分子的断裂开始，通过合成反应，导致产生气体，其特点是故障点局部能量密度越高，则产生碳氢化合物的不饱和程度越高。充油电力变压器不同故障特征气体与故障类型的关系分别如表 7-3-2 ~ 表 7-3-4 所示。

表 7-3-2　充油电力变压器不同故障类型产生的气体

故障类型	主要气体组分	次要气体组分
油过热	CH_4，C_2H_2	H_2，C_2H_6
油和纸过热	CH_4，C_2H_4，CO，CO_2	H_2，C_2H_6
油纸绝缘中局部放电	H_2，CH_4，CO	C_2H_2，C_2H_6，CO_2
油中火花放电	H_2，C_2H_2	
油中电弧	H_2，C_2H_2	CH_4，C_2H_4，C_2H_6
油和纸中电弧	H_2，C_2H_2，CO，CO_2	CH_4，C_2H_4，C_2H_6

注：进水受潮或油中气泡可能使氢含量升高。

表 7-3-3　判断变压器故障性质的特征气体法

序号	故障性质	特征气体的特点
1	一般过热性故障	总烃较高，$C_2H_2 < 5$ μL/L 判断
2	严重过热性故障	总烃高，$C_2H_2 > 5$ μL/L，但 C_2H_2 未构成总烃的主要成分，H_2 含量较高
33	局部放电	总烃不高，$H_2 > 100$ μL/L，CH_4 占总烃中的主要成分
44	火花放电	总烃不高 $C_2H_2 > 10$ μL/L，H_2 较高
55	电弧放电	总烃高，C_2H_2 高并构成总烃中的主要成分，H_2 含量高

表 7-3-4　特征气体中主要成分与变压器异常情况的关系

主要成分	异常情况	具体情况
H_2 主导型	局部放电、电弧放电	绕组层间短路，绕组击穿；分接开关触点间局部放电、电弧放电短路
CH_4、C_2H_4 主导型	过热、接触不良	分接开关接触不良，连接部位松动，绝缘不良
C_2H_2 主导型	电弧放电	绕组短路，分接开关切换器闪络

特征气体法比较直观、方便，容易掌握，但判据比较笼统，而且一般只有定性的描述；另一方面，在实践中可以发现，变压器油中的特征气体除与故障性质有关外，还与变压器的结构特点，气体产生的原因、故障的部位和故障严重程度有关，因此必须进行综合的判断分析。所以在实际应用中，特征气体法偏重于监测方面，即有无故障发生；而比值法偏重于故障诊断方面，即在肯定有故障发生再判断故障性质。

IEC 三比值法是国际电工委员会在进行广泛统计、分析和研究的基础上最后于 1978 年归纳总结出的一种判断变压器故障性质的有效方法。目前已被人们普遍接受，我国 1997 年起实施的《电力设备预防性试验规程》已将油中溶解气体分析（DGA）方法列为油浸变压器试验项目的首位。该方法原理是根据故障样本提供的故障现象（H_2、CH_4、C_2H_6、C_2H_4、C_2H_2 五种气体成分的含量）计算出 C_2H_2/C_2H_4、CH_4/H_2 与 C_2H_4/C_2H_6 的比值，比值结果根据表 7-3-5 编码，再根据这组编码由表 7-3-6 查找出与其相对应的故障类型。因其简单实用，诊断准确率较高而为世界各国普遍接受，目前，该比值法是气相色谱分析中应用最广泛的一种。

该方法在工程实际当中是切实可行的，但是存在以下三方面的问题：

（1）当油中特征气体含量未达到注意值时，无法用该方法进行诊断。

（2）若根据编码规则和分类方法得到的编码超出已知的编码列表，则无法确定出故障类型。

（3）当多种故障同时发生时，三比值法难以区分。

在以上三方面的问题中，以第一个问题表现尤为突出。

表 7-3-5　IEC 三比值编码表

气体比值范围	比值范围的编码		
	C_2H_2/C_2H_4	CH_4/H_2	C_2H_2/C_2H_6
<0.1	0	1	0
$\geqslant 0.1$ 且 <1	1	0	0
$\geqslant 1$ 且 <3	1	2	1
$\geqslant 3$	2	2	2

表 7-3-6　IEC 三比值对应故障类型表

编码组合			故障类型判断	故障实例
C_2H_2/C_2H_4	CH_4/H_2	C_2H_2/C_2H_6		
0	0	1	低温过热（<150 °C）	绝缘导线过热，注意 CO 和 CO_2 的含量以及 CO_2/CO 值
	2	0	低温过热（150～300 °C）	分接开关接触不良，引线夹件螺丝松动或接头焊接不良，涡流引起铜过热，铁心漏磁，局部短路，层间绝缘不良，铁心多点接地等
	2	1	中温过热（300～700 °C）	
	0，1，2	2	高温过热（>700 °C）	
	1	0	局部放电	高湿度，高含气量引起油中低能量密集的局部放电
2	0，1	0，1，2	低能放电	引线对电位未固定的部件之间连续火花放电，分接抽头引线和油隙闪络，不同电位之间的油中火花放电或悬浮电位之间的电花放电
	2	0，1，2	低能放电兼过热	
1	0，1	0，1，2	电弧放电	线圈匝间、层间短路，相间闪络、分接头引线间油隙闪络、引起对箱壳放电、线圈熔断、分接开关飞弧、因环路电流引起电弧、引线对其他接地体放电等
	2	0，1，2	电弧放电兼过热	

7.3.3　在线色谱检验

在线色谱检验工作的开展通常需要在线色谱运行单位、检验单位和装置厂家三方共同开展。下面将从检验前的准备、检验过程、检验后装置的恢复三方面对在线色谱检验工作检验工作进行介绍。

7.3.3.1　检验前的准备

在线色谱检验工作的开展通常需要在线色谱运行单位、检验单位和装置厂家三方共同开展。通常是三方各司其职，协调配合完成在线色谱的检验工作。在线色谱运行单位主要负责整个检验工作的组织协调和现场的安全管控。检验单位配合运行单位开展检验工作，提供检验工作方案、检验用标油实施检验工作。装置厂家负责对在线色谱油路进行切换，对在线色谱工作流程进行修改满足检验要求。

由检验各方应该承担的工作任务可见，检验工作开始前在线色谱运行单位应联系厂家到现场共同开展工作，明确告知厂家需配合开展的工作，以便厂家做好配件、转接头、配套管路及其他相关工具的准备。

7.3.3.2　检验过程

现场开展在线色谱的检验是对在线色谱的准确性和重复性进行检测，开始对在线色谱进行检测前已检查在线色谱状态，判断是否具备开展后续检验工作的条件。检查的内容主要为：① 载气压力；② 工作电源是否正常；③ 后台通信数据数据传输是否正常；④ 查阅历史检测数据确定设备能否正常进行检测。对具备检验条件的在线色谱进行准确性和重复性检测。

1．准确性检测

在色谱测得的数据与离线色谱仪得到的数据进行的比对，在线监测装置数据与离线色谱仪检测数据分析数据一致，误差不超过 30%，按式（7-3-1）计算，测量误差的要求见表 7-3-2。

$$\text{测量误差}=\frac{\text{在线监测装置检测数据}-\text{离线色谱仪检测数据}}{\text{离线色谱仪检测数据}}\times 100\% \qquad (7\text{-}3\text{-}1)$$

操作步骤：

（1）调节在线色谱检测周期为 2 ~ 3 h 进行一次检测。

（2）关闭变压器或电抗器本体与在线色谱连接的出油和回油管路阀门。

（3）关闭在线色谱电源。

（4）断开在线色谱与变压器或电抗器连接管路。

（5）连接临时检验管路，将在线色谱与配制标准油样连通本别对低中高三个浓度标油进行检测。

（6）开启在线色谱，进行检验。

（7）记录检测数据。

2．重复性检测

对同一油样连续进行 6 次在线监测装置油中气体成分分析，重复性以总烃测量结果的相对标准偏差 RSD 表示，按式（7-3-2）计算。

$$RSD=\sqrt{\frac{\sum_{i=1}^{n}(C_i-\overline{C})^2}{n-1}}\times\frac{1}{\overline{C}}\times 100\% \qquad (7\text{-}3\text{-}2)$$

式中 RSD——相对标准偏差（%）；

n——测量次数；

C_i——第 i 次测量结果；

C_n——n 次测量结果的算术平均值；

i——测量序号。

操作步骤：

（1）调节在线色谱检测周期为 2 ~ 3 h 进行一次检测。

（2）以变压器/电抗器本体油或中浓度油样作为检测油样，进行在线色谱重复性检测。

7.3.3.3 检验后装置的恢复

完成在线色谱后需将在线色谱恢复至检验前状态，主要关注三方面内容：

① 检测周期是否恢复；

② 油路是否密封良好；

③ 检测数据是否恢复正常。检测过程中标油中含乙炔应特别注意乙炔不能污染设备本体油。

装置恢复操作步骤如下：

1．清洁在线色谱管路

（1）关闭在线色谱电源。

（2）将新绝缘油与临时检验管路入口侧相接，临时管路出口侧接废油桶。

（3）开启电源，启动在线色谱清洗程序，清洗设备。

2．恢复在线色谱

（1）关闭在线色谱电源。

（2）拆除临时检验管路，恢复在线色谱与变压器或电抗器连接并开启阀门。

（3）开启电源，启动检定程序，观察在线色谱入口出口处管道是否漏油。

（4）恢复在线色谱监测周期至原设定值。

7.3.4 在线色谱运维

7.3.4.1 在线色谱日常运维工作

为保证在线色谱正常工作，检测数据稳定可靠，需对在线色谱进行日常运维工作。主要从三方面开展。

1．载气压力的记录

在日常运维中应定期记录载气的压力和载气输出压力。及时对压力不足的载气进行更换。同时也应做好载气的库存管理。

2．后台数据管理

通常设定在线色谱每天进行一次检测，应每天对数据进行记录。通过数据判断在线色谱是否正常工作、所监测的变压器状态。

3．载气更换

如前所述，在载气压力低时及时进行更换，需特别注意更换载气的气体类型。

7.3.4.2 在线色谱数据的应用

通过对在线色谱检测数据的应用，可以反映在线色谱运行的情况和被监测设备运行的情况。要求在线色谱运维人员充分理解数据概念，对于在线色谱检测数据异常时准确分辨是在线色谱故障造成数据异常还是设备内部故障造成数据异常。

就在线色谱而言，可以从三个方面来应用检测数据。

1．数据的横向比较

数据的横向比较可理解为在线色谱得到的检测数据应该同在线色谱历史数据比较进含义行比较。通过同历史数据的比较来理解数据背后反应的含义。对于存在疑似故障的设备同历史检测数据的比较可以监测故障发展的速度。

2．数据的纵向比较

数据的纵向比较可理解为在线色谱数据与离线色谱数据比较，通过与离线色谱的比较可以初步判断在线色谱检测的准确性。在检测数据异常时通过和离线色谱数据对比也有利于分辨在线色谱故障造成数据异常还是设备内部故障造成数据异常。

3．检测周期的改变

如前所属，通常情况下在线色谱的检测周期为每天检测一次。但对于存在故障的设备可以在一个阶段内改变在线色谱检测周期，加强对设备的监测，判断故障发展的趋势。

7.3.4.3 在线色谱装置异常的分析及处理对策

在线色谱出现故障的因素很多，如在线色谱油气分离单元故障、在线色谱油气检测单元故障、通信故障等。有的故障可以现场排除，多数故障需要厂家修理。但在线色谱运维人员应该能在在线色谱出现故障时对故障进行初步诊断，能力允许的现场及时修复，能力外的及时联系厂家，准确描述故障便于厂家及时解决。下面对后台无数据显示和检测数据异常两类常见故障的处理对策进行介绍。

1．后台无数据显示

对在线色谱数据进行记录时，经常会出现无数据显示或各特征气体检测值都为 0 的情况，此类问题通常的处理对策为检查在线色谱工作指示灯，检查有无载气，检查通信是否畅通。其中，通信是否畅通可以通过检查有无检测谱图回传进行判断。

2．检测数据异常

出现检测数据异常时，先检查在线色谱检测数据是否正常。若在线色谱无异常应及时关注被检测变压器状态。先检查在线色谱检测数据是否正常通常从两方面进行分析：

（1）检查在线色谱状态，如载气气压状态、载气输出、恒温系统工作情况，来判断在线色谱是否正常工作。

（2）分析在线色谱检测谱图，通过谱图初步识别数据异常原因，例如：偶然因素造成单次检测结果异常油气分离单元，检测单元故障，设备发生故障油中气体组分发生了变化。

7.4 实操培训

以《电力用油（变压器油、汽轮机油）取样方法》（GB/T 7597—2007）为规范取样的依据，具体取样过程及操作步骤如表 7-4-1 所示。

表 7-4-1 取样过程及操作步骤

步 骤	具体操作
取样准备	1. 穿工作服、戴安全帽、穿绝缘鞋
	2. 准备：1000 mL 磨口玻璃瓶；100 mL 分析用注射器；标签；取样导管、三通；放油接头；扳手；螺丝刀（一字头）；棉纱；乳胶手套；废油桶或盆；温湿度计
	3. 办理完毕电气二种工作票许可
	4. 正确选择取样口，观察周围带电部位的安全距离，检查变压器油位
	5. 记录单位名称、设备名称、型号、取样日期、取样部位、取样天气、运行负荷、油牌号、油量、油温

续表

步　骤	具体操作
连接及排死体积	1. 用干净棉纱将取样阀擦拭干净；拧开取样阀防尘罩（外堵）并倒置放置；检查密封圈完好；放置好废油桶或盆；旋开螺丝（内堵）让油徐徐流出
	2. 将放油接头安装在放油阀上，取样导管接于放油接头上，导管上接三通，排出接头内空气，排放油阀门内的死体积，冲洗导管
简化分析取样	在 1000 mL 取样瓶上贴好标签。在取样操作区放置好废油盆。操作员处于取样阀侧位操作
	第 1 次润洗：取下瓶盖倒置，一只手拿取样瓶倾斜约 30°，标签朝向手心；另一只手拿三通，打开三通让油徐徐沿瓶内壁流下，并转动取样瓶润洗；当瓶内有少量油时，关闭三通，盖上取样瓶瓶盖，颠倒取样瓶 3 次，然后倒出取样瓶内残油
	第 2 次润洗：同第 1 次
	第 3 次润洗：同第 1 次。在润洗结束时，用油冲洗瓶盖磨砂部位
	取样：取下瓶盖倒置，一手拿取样瓶倾斜约 30°，标签朝向手心；另一手拿三通，打开三通让油徐徐沿瓶内壁流下，取样体积为样瓶 4/5（瓶肩）容积；关闭三通，盖上取样瓶盖，用棉纱擦干净瓶身，放入取样箱内
油中水分、色谱和含气量取样	在 100 mL 注射器上贴好标签。在取样操作区放置好废油盆。操作员处于取样阀侧位操作
	第 1 次润洗：在三通上连接好注射器，旋转三通，利用油本身压力注入注射器约 20 mL；旋转三通隔绝本体，竖起注射器抽注射器芯至约 100 mL 处，然后推注射器芯把油排空
	第 2 次润洗：同第 1 次
	第 3 次润洗：同第 1 次。在润洗结束排空时，应排尽注射器内的空气
	取样：旋转三通与大气隔绝，借助油的自然压力使油缓缓进入注射器中；水分和色谱取样 50～60 mL，含气量取样 80 mL；当油样达到所需体积后，立即旋转三通与本体隔绝，从三通上拔下注射器，小胶帽内腔排尽空气后，立即盖在注射器头部；竖直检查确认注射器内无气泡后（若有气泡应立即排出气泡），擦净注射器器身，放置于油样盒内
取样后的恢复	拆下放油接头及导管；旋转螺丝（内堵）至关闭；检查密封圈完好，装上取样阀防尘罩（外堵）；检查取样阀不渗漏；擦拭取样阀；清扫工作现场，办理工作终结手续

本章知识点

1. 水质分析

（1）检测项目意义及标准、水质的要求。

（2）分析误差。

（3）样品的采集和保存。

（4）常用仪器的基本操作。

2. 六氟化硫气体分析

（1）杂质的危害。

（2）杂质组分的控制指标。

（3）运行中杂质组分的检测方法。

3. 绝缘油色谱在线检测

（1）油气分离的原理。

（2）定性及定量原理。

（3）故障诊断。

单元测试题

1. 单选题

（1）下列项目中，不属于纯净 SF_6 气体物理性质的是（　　）。

A. 有毒　　B. 无色　　C. 无臭　　D. 无味

（2）从保证 SF_6 气体绝缘电气设备安全的角度来说，SF_6 设备内气体水分数值用（　　）表示方法更好。

A. 体积比　　B. 质量比　　C. 露点

（3）SF_6 电气设备安装完毕，在投运前［充气（　　）后］，应复检 SF_6 气室内的湿度、空气含量及泄漏。

A. 12 小时　　B. 24 小时　　C. 48 小时　　D. 36 小时

（4）通风换气扇应装在 GIS 室的（　　）。

A. 上部　　B. 中部　　C. 下部　　D. 上、中、下部都可以

（5）水质电导率是（　　）。

A. 物理指标　　B. 化学指标　　C. 生物指标　　D. 放射性指标

（6）根据参照 Q/CSG1206007—2017 电力设备检修试验规程，外冷水的检测周期为（　　）。

A. 1 个月　　B. 3 个月　　C. 6 个月　　D. 12 个月

（7）列不可以加热的玻璃仪器是（　　）。

A. 试管　　B. 容量瓶　　C. 烧杯

（8）硬度一般是指（　　）含量之和。

A. 钙+镁　　B. 钙+铁　　C. 镁+铝　　D. 钙+铜

（9）变压器油油中溶解气体分析的目的，是为了检查是否存在潜伏性（　　）故障。

A. 过热、放电　　B. 酸值升高　　C. 绝缘受潮　　D. 机械损坏

2. 多选题

（1）纯净的 SF_6 气体是无毒无害的。理论上吸入（　　）氧气和（　　）纯净的 SF_6 混合气体没有不良反应。

A. 10%;　　B. 20%;　　C. 60%;　　D. 80%

（2）下列 SF_6 微量水分测量仪器中，既可以在常压下测量，又能在高于常压下测量的仪器有（　　）。

A. 电解式水分仪　　B. 冷镜式露点仪　　C. 阻容式露点仪

（3）《工业六氟化硫》（GB/T 12022）2014 版与 2006 版相比，对新气质量新增加了（　　）检测项目的技术要求。

A. 四氟化碳　　B. 六氟乙烷　　C. 氟化亚硫酰　　D. 八氟丙烷

（4）SF_6 电气设备检漏方法中，定量检漏主要用于设备的（　　）阶段。

A. 制造　　B. 安装　　C. 大修和验收　　D. 日常维护

（5）设备中 SF_6 气体湿度与气温有关，为更好地反映设备内部的湿度水平或湿度变化，进行检测时应注意（　　）。

A. 夏季时进行检测　　B. 检测当天选择最高气温时进行检测

C. 不需要区分检测时间　　D. 与上一次检测时的检测温度相同

（6）水样取样容器要求（　　）。

A. 材质稳定性好　　B. 容器大小适宜

C. 容易清洗　　D. 容器不能是新的污染源

（7）水质取样的基本要求（　　）。

A. 样品要有代表性　　B. 在取出后不被污染　　C. 在检测前不发生变化

（8）水质分析误差主要来源（　　）。

A. 测定方法　　B. 被测样品　　C. 测定过程

（9）油中溶解气体来源于（　　）。

A. 油与空气接触所溶入

B. 油和绝缘材料高温分解后产生的气体

C. 油在使用中发生劣化过程而产生的

D. 取样过程中混入

（10）气相色谱法的缺点（　　）。

A. 必须用已知的纯物质做对照，才能确定色谱峰相应的物质

B. 当没有纯物质对照时，定性就很困难，就需要借助质谱、红外光谱、化学分析等方法的配合来进行定性鉴定

C. 色谱峰不能直接给出定性的结果

D. 不能把成分复杂的样品分离成单组分

3. 判断题

（1）户外设备充装 SF_6 气体时，工作人员应在设备周围操作。（　　）

（2）SF_6 气体净化过程中，利用临界温度不同将 SF_6 与空气进行分离。（　　）

（3）SF_6 密度继电器是带有温度补偿的压力测定装置，其可以补偿由设备内部温升引起的压力变化。（　　）

（4）阻容式 SF_6 微水仪是利用极间电容与水蒸气浓度呈线性关系的原理制成。（　　）

（5）一台 SF_6 断路器需解体大修时，回收完 SF_6 气体后应用高纯度空气气体冲洗内部两遍并抽真空后方可分解。（　　）

（6）精密度表示各次测定结果相互接近的程度。（　　）

（7）在滴定试验中，滴定终点和理论终点并不一致。（　　）

（8）根据参照《电力设备检修试验规程》（Q/CSG1206007—2017），内冷水的检测周期是1个月。（　　）

（9）检出限是指以浓度（或质量）表示，是指由特定的分析步骤能够合理地检测出的最小分析信号求得的最低浓度（或质量）。（　　）

（10）气相色谱最基本的定量方法是归一化法、内标法和外标法。（　　）

4. 简答题

（1）内冷水取样要求有哪些？

（2）当 SF_6 电气设备存在泄漏缺陷时，充气设备在压力下降的同时，其 SF_6 湿度会发生什么样的变化？同时对变化的原因进行分析。

（3）色谱油样在保存和运输过程中有哪些要求？

5. 计算题

（1）某变电站 220 kV 断路器 20 °C 时的额定充气压力为 0.55 MPa（表压），报警压力为 0.50 MPa。该断路器于 2017 年 1 月 1 日低气压报警，于当天将压力补充至 0.56 MPa（表压，20 °C），并进行运行监视。2017 年 4 月 1 日，发现该气室压力缓慢下降至 0.51 MPa（表压，20 °C）。该断路器的漏气率（%/年）是多少？（已知当地大气压为 0.1 MPa。）

（2）某台变压器，油量为 20 t，第一次取样进行色谱分析，乙炔含量为 2.0 μL/L，相隔 24 h 后又取样分析，乙炔为 3.5 μL/L。求此变压器乙炔含量的绝对产气速率？（油品的密度为 0.85 g/cm^3）

第 8 章　阀冷与空调

8.1　阀冷系统的工作原理和检修

本小节以典型的应用在直流输变电工程换流站的阀冷系统为例进行讲解。

8.1.1　阀冷系统说明

阀冷系统分为阀内冷系统和阀外冷系统。

可控硅换流阀在换流站中承担交/直流转换功能，是换流站的核心设备。由于可控硅元件在运行过程中将产生很大的热量，所以需要用水将这些热量带走，以保证换流阀的正常运行，这就是阀内冷系统。由于冷却水要接入换流阀内部的散热部件，且换流阀属于高压电气设备，所以冷却水的温度、流量、电导率以及悬浮物含量必须控制在换流阀所要求的范围之内。在直流系统运行前，主水路的电导率要小于 0.50 μS/cm。

阀外冷系统的作用是把被换流阀加热的内冷水冷却至较低范围。

换流站通常有两个阀厅，每个阀厅配置一套独立的闭式循环阀冷系统设备，因此换流站通常有两套独立的阀冷系统设备。以下所述均针对一套完整的冷却系统。

换流站中一套完整的阀冷却设备包括：一套独立的密闭式内冷水系统设备、一套阀冷却用室外冷却系统设备、一套内外冷却系统共用的电源和控制系统设备，以及整个设备所有管道、备品备件和专用工具。

8.1.1.1　阀外冷方式

阀冷系统外冷方式共有两种：

（1）水冷。当采用水冷方式时，室外换热设备使用密闭蒸发式冷却塔。

（2）空冷。当采用空冷方式时，室外换热设备则使用空气冷却器。

8.1.1.2　阀内冷系统

由于阀内冷系统为闭式循环，冷却水不与空气发生接触，这样冷却水将不会受空气中所含灰尘的污染。另外，空冷器换热盘管、精混床离子交换器、高位水箱、脱气罐、水泵、管道及阀门等一切与冷却水接触的物质均采用不锈钢材料。水管上还设有过滤精度为 100 μm 的机械式过滤器（不锈钢芯体）过滤杂质，可以使冷却水中大颗粒悬浮物得到控制，这些措施充分保证了冷却水杂质含量控制在换流阀所要求的范围之内。

阀内冷系统通过高位水箱保持系统恒压，当膨胀水箱内水位降低时，自动补水泵能将原水罐中的纯水补充到闭式冷却水循环系统，以弥补因电解、挥发、意外泄漏导致的冷却水损失。

8.1.1.3 阀冷却控制保护系统

每套阀冷却系统均设有各自的控制系统，各控制系统均配置硬冗余可编程控制器及输入/输出模块、各类传感器等。阀冷却控制系统采用双控制器，互为备用，当主运系统故障时，会自动切换到备用系统，切换不会引起阀冷却系统停止运行。

控制系统将对主要技术参数进行自动监测、显示、调节，还将控制设备的启/停、监视设备运行状态以及对各种故障进行报警，并与站控系统进行数据交换。运行人员可在主控制室对阀冷却系统进行远程监控。

1. 主要保护功能

（1）内冷却水温度异常保护。

（2）内冷却水流量异常保护。

（3）内冷却水回路漏水保护。

（4）内冷却水回路水位低保护等。

2. 主要控制功能

（1）主循环水泵控制。

（2）内冷却水温度控制。

（3）内冷却水补水泵控制。

（4）阀门控制等。

3. 主要监视功能

（1）温度监视。

（2）流量监视。

（3）电导率监视。

（4）压力监视。

（5）阀塔漏水监视。

（6）主循环泵轴封漏水监视。

（7）高位水箱水位监视。

（8）可控阀门监视等。

（9）设备运行状态及故障等监视。

8.1.2 阀冷系统的工艺流程

阀冷系统以12脉动阀组为基础进行配置，每个系统与其他冷却系统各自独立。阀内冷系统冷却液恒速循环流过换流阀后被加热，随后回流至主循环泵进口，经过主循环泵压力提升后，进入室外换热设备，在此将换流阀产生的热量带到室外进行热交换，带出热量，冷却后的冷却液循环进入换流阀后被加热，再次回流至主循环泵进口，形成密闭式循环冷却系统。为了防止进入换流阀的温度过低而导致的凝露现象，阀冷系统设计有电加热器对冷却水温度进行强制补偿。

为了控制进入换流阀冷却水的电导率，系统运行时，部分内冷却水将从与主循环回路并联的去离子支路进入去离子装置进行离子处理，经过去离子装置循环降低其电导率，从而使内冷却水的电导率被控制在设计要求的范围之内。

内冷却水回路的稳压和补水分别由高位水箱和补充水泵以及去离子回路共同完成，如高位水箱水位低于设定值，则补给水泵将启动向回路补水。为降低换流阀塔内管道所承压力，提高换流阀塔的安全运行能力，冷却水回路将阀组布置在循环水泵入口侧。

每套冷却系统主要设备包括：去离子装置、内冷却循环主水泵、除气罐、高位水箱、机械式过滤器、补给水泵、原水泵、室外换热设备、配电及控制设备等。系统主管道和去离子回路内设有机械式过滤器（不锈钢芯体）过滤杂质，从而保证了内冷却水有很高的洁净度。

系统中各机电单元和传感器由 PLC 自动监控运行，并通过操作面板的界面实现人机的即时交流。阀内冷系统的运行参数和报警信息条即时传输至主控制器，并可通过主控制器远程操控阀冷系统。

图 8-1-1 所示为外冷方式为空冷的某换流站的阀冷系统工艺原理图。

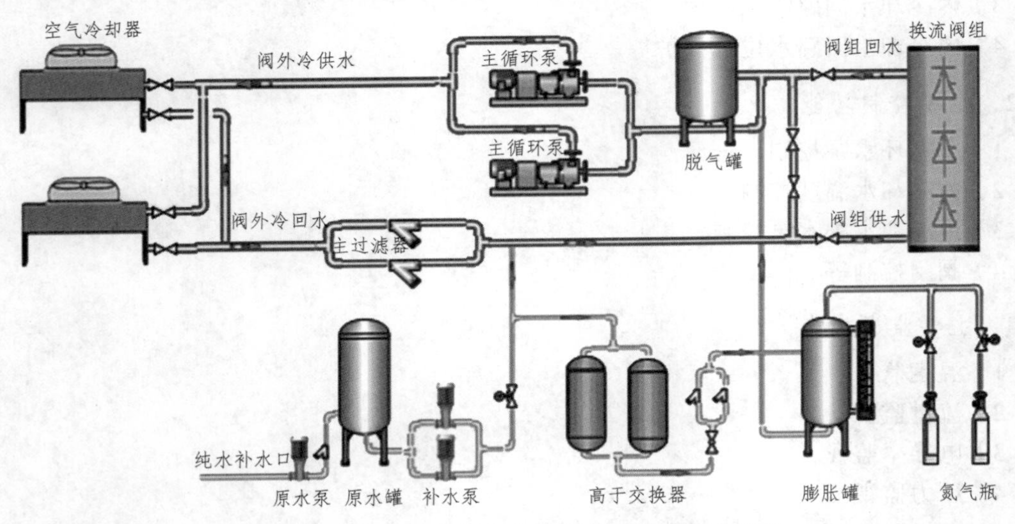

图 8-1-1　外冷方式为空冷的阀冷系统工艺原理图

图 8-1-2 所示为外冷方式为水冷的某换流站的阀冷系统布置示意图。

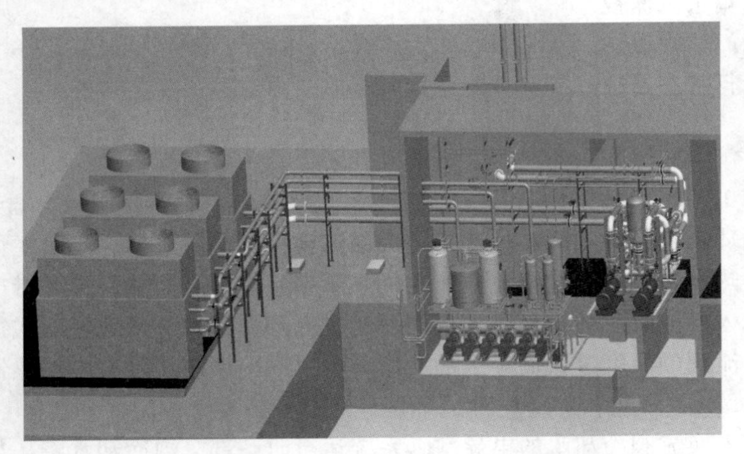

图 8-1-2　外冷方式为水冷的阀冷系统布置示意图

8.1.3 阀冷系统的组成及工作原理

8.1.3.1 阀内冷系统

阀内冷系统在工艺上可划分为3个部分：主循环冷却回路、去离子水处理回路、补给水回路。

1．主循环冷却回路

主循环冷却回路的主要组成部分包括：主循环泵、主过滤器、电加热器、脱气罐、旁路阀和高位水箱。图 8-1-3 所示为阀内冷主循环设备外形图。

图 8-1-3 阀内冷主循环设备外形图

2．去离子水处理回路

去离子水处理回路并联于主循环回路，主要由混床离子交换器和精密过滤器以及相关附件组成。其作用是吸附内冷却回路中部分冷却液的阴阳离子，通过对冷却水中离子的不断脱除，从而抑制在长期运行条件下金属接液材料的电解腐蚀或其它电气击穿等不良后果。

图 8-1-4 所示为水处理设备外形图。

3．补水装置

补水装置包括补水泵、原水泵、补水电动阀、原水罐、通气电磁阀及过滤器等(见图 8-1-5)。

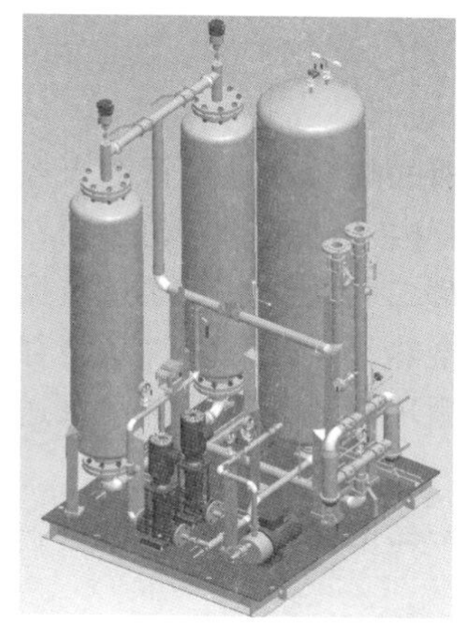

图 8-1-4 水处理设备外形图

图 8-1-5 补水装置

8.1.3.2 水冷方式的阀外冷系统

闭式冷却塔作为换流阀冷却系统的室外换热设备，将换流阀的热损耗传递给喷淋水以及大气。

安装地点位于水冷室外、控制楼两侧室外循环水池上部，每套设备含 3 组闭式冷却塔。每极阀厅室外设喷淋水池，每套阀冷 3 组冷却塔外形及组合布置空间不超过水池边界。控制屏柜、喷淋水软化处理设备、喷淋水泵等布置在喷淋泵房。

一般情况下，3 组冷却塔均可投入运行，如某台冷却塔发生故障退出运行，则另两组冷却塔将提高其冷却风机的转速以确保冷却效果。

所使用的冷却塔选用了相同尺寸和规格的风机、阀门和电气元件，其备品、备件均可互换。

在冬季，当阀冷系统停运时，为了防止室外设备及管道内的水结冰，在最低点设置有紧急排空的阀门，在极端情况下，可采取迅速排空管束和管道内的介质来进行防冻。

图 8-1-6 所示为单台冷却塔的外形图。

图 8-1-6 单台冷却塔的外形图

1. 工作原理

阀内冷却液在闭式冷却塔的盘管内循环经过，冷却液的热量经过盘管散入经过盘管的外冷却水中。同时机组外的第一股空气从顶部进入，与盘管内水的流动方向相同，循环冷却水从盘管上落至 PVC 热交换层，并于 PVC 热交换层上由第二股新鲜空气通过蒸发和显热式的热传导过程进行冷却。在此过程中，一部分的水蒸发吸走热量，热湿空气从冷却塔顶部另一侧排出到大气中。其余的水落入底部水盘，汇集到地下循环水池，由喷淋水泵送至喷淋水分配管道系统进行喷淋。

设备采用闭式冷却塔专用的风机，风机电机配置长寿命的全封闭变频电机，电机处于塔外的干区，远离塔内湿热水汽。

由于设备的使用场合为电力系统的超高压输变电换流站，配置高效挡水板，具有防腐烂、抗生物侵害的作用，保证水的飘逸率少于 0.001。

冷却塔整个水系统设计为全封闭式，阻止了阳光照射，可避免机组内产生生物性污染，确保换热的稳定性，仅需投放少量药剂便可控制循环水的水藻、军团菌类等的生长。

整个设备采用高效节能的轴流式风机，运行时空气和喷淋水以顺畅、平行和向下的路径流过盘管表面，维持了完全的管外覆盖。在这种平行的流动方式下，水不会由于空气流动的影响出现与管底侧分离的现象，从而消除了有利于水垢形成的干点。

设备布水系统包括喷淋水泵、喷淋配水管网、喷嘴等。设备采用大口径的“反堵塞环”喷嘴，能有效防止堵塞和便于清洗；均匀分布的配水管网、实验室数据确定的喷水流量可以保证整个运行期间盘管处于完全浸湿的状态下。

喷淋水采用超大口径防堵塞喷嘴，配管与喷嘴采用卡口与配管连接形式，便于单个喷嘴或整个支管拆卸后的清理和冲洗。

设备采用蛇行盘管设计，它是冷却塔最主要的部件。这种盘管在有害结垢防护方面的效果更好，这是由于蛇行盘管主要依靠显热热传导的方式，比起其他主要依靠显热热传导的方式，盘管表面的结垢可能性更低。

设备风机电机、水泵电机均采用全封闭防潮密闭性设计，具有很好的防潮和防雷效果，保证了换流站运行的安全性。

图 8-1-7 为闭式冷却塔原理图。

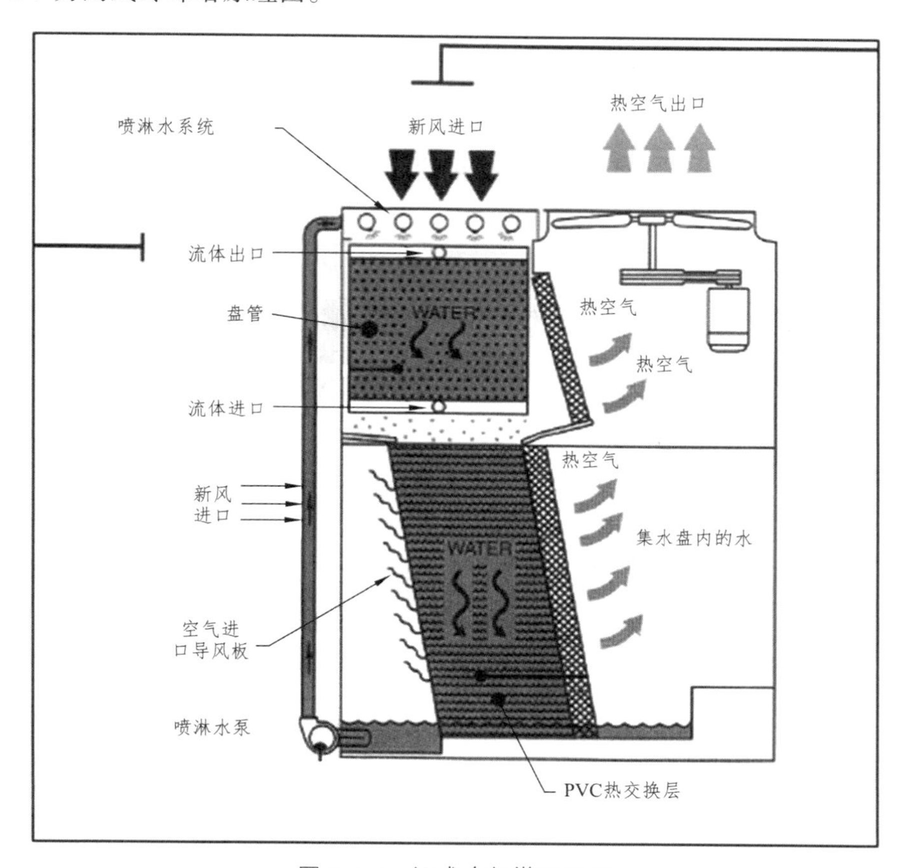

图 8-1-7　闭式冷却塔原理图

2．主要设计特点

（1）风机电机外置式设计：闭式冷却塔风机电机采用外置式设计，避免湿热空气对电机轴承、绝缘等造成影响。

（2）防低温设计：如冬季换流阀长期停运，为防止室外部分管道及换热盘管内部结冰，须排空此部分介质。在换流阀不停运或阀内冷系统运行的情况下，室外管路不存在结冰的可能。

（3）冗余设计：闭式冷却塔按 3×50% 设计，每台密闭式冷却塔容量为总散热容量的 50%，当某一台塔故障时，可在不关闭故障塔阀门的情况下满足换流阀正常工作。

8.1.3.3 空冷方式的阀外冷系统

每套阀冷却系统配置一组空气冷却器，空气冷却器配置多片带翅片的换热盘管和冷却风机，冷却水在换流阀内吸热升温后，由循环水泵驱动进入室外空冷器，风机驱动室外大气冲刷换热盘管外表面，使换热盘管内的水得以冷却，降温后的冷却水由循环水泵再送至换流阀，如此周而复始地循环。

冷却水温度的控制和调节主要通过调节空气冷却器所配风机运行台数和风机的转速实现。为了防止换流阀元件表面结露，其进水温度不应低于 10 °C。除了上述调节水温的方法外，还可利用三通旁通阀使部分热水不经空冷器而通过旁路与经空冷器降温后的冷水混合，从而使进入换流阀的水温稳定，防止温度波动区间过大。

空气冷却器为干空冷型，空气冷却器是包括换热管束、风机及电机、构架以及检修平台等的一个整体换热设备。

空气冷却器设置进水和出水联箱，且每套换热管束的进出水口处设置调节阀。联箱与主管道间用不锈钢软管进行软连接。除部分密封材料外，联箱及阀门所有与冷却水接触的材料为不锈钢，工作压力与换热管束相同。

空气冷却器的主要设计特点如下。

1．引风式设计

空气冷却器采用卧式水平向上引风结构。空气冷却器采用引风式后，提高了风机的出风风速，减少了热风循环，在夏天高温环境下，有利于空气冷却器的运行。为避免风机安装于顶部后不方便现场维护，采用小功率风机进行多台组合的方式，方便现场维护。

2．低噪声设计

降低电机功率，增加风机运行台数，降低噪声。采用变频调速控制保证温度的平稳调节，当进阀温度降低时降低风机转速，从而降低噪声。

图 8-1-8 为空气冷却器外形图。

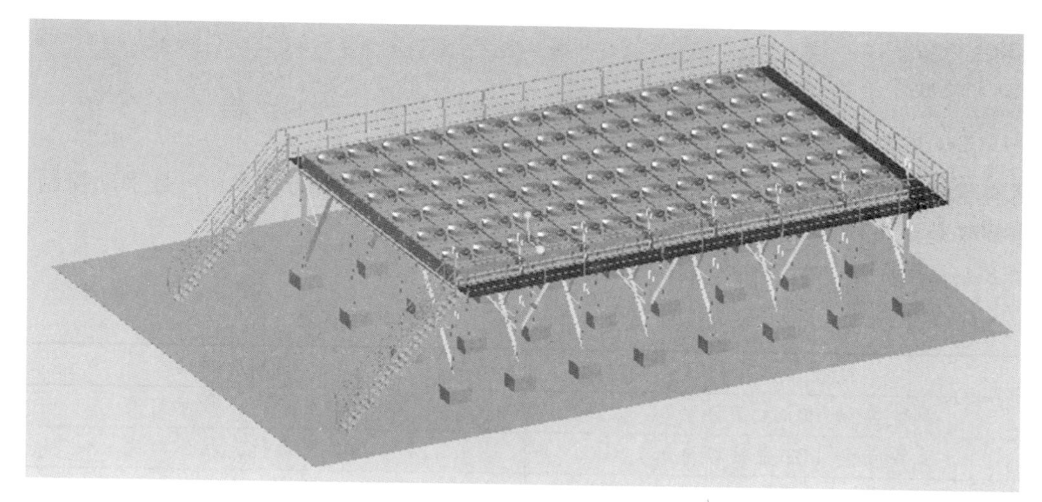

图 8-1-8　空气冷却器外形图

8.1.4　阀冷系统的检修

为了保证换流站阀冷系统长期安全、稳定、可靠运行，在此期间，每年对阀冷系统进行一次全面检修是十分必要的。

8.1.4.1　主要检修工作

换流站阀冷系统的主要检修工作包括：

（1）主循环泵检查。

（2）电加热器检查。

（3）阀门检查。

（4）动力回路检查。

（5）清灰。

（6）控制回路检查。

（7）线路、管路检查。

（8）过滤器检查。

（9）螺栓紧固检查。

（10）管道支架固定检查。

（11）电磁阀检查。

（12）接地检查。

（13）气路检查。

（14）补水泵检查。

（15）自动排气阀检查。

（16）控制保护屏柜检查。

（17）外冷设备检查。

（18）变频器软启动器检查。

（19）管束清洗。

（20）试验。

（21）验收。

8.1.4.2　**主要自控性能试验检验**

所有检修工作完成后需要完成自控性能试验检验。检验主要分两类：一是手动控制检验；二是主要功能试验检验。

表 8-1-1 所示为手动控制检验的试验内容和标准。

表 8-1-1　手动控制检验的试验内容和标准

试验内容	试验标准
手动启/停 P01 主循环泵	P01 泵运行，指示灯亮
手动启/停 P02 主循环泵	P02 泵运行，指示灯亮
手动启/停 H01-H04 电加热器	电加热器运行指示灯亮
手动启/停 G01-G84 风机	风机运行指示灯亮
手动启/停补水泵	补水泵运行指示灯亮
注意：主循环泵未投入运行，电加热器不可启动	

表 8-1-2 所示为主要功能试验检验的内容。

表 8-1-2　主要功能试验检验的内容

序号	触发条件	模拟方法	相关动作	上传接点信号	备　注
1	168 h 切换（更改切换时间）	更改切换时间	运行泵运行时间达到切换时间后自动切换至备用泵		两泵各做 1 次（切换后应不做任何报警）
2	两台主泵均故障+冷却水流量低		两台主泵均故障+冷却水流量低跳闸	预警；跳闸	
3	两台主泵均故障+进阀压力低		两台主泵均故障+进阀压力低跳闸	预警；跳闸	
4	冷却水流量低+进阀压力超低		冷却水流量低+进阀压力超低跳闸	预警；跳闸	
5	冷却水流量超低+进阀压力低		冷却水流量超低+进阀压力低跳闸	预警；跳闸	
6	冷却水流量超低+进阀压力高		冷却水流量超低+进阀压力高跳闸	预警	
7	进阀温度超高		进阀温度超高跳闸	预警；跳闸	
8	冷却水电导率超高		冷却水电导率超高跳闸	预警；跳闸	
9	高位水箱液位超低		高位水箱液位超低跳闸	预警；跳闸	
10	阀冷系统泄漏		阀冷系统泄漏跳闸	预警；跳闸	
11	三台进阀温度变送器均故障		三台进阀温度变送器均故障跳闸	预警；跳闸	
12	三台冷却水电导率变送器均故障		三台冷却水电导率变送器均故障跳闸	预警；跳闸	
13	三台高位水箱液位变送器均故障		三台高位水箱液位变送器均故障跳闸	预警；跳闸	
14	控制系统掉电/双 CPU 故障		控制保护输出停运直流保护	跳闸	

8.2 空调系统的工作原理和维护保养

本小节以典型的采用单冷型机组作为风冷冷水机组的空调系统为例进行讲解。

8.2.1 空调系统说明

8.2.1.1 阀厅空调系统

1．阀厅通风及空调

换流站通常有两个阀厅，每个阀厅内布置三组换流阀塔，换流阀各元件的发热量很大，阀体元件最高承受的温度约为 80 °C，元件正常运行一般在 60 °C 以下，为了排除阀体的发热量以保证阀的正常运行，可控硅换流阀设有水冷却系统，冷却水可带走阀体的大部分散热量。但是，换流阀仍会通过辐射及对流传热的方式向阀厅散发很大的热量。为了将换流阀散发到阀厅空气中的热量消除，使阀厅温度控制在一定的范围内，阀厅必须设置通风、空调系统进行降温。在冬季，换流阀正常运行时，其发热量足以使阀厅温度维持在 10 °C 以上，但当换流阀停运且室外温度较低时，通风、空调系统则需要提升室内温度以保证电气设备不被冻坏。另外，为了保证换流阀运行时不发生闪络现象，通风、空调系统需要将阀厅内的相对湿度控制在要求的范围之内。同时，空调、通风系统还通过输送新风使阀厅内保持一定的微正压，以防止户外灰尘通过门、孔洞及维护结构的缝隙渗透到阀厅。

阀厅内全年需要维持如下条件（见表 8-1-3）。

表 8-1-3 阀厅内全年需要维持的条件

名 称	夏 季		冬 季	
	干球温度/°C	相对湿度（%）	干球温度/°C	相对湿度（%）
阀厅（运行工况）	≤45	25～60	≥10	25～60
阀厅（维护工况）	25	25～60	15	25～60
阀厅正压值	5～30 Pa			

每个阀厅分别设置一套全空气集中空调系统，采用风冷螺杆式冷水机组 + 组合式空气处理机组 + 送/回风管的系统型式。空调系统设置一台囊式补水定压装置用于冷冻水管路系统补水和定压。

风冷冷水机组和组合式空气处理机组按照 2 × 100% 容量配置，即一台运行、一台备用。

风冷冷水机组和组合式空气处理机组均布置在室外且紧靠阀厅。

组合式空气处理机组由回风段、回风消声段、回风机段、新/排风调节段、初效过滤段、表冷盘管段、辅助电加热段、送风机段、中效过滤段、送风消声段、送风段所组成。

冷水机组夏季提供给空气处理机组的冷冻水供、回水温度为 7～12 °C，空气处理机组利用冷冻水通过表冷器冷却循环空气向阀厅送冷风。

在适宜的室外气象条件下，可关闭风冷冷水机组，只开启空气处理机组内的送、回风机，直接将室外新风送入室内以维持室内温湿度。

为避免粉尘进入室内，最大新风量不超过阀厅换气次数 0.25 次/h。此外，为避免室内墙面和设备外表面结露，阀厅室、内外温度将被监视和进行对比，并设有结露危险报警器。

通过调节空气处理机组排风和新风阀门开度，可以使阀厅室内正压值保持在 5 ~ 30 Pa，以防止户外灰尘通过维护结构缝隙渗入阀厅。

空调系统通过地下风道和屋架内布置的风管将冷风送入阀厅，送、回风总管在穿越阀厅隔墙处均设有 70 °C 熔断的全自动防火阀。

阀厅空调送、回风总管在穿越阀厅外墙或地下风道处均设有 70 °C 熔断的全自动防火阀。

2．阀厅空调系统防火及排烟

每个阀厅设有独立的排烟系统，排烟设备即排烟风机（两台）设置在阀厅屋架以上，每台风机进口处设置有用于空气密闭的电动风阀和 280 °C 熔断的排烟防火阀。为避免雨水进入阀厅，排烟口采用防雨百叶窗。

当阀厅发生火灾时，火灾报警信号将联锁关闭空气处理机组及送、回总管上的防火阀。风管上的防火阀遇火关闭时，也将输出信号联锁关闭空气处理机组，以防止火灾蔓延。

当阀厅发生火灾且经人工确认火灾已扑灭的情况下，手动打开排烟风机、电动风阀及排烟防火阀排烟，同时开启空气处理机组内的送风机将室外新风送入阀厅内。如果烟温超过 280 °C，则排烟风机进口处的排烟防火阀将关闭，并发出信号关闭排烟风机和送风机。

3．阀厅空调系统控制

阀厅空调系统全年运行，设有全自动控制系统，含 PLC 的控制系统具有如下功能：对空调系统主要参数如冷冻水温度及压力、室内外温度、湿度、室内外压差等参数进行自动监测、显示和调节，对设备的运行状态进行显示，对电加热器温度超限、过滤器压差超限及设备故障等进行报警，同时对设备提供必要的保护。此外，在设备的就地控制柜上可通过手动操作方式控制设备的启、停。运行设备与备用设备之间可定时和故障切换，系统运行数据可进行统计和管理等。

阀厅空调系统也可以在设备的就地控制柜上通过手动操作方式控制设备的启、停。

阀厅、主控制楼空调系统设置一套中央监控系统，集中控制柜设置在主控楼二楼暖通设备间，微机操作员站将设置在主控室内。

8.2.1.2　主控楼空调系统

主控楼空调系统与阀厅空调系统基本上是一样的，主要区别如下：

（1）制冷机组为冷（热）型机组 2 台，可制冷和制热（环境温度控制）。

（2）主控楼空调分为三块：

主控制室—ZK08 2 套；

办公区域—风机盘管；

设备区域—ZK50 2 套。

这三块区域的制冷系统共用（压缩机、循环水泵、补水箱）。

8.2.2　阀厅空调系统的组成及工作原理

换流站极一、极二阀厅分别设置一套独立的中央空调系统，为换流阀正常运行提供适宜的环境条件。单极阀厅空调系统组成：2 组风冷螺杆式冷水机组+2 组组合式空气处理机组+送回风管道+冷冻水回路水管+其他设备（1 个补水箱、2 个立式循环水泵、1 个水处理器）。

中央空调系统组成部分主要分成 4 个部分：

（1）制冷系统。
（2）送回风系统。
（3）控制系统。
（4）事故排烟系统。

8.2.2.1 制冷系统

制冷系统的组成包括：
（1）压缩机。
（2）水回路。
（3）表冷器。
（4）冷冻水泵。
（5）水处理器。
（6）补水箱。
图 8-2-1 所示为制冷系统的原理图。

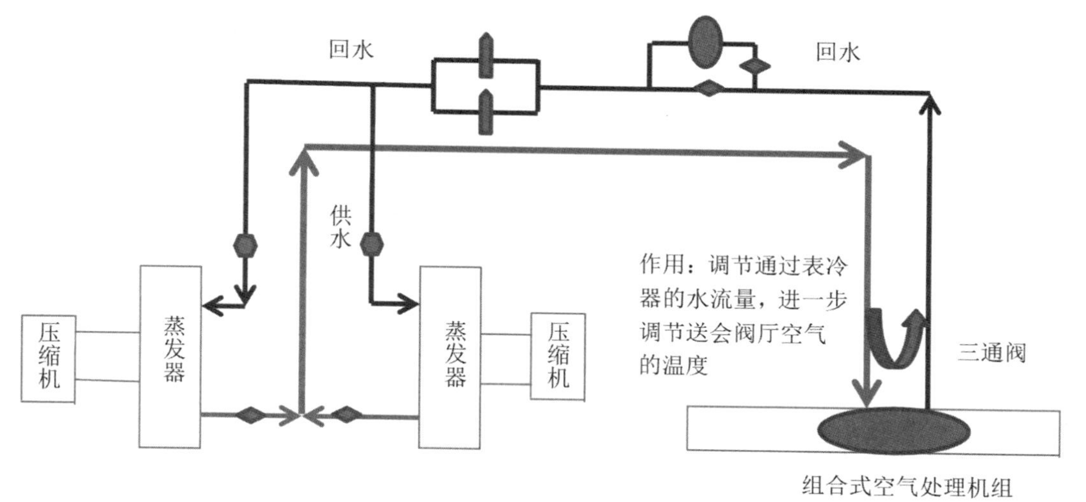

图 8-2-1 制冷系统的原理图

制冷原理：压缩机将制冷剂压缩进入蒸发器，吸收回水的热量，使水管道内的水降温，制冷剂重新回到压缩机；冷水通过冷冻水回路流向表冷器（细丝管），阀厅内的热空气通过送、回风机循环通过表冷器降温，再回到阀厅。

8.2.2.2 送回风系统

送回风系统的组成包括：
（1）送、回风机。
（2）组合式空气处理机组。
（3）送、回风管道。
（4）70 °C 熔断阀（受消防控制）。
图 8-2-2 所示为送回风系统原理图。

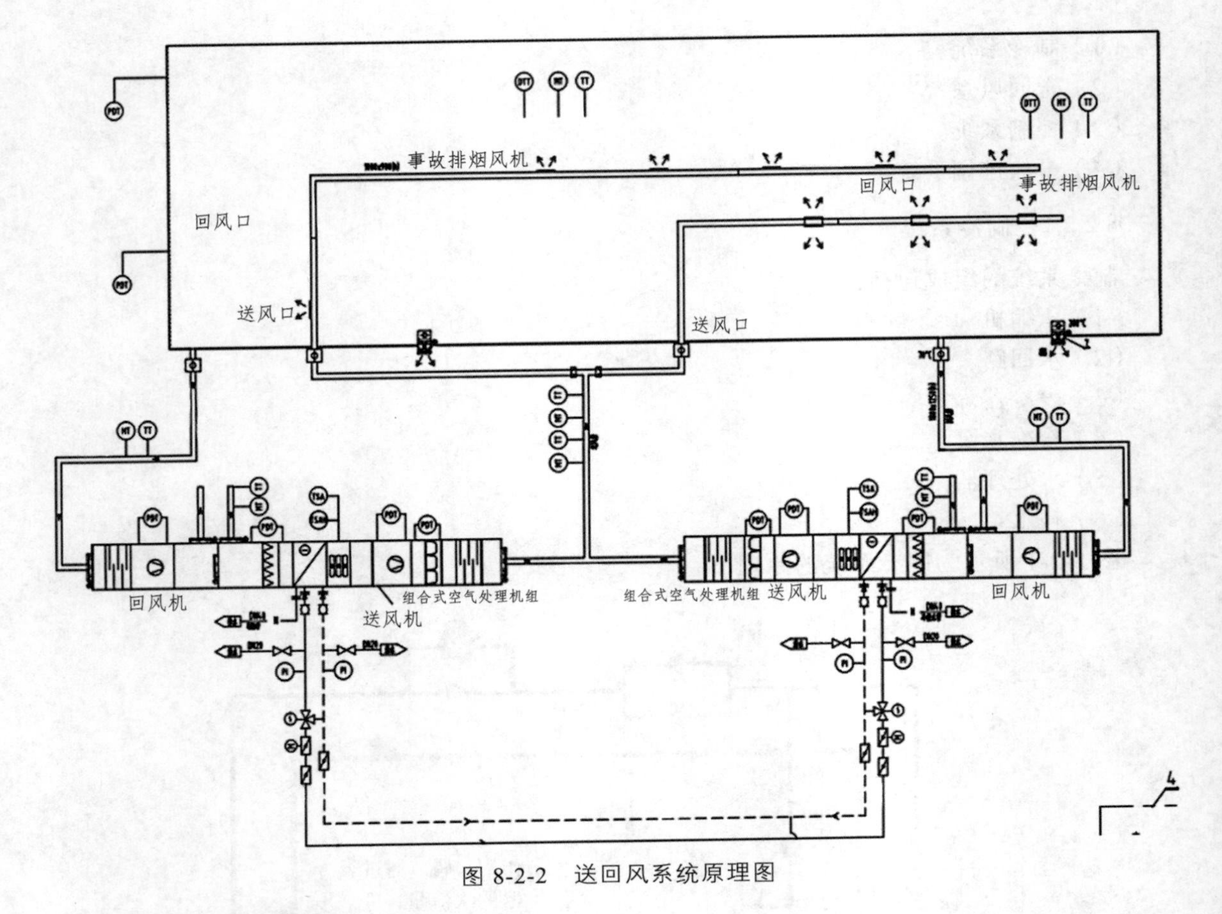

图 8-2-2　送回风系统原理图

8.2.2.3　**控制系统**

1．组合式空气处理机组（送、回风机控制）

在极 1/2 阀厅空调系统两组组合式空气处理机组中间有 5 块就地控制柜。分别为 A 套组合式空气处理机组内部的送、回风机控制柜；B 套组合式空气处理机组内部的送、回风机控制柜；单极阀厅空调系统 A、B 套 PLC 自动控制系统。

2．风冷螺杆式压缩机（单机）

单组风冷螺杆式冷水机组在本身配电柜内均有自动控制系统，该自动控制系统只控制本组压缩机的启、停工作，通过传感器上传的供、回水的温度自动调节压缩机的制冷工作量。

3．A、B 套 PLC 自动控制系统

PLC 自动控制系统分 A、B 套，单套可以控制单极阀厅空调系统 A、B 套的切换。

单极阀厅空调系统相当于有两套空调系统（A 套和 B 套，互为备用），所谓的 A 套指：A 组压缩机+A 组空气处理机+A 组冷水泵。

4．两厅一楼空调系统监控后台主机

运行人员可以通过后台主机操作和监视双极阀厅、主控楼中央空调系统的运行。

8.2.2.4　**事故排烟系统**

组成：风机（2 个）+百叶扇片，在风机管道内有 280 °C 自动熔断防火阀。

事故排烟防火阀：设有 280 °C 的自动熔断防火阀门，正常情况下为常闭状态，阀厅发生火灾时，如果误判断阀厅火灾已扑灭，需手动启动事故排烟，火灾状态恢复。排烟风机内的温度探头检测阀厅温度≥280 °C 时，防火阀自动熔断关闭风机。

事故排烟风机控制箱：极 1/2 阀冷控制保护室或者屏柜；阀厅大门相应蓄电池小室外墙上。

8.2.3 阀厅空调系统运行注意事项及巡视内容

8.2.3.1 注意事项

（1）阀厅空调全年运行。

（2）阀厅空调正常情况 PLC 自动控制系统控制运行（联调），只有在某一套出现严重故障，影响运行的情况下可以单机运行。

（3）补水泵常年都有一个在运行状态，另外一个根据水回路内部压力确定启停。

（4）事故排烟风机正常情况下处于关闭状态。

8.2.3.2 巡视内容

（1）机组运行后台与现场一致。

（2）配电箱内部接线无熔断、烧毁；指示灯显示情况正确；配电箱内空开状态正确。

（3）送、回风机，压缩机组无异常声响。

（4）补水箱、气囊以及管道无漏水。

（5）各检修阀指示与标识一致。

（6）水回路上各压力、温度表数值无异常。

8.2.4 空调系统日常维护及保养

空调系统设备必须有专人定期良好维护保养，才能使设备长期、可靠运行。机组的操作人员不仅应熟悉机组的工作原理、性能、构造、操作运行和调节方面的基本知识，而且还应熟悉和掌握针对机组部位的定期和日常维护、保养规划，使机组始终保持良好的运行状态，以延长机组的使用寿命。

8.2.4.1 风机维护保养

（1）定期清除风机前后中的杂物，以防意外。

（2）如遇工况变化，应采用阀门调节。

（3）定期测量风机电流大小，正常情况下，测定电流应小于额定电流。

（4）定期检查运行状况，注意注加润滑脂。

8.2.4.2 空调机组维护保养

空调机组的维护主要包括机组的检查及清扫。机组的检查和清扫需在停机时进行，一般 2～3 人一起按照事先规定的程序进行。检查时关闭有关阀门，打开检修门，进行机组内部检查，拆卸过滤网，检查盘管及风机叶片的污染程度，并彻底进行揩拭清扫。在清扫时检查盘管及箱底的锈蚀和螺栓紧固情况，并在运转处加注润滑油。将过滤器在机外冲洗干净，晾干以后再稳固安装上去，如发现有损坏应及时修复或更换。

内部检查完毕后，关闭检修门，打开有关阀门，然后把机组外体揩拭干净，再进行单机试车。单机试车时必须注意运行电流、电机温升、传动装置的振动及噪声等是否正常。单机试车结束后再进行运行试车。运行试车时检查送风温度和回风温度是否正常，进水电磁阀与风阀的动作是否可靠正确，温度设定是否灵敏等。一切正常后，该机组可以正式投入使用。

（1）每 3 个月拆洗机组过滤网一次。

（2）定期检查送风机，对风机轴承添加润滑油，检查皮带松紧并进行调整，每 6 ~ 12 个月更换皮带一次。

（3）定期检查设备紧固螺栓（钉），对松动部件进行紧固。

（4）每半年清理机组水盘一次。

（5）每半年检查机组电源线一次，检查接头有否松动，电缆线有否老化。

（6）依据水质情况，每 6 ~ 12 个月用化学清洗剂清洗换热器铜管内水垢，每半年清洗机组表面及表冷表冷器一次。

（7）每 6 ~ 12 个月对冷冻水水管及各类阀门及辅助设备进行清洗、清洁水垢一次。

8.2.4.3　空调自控系统维护保养

（1）定期检查空调系统各设备电气接线是否有松动。

（2）定期检查空调系统各设备电气元件是否动作正常。

（3）定期检查空调系统各设备工作电流是否在额定值范围内。

（4）检查各温度测点数据是否正常，当发现有不正常的温度测点时查看测点的接线是否牢固，检查无误后确定传感器有问题时更换新的传感器。

（5）每次开关机时巡查各风阀的控制开度是否与反馈的开度一致，如发现差别很大，现场查看并处理。

（6）随时查看控制室及各控制柜温升情况，特别是强电动力柜，应及时采取降温处理，以免损坏器件。

（7）随时查看各自控器件的工作状态，检查反馈状态是否与控制状态一致，相差很大时需检查相应的线路及控制输入/输出信号是否正确，确认无误后需立即查看相应器件，若有损坏应及时更换。

（8）随时查看温室的平均温度是否与设定值相符，如果相差很大，需立即现场查看电加热器的工作状态，配合相关专业负责人及时处理。

本章知识点

阀冷系统的作用；阀冷却设备的主要组成部分；两种阀外冷方式及其使用的室外换热设备；阀冷却控制保护系统的主要保护功能、控制功能和监视功能；阀冷系统的工艺流程；阀冷系统的组成及工作原理；阀内冷系统的 3 个工艺组成部分；主循环冷却回路的主要组成部分；去离子水处理回路的作用；补水装置的组成部分；闭式冷却塔的工作原理；空气冷却器的工作原理；阀冷系统的主要检修工作；手动控制检验的试验内容和标准；主要自控功能试验检验的内容。

阀厅空调系统的作用；阀厅内全年需要维持的环境条件；阀厅空调系统的控制功能；阀厅空调系统的 4 个组成部分；制冷系统的原理；送回风系统的原理；阀厅空调系统的运行注意事项和巡视内容；空调系统的日常维护及保养。

测试题目

1. 单选题

（1）高压直流输电系统对阀冷系统内冷水的电导率的要求是（　　）。

A. ＜1 μS/cm　B. ＜0.5 μS/cm　C. ＜1.5 μS/cm　D. ＜0.3 μS/cm

（2）当阀内冷系统的补水泵频繁启动时，应重点注意什么问题？（　　）

A. 补水泵控制系统故障　B. 电机故障　C. 电源故障　D. 内冷水泄漏

（3）阀内冷系统的主循环泵在正常连续运行（　　）后将自动切换。

A. 72 h　B. 36 h　C. 168 h　D. 192 h

（4）阀内冷系统的电加热器位于（　　）。

A. 脱气罐　B. 高位水箱　C. 离子交换器

（5）阀内冷系统的主循环泵电机绕组对外壳的绝缘应该至少（　　）。

A. >5 MΩ　B. >20 MΩ　C. >1 MΩ　D. >10 MΩ

（6）对于额定转速约 1500 r/min 的水泵，其轴承振动的合格标准为（　　）。

A. ＜80 μm　B. ＜100 μm　C. ＜50 μm　D. ＜30 μm

（7）阀厅内对于相对湿度的要求是（　　）。

A. 20%～60%　B. 25%～60%　C. 25%～65%　D. 20%～65%

（8）空调机组拆洗过滤网的周期为（　　）。

A. 2 个月　B. 1 年　C. 3 个月　D. 6 个月

2. 多选题

（1）阀冷系统常用的外冷方式有（　　）。

A. 水冷　B. 油冷　C. 空冷　D. 氟利昂冷却

（2）阀内冷系统的高位水箱的作用有（　　）。

A. 稳压　B. 监测水位　C. 排气　D. 缓冲内冷水体积变化

（3）阀厅空调系统的主要组成部分包括（　　）。

A. 制冷系统　B. 送回风系统　C. 控制系统　D. 事故排烟系统

3. 判断题

（1）阀厅空调系统的冷水机组和空气处理机在正常运行时采用“一用一备”模式。（　　）

（2）为了防止进入换流阀的内冷水温度过低而出现凝露现象，阀冷系统设计有电加热器来加热内冷水。（　　）

（3）过滤器的压差表可以提示滤芯污垢程度，提醒操作人员清洗。（　　）

（4）电加热器运行时阀内冷系统可以停运。（　　）

（5）阀内冷系统的去离子水处理回路串联于主循环回路。（　　）

4. 简答题

（1）阀冷却系统在高压直流输电换流站中的作用是什么？

（2）阀冷系统主要由哪些设备或系统组成？

（3）阀内冷系统的去离子水处理回路起到什么作用？

（4）阀厅空调的作用是什么？

课后测试答案

第 1 章

简答题

（1）答：平波电抗器的主要作用为有效防止由直流线路或直流场输电设备所产生的陡波冲击进入阀厅，从而避免过电压对换流阀的损害，包括：

① 平滑直流电流中的纹波，能避免直流电流的断续。

② 平波电抗器能够限制由快速电压变化所引起的电流变化率，降低换相失败率。

③ 与直流滤波器组成滤波网，滤掉部分谐波。

（2）答：中性母线安装的快速开关，其功能是开断极或线路的任何故障造成的直流故障电流，直流开关无法像交流断路器那样利用交流过零的机会实现灭弧，目前较为常用的方法是利用一个 $L—C$ 串联电路对断路器主触头间的弧道放电产生振荡电流，叠加在将被断开的直流电流上，造成过零点，实现灭弧。

（3）答：换流变压器是高压直流输电系统中最重要的设备之一，它与换流阀一起实现交流电与直流电之间的相互转换，其主要作用如下：

① 改变电压。

② 提供 30° 换相角。

③ 实现交直流电气隔离。

④ 提高换相阻抗（漏抗）。

（4）答：串补站的作用包括：串补站主要用于长距离、大容量的输电系统中，可以提高输送容量，提高系统的稳定性，改善系统的电压调整率，同时提高系统的功率因数，降低线路损耗。

基本原理图如下：

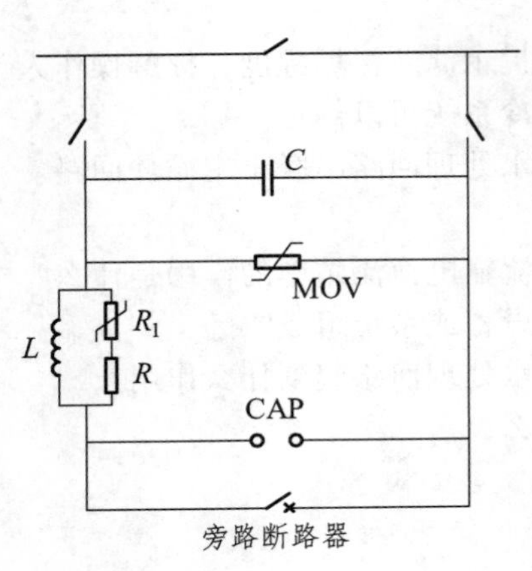

图中：C 为电容器组，串联补偿装置的核心元件，其主要作用为提供容性阻抗，提高系统输送能力。

MOV 为金属氧化物限压器，其主要作用为在不正常运行方式下，电容器组两端产生过电压时，保护电容器组。

GAP 为火花间隙，作为 MOV 的后备保护，也是为了保护电容器组，当电容器两端的过电压超过其自放电电压或收到 MOV 的触发命令时导通。

旁路断路器：主要作用为投入或退出电容器组，以及在故障情况下旁路电容器组。

LR 阻尼回路：主要作用为在火花间隙导通和断路器紧急合上瞬间，起到限流的作用。

第 2 章

简答题

（1）答：换流变的预防性试验周期性项目包括：绕组直流电阻测试、绕组连同套管的绝缘电阻、吸收比或极化指数、铁心及夹件绝缘电阻、套管主绝缘及电容型套管末屏对地绝缘电阻测量、套管的电容量及 $\tan\delta$ 测量。

套管介损及电容量试验的判断标准：

① 油纸电容型：20 °C 时的 $\tan\delta$ 应不大于 0.5%。

② 胶纸电容型：20 °C 时的 $\tan\delta$ 应不大于 0.6%。

③ 电容型套管的电容值与出厂值或上一次试验值的差别超出 ± 5%时，应查明原因。

④ 当电容型套管末屏对地绝缘电阻小于 1000 MΩ 时，应测量末屏对地 $\tan\delta$，其值不应大于 2%。

（2）答：试验项目包括：绝缘电阻、电容值及 $\tan\delta$ 值测试。耦合电容器内部接入并联电阻，其极间绝缘电阻测试结果实为并联电阻阻值，与出厂值相比无明显变化。

（3）答：试验接线：下图以三节组合的避雷器为例进行说明，单节可参考下节测试方法执行。

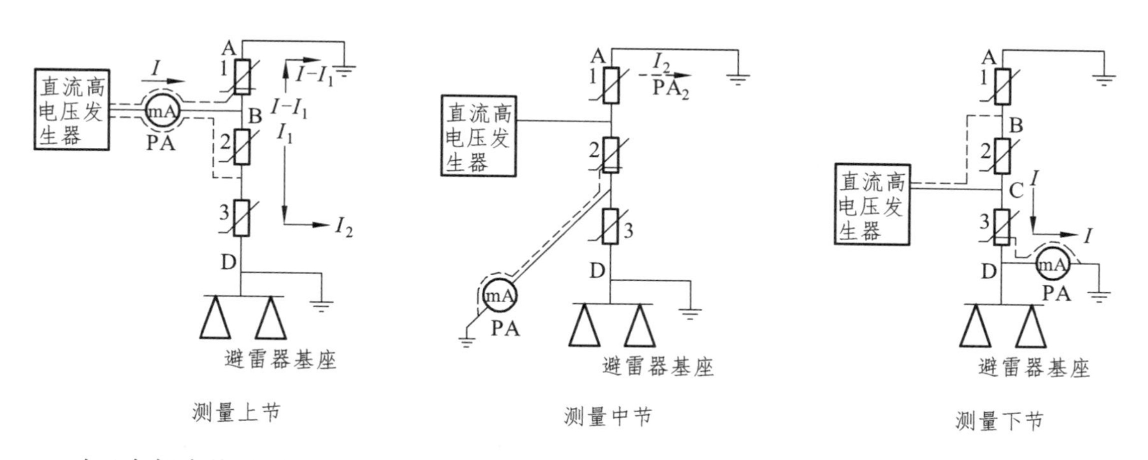

对于内部多柱避雷器应根据并联柱的数量，按每柱 1 mA 开展相应的参考电压和泄漏电流试验。

第3章

1. 单选题

(1)C　(2)D　(3)B　(4)D　(5)C　(6)D
(7)D　(8)C　(9)D　(10)B　(11)D　(12)D
(13)B　(14)B　(15)A　(16)D　(17)C　(18)C
(19)B　(20)B　(21)A　(22)C　(23)D　(24)B
(25)C　(26)D　(27)B　(28)A　(29)A　(30)C
(31)B　(32)A　(33)A　(34)A

2. 多选题

(1)ABCD　(2)ABCD　(3)ABCD　(4)ABD　(5)ABCD
(6)ABCD　(7)ABCD　(8)ABC　(9)ABCD　(10)ABCD
(11)ABCD　(12)ABCD　(13)ABCD　(14)AB　(15)ABC

3. 判断题

(1)√　(2)√　(3)×　(4)√　(5)√　(6)√

4. 简答题

(1)答：① 变压器冒烟、着火；② 换流变压器声响增大，很不正常，内部有炸裂声；③ 套管有严重的闪络现象或者炸裂；④ 换流变压器阀侧套管六氟化硫压力低报警；⑤ 油枕、套管油位指示过低；⑥ 油化验不合格，尤其乙炔含量很高时。

(2)答：气体继电器的主要部件有：接线盒、观测窗、动作按钮、取气阀。

工作原理：当在变压器油箱内部发生故障（包括轻微的匝间短路和绝缘破坏引起的经电弧电阻的接地短路）时，由于故障点电流和电弧的作用，将使变压器油及其他绝缘材料因局部受热而分解产生气体，由于气体比较轻，它们将从油箱流向油枕的上部，并将驻留在气体继电器内部，气体累积到一定的程度使得轻气体动作发报警。当严重故障时，油会迅速膨胀并产生大量的气体，此时将有剧烈的气体夹杂着油流冲击油枕的上部。在此过程中，对气体继电器造成的冲击使气体继电器重瓦斯跳闸。

(3)答：① 螺栓紧固无松动，力矩值符合要求；② 金具完好、无变形、锈蚀、开裂等；③ 导线无扭结、松股、断股或其他明显的损伤或严重腐蚀等缺陷；④ 垂直布置或斜向布置压接管口向上的压接管根部的漏水孔应通畅。

(4)答：① A类检修是指设备需要停电进行的整体检查、维修、试验工作。

② B类检修是指设备需要停电进行的局部检查、维修、更换、试验工作。

③ C类检修是指设备不需要停电进行的检查、维修、更换、试验工作。其中C类又分为C1、C2两类。C1检修是指一般巡维，即日常巡视过程中需对设备开展的检查、试验、维护工作。C2检修是指专业巡维，即特定条件下，针对设备开展的诊断性检查、特巡、维修、更换、试验工作。

(5)答：① 断路器本体SF_6密度继电器（压力表）检查要求每6年开展1次。

② 本体SF_6气体密度继电器密封接线盒应良好，无进水、锈蚀情况，观察窗应无污秽，刻度应清晰可见。

③ 本体SF_6气体密度继电器压力告警、闭锁功能应能正常工作。

④ 密度继电器绝缘电阻不低于 2 MΩ。

（6）答：① 断路器操作机构机械特性检查要求每 6 年开展 1 次。

② 断路器的分、合闸时间，主、辅触头的配合时间应符合制造厂规定。

③ 除制造厂另有规定外，断路器的分、合闸同期性应满足下列要求：

相间合闸不同期不大于 5 ms；

相间分闸不同期不大于 3 ms；

同相各断口间合闸不同期不大于 3 ms；

同相各断口间分闸不同期不大于 2 ms。

（7）答：① 断路器操作机构机械特性检查周期：220 kV 及以上为 3 年 1 次，110 kV 为 6 年 1 次。

② 并联合闸脱扣器应能在其交流额定电压的 85% ~ 110% 范围或直流额定电压的 80% ~ 110% 范围内可靠动作；并联分闸脱扣器应能在其额定电源电压的 65% ~ 120% 范围内可靠动作，当电源电压低至额定值的 30% 或更低时不应脱扣。

（8）答：寻找直流接地点的一般原则：

① 对于两段以上并列运行的直流母线，先采用“分网法”寻找，拉开母线分段开关，判明是哪一段母线接地。

② 对于母线上允许短时停电的负荷馈线，可采用“瞬间停电法”寻找接地点。

③ 对于不允许短时停电的负荷馈线，则采用“转移负荷法”寻找接地点。

④ 对于充电设备及蓄电池，可采用“瞬间解列法”寻找接地点。

（9）答：蓄电池室的取暖设备应装在电池室外，经风道向室内送入热风。在室内只允许安装无接缝的或者焊接的并且无汽水门的暖气设备。蓄电池电解液的温度按厂家规定，在 15 ~ 35 °C 最为合适，室内应保持适当的温度，并保持良好的通风和照明。在没有取暖设备的地区，已经考虑了电池允许降低容量，则温度可以低于 10 °C，但不能低于 0 °C。

（10）答：① 清扫灰尘，保持室内清洁。

② 及时检查落后的不合格的电池。

③ 清除漏出的电解液。

④ 定期给连接端子涂凡士林油。

⑤ 定期进行蓄电池的充放电。

⑥ 充注电解液。

⑦ 记录蓄电池的运行状况。

第 4 章

1. 单选题

（1）C	（2）B	（3）B	（4）D	（5）A	（6）B
（7）C	（8）D	（9）B	（10）C	（11）D	（12）C
（13）A	（14）B	（15）A	（16）A	（17）C	（18）A
（19）A	（20）B	（21）C	（22）A	（23）A	（24）A
（25）B	（26）C	（27）A	（28）D	（29）B	（30）B

2. 多选题

(1) ABCDE　(2) ABCD　(3) AC　(4) BCD　(5) BC

(6) BD　(7) BD　(8) ACD　(9) ABCD　(10) AB

3. 判断题

(1) √　(2) ×　(3) √　(4) √　(5) √　(6) ×

(7) ×　(8) ×　(9) ×　(10) √

4. 简答题

(1) 答：当换流器做逆变运行时，从被换相的阀电流过零算起，到该阀重新被加上正向电压为止，这段时间所对应的角度，也称为关断角。如果关断角太小，以致晶闸管阀来不及完全恢复正常阻断能力，又重新被加上正向电压，它会自动重新导通，于是将发生倒换相过程，其结果将使该导通的阀关断，而应该关断的阀继续导通，这种现象称为换相失败。

(2) 答：直流输电系统运行中产生直流偏磁的原因有：触发角不平衡；换流器交流母线上有正序二次谐波电压；在稳态运行时由并行的交流线路感应到直流线路上的基频电流；单极大地回线方式运行时由于换流站中性点电位升高所产生的流经变压器总行点的直流电流。

在换流变压器网侧的中性点上配置了测量直流电流的 CT，相应设置了换流变压器直流饱和保护（50-51CTNY/CTND）

(3) 答：主要决定因素有：① 环境温度；② 阀内冷水入水温度；③ 交流母线电压；④ 可控硅阀触发角；⑤ 相关保护功能；⑥ 运行电流限值；⑦ 功率限制；⑧ 送、受端交流系统影响；⑨ 系统运行方式。

(4) 答：直流线路故障再启动的过程为：当直流保护系统检测到直流线路接地故障后，立即将整流器的触发角快速移相到 120° ~ 150°，使整流器变为逆变器运行。在两端均为逆变运行的情况下，储存在直流系统内的电磁能量迅速送回到两端交流系统，直流电流在 20 ~ 40 ms 内降到零。再经过预先整定的去游离时间（100 ~ 500）ms 后，按一定速度自动减小整流器的触发角，使其恢复整流运行，并快速将直流电压和电流升到故障前的运行值。若直流电压恢复正常值之前再次发生故障，还可以进行第二次故障再启动，其去游离时间较之第一次长，以便更好地恢复绝缘水平。如果，第二次仍未成功，可以进行第三次再启动。启动至设定次数，但均未成功，则认为故障是持续性的，将直流系统停运。

(5) 答：STATCOM 可以等效为一个可控的电压源。在进行无功补偿时，通过控制 STATCOM 换流器输出电压的幅值，就能改变 STATCOM 装置输出电流的极性（容性或感性）和大小，从而实现无功功率的极性和大小控制。

STATCOM 等效原理图如下：

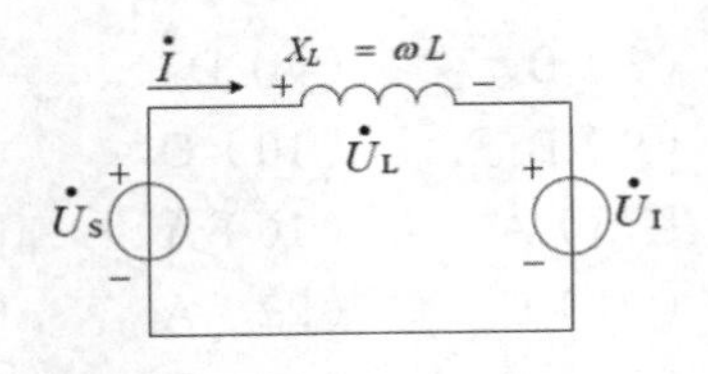

U_S 为电网电压，U_I 为 STATCOM 输出电压，U_L 为连接电抗器压降。

① 当 $U_I > U_S$ 时，连接电抗器上的压降与电网电压方向相反，由于电抗电流滞后其电压 90°，故注入系统的电流超前电网电压 90°，对于电网 STATCOM 输出的电流为容性。

容性运行矢量图如下：

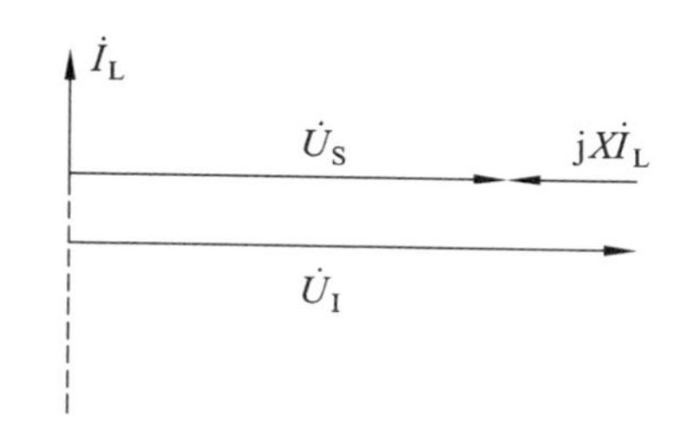

② 当 $U_I < U_S$,连接电抗器上的压降与电网电压方向相同,由于电抗电流滞后其电压 90°,故注入系统的电流滞后电网电压 90°，对于电网 STATCOM 输出的电流为感性。

感性运行矢量图如下：

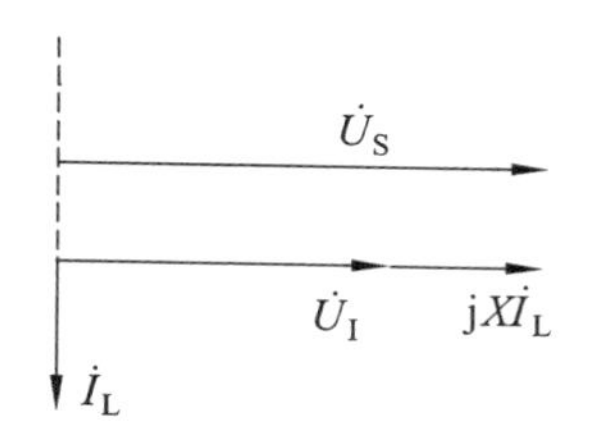

（6）答：测量系统 1 和测量系统 2 各模拟值是否正常、后台激光电流（供能、数据）显示是否正常、电容器三相不平衡电流、MOV 不平衡电流、MOV 和环境温度显示、保护装置 TDC 状态信号、故障录波是否有异常启动、HMI 有无未复归告警信

5. 计算题/识绘图题

（1）答：① 母线差动保护 87HV 是该故障的主保护，动作方程：ABS（$I_{dH} - I_{dL}$）>Δ，出口方式：ESOF、跳闸、极隔离、禁投旁通对（逆变侧）。

如果 87HV 保护不动作，则后备保护极差动保护 87DCB、直流低电压 27DV 会动作。

② 限制故障电流的上升率；

平抑直流电流的纹波；

防止直流低负荷时的电流断续；

是直流滤波器回路的组成部分；

电感参数应避免与直流滤波器、直流线路、中性点电容器和换流变压器等在 50 Hz、100 Hz 发生低频谐振。

（2）**解**：$I_{d1} = I_{d2} = (P_1 + P_2)/(U_1 + U_2) = 1800/900 = 2(\text{kA})$

$P_1 = U_1 \times I_{d1} = 400 \times 2 = 800(\text{MW})$

$P_2 = U_2 \times I_{d2} = 500 \times 2 = 1000(\text{MW})$

答：极 1、极 2 的输送功率分别为 800 MW 和 1000 MW。

第5章

1. 单选题

（1）B	（2）C	（3）B	（4）C	（5）A	（6）B
（7）C	（8）C	（9）B	（10）C	（11）C	（12）B
（13）A	（14）C	（15）B	（16）B	（17）D	（18）C
（19）A	（20）C	（21）D	（22）D	（23）A	（24）D
（25）B	（26）C	（27）A	（28）B	（29）D	（30）A
（31）B	（32）D	（33）D			

2. 多选题

（1）BD	（2）ABC	（3）AB	（4）ABCE	（5）ABCD
（6）ACD	（7）BC	（8）AB	（9）ABCD	

3. 判断题

（1）×	（2）√	（3）×	（4）√	（5）×	（6）√
（7）×	（8）×	（9）×			

4. 简答题

（1）答：SF_6 气体密度继电器按传感器种类常用的有二类：一类使用金属波纹管，主要用于无指针式密度控制器；另一类使用弹簧管，主要用于带指针式密度控制器。

（2）答：将压力式温度计的温包或者复合传感器和标准水银温度计放入便携式恒温槽的液体中，然后根据校验点升温进行校验。控制恒温槽温度在偏离校验点 ± 0.5 °C（以标准温度计为准）以内。被校指针式温度计示值稳定后进行读数，记下标准温度计和被校指针式温度计的示值。对于有热电阻输出的指针式温度计，应进行热电阻输出校验，用热工多功能校验仪测量该热电阻温度值，并记下该值。对于有电流（4 ~ 20）mA 或者电压（0 ~ 5）V 输出的指针式温度计，应进行电流或者电压输出校验，用热工多功能校验仪测量该电流或者电压值，并记下该值。

（3）答：A/D 转换采样、保持、量化及编码四个步骤。采样是利用采样脉冲序列 $p(t)$，从连续时间信号 $x(t)$ 中抽取一系列离散样值，使之成为采样信号 $x(nT_s)$；保持是将瞬时采样值在时间 τ 内保持不变；量化把采样信号 $x(nT_s)$ 经过舍入或截尾的方法变为只有有限个有效数字的数；编码是将量化以后的离散幅值通过一定的计算方法变为数字量。

（4）答：对使用中的交流采样测控装置的工频模拟量输入进行定期校验，应对其进行：

① 外观检查：装置上的标志应符合国家标准或有关技术条件的规定，装置铭牌提供信息（名称、型号、出厂编号、出厂日期、制造厂名、准确度级别等）是否规范充分，检查被测装置显示屏显示值是否清晰。

② 零位漂移：检查被测装置在不加电压、电流的情况下示量大小是否合格。

③ 装置本体模拟电参量输入测量准确度，包含：交流电压、交流电流、三相有功功率、三相无功功率、频率、相位等。

④ 装置通道电参量的测量准确度，包含：交流电压、交流电流、三相有功功率、三相无功功率、频率、相位等。

（5）答：① 试验电源接线：试验前，应确认好试验设备的现场布局，设备定位后，即可将试验电源电缆通过开关（开关处于分闸状态）引至试验设备，并连接升压及标准分压器的电缆，为确保安全，试验电源接线工作应由两人配合完成。

② 一次回路连接：用波纹管连接升压设备，避免在试验升压过程中出现放电闪落。

③ 二次回路连接：被试分压器的二次从控制室通过光纤取样。

④ 预通电测量：电源合闸后，平稳地调节一次电压至额定值的 1% ~ 5%，观察电源设备的电压电流是否正常，被试电压测量装置极性是否正常，误差是否满足限值要求。

⑤ 误差测量：测量额定电压值 10%、20%、50%分别进行测量。

（6）答：分流器将被测一次直流电流转换为电压信号，空芯线圈将一次直流电流携带的谐波电流转换为电压信号，远端模块就地采集分流器或空芯线圈的输出信号并将其转换为数字信号通过光纤输出至低压合并单元，合并单元接收远端模块下发的数据并将其转换为符合标准规约的数据发送给直流控制保护装置。高压测量头内远端模块的工作电源由低压合并单元内的激光器提供，激光器发送的激光通过光纤送至远端模块，远端模块内的光电转换器将激光能量转换为电能给远端模块提供工作电源。光纤绝缘子为内嵌光纤的复合绝缘子，保证高压绝缘并保护光纤不受损伤。

第 6 章

1. 单选题

（1）D　（2）B　（3）C　（4）A　（5）A　（6）A

2. 多选题

（1）ABCD　（2）ABC　（3）AD

3. 判断题

（1）×　（2）√　（3）√　（4）×　（5）×

4. 简答题

（1）答：① 分辨率高，图像清晰、细腻，可根据需要进行诸如数字减影等多种图像后处理，以期获得理想的诊断效果。

② 实时显示。可根据缺陷状况进行数字摄影，然后通过一系列影像后处理如边缘增强、放大、黑白翻转、图像平滑等功能，可从中提取出丰富可靠的诊断信息。

③ 所需剂量少。能用较低的 X 线剂量得到高清晰的图像，减少了受 X 射线辐射的时间。

（2）答：布氏：用一定直径的硬质合金压头，施以一定的试验力，压入试样表面，经过一定时间撤除力后，测量压痕直径，算得面积，试验力除以面积即为硬度。

洛氏：用一定的金刚石圆锥、硬质合金或钢球压头，施以一定的实验力，压入试样表面，经过一定时间撤除力后，通过测量深度算得硬度。

里氏：用规定质量的冲击体在弹力作用下以一定速度冲击试样表面，用冲击体在试样表面 1 mm 处的回弹速度与冲击速度的比值计算硬度值。

300HBW5/750：表示用直径 5 mm 的合金球在 7.355 kN（750 kgf）的条件下保持 10 ~ 15 s，测定的布氏硬度值为 300。

60HRC：表示用 C 标尺测得的洛氏硬度值为 60。

500HVHLD：表示用 D 型冲击装置测得的里氏硬度值换算成的维氏硬度值为 500。

第7章

1. 单选题

（1）B　（2）A　（3）C　（4）B　（5）C　（6）A
（7）C　（8）B　（9）A　（10）A

2. 多选题

（1）BD　（2）BD　（3）BD　（4）ABC　（5）ABD
（6）ABCD　（7）ABC　（8）ABC　（9）ABC　（10）ABC

3. 判断题

（1）×　（2）√　（3）×　（4）×　（5）×　（6）√
（7）√　（8）×　（9）√　（10）√

4. 简答题

（1）答：① 所取水样应纯净无杂质，取样时应缓慢开启阀门，防止膨胀水箱水位低跳闸。
② 样品要有代表性。
③ 在取出后不被污染。
④ 在检测前不发生变化。

（2）答：① SF_6湿度会变大。
② 空气中的水蒸气分压大于其在设备内的分压，水分子通过泄漏点（面）渗透到设备内部，从而造成设备内部湿度增大。

（3）答：① 色谱样品保存不能超过4天。
② 油样和气样保存必须避光、防尘。
③ 运输过程中应尽量避免剧烈振动。
④ 空运时要避免气压变化。
⑤ 保证注射器芯干净无卡涩、破损。

5. 计算题

（1）解：$F_y = [\Delta P/(P_1 + 0.1)] \times (12/\Delta t) \times 100$
$= [(0.56 - 0.51)/(0.56 + 0.1)] \times (12/3) \times 100$
$= 0.05/0.66 \times 4 \times 100$
$= 30.3\%/年$

（2）解：$\gamma_a = \dfrac{C_{i,2} - C_{i,1}}{\Delta t} \times \dfrac{m}{\rho} = \dfrac{3.5 - 2.0}{24} \times \dfrac{20}{0.85} = 1.47$（mL/h）

第8章

1. 单项选择题

（1）B　（2）D　（3）C　（4）A　（5）D　（6）A
（7）B　（8）C

2. 多项选择题

（1）AC　（2）ABCD　（3）ABCD

3. 判断题

（1）× （2）√ （3）√ （4）× （5）×

4. 简答题

（1）答：阀冷却系统分为阀内冷系统和阀外冷系统。阀内冷系统的内冷水用来冷却换流阀，将阀体上各元器件的功耗发热量带走，保证换流阀运行温度在正常范围内。阀外冷系统的作用是把被换流阀加热的内冷水冷却至较低范围。

（2）答：阀冷系统主要由这些设备或系统组成：阀内冷系统，阀外冷系统，电源和控制系统，管道及附件。

（3）答：去离子水处理回路并联于主循环回路，主要由混床离子交换器和精密过滤器以及相关附件组成。为了控制进入换流阀冷却水的电导率，系统运行时，部分内冷却水将从与主循环回路并联的去离子支路进入去离子装置进行离子处理，经过去离子装置循环降低其电导率，从而使内冷却水的电导率被控制在设计要求的范围之内。

（4）答：阀厅空调的作用有：

① 尽管有阀冷却系统，换流阀仍会通过辐射及对流传热的方式向阀厅散发很大的热量，为了消除这部分热量，阀厅必须设置空调系统进行降温。同时，在冬季，当换流阀停运且室外温度较低时，需要提升阀厅内温度以保证电气设备不被冻坏及出现冷凝现象。

② 为了保证换流阀运行时不发生闪络现象，空调系统需要将阀厅内的相对湿度控制在要求的范围之内。

③ 使阀厅内保持一定的微正压，以防止户外灰尘进入阀厅，保持阀厅内空气洁净。

参考文献

[1] 中华人民共和国国家质量监督检查检疫总局，中国国家标准化管理委员会. 高压直流输电用油浸式换流变压器技术参数和要求. GB/T 20838—2007[S]. 北京：中国标准出版社，2007.

[2] 中华人民共和国住房和城乡建设部，中华人民共和国国家质量监督检查检疫总局.电气装置安装工程串联电容器补偿装置施工及验收规范. GB 51049—2014[S]. 北京：中国计划出版社，2015.

[3] 国家能源局. ± 800 kV 及以下直流输电工程启动及竣工验收规程. DL/T 5234—2010[S]. 北京：中国电力出版社，2010.

[4] 国家能源局. ± 800 kV 特高压直流设备预防性试验规程. DL/T 273—2012[S]. 北京：中国电力出版社，2012.

[5] 中国南方电网有限责任公司. 电力设备检修试验规程. Q/CSG1206007—2017[S]. 北京：中国电力出版社，2017.

[6] 国家能源局. 电网金属技术监督规程. DL/T 1424—2015[S]. 北京：中国电力出版社，2015.

[7] 中国南方电网超高压输电公司. 高压直流输电现场实用技术问答[M]. 北京：中国电力出版社，2008.

[8] 林介东. 电站金属材料光谱分析[M]. 北京：中国电力出版社，2010.

[9] 强天鹏. NDT 全国特种设备无损检测人员资格考核统编教材 射线检测[M]. 北京：中国劳动社会保障出版社，2012.

[10] 胡学知. NDT 全国特种设备无损检测人员资格考核统编教材 渗透检测[M]. 北京：中国劳动社会保障出版社，2012.

[11] 胡美些. 金属材料检测技术[M]. 北京：机械工业出版社，2019.

[12] 机械工业理化检验人员技术培训和资格鉴定委员会. 力学性能试验[M]. 北京：中国质检出版社，2008.